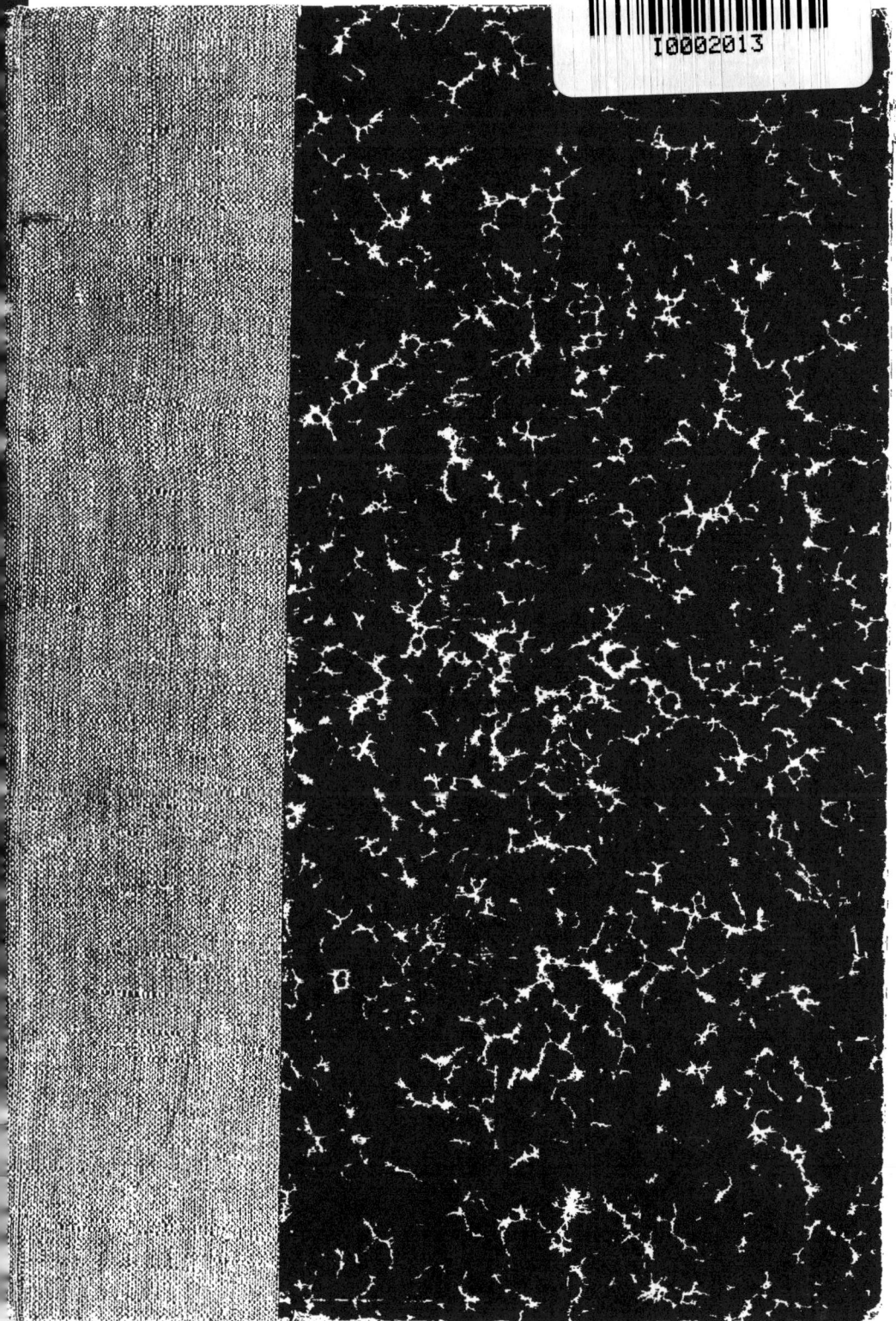

I0002013

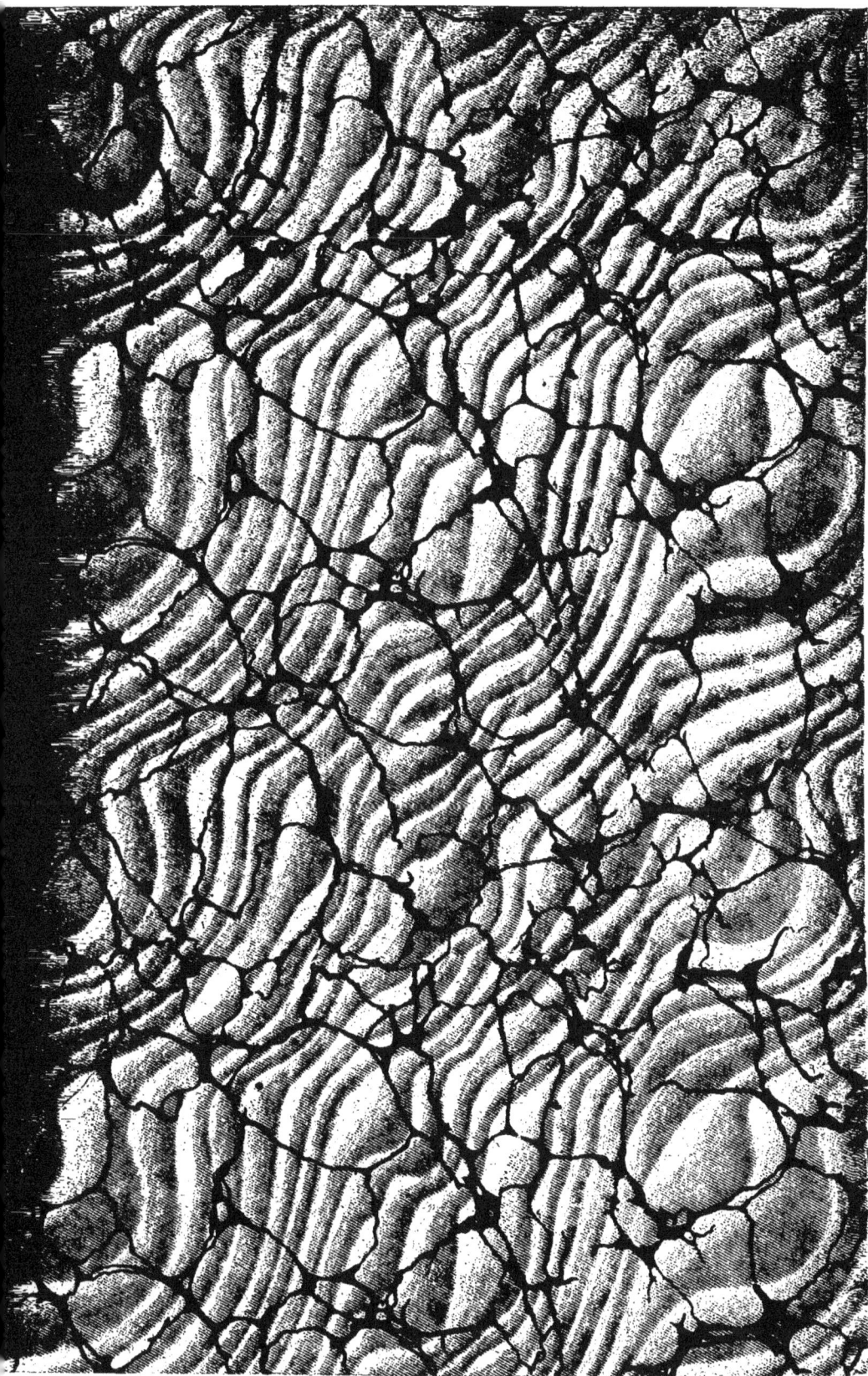

8431

VÉNERIE
LOUVETERIE
FAUCONNERIE

HISTORIQUE
TECHNIQUE TERMINOLOGIE
RÉGLEMENTATION
LÉGISLATION & JURISPRUDENCE

par

Edmond CHRISTOPHE

Président Honoraire de Tribunal Civil

Directeur de la Revue " LOIS et SPORTS "

Henri DUBOSC
Avocat à la Cour d'Appel
de Paris

AVEC LA COLLABORATION DE

Le Capitaine
G. de MAROLLES

Préface du Vicomte DE PITRAY

Illustrations Anciennes et Modernes

PARIS

Publications LOIS & SPORTS, 43, rue Saint-Lazare (IXe)

1910

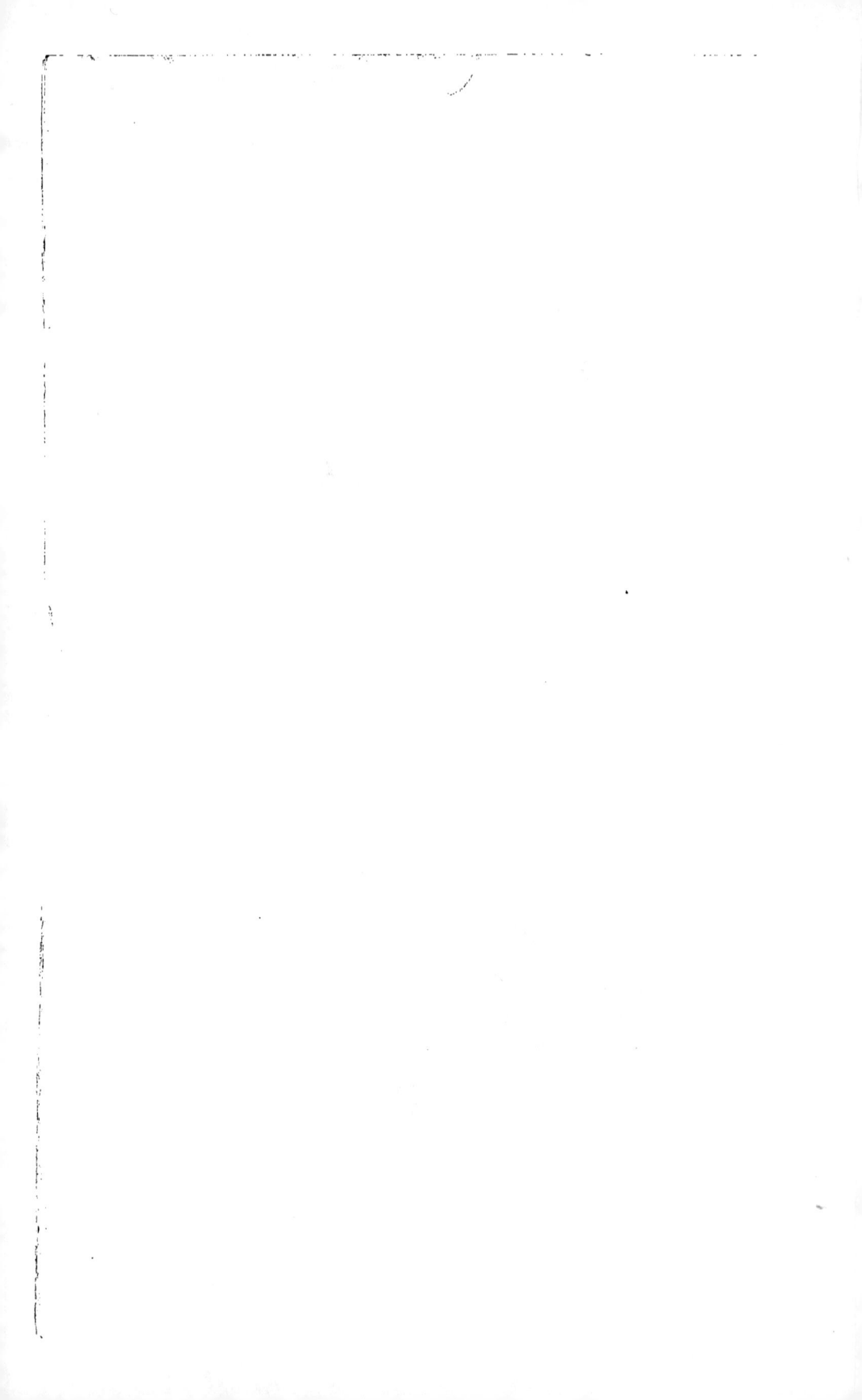

VÉNERIE
LOUVETERIE
FAUCONNERIE

HISTORIQUE
TECHNIQUE ✍ ✍ TERMINOLOGIE
RÉGLEMENTATION
LÉGISLATION & JURISPRUDENCE

par

Edmond CHRISTOPHE

Président Honoraire de Tribunal Civil

Directeur de la Revue " LOIS et SPORTS "

AVEC LA COLLABORATION DE

Henri DUBOSC
Avocat à la Cour d'Appel
de Paris

Le Capitaine
G. de MAROLLES

Préface du Vicomte DE PITRAY

Illustrations Anciennes et Modernes

PARIS

Publications LOIS & SPORTS, *43, rue Saint-Lazare (IX*e*)*

1910

Préface

[library stamp: BIBLIOTHÈQUE NATIONALE]

A Monsieur Edmond Christophe.

Mon cher Ami,

Le temps n'est plus où la chasse à courre suscitait, parmi les populations de nos campagnes, un enthousiasme absolu. Autrefois, ces chevauchées brillantes, rapides, émouvantes dans les halliers mystérieux, ces décors fantastiques quand la lueur des torches faisait rougeoyer de tardifs hallalis toute cette féerie dont l'imagination de l'enfant est avide, le paysan — vrai enfant lui aussi — n'aimait-il pas s'y plonger ? Nos veneurs, au surplus, ne laissaient-ils pas le brave Jacques Bonhomme libre de s'amuser au feu de leur luxe, de partager leur fatigue, leur ardeur, leur joie dans la réussite sportive ?

Aucune arrière-pensée d'envie n'assaillait alors notre « Jacques » ; les joyeux successeurs des brenns et lui communiaient dans cette évocation ancestrale du passé. Cavaliers hardis, meutes hurlantes, costumes prestigieux, musique énervante du cuivre sonné à pleins poumons, tout rappelait au paysan son idéal de jadis, le faisait courir et haleter après ces hommes, ces chevaux et ces chiens traquant le sanglier ou le cerf aux mêmes forêts où l'ancêtre avait frappé l'urus...

Puis des générations passèrent. Une mauvaise fée souffla au cerveau de Jacques Bonhomme, lettré souvent, enrichi parfois, des rancœurs et des haines contre ces hardis cavaliers, contre cet attirail qu'il adorait jadis. Il crut discerner une odieuse suprématie de caste dans l'exécution moderne de la féerie d'autrefois. Et du jour où le serpent de l'envie mordit au cœur Jacques Bonhomme, tous les acteurs de la belle féerie furent ses ennemis, tous ces écuyers de haute mine eurent à soutenir les coups d'estoc de leur vieil « épieutier » d'antan.

Car, maintenant, il ne s'agit plus d'avoir une forêt et d'y pousser un animal de chasse, il s'agit, pour le veneur, de compter avec bien d'autres animaux, concertés entre soi, pour culbuter le noble déduit lui-même.

C'est pour parer à une telle menace que vous avez voulu, mon cher ami, avec votre belle fougue cynégétique, avec vos connaissances juridiques approfondies, avec votre chevaleresque sympathie pour nos chasseurs à courre, rédiger pour eux un livre qui fut en même temps un guide et une égide.

« Grande et petite Vénerie, Louveterie, Fauconnerie » sont certes les plus belles étrennes que vous puissiez faire à la Vénerie, et tout porte à croire que la Vénerie vous en sera reconnaissante. Vous la guidez, en effet, sagement, sûrement, dans une voie ingrate où jamais elle n'aima poser la brisée, la voie judiciaire, voie terrible et inéluctable à notre époque égalitaire ! Dans les broussailles souvent épineuses de nos lois, vous lui tracez un sentier ; vous écartez d'elle les épines, vous lui facilitez la chevauchée en lui montrant, ici un piège tendu, là une barrière suspecte, plus loin une trappe dissimulée ; bref, vous êtes pour elle le compas tutélaire, le conducteur amical expérimenté.

A l'heure où la Vénerie subit le furieux assaut que l'on sait, il est assez crâne de se faire quand même son champion. Je salue chez vous cette belle allure de bataille, mon cher ami.

Je la salue donc et je joins à votre nom les noms de vos collaborateurs. M. de Marolles, notre ami commun, a tellement bien fait l'historique de la Chasse à courre dans votre volume, depuis les temps reculés jusqu'à nos jours, que je veux ici le féliciter hautement pour ce travail de bénédictin. Cette expression connue résume toute mon admiration pour ces documents complets, parfaits, suprêmement intéressants pour la Vénerie et qui, animés par la plume de M. de Marolles, constituent d'immuables pages d'histoire pour notre Vénerie. Bravo donc aux trois collaborateurs : Christophe, Marolles, Dubosc. Numéro Deus impare gaudet. Dieu, en la circonstance, ce sera le public intéressé, et le public va vous faire un succès sûr auquel j'applaudis d'avance !

Vicomte DE PITRAY.

Errata

[Library stamp: BIBLIOTHÈQUE NATIONALE — IMPRIMÉS]

« Tout le monde sait bien qu'un livre sur la chasse,
« Comme la chasse à courre, a toujours ses défauts.

Maurice DE WARU.

Page IX, note 3. lire : par mestrie et non par mestrise.

Page XIX, ligne 45, lire : *tandem custode* et non *tandem curtode*.

Page XXI, note 6, lire : Et avoit et non Et avoir.

Page XXIII, note 2, lire : correspondent et non correspondant.

Page XXVI, ligne 31. lire : tixtres et non tixtes.

Page XXVII, ligne 34, lire : se donna et non se donne.

Page XXIX, ligne 1. lire : il étudia et non il étudie.

Page XXXIII, ligne 28, lire : toujours conforme à.

Page XXXIV, ligne 44, lire : autre sens que lui et non qui lui.

Page XXXV. ligne 22, lire : ennemi qu'ils avaient et non qu'il avait.

Page XXXV, ligne 30. lire : rendus à Diane et non tendus.

Page XXXIX, ligne 14, lire : Keratos désignait et non désignaient.

Page XXXIX, ligne 20, lire : daim... Porcus et non daim.... à continuer ; Porcus.

Page XL. note 3. lire : Coron et non Goron

Page XLIII, ligne 3, lire : chiens de cerf et non de cerfs.

Page — ligne 10, lire : les « fashionables » et non les « fachionnables ».

Page — ligne 12, lire : Carayon et non Caragon.

Page — ligne 34, lire : El Kathaï et non El Kithaï.

Page L, ligne 36. lire : Roman de Berthe... écrit au xiiᵉ siècle et non au xiiiᵉ siècle.

Page LIII, ligne 27, lire : Antef II et non Autef V.

Page — note 2, mal somée et non somnée.

Page — — lire : mal seinée (signée) (PHŒBUS), marquée suivant les autres, au lieu de mal seinée. marquée.

Page LXI, ligne 13, lire : Au xiiiᵉ siècle et non Au xiiᵉ.

Page LXVI, ligne 40. lire : droits et non drois.

Page LXVIII, dernière ligne, lire : mettons La Dame à cheval et non. mettons :

Page LXX, ligne 11, lire : haies à chasser et non haies à chasses.

Page LXXI, ligne 43, lire : *dem Abschiede* et non *dem ubfchiede*.

Page LXXII, ligne 9, lire ; Jagdhörnern et non Jagdhornern.

Page — ligne 19, lire des chasses, des « Parforcejagds » allemandes et non des chasses des.

Dédié à la Sté de Vénerie de France.

Christophe ly   H. Dubou

G de Marolles

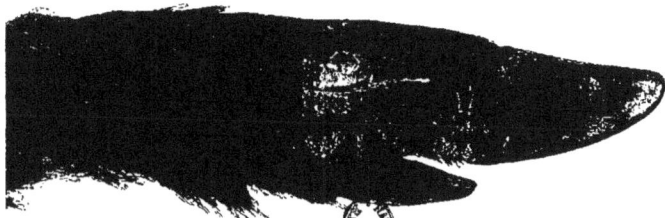

(1. Mue d'un cerf à sa quatrième tête Villers-Cotterets 1909 . *Cliché offert par M. H. Ménier*.

2 Pied d'un chevreuil tué le 25 octobre 1909, par Monsieur de Brunville en Mayenne .

(3, Traie p. g. d'un grand sanglier forcé par le Marquis de Cornulier 3 Nov. 1909).

S'il estoit qu'il vousist savoir
D'un déduit qui les autres passe
Dont vous pri je que vous voilliez
Dire devant touz quex il est.

Certes, biaux doux amis, ce est
Déduiz qu'on a de chiens courans

(Chasse dou cer en rime française)
Ed. Picnon, 1840, p. 11 et 12

Photographie communiquée par Mᵐᵉ la Duchesse de Chartres.

Tête de cerf à sa quatrième tête pris par l'équipage de
Chantilly à la Saint-Hubert 1909

Premier et deuxième Sceaux de Simon IV de Montfort (1195 et 1200).

Sceau de Simon de Montfort, comte de Leicester, 1259.
Archives nationales, n° 10.162.

ARCHIVES NATIONALES

Section Historique

Sur la demande de M. de MAROLLES a été délivrée l'épreuve ci-contre désignée, tirée dans le moule de la Collection des Sceaux et portant sur la trancas la marque de provenance : N° 707, Simon IV, Comte de Montfort 1195.

Fait à Paris, le 5 Novembre 1909,
Le Directeur des Archives,
E. DEJEAN.

Grande et Petite **Vénerie**

Louveterie

Fauconnerie

BIBLIOTHÈQUE NATIONALE · R.F. · IMPRIMÉS

Introduction

Nous dédions cet ouvrage sur la Grande et Petite Vénerie, la Louveterie et la Fauconnerie à la Société de Vénerie de France.

**

Nous avons voulu présenter aux *Veneurs* un travail aussi complet que possible ; c'est pourquoi nous ne nous sommes pas exclusivement cantonnés dans les questions de droit et de jurisprudence concernant la chasse à courre. Le capitaine G. de Marolles, dont on connaît la compétence, a bien voulu se charger de faire l'*Historique de la Chasse à courre*. Il nous en fait connaître les principales définitions données, son évolution à travers les âges, les mobiles qui ont poussé à la pratique de ce Sport, la tactique, les usages et les animaux employés. Il passe en revue et discute les différentes opinions émises par les auteurs sur l'historique de la chasse à courre et résume d'une façon fort savante les conditions dans lesquelles ce Sport évolue présentement.

En ce qui concerne la partie juridique, nous avons, Henri Dubosc et moi, passé en revue tous les points qui peuvent intéresser ceux qui pratiquent avec passion et intelligence le Sport de la Vénerie. Nous avons voulu prévoir et trancher toutes les difficultés qu'ils peuvent rencontrer.

Parmi ceux qui s'adonnent au Sport de la chasse à courre, les uns le font par pur snobisme, sans se douter que s'ils ont des droits, ils ont également des obligations. Les autres, *les veneurs* comprennent qu'il ne leur est plus permis de rester étrangers au mouvement législatif et judiciaire; ils veulent être tenus au courant de la législation, de la jurisprudence et de la réglementation si variées sur la chasse à courre.

Nous nous adressons uniquement à ces *Veneurs*. Notre ouvrage sera utilement consulté par eux, ils y trouveront la solution de toutes les difficultés qu'ils peuvent rencontrer chaque jour. Ils sauvegarderont ainsi leurs intérêts et éviteront les responsabilités civiles et pénales dont ils sont menacés.

Nous avons, dans ce but, fait suivre notre travail d'une table alphabétique et analytique qui facilitera les recherches aux sportsmen peu habitués à consulter les ouvrages de Droit. Ils y trouveront facilement, sans être obligés de feuilleter entièrement le volume, la solution de la question cherchée.

Edmond CHRISTOPHE.

Grande et Petite Vénerie

Première Partie

Historique

George Tisset

Historique de la Chasse à Courre

L'antiquité est toute pleine de fictions et d'obscurités. (*Histoire des Evêques du Mans*, Avant-propos, p. 25, l, 1648.)

Une probabilité pour Oppien devient une certitude pour Buffon.
D.

Autrefois on était plus crédule qu'aujourd'hui.

Les petitz chiens de mon grand-père mangeoient en son éscuelle ; lui de même mangeoit avecques eux.

RABELAIS, *Gargantua*, chap. XI.

Sources

Journal de Dangeau, publié par FEUILLET DE CONCHES, 1854.

Histoire de la Chasse, par DUNOYER DE NOIRMONT, 1860.

La Chasse à la haie, par PEIGNÉ-DELACOUR (édition 1871).

La Chasse à travers les âges, par le comte DE CHABOT, 1898.

Le Tir à l'Arc, par le comte A. DE BERTIER, V. CORDIER, A. GUGLIELMI, 1900.

Dictionnaire du Mobilier français, (IV), par VIOLLET-LE-DUC.

Introductions des divers Traités de vénerie.

La Cynégétique d'Arrien, par TYA HILLAUD, 1909.

Code des Chasses, suivant l'Ordonnance d'août 1669, paru en 1753.

Traductions de XÉNOPHON (GAIL), ARRIEN et OPPIEN (FERMAT).

Lois et Sports (Numéros de septembre 1905, avril, juillet, août et septembre 1909).

De la Chasse à courre (CHATIN, CHRISTOPHE, DUBOSC). — *Lois et Sports,* 1905, 1906, 1907, 1908, 1909.

Etude sur Gratius et Némésien et *De la Chasse chez les Romains et chez les Francs,* par M. VILLEQUEZ. (*Lois et Sports,* 1905, 1909.)

La Chasse, son histoire, sa législation, par E. JULLIEN, juge au Tribunal Civil de Reims, 1868.

Le Droit de suite, SOREL, Paris, Gouin, 1862.

Langage et termes de vénerie, par le capitaine G. DE MAROLLES, Romain éditeur, 1906.

La Précellence du Langage français d'H. Estienne, par E. HUGUET, maître de conférences, à Caen, 1896.

Thrésor de la Langue françoise, dictionnaire de NICOT (1623).

Mémoire sur l'ancienne Chevalerie, par la CURNE, de Sainte-Palaye, 1781. (t. III) ; *Mémoires historiques sur la Chasse.*

Nouveau Traité des Chasses à courre et à tir, par le baron DE LAGE DE CHAILLOU, 1867 *(date présumée).*

La Vénerie française, 1858, et *La Chasse du Loup,* 1861, par le baron LE COUTEULX DE CANTELEU.

Avant-Propos

« Le 18 avril 1685, MM. d'Arles ont donné une statue au Roi ; il y a eu de grandes disputes, nous apprend Dangeau, pour savoir si c'étoit une Diane ou une Vénus. »

En 1854, M. Feuillet de Conches mit en note : « Cette statue trouvée en 1651 dans les ruines du théâtre d'Arles, qui passait alors pour un ancien temple de Diane, avait été placée dans l'Hôtel de Ville d'Arles sous le nom de Diane.

Offerte à Louis XIV par la ville d'Arles en 1684, cette figure, à laquelle manquait les deux bras, donna lieu aux plus vives et aux plus singulières discussions en latin et en français, en prose et en vers, dans des brochures séparées, dans le *Journal des Savants* et jusque dans le *Mercure Galant,* les uns soutenant que la statue était une Diane, les autres que c'était une Vénus.

Girardon, chargé de reconstituer la figure, trancha la difficulté ; il en fit un petit modèle en cire, auquel il ajouta les deux bras..... porta ce modèle au Roi, en lui disant que toutes les statues, médailles, bas-reliefs....., qui avaient représenté Diane, ne lui avaient jamais embarrassé les jambes de draperies, ni laissé tout le corps découvert, que la statue dont il s'agissait était découverte jusqu'aux hanches et avait beaucoup de draperies autour des jambes, ce qui ne convenait guère à une chasseresse.

« Le Roi, ajoute le *Mercure* d'août 1684, qui avait déjà souvent ouï agiter la même cause et qui savait toutes les raisons que l'on avait apportées de part et d'autres, dit que la statue lui paraissait bien restaurée et qu'il croyait que c'était une Vénus. »

L'on peut dire que ce jugement est juste, puisque, outre les lumières de ce monarque, il ne l'a prononcé qu'après en avoir eu tous les éclaircissements qu'on pouvait donner sur ce sujet. (Il est assez piquant de rapprocher de cet arbitrage royal, l'expertise impériale à laquelle fut soumise en ces derniers temps, une statuette de cire du Musée de Berlin, attribuée à tort à Léonard de Vinci !)

La déesse de la chasse a donc été vue par quelques-uns là où elle n'était pas ; il semble que la chasse à courre, telle que tout le monde la conçoit uniquement aujourd'hui, ait eu un sort quelque peu analogue à celui de la statue d'Arles, aujourd'hui reléguée au Louvre, musée des antiques.

Il suffit pour s'en convaincre de remarquer que beaucoup d'auteurs la font remonter à Nemrod (1), « grand veneur devant le Seigneur », *robustus venator coram Domino (Genèse,* chap. X, v. 9, 8, 13), alors que d'autres, non moins documentés, la font dater de François Iᵉʳ, le père des veneurs, comme M. Arren, doyen de la Faculté de Poitiers, conf. 1883, et le baron de Lage de Chaillou, *Nouveau Traité des Chasses,* t. I, 1867.

---

(1) Nemrod, roi de Babylone et de Chaldée, fut, suivant Bérose, le premier roi de la seconde race, qui commença à régner 33.000 ans avant J.-C. (N. Lar., VI, p. 342, 1, col. 3) ; suivant d'autres savants, il fut petit-fils de Cham et premier roi de la première dynastie... (Dict. des ant. gr. et lat., Darenberg et Saglio).

Nemrod (Nimroud) signifie le seigneur qui tue les tigres, d'après les Mémoires de l'Académie des Inscriptions et Belles-Lettres (t. XXVII, p. 42, *Mém. prés. des Brosses);* d'autres donnent à ce nom le sens d'*insoumis,* qui admet ceux de maître ou de révolté (c'est la légende juive).

Une troisième version en fait la personnification très posthume du peuple *charite* d'Elam, etc.

Entre les deux écoles, constatons au bas mot un petit écart d'au moins quarante-neuf siècles (1).

Faut-il s'en étonner?

Nullement! L'histoire de la chasse à courre est comme l'histoire elle-même, suivant le mot de G. Deschamps, un procès où les témoins sont tous contradictoires, tant il est vrai qu'il faut s'être beaucoup contredit, comme l'écrit Renan, pour être sûr qu'on a une fois touché la vérité.

Dans son fameux *journal*, Dangeau a noté à la date du 16 novembre 1700 : « L'Ambassadeur d'Espagne dit fort à propos que les Pyrénées étaient fondues. »

De son côté, le *Mercure* rapporte que l'Ambassadeur d'Espagne, s'étant avancé au devant de son nouveau Roi, dit : « Quelle joie! il n'y a plus de Pyrénées, elles sont abîmées et nous ne sommes plus qu'un. »

Peu après, le mot fut attribué à Louis XIV. Voilà comme on écrit parfois l'histoire de France ; celle de la chasse en général, et de la chasse à courre notamment, fourmille de faits semblables.

Par exemple, dans tout texte latin où l'on voit le terme *venator*, on traduit veneur, ce qui entraîne pour beaucoup l'idée de chasse à courre au sens d'aujourd'hui, alors qu'il s'agit souvent d'un simple piégeur ou d'un rabatteur. Il en est de même pour tout fait de chasse raconté en vieux français et dans lequel figure le terme *limier*.

Les Grecs ont fort justement employé le terme *cynégéticon (kunos-agein)*, art d'employer le chien à la chasse. Quel chemin ce terme a fait jusqu'à nos jours !

Reportons-nous au très intéressant article paru dans le *Saint-Hubert-Club Illustré* (décembre 1907), sous la signature si autorisée du comte CLARY, *Une chasse chez l'empereur d'Allemagne*. Nous voyons que le baron d'Heinze, grand-veneur de la cour, ne se sert pas de chiens pour la chasse du cerf; la journée est néanmoins dite cynégétique, bien que le chien, toujours regardé comme l'âme de la chasse, n'y soit présent que moralement (2).

Que devient alors cet axiome sorti de la plume de M. Roger Laurent (*Chasse Moderne*, p. 370) : « Pour le veneur, le chien est l'outil indispensable? »

Nous sommes donc obligés de nous baser sur quelques définitions précises avant d'entamer l'historique abrégé de la chasse à courre, tant les synonymes de ce terme sont différents dans le passé et le présent.

Dans un Rapport sur « La chasse à courre du lièvre », composé à l'occasion du Congrès international de la Chasse, en mai 1907, l'auteur, maître d'équipage lui-même, rappelle que *la chasse à courre du lièvre* remonte à la plus haute antiquité.

« Xénophon, continue-t-il, a écrit sur *la chasse à courre* du lièvre. Ce sport, vieux de vingt siècles, a toujours subsisté, parce qu'il offre tous les attraits de la grande vénerie. »

Je suppose un instant qu'après quelques minutes de randonnée en plaine,

---

(1) Déjà le professeur E. Core, de Philadelphie (*Illustration*, n° du 23 février 1907) reporte à vingt millions d'années en arrière l'existence du néosaure, habitant des bords du lac Péarmian (Texas), amphibie dont le squelette est au Muséum de New-York. Qu'est-ce que la génération suivant la nôtre va découvrir relativement à la date du commencement du monde et du premier chasseur ?

(2) Citons aussi ces exploits *cynégétiques* décrits par le *Monde Illustré* du 18 septembre 1909 : Un crocodile monstrueux, tiré par des sauvages à l'affût, est *retiré* du Nil. Pas de chien, mais « quel petit Moïse », au dire des badauds de Paris !

le lièvre, chassé par la meute de ce veneur, veuille gagner un boqueteau et soit alors happé en bordure par une laisse de lévriers, à la façon des anciennes laisses de haie. Il est hors de doute que ce veneur passé maître jugera fort justement son sport tout gâché, et que cet incident l'aura *empêché de chasser son lièvre à courre* et d'en déguster la prise.

Une laisse de bons lévriers bien jetés arrête un chevreuil en moins de trois cents mètres; la chose a été expérimentée en Vendée, il y a une trentaine d'années, par MM. A. et R. de Chabot et M. J. de Vézins, avec trois lévriers, à la Boissière (Vendée). *Le lévrier arrête la chasse tout net.*

Toute une catégorie d'auteurs français et latins, reconnaissant que les Grecs et les Romains ont chassé l'utile à leur manière, accordent aux seuls Gaulois d'avoir « inventé notre chasse à courre ».

Si nous ouvrons le livre du comte de Chabot (1) nous trouvons un passage emprunté à D. de Noirmont et reflétant l'idée de beaucoup d'auteurs. « La chasse du lièvre est très bien décrite par Arrien : Le veneur gaulois..... venait.... lancer le lièvre avec ses chiens courants, après avoir disposé des laisses de lévriers sur les refuites présumées de la bête. Ces lévriers saisissaient le lièvre fuyant devant la meute que les chasseurs suivaient à cheval. » (NOIRMONT.)

Avec les Gaulois, il y aurait chasse a courre ; avec notre veneur 1907, il y aurait non une chasse en courant, mais simplement un lièvre « gueulé », une attrappe !

Il n'y a pas de raison pour qualifier chasse à courre un fait de chasse ancien, que nous ne qualifierions pas de même aujourd'hui, ni un fait isolé. De tout temps, il y a eu des briquets qui, un jour donné, à deux ou trois non servis ont forcé un lièvre en quelques minutes, des cerfs en une ou deux heures, exceptions qui ne font pas la règle et ne prouvent rien.

Nous serons moins sévères qu'Amour-des-Chiens (dans le *Roman des Déduits*, de GACE DE LA BIGNE (1394) ; nous ne repousserons pas le relais, mais nous ne donnerons le nom sonore, brillant, élevé de *chasse à courre* qu'à celle qui, sous un autre nom, MAIS AVEC LES MÊMES TENDANCES DE PRINCIPES, est devenue progressivement notre chasse à courre, dont le nom est moderne. Nous disons moderne, car nous le trouvons pour le première fois, sans définition, dans le *Dictionnaire de l'Académie,* édition de 1798.

Il ne faut pas, en effet, se baser sur la lettre envoyée par sir Throck-Morton, ambassadeur d'Angleterre, à la reine Elisabeth, le 17 décembre 1559, lettre relatant une chute de cheval que fit Marie Stuart, et à la suite de laquelle cette reine était « bien déterminée à renoncer à la chasse à courre » (2).

Le comte de la Ferrière a fait erreur ; la lettre est de Kyllygrew et Jones, et non de Trok-Morton, et est datée de Blois le 27, au lieu du 17 décembre ; de plus, elle est en anglais : « Who riding on hunting and following the hart ov force..... »

Pascal avait ses raisons pour écrire : « Tout est dit, et l'on vient trop tard.... » ; M. de Guillebert des Essarts avait aussi les siennes lorsqu'il a écrit : « Pour la chasse à courre, tout a été fait et dit dans la grande époque de la vénerie (3). »

---

(1) *La Chasse du chevreuil et du cerf,* 1891, p. 4.

(2) *Les Grandes Chasses au XVI* siècle, par le comte H. DE LA FERRIÈRES (p. 67, édit. 1884). Cette citation est tirée de FORBES, *State papers,* vol. I, p. 290.

(3) *Chasse du Lièvre à courre et à tir,* 1889, p. 79.

Nous avons l'espoir d'être parfaitement d'accord avec cet auteur sur la désignation de cette *grande époque,* qui diffère tant avec les divers auteurs et les veneurs dès qu'il faut la définir nettement, xiv⁰, xvi⁰ ou xvii⁰ siècles, Nemrod ou François I⁰⁰, Charlemagne, Louis IX ou Louis XV. La chasse à courre, telle que ce sport est entendu présentement par la loi et par tout le monde, c'est-à-dire avec les chiens courants seuls, a existé sous d'autres noms, elle a sa petite histoire avant la Révolution ; voilà le petit angle sous lequel il nous est demandé de l'étudier.

Nous l'avons entrepris, c'est-à-dire que nous implorons la mansuétude du lecteur et *le relèvement des défauts.*

Notre idée prédominante

L'évolution qu'a subie la chasse à l'aide du chien de suite, sous l'influence des conditions de milieu où elle s'est pratiquée, reste l'idée prédominante de cette étude, que nous diviserons de la façon suivante :

DIVISION

1° Définition de la chasse à courre et de ses synonymes ; quelques définitions secondaires ;
2° L'évolution de la chasse à travers les âges et mobiles qui ont poussé à la pratique de ce sport ;
3° Tactique, terminologie, usages, droit de suite ;
4° Animaux employés ;
5° Discussion de certaines opinions publiées relativement à l'historique de la chasse à courre ;
6° Conclusion. — Date de l'origine de notre chasse à courre. — Conditions générales et primordiales dans lesquelles ce Sport évolue présentement ;
7° Appendice.

CHAPITRE PREMIER
Définition de la chasse à courre et de ses synonymes

Chasse. — Le terme *chasse* est si bon vieux français, qu'il a su se substituer au terme *vénerie,* au point que ce dernier n'est plus pour nous qu'« une espèce de chasse ».

« En droit, la chasse est l'action de rechercher, poursuivre ou capturer les animaux qui vivent dans l'air ou sur la terre, et que ni la nature, ni l'habitude n'ont façonné au joug ou à la société de l'homme. »

Chasser ne vient pas de *captare,* s'emparer de, étymologie donnée par Ménage et répétée par certains auteurs ; chasser, c'était avoir fait une battue et réussi à pousser le gibier dans un chas, entrée évasée, formée de haies et aboutissant par *la léc* à une fosse ou à une enceinte de fortes haies ou de pieux (1).

La chasse à la haie a laissé à notre vénerie les expressions de *fermer* et de *barrer l'enceinte.*

Vénerie a eu primitivement le sens « art de prendre les animaux de toutes les façons », et comprenait la fauconnerie ; le *De Arte venandi,* de Frédéric, est un traité de fauconnerie, et nous en donne une preuve.

Le terme s'est ensuite spécialisé pour désigner la chasse des grands animaux.

---

(1) V. Peigné-Delacourt, *Chasse à la Haie,* 1871, et notre Appendice.

Avec Henri Estienne (1) « la vénerie est proprement la chasse à toutes bestes sauvaiges, mais le plus communément s'entend de la chasse aux bêtes rousses, ou fauves, ou noires ».

Le terme vénerie avait donc jadis exactement le sens que nous donnons à la chasse en droit présentement ; aujourd'hui, nous le spécialisons.

La *grande vénerie* ou vénerie proprement dite, c'est la chasse à courre, d'après LA VALLÉE (1863), chasse aux *chiens courants,* c'est-à-dire chasse qui se fait avec *beaucoup* de chiens courants ; « la petite vénerie est dite par le baron d'HOU-DETOT chasse au chien courant », c'est-à-dire avec *quelques* chiens courants seulement, et quelquefois avec un seul. Petite nuance !

La chasse à cor et à cris, à bruit ou à beau bruit, ou encore chasse clameuse· fut à l'origine une battue (PEIGNÉ-DELACOURT, XII) exécutée par des rabatteurs, dits sujets à haies et à huées ou hommes de cor, dont quelques-uns portaient fréquemment des cors, des cornets ou huchets (XIIIᵉ siècle).

La ligne des rabatteurs cessa un beau jour d'être marchante ; puis, au lieu d'être constituée par une ligne d'individus formant enceinte (2), elle le fut par une ligne de postes ou titres, d'où les hommes à pied ou à cheval,|« fortitreurs », repoussaient le gibier de loin par le grand bruit de leurs cors et de leurs cris (XIVᵉ siècle).

La chasse dans la courre, au dire de La Vallée, était ordinairement précédée d'une chasse à cor et à cri, expression qui désigna notre chasse à courre sous Louis XIII.

Ces hommes *attitrés* avaient pour mission de *forhuire,* terme dont notre chasse à courre a tiré le terme *forhu,* aujourd'hui tombé en désuétude.

La chasse noble signifiait seulement la chasse avec beaucoup de monde.

Clotaire II, au VIIᵉ siècle, chassa le sanglier en Séquanie, *venatu nobili,* c'est-à-dire « devant ses leudes et avec apparat » ; c'était encore une battue. C'est aussi le sens conservé dans les notes de l'Ordonnance de 1669, publiée en 1753.

Elle était aussi regardée comme « noble pour l'exercice », « exercice noble, comme dit H. Estienne, pour estre cousin germain de celui de la guerre ».

La chasse à titre, dont dérive la chasse à l'accourre, était une chasse au filet. Une petite plaine était primitivement entourée d'un filet ou tixtre comme on faisait une enceinte dans les bois.

La chasse à l'accourre n'est en réalité que la chasse à cor et à cris, avec ligne demi-circulaire de titres (postes où les relais étaient placés). Elle a laissé à la chasse à courre l'expression *fortitrer.*

Déduit royal, c'est « les buissons faire pour chasser les bêtes noires avec grand foison de chiens, de filles et joli déduit ». *(Modus,* f. XXXVII.) Ce sens s'est étendu rapidement à la chasse au cerf et au loup, que Robert Monthois a qualifiée ainsi.

Chasse royale ! « Chasse de roy doit se faire à grands cris et à grands bruits. » (GACE DE LA BIGNE.) Elle s'entend de la chasse du cerf avec Charles IX, et de la chasse du sanglier (3) avec Hugues Salel, sous François Iᵉʳ.

Chasse française. — La chasse à force avec les chiens courants seuls

---

(1) *Précellence du langage français 1579,* par HUGUET, 1894, p. 117.
(2) Voir la *Chasse du loup,* par le baron Le COUTEULX, ch. I, fig. 15
(3) *Chasse royale contenant la prise du grand sanglier Discord,* par Hugues SALEL. Certains maîtres d'équipage font sonner le Dix-cors ou la Royale à la curée d'un sanglier quartannier ou plus âgé, parce que jadis les rois ne couraient le sanglier qu'au-dessus de trois ans.

devint la chasse française sous Jean II, grâce à Gace de la Bigne, qui mit cette expression à la bouche d'Amour-de-Chiens dans le *Roman des Déduits* (fin du xive siècle).

De chasse française, « nos chasses », comme dit Montaigne, on fit vénerie française, cette chasse où on prend plus son plaisir en la ménée « qu'en la prinse ».

La grande chasse signifie simplement la grande poursuite avec chiens courants; cette expression vient des termes bas-latins *fugatio* (1207) et *grossa fuga* (1231, 1270), employés dans les chartes des xiie et xiiie siècles, lesquels termes n'excluent pas l'emploi du lévrier, ni celui de l'arc.

La chasse à la grande bête, qu'on entend encore quelquefois, vient aussi de ces mêmes chartes où se voyait des « *chaciam ad magnam bestiam* » *(ch. d'Ed.,* II) et des « *chaciam ad grossam bestiam* » *(Hist. Montmor.,* 1226).

Prendre se dit aujourd'hui par abréviation de prendre à force de chiens courants; mais il est à remarquer que Phœbus différenciait prendre à force, c'est-à-dire *avec les lévriers, les alans et les chiens courants,* d'avec prendre, proprement dit, c'est-à-dire attraper, ce qui se faisait avec les lévriers seuls (1).

Chasse à force. — On trouve les expressions « prendre à force de toiles », « à force de cordes (2) », « à force de chiens, de filets et de toiles », et enfin simplement « prendre à force », qui signifie prendre le plus possible avec les chiens courants (en principe, mais non d'une façon absolue avant la fin du xive siècle).

« La chasse à force et par mestrise (3) », comme dit Phœbus, signifie avec beaucoup de chiens et de science.

« La vénerie n'est autre que l'art de prendre à force de chiens l'animal que l'on veut capturer. » (M. R. LAURENT, *Chasse moderne,* p. 370.)

Ces deux auteurs ont entendu chacun l'expression « à force de chiens » au sens de leur temps, le premier avec chiens de vitesse, chiens de force et chiens courants, l'autre avec les chiens courants seuls.

« Vénerie, *chasse à courre,* chasse à cor et à cris, chasse noble et chasse royale ont compris au moyen âge (c'est-à-dire jusqu'à 1453!) la chasse aux lévriers ou lévretterie, soit que la chasse se fît *avec les lévriers seuls,* soit qu'ils n'y servissent que d'auxiliaires. » Ainsi s'exprime Dunoyer de Noirmont (t. II, p. 371). Cet auteur ne parle pas à cet endroit de la chasse à force aux chiens courants seuls, laquelle, dans son esprit, est entendue par l'expression « chasse à courre » ; or, cette expression justement n'existait pas au moyen âge, et paraît imprimée, pour la première fois, dans d'YAUVILLE, édition 1788 (voir vocabulaire, ve *chien courant),* puis dans le *Dictionnaire de l'Académie,* édition de 1798, non dans celle de 1762. Chasse à courre avec les lévriers seuls, c'est une erreur de Noirmont, car tout le monde sait bien que nos pères *laissaient courre* le chien courant et *jetaient* le lévrier à vue.

---

(1) Ainsi, au chap. 51, « Comment on doit chassier et prendre les connins », il dit : « Pour ce que la chasse n'est pas de trop grand mestrise, ne l'en ne les chasse à fourse. » Pour détails complémentaires, je renvoie le lecteur au sonnet de Guillaume du Sable : « A une jeune fille assez belle qu'on appelait Peau de conil. »

(2) Employées par les chroniqueurs Nicolas SALAT et citées par le comte DE LA FERRIÈRE (*Les Grandes Chasses au XVIe siècle,* p. 21).

(3) La chasse par mestrise était la chasse par ruse et engin.

Noirmont a différencié la chasse à force avec chiens courants d'avec la chasse à force avec lévriers, seulement à propos de la chasse du loup à force (livre III, chap. II). Il écrit même (t. III, p. 47) : « Laissant de côté les lévriers et les panneaux, le Grand Dauphin chassait le loup franchement à courre. » M. LE COUTEULX s'exprime de même dans sa *Chasse du loup*, 1861, p. 5 : « Le Grand Dauphin chassa franchement à courre et à forcer . »

Déjà du Fouilloux avait traité de la chasse à force aux chiens courants (chap. VI) et de la chasse à force aux lévriers (chap. VIII)

Cette chasse à force aux chiens courants sans lévriers, cette chasse franchement à courre, c'est justement celle qui nous intéresse la plus (1).

« *Chasse à courre* », c'est la chasse aux lévriers d'après Bescherelle (1868), qui pense à la courre ou à l'accourre. Par ailleurs, après avoir narré la chasse aux lévriers organisée dans le parc de Windsor pour Castelnau, ambassadeur d'Henri III, Hector de la Ferrière ne peut s'empêcher de dire : « Mais, en réalité, ce n'était pas de la vraie chasse. » Pourtant si, c'est une vraie chasse, mais pas la chasse à force ou à courre.

Pour faire comprendre le vieil adage français : « le lévrier est le meilleur chien de chasse », il faut savoir que, dans d'immenses régions de l'Amérique du Nord non encore percées et peu fourrées, les chasseurs de nos jours, vivant réellement du seul produit de leur chasse, n'emploient pas de chiens courants ; quelques bons lévriers suffisent. Avec ces animaux bien dressés, un chasseur s'empare assez vite d'un cerf ou d'un loup dans certaines conditions de topographie et hors le temps des neiges. Le dressage du lévrier consiste à saisir un cerf, par exemple, par un membre antérieur en galopant et à le faire culbuter ; deux lévriers maintiennent aisément un cerf à terre et sans défense jusqu'à ce que le chasseur vienne tuer sa proie à bout portant, ordinairement avec un revolver. Avec des chiens courants, on n'obtiendrait aucun résultat.

On disait corre le cerf au XIII⁰ siècle, courir (avec le sens de chasser) au cerf et aux bestes sauvaiges au XIV⁰ ; Salnove disait courre à force ou courre ; Dangeau, d'Heudicourt ne disent plus que *courre* ou *forcer*, et nous disons surtout *chasser à courre*, expression qu'aucun de ces auteurs n'a employée.

La loi n'a pas défini la chasse à courre, dit M. DUBOSC *(Lois et Sports,* août-sept. 1909) ; elle l'appelle de nos jours « chasse à courre, à cor à à cris », supposant que la partie de chacun de ces termes est bien connue. Il y a une lacune !... Elle est définie légalement par les Tribunaux de la façon suivante : « La chasse à courre se pratique à l'aide de chiens courants, qui, après avoir levé un gibier, le suivent à la piste en donnant de la voix et l'obligent, après un temps plus ou moins long, à leur tenir tête et à tomber sous leurs dents. »

« La recherche et la poursuite du gibier à l'aide de chiens courants, les chasseurs ne devant intervenir que pour diriger la poursuite et pour donner le coup de grâce à la bête sur ses fins, telles sont les vraies caractéristiques de la chasse à courre. »

Bien que le lévrier n'ait été supprimé que par l'art. 12 de la loi du 3 mai 1844, il y avait longtemps que la chasse aux chiens courants sans lévrier avait vu le jour, longtemps qu'on laissait courre et courait le cerf sans qu'on ait

---

(1) Les Allemands, depuis plus de deux siècles, l'appellent *Parforcejagd*, et, de nos jours, « chasse à courre - chasse à cor et à cris ». Ils en expliquent ainsi l'origine en pensant à la chasse dans la courre : erreur ! *Parforcejagd* est une forme d'origine française évidemment, mais qui ne se retrouve cependant dans aucun de nos traités anciens, et date chez eux de Maximilien.

parlé de *chasse à courre*. Noirmont la donne comme signifiant *chasse à courir*, expression de convention, puisqu'on court à presque toutes les chasses.

Carl Batz entend par l'expression *parforcejagd* « chasse à courre — chasse à cor et à cri » ; il paraît avoir la même idée que Bescherelle et penser à la courre. Clamorgan (m. s. de Berlin) différencie en effet chiens de chasse (chiens courants) et chiens de courre (lévriers), mais cependant nous ne saurions suivre Bescherelle et Batz dans cette voie, et voici pourquoi :

1° La chasse à force *parforcejagd* fut introduite en Allemagne par le roi Blanc (l'archiduc Maximilien, époux de Marie de Bourgogne, xv° siècle) sous le nom de « Fortz und Parckjagdt », chasse de parc : c'est la chasse de Philippe-Auguste ;

2° La chasse dans l'accourre dérive de la chasse au filet ou *tixtre*, c'est ainsi que le titre ou accourre est devenu l'endroit choisi pour embusquer les lévriers. (LA VALLÉE, édit. de *Phœbus et la Chasse à courre*.)

La courre ou l'accourre s'est dit ensuite de la plaine entourée de ces postes de lévriers, puis de toute plaine bordant la forêt (le débucher).

La chasse à courre, d'après Bescherelle, serait caractérisée uniquement ou principalement par l'action des lévriers dans la courre. S'il en était ainsi, on trouverait certainement l'expression que nous étudions au loin dans l'histoire de la chasse et dans les auteurs cynégétiques ; mais ceux-ci disent simplement et avec grande justesse « prendre à course de lévriers », la chasse dans la courre ne s'est jamais dite chasse à courre, et cette dernière expression ne se trouve dans aucun livre antérieur à l'époque de la Révolution ; cette thèse de Bescherelle est donc insoutenable.

Nous expliquons la genèse de cette expression de la façon suivante :

Chasse à courre signifie chasse à courir (DARMSTETER, NOIRMONT) ; elle a un précédent comme idée ; c'est l'expression de du Fouilloux : « Chasser et prendre à course et à force » ; il entendait à course de chevaux et à force de chiens courants.

Au xiii° siècle, les veneurs disaient « laissier courre les chiens (1) après le cerf. »

Cette expression s'est abrégée, comme tant d'autres en vénerie, et est devenue « laisser courre », puis simplement « courre » (2), pour signifier *chasser*, sous-entendu avec meute et relais (3).

Il en fut ainsi jusqu'à la fin du xiv° siècle, époque où parut le terme « courir », qui a servi concurremment avec courre ; courir n'était plus de mise

---

(1) Il faut comprendre *de meute* ou *courants seuls,* car on jetait les lévriers. Nous trouvons conséquemment que Chaillou, en écrivant que les veneurs d'autrefois se servaient pour la « chasse à courre » de lévriers, de chiens de force et de chiens courants, aurait mieux fait de dire « chasse à force », comme tous les anciens auteurs, vu que cette chasse était quelquefois fort courte, même avec un animal très vigoureux ; la *vraie* chasse à courre est, au contraire, fréquemment appelée « chasse à la lasse » par les paysans. C'est du bon sens que tout le monde est obligé de reconnaître.

(2) Biau sire... avez... « congié de courre après le cerf », chanson du roi Guillaume d'Angleterre (Bibliothèque Nationale, 6987).

(3) Cette façon de voir est en parfait accord avec le *Thrésor de la langue française*.

Les veneurs, dit Nicot en 1606, font de ces verbes un nom disans laisser-courre et au laisser-courre, c'est-à-dire au lascher des chiens pour courir après la beste. Courre se prend pour chasser, parce qu'à la chasse il y a ordinairement des piqueurs pour accompagner la meute des chiens courants.

sous Louis XIV et n'est revenu partager le service de son ancêtre qu'avec le Premier Empire.

Dans l'intervalle, entre Louis XVI et l'Empire, ce fut la Révolution ; la chasse à tir prit alors une grande importance ; à peine parlait-on des laissercourre, d'ailleurs peu brillants, de Barras. L'expression « chasse à courre » fut dite par opposition à *chasse à tir* (1), et signifie « chasse à (laisser) courre » (la meute après le cerf).

Opinion personnelle, donc sans valeur !

Quelques définitions secondaires

Chien courant. — Les egousiai (agasses des Bretons), les segusii, chiens de suite ou ségus ou seuz, (dits encore meneurs ou de piste) ,eurent un jour à suivre la voie d'animaux libres de choisir leur grande refuite, de prendre un parti. « Ceux qui poursuivent incessamment après l'animal tant qu'ils le rendent aux abbois, comme dit Nicot (1606), furent alors dits courans. »

Du Fouilloux prétend qu'on donna ce qualificatif tout spécialement aux « chiens gris » (2) de Saint-Louis, parce qu'ils « courraient à toutes bestes » (3).

Veneur, ce fut d'abord l'homme cherchant à s'emparer des bêtes sauvages par n'importe quel moyen, puis celui qui aide et dirige les chiens courants à la poursuite des grands animaux dits de vénerie.

Charles IX parle du veneur : « Au temps passé, il y avoit de deux sortes de veneurs, au lieu qu'il n'y en a maintenant que d'une. Les uns et principaux étoient congnoisseurs qui alloient au bois et laissoient courre les cerfs, et les aultres se nommoient piqueurs. Les congnoisseurs, montés sur traquenards, suivoient la chasse de loing », avec leur limier attaché au troussequin de leur selle.

Dès son temps, le piqueur, comme le mestre veneur, devait donc être connaisseur, c'est-à-dire savoir faire le bois et juger au pied.

Chasseur, ce fut d'abord le *cheval* employé par le veneur pour poursuivre le gibier et suivre les chiens ; il paraît sous la forme caçor et chaçor dans les lois de Guillaume le Conquérant, au XIᵉ siècle, et devient chaceür au XIIᵉ siècle.

« Sur un chaceür le cerf il poursuivi » (Berte), XIIᵉ siècle.

Depuis, ce qualificatif fut appliqué à l'homme. Parfois le gentilhomme eut la charge de *rachasseur*, alors qu'à propos du chien on disait seulement chasser et rechasser ; enfin, au XIXᵉ siècle, le chien courant s'est vu souvent qualifier de *très-chasseur*.

---

(1) Nous sommes en quelque sorte autorisés à le dire par le libellé de la première phrase (manuscrite) où elle a figuré : « Les meutes et *chasses à courre* sont inconnues en Espagne....., mais *tirer, voler et des battues* aux grandes bêtes..... sont les chasses ordinaires, et la dernière est celle de Philippe V de presque tous les jours. » (*Mémoires de Saint-Simon*, Tome V, de LXXXIX, éd. 1829, p. 165.)

(2) « Autrement dits chiens courants. »

(3) Les expressions de chiens-cerfs, cerf-bauds, bauds lies, ou simplement bauds, et celle de bauds muz correspondent au sens donné par le marquis d'Armaillé à l'expression de chiens convaincus et bauds restifs à celle de chiens vaincus.

Baud était le qualificatif du chien requérant ou excité par le fumet de la voie (le scent) ; nous ne retrouvons ce terme que dans *billebaude*, qui nous vient des premiers valets de limiers normands ; ils baudissaient en effet leurs limiers en tapant sur le lien (trait) avec la bille (baguette de châtaignier).

« Le chasseur à courre français, disait M. Henri de Chézelles, se différencie du chasseur au renard anglais, notamment en deux points : il écoute
mieux le chien qui parle au fourré ou sonne au chemin, et fait bien plus attention au genre féminin. »

Il est très remarquable, en effet, que de toutes les formes à deux genres,
la forme masculine est toujours la plus ancienne, et les veneurs de France, toujours galants, se sont approprié les formes féminines dès qu'elles ont paru et les
ont toujours conservées, exemple : le trac et la trace, le plain et la plaine, le
randon et la randonnée, le repos et la reposée du cerf, le cours des chiens et la
course des lévriers, le hard et la harde, le courre et la courre (dans le sens d'accourre, petite plaine) ; le *layon* cependant est resté usité à côté de *la laie*, dite
aussi anciennement la lée, devenue aujourd'hui l'allée. Quant à la *chasse*, elle a
été adoptée de suite ; sa forme masculine inusitée dans ce sens se retrouve très
bien en vieux français dans les composés *le porchas* et surtout *le parchas ou
pourchas*, tombés en désuétude au xvi° siècle.

Harde et Meute. — Hart ou mieux hard, c'était, au xiv° siècle, une branche
menue, tordue pour réunir entre elles plusieurs couples de chiens.

Les chiens qui ne seront laissés courre en premier, seront *enhardés* par
les couples *à josne bois tors. (Livre du roy Modus.)*

Harder les chiens, c'est les mettre chacun dans la force pour aller de
meute ou aux relais.

Meute ne fut longtemps dit que d'un groupe d'hommes, puis ce fut d'un
lot de chiens tenus ensemble et non découplés ; l'expression « chasser à la vüe
les uns des autres » fut remplacée par celle de « chasser de meute ». On eut
alors besoin de donner un nom spécial au lot de chiens « non laissés courre » en
premier », et le terme relais fut choisi par comparaison avec les chevaux et vint
peu à peu, à partir du xiii° siècle, prendre la place que nous lui donnons toujours actuellement.

Meute de cerfs a été dit quelquefois d'une *harde* de cerfs ; le terme *harde*,
appliqué aux grands animaux, par comparaison au lot de chiens enhardés, est
une corruption du vieux terme herde, troupeau.

Passons maintenant à l'homme adaptant le chien à sa façon de comprendre la chasse selon son temps.

CHAPITRE II

L'Evolution de la Chasse à travers les âges. — Les Mobiles
de la Chasse à courre

L'évolution de la chasse — si tant est que l'on puisse désigner par ce mot
un peu pompeux les modifications apportées aux méthodes employées par
l'homme pour prendre le gibier — a suivi, d'assez loin il est vrai, le progrès de
la civilisation. Les mobiles qui ont animé l'homme dans cette recherche d'une
utilité ou d'un plaisir ont pareillement varié avec les conditions économiques
qui ont présidé aux besoins de son existence.

Si on veut bien se reporter par la pensée à l'époque infiniment reculée
de l'homme des cavernes, on se rend compte que la chasse et la pêche constituaient le seul moyen d'existence pour notre grand ancêtre préhistorique.

Mais ses moyens de prise étaient extrêmement réduits ; il ne possédait, en effet, que sa force naturelle, bien faible en comparaison de celle des animaux gigantesques de l'époque, mais qu'il savait déjà amplifier, grâce aux ressources d'un esprit naissant, lequel avait su découvrir cet autre élément de domination, la *ruse*.

Si notre pensée, faisant un bond immense en avant dans l'histoire des siècles, nous amène à l'aurore de l'époque historique, nous voyons que la chasse ne constitue plus pour l'homme une nécessité absolue de l'existence, mais tout au moins une utilité de premier ordre.

Il a déjà asservi et domestiqué certains animaux qui peuvent lui fournir les ressources nécessaires à sa vie, mais que, par contre, il est obligé d'entretenir et de nourrir. C'est encore dans le produit de sa chasse qu'il trouve en grande partie la viande pour se nourrir, les peaux pour se vêtir *(victum et vestitum)*.

Le but utilitaire de la chasse se manifeste ainsi pendant de longs siècles.

Mais déjà, en certains pays favorisés, où la civilisation s'est brusquement développée (Assyrie, Egypte, Grèce), où les conditions économiques se sont améliorées sous l'influence de causes que je n'ai pas à examiner ici, la chasse devient un plaisir réservé aux puissants de l'époque et du lieu. Son but utilitaire s'amoindrit, son rôle d'agrément apparaît, perce.

Il ne faut pas croire que le contraste entre ces immenses étendues de pays où la barbarie des premiers âges sévit toute puissante, où les malheureux êtres qui les habitent doivent chercher chaque jour dans les forêts inextricables qui les couvrent, le gibier nécessaire à leur existence journalière, et ces heureuses contrées touchées déjà par la civilisation où la chasse devient pour certains un plaisir recherché, soit particulier à ces époques reculées de l'histoire du monde.

De nos jours ne voit-on pas encore les nègres de l'Oubanghi, les Abyssins des plateaux Nyanza, à peine armés de lances et d'arcs, traquer, prendre, combattre, pour les besoins de leur existence, les grands *animaux gibiers* de l'Afrique Equatoriale ? Ne voit-on pas les Esquimaux, montés dans leurs frêles cayaks, forcer sur mer le morse, le narval, pour en retirer la viande qui les nourrira, l'huile qui les éclairera, la peau qui les habillera ?

Tandis que dans nos régions à civilisation intensive, la chasse en général, la chasse à courre surtout, constitue exclusivement un agrément, un plaisir rare, dispendieux, réservé à certains privilégiés !

Il n'est guère possible de préciser l'époque (1) où le mobile qui a animé l'homme dans la recherche et la prise du gibier a cessé d'être une utilité, une nécessité d'existence, pour devenir un plaisir, un agrément, un sport en quelque sorte.

Nous venons de voir que cette évolution était corrélative des progrès de la civilisation ; elle a donc été fort variable, suivant les pays. D'ailleurs, ces deux mobiles se sont vite chevauchés dans l'esprit de l'homme, qui a vraisemblablement pris un certain goût, un plaisir évident, à la recherche et à la capture du gibier, et qui a ainsi réalisé, dans ce genre d'exercice, son éternel désir d'unir l'agréable à l'utile.

Cependant, en France, il semble bien que le côté vraiment « sportif » de

---

(1) La première manifestation de cette idée se trouve libellée dans le chap. XV de la *cynégétique* d'Arrien. (Fin du II° siècle avant J.-C.).

la chasse soit apparu en pleine époque féodale. Nous nous représentons facilement les besoins et le genre de vie des seigneurs de l'époque, hommes matériels avant tout, dont la force, par toutes ses manifestations, constituait le véritable élément de domination.

Entre deux expéditions, entre deux guerres, ils occupaient leurs loisirs à
traquer, à chasser le gibier. Ils donnaient ainsi libre cours à leurs penchants,
à leurs instincts, à leurs désirs de mouvement, de lutte, à leur amour des
exercices violents, lesquels constituaient un exutoire par où s'epanchait leur
trop-plein de vie.

Nous avons dit, autre part, que la topographie du pays, hérissé de forêts
inextricables, coupé de marais et de cours d'eau souvent infranchissables, se
prêtait mal à la poursuite prolongée du gibier.

Alors la tactique qu'ils employaient se ressentait des moyens réduits
dont ils disposaient pour prendre les animaux qu'ils convoitaient : c'était la
chasse à la haie, qui consistait à rabattre le gibier dans une enceinte, et qui
fut en quelque sorte l'origine du terme chasse lui-même. Dans ces exercices,
dits aujourd'hui cynégétiques, ils devaient faire preuve de force, d'adresse, de
ruse, et ils s'entraînaient ainsi merveilleusement, en vue de la guerre, de la
lutte, but final de toutes leurs pensées.

Cependant ces chasses, encore qu'elles développassent leurs qualités com-
batives, n'étaient pas sans profit et sans utilité pour eux. Le gibier constituait le
fond de leur nourriture.

Les auteurs qui ont décrit les mœurs féodales, Walter Scott entre autres,
parlent constamment de tables seigneuriales chargées de quartiers de venaison,
de morceaux entiers de cerf, de daim, de chevreuil. C'étaient là des mets inconnus du vilain, du serf qui, sous peine de mort, ne devait pas toucher au gibier
qui pullulait dans les forêts, et qui restait la propriété exclusive du seigneur.

Mais ce dernier chassait également les bêtes fauves, le loup notamment,
et à ce titre il avait droit à la reconnaissance du serf, puisqu'il le protégeait
contre les animaux malfaisants, de même qu'il le défendait contre les entreprises
des seigneurs voisins, voleurs et pillards. « Souverain et propriétaire à double
« titre, le seigneur garde pour lui la lande, la rivière, la forêt, toute la chasse ;
« le mal n'est pas grand, puisque le pays est à demi-désert et qu'il emploie tout
« son loisir à détruire les grandes bêtes fauves. » (TAINE, *Origines de la France
contemporaine*, t. I.)

La chasse alors est un plaisir et une utilité. Le seigneur s'y adonne en
tout temps. Quand il ne guerroie pas, il chasse. Des règles basées sur l'expérience
s'établissent pour la prise du gibier. Des locutions spéciales adaptées aux diverses
phases de celle-ci sont créées peu à peu. Des usages, des coutumes se fondent,
qui se transmettent par tradition. Un certain cérémonial est admis pour rehausser
le prestige de ce plaisir réservé aux seuls seigneurs et pour en augmenter l'attrait.
Les premiers écrivains rapportent dans leurs écrits ces us, coutumes, locutions.
C'est ainsi que les premiers documents relatifs à la chasse *à force* paraissent
dans les ouvrages de la fin du XIIIᵉ siècle.

Des siècles passent encore, et la puissance de l'homme augmente ; sa
supériorité sur les autres créations de la Nature s'affirme de plus en plus. Il possède maintenant l'arme à feu, qui lui permet de tuer le gibier à distance. Plus
n'est besoin pour le seigneur d'user de ruse, de rabattre le gibier dans une
enceinte fermée, de le traquer et de l'attendre sournoisement caché, pour

l'atteindre, le prendre ou le tuer. Il possède maintenant d'autres moyens plus expéditifs et plus sûrs. D'ailleurs, le gibier devient de moins en moins nécessaire à sa subsistance.

Mais le plaisir qu'il prend à la chasse persiste et s'affirme. L'homme perfectionne et spécialise ses moyens de capture, afin qu'il puisse jouir du plaisir plus grand de la poursuite, de la course, de la prise; les chiens constituent les auxiliaires précieux de ce plaisir en suivant le gibier en tous points, en tous lieux.

Les forêts mieux percées, les marais en partie asséchés par les efforts continus d'une multitude de générations humaines travaillant pour la conquête du sol, lui permettent maintenant de suivre le gibier dans sa fuite, jusqu'à ce que celui-ci, épuisé par une course prolongée, s'arrête plus ou moins forcé.

Et c'est à cette époque surtout, c'est-à-dire vers la fin du xv° siècle, que se répandent, que se diffusent, dans toute la France, les us, coutumes, pratiques de la chasse à courre, telle que nous la concevons aujourd'hui. Et François I" qui, entre beaucoup d'autres passe-temps, l'aima par-dessus tout, peut être qualifié le véritable père de la chasse à courre.

Dans les deux ou trois siècles qui suivirent, la chasse à courre constitue le plaisir le plus raffiné, le plus quintessencié pour les grands de l'époque. Elle est leur principale occupation et leur meilleur agrément. Les rois donnent l'exemple. La vénerie royale est une sorte de département d'Etat avec des charges importantes. De nouvelles coutumes se surajoutent aux anciennes. Un cérémonial compliqué préside aux pratiques cynégétiques. Le but utilitaire de la chasse a totalement disparu. La chasse à courre n'est plus qu'un plaisir à la mode, un prétexte à réunion mondaine où les seigneurs d'alors se rendent par agrément, par désœuvrement, pour plaire, pour se montrer ou pour voir.

Le xviii° siècle, siècle futile s'il en fût (tout au moins en ses débuts), siècle de plaisir, de faste, de jouissance, de désœuvrement, fut vraiment l'âge d'or de la chasse à courre.

A côté des grands équipages royaux, des Condé, des Conti, des Rohan, des Dillon, etc..., il s'en trouvait une multitude d'autres qui pratiquaient le noble plaisir en presque toutes les contrées boisées de France.

Je ne saurais dire si tous les seigneurs du temps trouvaient la même satisfaction à ces longues chevauchées derrière les chiens à travers un pays. A côté de veneurs véritables, il devait se trouver, comme de nos jours, bon nombre de nobles qui possédaient un équipage, parce qu'il était de bon ton de chasser à courre, parce que cela les posait aux yeux de la société d'alors, parce que cela affirmait leur rang social, comme le prince du sang dont nous avons parlé (1).

« Il faut qu'il (le noble) chasse et soit seul à chasser; c'est pour lui un « besoin du corps et en même temps un signe de race. » (TAINE, *loc. cit.*)

Nous voyons déjà percer le dernier mobile qui porte l'homme vers la chasse à courre, le désir de paraître, le besoin d'affirmer son rang, sa fortune, sa situation. Ce qui fut une utilité, puis un plaisir, devient une manifestation du luxe.

Beugnot rapporte dans ses *Mémoires* (t. I, p. 35) ce mot exquis de l'évêque-prince Dillon, qui montre bien la morgue impertinente, la foi en leur essence

---

(1) Monsieur, duc d'Orléans, frère de Louis XIV, avait, pour plaire au roi, un équipage qui chassait régulièrement, réussissait, sans que jamais le propriétaire y fut.

supérieure, l'amour-propre de caste des grands seigneurs de l'époque. Louis XIV l'admonestait en ces termes sur son amour immodéré pour la chasse ·

— Vous chassez beaucoup, Monsieur l'Evêque ; comment voulez-vous interdire la chasse à vos curés, si vous passez votre vie à leur en donner l'exemple ?

— Sire, répondit-il, pour mes curés, la chasse est leur défaut ; pour moi, c'est le défaut de mes ancêtres.

Cependant, la chasse à courre constitue une véritable calamité pour le pays, pour le vilain, pour le paysan. Les animaux sont si nombreux, qu'ils ravagent toutes leurs récoltes.

« On vit des cerfs et des biches errer auprès de nos maisons en plein jour. » (Boivin-Champeaux.) « A La Rochelle, des troupes de biches et de cerfs pendant le « jour dévorent tout dans les champs, et la nuit viennent jusque dans les petits « jardins des habitants manger les légumes et briser les jeunes arbres. A Farcy, « de 500 pêchers plantés dans une vigne et broutés par les cerfs, il n'en reste pas 20 « au bout de trois ans. A Chartrettes, les bêtes fauves traversent la Seine, viennent « détruire chez la comtesse de La Rochefoucauld toutes les plantations de peu- « pliers, etc., etc... » (Taine, *loc. cit.*)

En outre, le seigneur passe à cheval dans toutes les récoltes pour y suivre le gibier.

Par le règlement de 1762, il est interdit à tout particulier domicilié dans l'étendue d'une capitainerie d'enclore son héritage et toute terre quelconque de murs, haies ou fossés, sans une permission spéciale. En cas de permission, il doit laisser dans sa clôture un large espace vide et uni pour que la chasse puisse passer à son aise.

Taine rapporte encore que, dans le Clermontois, les vieux paysans racontent que les gardes du prince de Condé, au printemps, prenaient des por- tées de loups et nourrissaient les jeunes loups dans les fossés du château ; on les lâchait au commencement de l'hiver, et l'équipage de loups leur donnait la chasse. Mais ils mangeaient les moutons et, par ci par là, un enfant !

Ainsi, en cette fin du xviii° siècle, il semblait que tous les besoins du pays étaient subordonnés aux plaisirs du seigneur, et, parmi ceux-ci, la chasse à courre surtout dominait de très haut tous les autres.

On ne s'étonnera pas en songeant à toutes ces exactions, à toute cette misère que cette dernière entraînait indirectement pour le peuple des campa- gnes, qu'elle ait attiré au seigneur, au noble, dont elle constitue l'apanage exclusif, la terrible animosité du paysan.

Et Taine, qui a raisonné des origines de la Révolution française en philo- sophe beaucoup plus qu'en historien, n'hésite pas à faire entrer la chasse à courre au nombre des causes prédisposantes les plus efficientes qui ont provoqué la Révolution.

Depuis cette époque héroïque de la chasse à courre, le mobile qui incite l'homme à la pratiquer n'a guère varié. Elle reste un plaisir unique d'essence rare et supérieure pour certains dilettanti, veneurs dans toute l'acception du terme, dont le nombre se réduit de plus en plus. Pour d'autres, elle n'est qu'un sport, un but d'exercice, un prétexte à monter, une manière agréable et pratique de travailler un cheval.

Pour beaucoup, hélas ! elle n'est plus qu'une réunion mondaine, qu'une occasion de voir et de se faire voir, de causer, de potiner. On suit maintenant les chasses à courre comme on va à une matinée théâtrale ou à un thé à la mode.

BIBLIOTHÈQUE NATIONALE — IMPRIMÉS

Il est de bon ton de s'y rendre en auto et de retraiter de même. Certains accentuent encore ces traditions nouvelles en suivant la chasse tout entière confortablement assis dans une splendide limousine qu'ils font admirer.

Et quand un de ces rares veneurs qui pratiquent encore, en artistes, ce noble plaisir de courir le cerf, entend par derrière lui le hurlement de la sirène ou le ronflement du moteur de l'auto des invités de marque, alors il s'enfonce avec rage dans la haute futaie, en se répétant mélancoliquement : la chasse se meurt.

Nos fils diront : la chasse à courre est morte ! Le snobisme l'aura tuée.

CHAPITRE III

Tactique de la Chasse

Peuples orientaux

Ils chassent l'utile.

Egyptiens, Assyriens, Perses, Hétéens, Hébreux, les Orientaux chassent à pied, à cheval ou en char, toujours armés (fronde, arc, javelot), avec le lévrier toujours, et quelque peu avec le chien de suite ; ils creusent des fosses *(Genèse)*, font des battues, coinçant le gibier dans les enclos. Quelquefois leurs lévriers happent des animaux dans les plaines.

Le premier roi assyrien Nemrod, le roi égyptien Antef (Antifaa II), le roi persan Firouz chassent surtout à l'arc en paradis avec le chien chassant à vue (1).

La battue coinçante est toujours pratiquée de notre temps aux Indes, en Perse, en Allemagne (2), en Algérie.

L'agha d'Algérie réunit encore de nos jours ses tribus au grand complet pour faire pousser des troupeaux de gazelles entre deux haies humaines à l'aide de chasseurs à cheval et de sloughis jusque dans les chotts, où ces animaux s'enfoncent dans des terrains détrempés et se trouvent rapidement à la merci de l'homme.

Les Orientaux chassaient en courant, pas à courre.   •

Les Grecs

Leurs chasses nous sont connues par les récits d'Homère, d'Hérodote, les cynégétiques de Xénophon, d'Arrien, d'Oppien.

« Castor, le premier, aurait habitué le cheval à courir le cerf », « le cheval s'étant voulu venger du cerf » sans doute ; « Pollux, le premier, aurait dressé des chiens à la poursuite du gibier » *(Onomasticon)* et trouvé ainsi le premier, sans doute, la justesse de l'axiome « De bon aire li kien qui fut venères sans apprendour », devenu « Bon chien chasse de race ! » (3). Xénophon fait inventer la

---

(1) Voir *Le Tir à l'arc* (p. 15-28), *La Chasse*, CHABOT (chap. II, p. 15-31), et DUNOYER DE NOIRMONT (t. I, p. 3-9). — Nemrod : Bas-relief de Nimroud, Brit. Mus. Maspéro, *Histoire de l'Orient.* — *Antef* (CHABOT, p. 17). — *Firouz* (CHABOT, p. 29).

(2) Voir le récit d'une chasse chez l'empereur d'Allemagne (S. II. C. I., déc. 1907, par le comte CLARY).

(3) Voir NOEL, *Nouveau Dictionnaire des origines et découvertes.*

chasse par Chiron, et Oppien (II, 24) prétend que « Persée prenait à la course le lièvre par les oreilles et le cerf par la ramure » *(Onomasticon)*.... au train de Charles IX prenant le cerf à course de cheval et sans clabauds, comme le veulent Baïf et François d'Ambroise, deux poètes.

Xénophon (445 à 355 avant J.-C.) dépeint le mauvais chien de suite au chap. III, le bon au chap. IV. L'étude consciencieuse de la traduction de sa cynégétique est fort intéressante, mais c'est toujours l'engin (filet, toiles, piège).

Il découple la meute sur la voie du cerf ou du sanglier, qui a déclanché le podostrabe, piège que l'animal emporte avec lui ; il dit que c'est par hasard seulement ou par surprise qu'un chien courant peut prendre un lièvre.

Avec lui la meute peut forcer le lièvre en temps de neige profonde (quand nous nous abstenons) et le faon au printemps (chap. IX, p. 731 ; dès sa naissance, quand il n'est pas courable à nos yeux). Belle et grandiose tactique en vérité !

Il ajoute : « L'été, vous les (les cerfs) *prendrez à la course*, même sans podostrabes ; ils s'offrent à tous les traits ; quelquefois ils tombent essoufflés. »

Ces quatre mots, voilà tout à ce quoi se réduit la chasse à courre de Xénophon !

Le consul Arrien, qu'Oppien ne fait guère que répéter, vécut en l'an 105 après J.-C., sous l'empereur Hadrien : c'est Xénophon le Jeune. Sa cynégétique est donc du IIe siècle de notre ère ; elle redevient célèbre par la nouvelle traduction de M. Tya Hillaud (1909). Il préconise la chasse sans filet comme les Gaulois, « de bonne guerre », c'est-à-dire « avec chiens courants et lévriers » (Dun. de Noirmont, I, p. 15).

Dans un terrain de plaine entouré de postes avec laisses de chiens, postes faisant l'effet des filets préconisés par Xénophon, les chiens de suite font débouler, et les chiens de relais ne sont découplés qu'au commandement du chef : « Un tel, découplez ! » N'eussent-ils employé ainsi que des chiens de suite, ce n'est pas encore notre chasse à courre.

Les chasses de cerf dont il parle ont lieu dans les *plaines* de la Mysie, de la Scythie, de l'Illyrie, avec des lévriers, et non dans les bois.

Dès que l'animal chassé est libre, l'appoint du lévrier est indispensable dans ces temps reculés, à cause de l'état du terrain.

La lutte de Méléagre contre le sanglier de Calydon, celle de Thésée contre la laie Phea et celle d'Hercule contre le sanglier d'Erymanthe nous montrent le prestige qu'avait, aux yeux de ces peuples, l'action de combattre cet animal en général si courageux, qui fonce d'instinct tout droit sur ce qui le menace le plus. Cette scène, fait remarquer le comte de Chabot, est neuf fois sur dix celle qui constitue le sujet cynégétique dans l'art grec, étrusque, romain.

La poursuite de la biche aux cornes d'or par Hercule dure un an et symbolise les difficultés presque insurmontables que les anciens reconnaissaient à forcer le cerf, auquel on laisse tous ses moyens de défense et le champ libre. Les Grecs ont levrété, mais n'ont pas chassé *franchement à courre*, pour parler comme Dunoyer de Noirmont.

Les Romains

Lorsqu'on traduit : « *Imberbus juvenis, tandem curtode remoto, gaudet equis canibus que....* », on croit voir l'apprenti du XIVe siècle disposé à prendre sa leçon pratique de vénerie, déguisé en Romain ; on croit le retrouver encore plus âgé, abandonnant sa tendre épouse de tous les jours, « *teneræ conjugis immemor,* » parce qu'un accident est arrivé à son filet : « ...*rupit teretes marsus aper plagas* » (Hor., *Carm.*, IV, 25). Un sanglier vigoureux a pu percer le filet.

Les Romains peuvent découpler toutes leurs laisses de chiens molosses, pannoniens, bretons, ibériens, indiens, lybiens, hyrcaniens, crétois, étoliens, spartiates. toscans, ombriens, gaulois (vertrages), belges, sicambres, ségusiens, et courir encore. Ils coucheront tous en forêt littéralement.

Philostrate, qui reste dans le domaine de la vraisemblance, fait raconter par son plus brillant chasseur comment il a tué un cerf et un sanglier *enfermés dans l'enceinte*.

Les Romains pratiquaient la chasse au filet et la tuerie dans l'amphithéâtre.

Les tueurs étaient dits *venatores* : quels veneurs !

Dans un article intitulé « De la Chasse et des chiens chez les Romains », paru dans *Lois et Sports,* septembre 1905, p. 18, M. Villequez, doyen de la Faculté des Lettres de Dijon, nous apprend le nom des deux *seuls* auteurs latins, deux poètes, qui aient écrit *ex professo* une « cynégétique ». Ce furent Gratius Faliscus, sous Auguste, au 1" siècle de notre ère, et Némésien, originaire de Carthage, au iiiᵉ siècle. Ils ne traitent que du chien et du filet.

Ni l'un ni l'autre ne nous décrivent la chasse à courre, dont il n'est jamais question non plus dans les textes du droit romain.

Les Romains entouraient de grandes enceintes de rets (*retia*, grands filets) ; poussés par les chiens, les animaux sauvages les suivaient et se jetaient dans d'autres filets moins visibles *(plagœ)* pourvus de collets *(laqueœ)* ou de poches *(casses)*, dans lesquelles on les enfermait en tirant une corde *(épidromes)*, comme des lapins dans une bourse.

Les Romains avaient appris des Grecs l'art du valet de limier *(venator)*, l'art de se servir du chien de suite *(metagon)*, art qui, d'après Némésien, remonterait au moins à Hagron le Béotien, qui avait dressé le chien *Glympisc*.

Aussitôt l'enceinte déterminée, les rets étaient immédiatement tendus, les chiens mis à la voie, y compris le limier, botte avalée, et on lâchait à propos les chiens de force (molosses, gaulois, bretons).

Avant Arrien, les Grecs et les Romains ne s'étaient servis des chiens de chasse que pour pousser le gibier vers les pièges ou vers les filets, ou bien pour le surprendre dans son gîte. Ils ne songeaient pas à le prendre à force (1).

Bref « les ouvrages très nombreux que nous possédons sur la chasse dans l'antiquité, dit M. H. Dubosc dans son article « La chasse à courre » paru dans *Lois et Sports,* août-septembre 1909, p. 136, nous montre qu'en Egypte et en Assyrie, aussi bien qu'en Grèce et à Rome, la capture du gibier s'opérait non pas en poursuivant, mais en se servant de pièges variés (2) : c'était le piégeage bien plutôt que la chasse. Les Romains, dit-il encore (p. 137), ne pratiquaient pas la chasse à courre.

Nous voyons que penser de la Vénerie chez les Romains.

---

(1) *La Chasse à courre en France,* par J. La Vallée, Introduction, p. 12, et *La Chasse, son histoire,* etc..., par E. Jullien, juge au Tribunal de Reims, 1868, p. 27.

(2) Ils pratiquaient aussi la chasse de nuit à l'épieu avec des molosses, comme M. Cerfon avec ses mâtins et une lanterne. Elle exige le silence. Le sanglier se bat, s'il est surpris ; s'il entend la voix de l'homme, il cherche aussitôt à fuir.

Les Gaulois, les Francs, les Gallo-Romains

Leur mode de chasse nous est surtout connu par Arrien ; « Xénophon faisait faire une espèce de battue par des hommes et des chiens vers les filets disposés en chevron, c'est-à-dire *vers un chas*.

Arrien, qui voyait chasser en plaine rase auprès d'Alexandrie dans le delta du Nil, décrit une chasse à vue par laisses de chiens découplés à commandement. Quant aux veneurs gaulois, ils faisaient observer de grand matin les lieux où se tenaient les lièvres en plaine pour connaître approximativement le gîte de l'un d'eux ; leurs lévriers sont encore disposés « pour faire l'effet des filets préconisés par Xénophon » (1).

« Eux-mêmes à cheval venaient lancer avec leurs chiens de suite et les suivaient alors que les *vertrages*, postés à l'avance sur les refuites présumées, saisissaient le lièvre fuyant devant la meute » (2).

Telle est la chasse des Gaulois et des Francs, sans filets (3), décrite par Gratius et Arrien ; la meute est très hétérogène, comme l'indique ce passage de la traduction d'Arrien, par Fermat, chap. XXI, disant que « Dans les Gaules, les chasseurs sont accoutumés de mesler les lévriers avec les chiens courants ».

Nous remarquerons que ces chasses à cheval ne se font qu'en plaine, et les limites de ce terrain cynégétique seront encore longtemps gardées soigneusement sous peine d'insuccès. Les Gallo-Romains font de même.

Mérovingiens — Carlovingiens

La chasse des Mérovingiens et des Carlovingiens n'est guère qu'une battue. « Charlemagne avait organisé ses chasses sur le modèle de celles des Empereurs d'Orient. »

« Les fameuses chasses de cerf en août et de sanglier en automne ne sont que des battues » (4).

Les chasses de Charlemagne et de Louis le Débonnaire sont des battues vers l'enceinte, suivies d'attaques à cheval souvent sans chiens ; le chasseur *attaquait* littéralement soit au javelot, soit à l'épieu, ou tirait à l'arc (5).

C'est en se déplaçant pour l'une d'elles que ce dernier Roi a assisté aux translations des cendres de Saint-Hubert, qui devint ainsi patron des veneurs (6).

---

(1) *La cynégétique d'Arrien*, par Thya-Hillaud, p. 17, note 1.

(2) Noirmont, *Histoire de la Chasse*, t. I, p. 32. Cité par Chabot, *Cerf et Chevreuil*, p. 5.

(3) Ils avaient aussi d'autres modes de chasse très fructueux, dont la chasse à la haie (battues, etc.) (Noirmont, III, 349).

(4) Chabot, *Ch. à t. l. d*, V., 61 ; *Chroniques de Charlemagne*, par Saint-Gall ; Chasse en l'honneur de Léon III en 799.

(5) Noirmont, I, 55 et 58, et Chabot, *Ch. à t. a.*, 62, 67.

(6) La légende de la vision de saint Hubert est une invention du moine Oppart et d'un de ses collègues au xv⁰ siècle. (M. Macou, conservateur du Musée Condé, Chantilly.) Cette histoire a déjà été appliquée à saint Eustache, comme le rétable de Cluny en fait foi. Il y a déjà dans le *Trésor de vénerie*, poème composé en 1394 par Messire Hardouin de Fontaines-Guérin (p. 67, édition 1855) :

> On trouve en la Sainte Escriture
> Qu'un chevalier moult renommé
> De Rome, Placidas nommé,
> Est alé en boys pour chacier
> Des cerfs, s'en vit un adrecier
> Vers lui, qui fut grans à merveilles :
> Et avoir entre ses oreilles
> S'estoit sur son chief droitement
> Un crucifix Dieu..............
> .... et est Saint Eustace
> Apelés et canonisiés.

Robert Wace, dans le *Roman du Rou,* fête toujours l'archier; Richard Cœur-de-Lion ou Robin Hood, c'est toujours l'apologie de cette arme de chasse. Les grands seigneurs toutefois commencent, là où ils peuvent, à suivre la menée de leurs chiens courants, à cheval, en portant « dague et cor », pendant que leurs adroits archiers restent à pied. (Voir *L'arc à la chasse*, p. 46 et 47.)

C'est l'époque où commencent les grands essartements et défrichements, où les villes neuves sortent de terre et jouissent d'exemptions d'impôts; quelques rares chemins *(Rareti)* se font dans les régions boisées pour exploiter le bois, qui prend de la valeur peu à peu. On commence à peine à jeter des ponts là où les chemins importants ne peuvent passer à gué qu'une partie de l'année.

Le pays était-il « lieu à corre bien séant », le cerf pouvait accidentellement se voir forcé des chiens, c'était alors que le veneur accourait rapidement à cheval pour le férir avec l'estoc ou l'espié.

C'est ainsi qu'il faut entendre ce passage de M. DE CHABOT *(Ch. à t. l. â,* p. 73) : « Philippe-Auguste chassait à force avec les chiens appelés alans, employés à cette époque pour coiffer les grands animaux. » Cela se passait surtout en parc.

Simon II de Montfort, ayant hérité (de par Amaury de Montfort) de la charge de gruyer de l'Iveline (forêt de Rambouillet), se fit représenter pour le constater de même que ses successeurs sur son sceau (1) en costume de chasse, galopant en forêt, en sonnant de la trompe (cor) et accompagné de son chien. (Notice historique sur Montfort d'Amaury, par le comte A. DE DION, 1905.) Il est fort remarquable que le chien représenté sur le deuxième sceau (et le troisième) soit un chien courant; c'est le premier document qui permette de constater cet honneur fait au chien courant. Le sceau de 1195 représente deux lévriers.

En un mot, Louis VII, Philippe-Auguste et Richard Cœur-de-Lion chassaient en principe le gros gibier en le faisant tirer à l'arc (les flèches portaient la marque des propriétaires). Ils avaient relativement peu de chiens courants, beaucoup de lévriers, de chiens de force, employaient de nombreuses « défenses ».

Capétiens et Féodalité

L'emploi de l'arc fut intensif à la chasse jusqu'à Louis IX (XIIIᵉ siècle).

« Il n'est de vieille chronique avant le XIᵉ siècle qui ne nous montre cette arme entre les mains des personnages les plus importants. » *(Tir à l'arc*, p. 45.) Au siècle suivant, le XIIᵉ, ils le font porter par un valet qui les suit, mais il est toujours prêt à leur servir et joue toujours un rôle capital.

« Les ducs Normands bersaient cerfs et biches dans le New-Forest en l'an 1100 *(The book of Archery*, Londres, 1840, in-8ᵉ, p. 243).

DUNOYER DE NOIRMONT (t. I, p. 8) cite comme type de la chasse du XIIᵉ siècle celle dont on trouve le récit dans l'histoire de la conquête de l'Angleterre par Ordéric Vidal et Augustin Thierry.

Guillaume le Roux, roi anglo-normand (1087-1100) avait attaché à sa personne le chevalier Gautier Tirel, comte de Foix, en raison de son habileté à tirer de l'arc. Au mois de juillet 1100, ce roi quitte un beau jour le château de Winchester avec Gautier de Foix, Guillaume de Breteuil et autres seigneurs de renom, et tous gagnèrent la Forêt-Neuve.

---

(1) Le premier sceau de Simon IV, comte de Montfort, est de 1195 ... sonnant du cor, dans le champ, des arbres et deux chiens (lévriers). Le second est de 1200, et celui de Simon, comte de Leicester, de 1259. (Archives nationales, nᵒ 10.162.)

Les chasseurs se placent. « Tirel et le Roi se tenaient à leur poste vis-à-vis l'un de l'autre, l'arc en main, lorsqu'un grand cerf, traqué par les batteurs, s'avança entre le Roi et son ami. Guillaume voulut tirer, mais la corde se brisa. « Tire, Gautier, tire donc, de par le diable ! » s'écria-t-il, impatienté... et au même instant il reçut une flèche dans la poitrine... et tomba expirant... »

Battue, tir à l'arc, chasses à limites bien gardées !

Henri Ier (1100-1135) succède ; il aimait tant la vénerie que

> *Pié de cers* par gab l'apelout.
>
> *(Roman du Rou,* t. II, xiie siècle),
>
> En bois... faiseit mote mener,
> Mult l'oïssiez corner
> S'il voloit aler berser (tirer à l'arc) (1).
> Brachet faiseit assez mener
> Sovent quand venait el plaissis (parc).
> De bois, de chiens, de venerie,
> Cognoisseit tote la mestrie (ruse)
> Por le cers k'il aloent pernant.

Il *prenait* avec chiens (courants et lévriers) et archiers.

Philippe-Auguste (1180-1223) enclot le parc de Vincennes et fut imité par toute la France. *(Usages des fiefs de Brussel.)* C'est l'époque où Bertrand de Born fulmine contre les dépenses folles faites pour l'achat des lévriers et alans (2).

Le chien de suite n'est pas encore généralement fêté à l'égal du lévrier et du faucon : il tire encore les marrons du feu pour le chien chassant à vue   Bertrand est encore au service de Raton.

XIIIe Siècle

L'amélioration des voies de communication dans les plaines et dans les bois facilitant la suite et permettant de lâcher le relais, nous voyons, à côté de la chasse à l'arc et à l'arquebuse (3), paraître la chasse à force avec les chiens de suite ayant assez de nez et de vitesse pour obliger le cerf à s'arrêter.

Les haies à chasser, entretenues par les sujets à haies et à huées, contrariaient leurs parcours qui, bien que limités, duraient parfois assez longtemps. Le défrichement et la culture apportant la nourriture, la forêt ne fait plus que d'apporter l'appoint pour nourrir la maisnie.

En voulant diminuer l'action du lévrier, le veneur à cheval sentit le désir de chasser à force de chiens, et par suite le besoin de voir augmenter la vitesse et le nombre des chiens de suite, sans que le cerf soit frappé à flèches à la première occasion.

Augmenter la vitesse, Louis IX y pourvut en rapportant de Palestine la meute de chiens gris, « la vieille et ancienne race de la couronne », au dire de Charles IX, qui n'a toutefois fourni aucun document sur l'origine exacte de ces chiens.

Ces chiens et leurs croisements avec les chiens blancs de Saint-Hubert firent des chiens forcenans, c'est-à-dire « portant bien le travail de la chasse ».

---

(1) C'est-à-dire chasser à tir à l'arc : le brachet, qui y était employé, fut souvent appelé berseret.

(2) L'alan vautre et l'alan gentiz correspondant au grand lévrier (veltre) et au petit lévrier ou veltre à lièvre.

(3) Cette dernière paraît au milieu du xiiie siècle.

L'emploi de l'arc et du lévrier à la chasse du cerf sont peu à peu réservés pour le seul moment de la prise, et c'est ce qui ressort très clairement du premier ouvrage spécial de vénerie française connu, *La Chace dou cerf,* opuscule datant de la première partie du XIII siècle (1).

Nous y lisons (p. 23 et 28) qu'à la prise du cerf le veneur doit corner

« Pour chiens et pour vallès avoir » :

« Lors délie les lévriers »

et « Lors li (au cerf) dois les jarrès couper »,

s'il n'a pas frayé ; sinon

« Fai tes vallès des *ars* (arcs) aporter

« *De loing vous lo* (loue) *de le traier* (tirer). »

Le seigneur chevauche à force (c'est-à-dire avec beaucoup de monde) ; il veut chasser de même avec beaucoup de chiens et voir les lévriers pour la fin ou postés aux limites imposées par le terrain ou les usages du temps.

La chasse à force était peu répandue, mais elle existe bien réellement, et, mieux que par les auteurs donnant la chasse à force comme organisée légalement au milieu du XII° siècle, la preuve en est donnée par SOREL *(Du Droit de suite),* qui relate le premier arrêt relatif au droit de suite et signalé par Borel ; il a été rendu en 1290 par le Parlement de Paris (2).

Les habitants de Crépy-en-Valois ont été forcés de rendre un cerf aux veneurs du sire de Coucy, car les chiens avaient suffisamment forcé le cerf : « *Venatores suos dictum cervum sufficienter persecutos fuisse.* »

Philippe-le-Bel lui-même n'avait que « douze chiens courants pour faire la chasse, six brachets, plus ses lévriers ». Le Roi seul avait meute au chenil ; le gentilhomme avait quelques chiens courants et quelques lévriers en l'étable. La meute de France ne pouvait pas alors prétendre chasser « franchement à courre » et noblement dans ces conditions du reste passagères.

Le *Roman du Renard,* si célèbre au XIII° siècle, représente une chasse de cerf où cet animal est *frappé à flèches* et devient ainsi la proie des chiens, puis une chasse au sanglier où cet animal découd quatre lévriers sur *quatorze* jetés à ses trousses, avant qu'il tombe enfin sous la pique d'un veneur qui l'attendait sans doute à un passage de haie. La chasse usuelle ordinaire du gros gibier se faisait toujours avec *arcs et sajettes ;* d'aucuns tiennent les lévriers pendant que « li autre cornent et li autre huient » ; c'est *la chasse à cor et à cri, au tir (à l'arc) et aux lévriers à la fois :* c'est la chasse du comte palatin Thibault de Champagne.

Louis IX avait nommé en 1231 le premier mestre veneur Geffroy, et c'est de cette époque que datent les premières règles de la vénerie française (Noirmont, Chabot, La Vallée sont là en parfait accord avec Peigné-Delacourt).

Les cornures existant à la fin du XII° siècle sans doute commencent à paraître officiellement ; les usages déjà vieux deviennent droits pour le cas où le seigneur fieffé sort de ses limites ; les cornures qui accompagnent l'offre du droit, *(Roman de Tristan)* et de la redevance du cuissot (Louis IX), achèvent de constituer le précédent de la fanfare des honneurs.

Tous les termes qui servent spécialement à la chasse à force (et à la chasse à courre, qui en dérivera), paraissent alors ; c'est principalement *le relais (Roman*

---

(1) Vers la période 1231-1250 environ, et publié en 1840 par le baron PICHON.

(2) CHOPIN, *Car. Rép.* 32, 4, et BACQUET, *Droit de suite,* 34, 13.

de Garin le Loherain), (1) le qualificatif de cerf *courable, le change, le droit* alors appelé le Parfet.

Bref l'idée généreuse de n'accorder l'aide de l'archier et l'appoint du lévrier aux chiens courants qu'à la prise ou en cas de nécessité absolue se fait jour avec le premier traité de vénerie, « *La Chasse dou cerf* », paru entre 1231 et 1250, mais elle rencontre moins de difficultés dans le Nord que dans le Midi ; les lois du voisinage le voulaient ainsi. Phœbus, avec ses luttes contre les d'Armagnac et ses autres voisins, nous en donne encore la preuve convaincante au siècle suivant.

XIV' et XV' Siècles, de Philippe=le=Bel à Louis XII

Philippe-le-Bel fait accroître ses équipages et se tue contre un arbre en voulant férir un cerf en 1314. Il avait promulgué en 1279 une Ordonnance contre les voleurs de gibier (la plus ancienne connue) ; Philippe V en promulgue une autre en 1318, autorisant les nobles à chasser la grosse bête (par mestrise et par mestrie) (ruse).

Les documents de l'époque sont précis pour nous dire la tactique de la chasse au xiv' siècle.

Le premier de tous est le petit opuscule de mestre Guyllaume (de) Twici (ou de Tuisy), venour le roy d'Engleterre (2) Edouard II (1307-1327). Dans son livre *Le Art de venerye*, écrit en anglo-normand, Twici (3) ne connaît que le brachez en fait de chien de suite ; il ne connaît ni le ségu, ni le chien couràs ; il décrit la chasse avec et sans « les archers et les lefrers », et celle du lièvre sans ces derniers. On voit se confirmer ainsi une remarque faite par quelques auteurs, à savoir que notre chasse à courre, non le mot, mais la chose, a commencé pratiquement par la chasse au lièvre, malgré que le modèle en ait été pris plus tard sur la chasse royale du cerf.

Sous Charles IV (1322-1328) vivait Henri de Ferrières, qui fit écrire *Le Roy Modus* par Denys d'Ormes (4), tabellion de Beaumont-le-Roger.

Le roi Jean II hérita des excellents chiens de Philippe de Valois que Phœbus prisait fort, et fit écrire, vers 1360, par son chapelain Gace de la Bigne (Buigne, Vigne ou Bugne), le *Roman des Déduits*, destiné à l'éducation de Philippe-le-Hardi, futur duc de Bourgogne (ouvrage terminé sous Charles V). Dans ce livre, le courre du cerf est appelé « chasse royale » pour la première fois par Amour-de-Chiens.

---

(1) Le *Roman de Garin le Loherain* passe en effet pour être postérieur au *Roman du Renard*.

(2) Souhart, p. 470, manuscrit 8336 de la Bibliothèque de M. Philipps, à Coeltenham, England.

(3) Twici était, croit-on, un gentilhomme bourguignon ; sa carrière semble avoir cessé en l'année 1320. Il fut remplacé par des gentilhommes gascons, comme il est dit dans la note suivante communiquée par le baron de Carayon Latour :

« D'après les manuscrits du château de Windsor, on a découvert, il y a peu d'années, que de 1320 à 1650 tous les grands-veneurs des rois d'Angleterre étaient français. La famille de Brocas, qui existe encore, est de Casteljaloux, et onze Brocas ont occupé ce poste élevé.

Les chiens venaient également de Gascogne pendant cette période, et des nefs du roi venaient chercher les chiens à Langon (Gironde), pour les amener à Londres. En somme, les chiens et les hommes étaient français, mais ils employaient naturellement des chevaux d'origine anglaise.»

(4) On doit de connaître ces noms aux habiles recherches de MM. Chassant et Paul Petit, *Le Livre du Roy Modus*, Louviers, 1900, p. 53.

Ces deux ouvrages de Twici et de Ferrières passent en revue tous les modes de chasse..... et, suivant l'expression de Noirmont (I, p. 95), les diverses manières de chasser à *forche* de chiens dans les toiles, au vol, etc., façons soumises chaque fois au jugement du comte de Melun-Tancarville, grand-maître des Eaux et Forêts.

Avec Modus paraît l'expression très typique de « chassable », qui devint *courable* au xvi' siècle.

A la fin du xiv' siècle, en 1394, paraît le très intéressant poème de Messire Hardouin de Fontaines-Guérin, *Le Trésor de Vénerie* : c'est là qu'est encore bien peinte la chasse à force modèle, celle du cerf.

L'archier arrive à la prise pour traire à flèches ; à moins que le noble, pour prouver sa hardiesse, « se aille d'espée à tel cerf prendre (1) ».

L'assaut du lévrier n'est plus mentionné comme dans la chace dou serf, mais la cornure de retraite rappelle « ceulz qui aux deffenses seront ».

C'est une chasse à force de chiens courants à cor et cri, les lévriers (l'auteur n'en parle pas) sont sans doute tenus aux deffenses pour le cas où l'animal tenterait de débûcher en pays impraticable. Toutefois Messire Hardouin a décrit exactement notre chasse à courre d'aujourd'hui, qualifiée tournante ou chasse de forêt, quand l'animal ne prend pas de grand parti.

L'expression « Roy Modus » est justement curieuse déjà par son titre signifiant *la meilleure tactique,* les vrais procédés de chasse.

Nous allons voir ceux du « Roi des Landes ».

Phœbus a rédigé de nombreux chapitres, parmi lesquels quatre nous intéressent plus spécialement (XLV, XLVII, XLIX, L) : comment le veneur doit chacier et prendre à force le cerf, le daim, le chevreuil, le lièvre.

Bien qu'il parle de prendre à force et par mestrise (science), il ne nous en montre pas moins la coopération éventuelle de nombreuses deffenses et laisses de lévriers, dont il ne semble plus être question en Normandie. La chasse à titre ou au titre, comporte l'emploi de nombreuses laisses de trois lévriers et de fortitreurs ; c'est la chasse dans la courre, laquelle était jadis entourée de filets, (tixtes) et maintenant seulement de postes (titres).

Les lévriers gardent encore les débûchers et la direction des grosses rivières et du « mal pais où l'on ne peut foursoier, ni bien chevaucher après ses chiens ».

Quelquefois il lui arrive de pouvoir « foursoier en bon pays pour chevaucher par la campainbe et les vilaiges » ; il a cette bonne fortune moins souvent que les veneurs du Nord. Il fait aussi *haster* le chevreuil par les lévriers ; il ne différencie pas au pied le brocard de la chèvre. Il prend le lièvre à force sans lévriers, qu'il réserve pour prendre le connin.

Pendant ce siècle le lièvre est forcé comme aujourd'hui, mais les bestes fauves le sont bien plus souvent dans le nord de la France et en Angleterre que dans le midi de la France.

A cheval sur deux siècles, Charles VI aima chasser le cerf par toutes les sortes d'engins.

Au temps du roi de Bourges, Agnès Sorel mit en honneur la chasse du lièvre et surtout la chasse du sanglier, qui fut également la chasse préférée de Louis XI.

---

(1) Ed. baron Pichon, 1855, p. 20.

« L'armée des Anglois est rompue pour cette année, écrit ce dernier, je m'en retourne *prendre et tuer* des sangliers. » Prendre et tuer n'est pas à confondre avec *chassier et prendre à force,* comme on le voit fort nettement dans le livre de Phœbus.

Il ne fut pas cependant sans prendre beaucoup de cerfs à force ; mais ses comptes, de même que ceux des ducs de Bourgogne, Philippe-le-Bon, Charles-le-Téméraire, René d'Anjou et Maximilien d'Autriche, démontrent une proportion énorme de lévriers par rapport au nombre des chiens courants.

Charles VIII clôt le xvᵉ siècle ; il aimait tous les sports ; il avait bien dû faire les choses grandement pour ne pas être trop dépassé par Maximilien d'Autriche avec ses quinze cents chiens, célébré en vers, en prose et sur les tapisseries (témoin celles du château de Pau).

Beaucoup de lévriers y sont représentés ; toutefois la chasse sans lévrier devait exister ; nous sommes éclairés sur la chasse « à course de chiens et de chevaux » de ce temps par le *Livre de la Chasse du Grand Sénéchal de Normandie,* composé par Jacques de Brézé :

> Car ainsi qu'il (le cerf) y (à l'eau) retournoit,
> Il tumba mort devant les chiens.

Dans ce livre, l'auteur n'a pas donné un vers au lévrier ; il n'a pourtant rien oublié, pas même la charrette à laquelle Darboling devait plus tard donner son nom.

Il met dans les *Ditz* du bon chien *Souillart :*

« Pour prendre cerf à force n'est chien qui fust mieux duit,
« Ait fait plus grandes traites et moins failly de cerfs. »

Robertet, greffier de l'ordre Saint-Michel, le fit accoupler avec sa chienne braque d'Italie, blanche et orange, Baude, et leur descendance fit l'admiration de Salnove, « en maintenant le droit au milieu de cinq ou six cents autres cerfs jusqu'à ce qu'ils l'eussent porté par terre » (1).

Il est impossible de voir meilleur travail de chiens de meute.

XVIᵉ Siècle

Le xvıᵉ siècle c'est, en somme, ce qu'on désigne en disant « la grande époque de la vénerie ». Il commença bien !

En 1499, lors de la prise de Pavie par les troupes de Louis XII, toute l'armée, jusqu'aux plus minces goujats, se donne le plaisir de la chasse dans le vaste parc qui avoisinait la ville. Plus de cinquante bêtes fauves et rousses furent prises à *course de cheval* dans un seul jour (2).

L'année suivante, en 1500, Louis XII se démet l'épaule en courant le cerf à force à Montargis.

Ensuite François Iᵉʳ monta sur le trône et eut bien des paternités ; il fut dénommé le Père des Lettres et par du Fouilloux le Père des Veneurs.

En 1533 l'ambassadeur vénitien Venier rapporte que « quatre piqueurs seulement sont de force à suivre Sa Majesté ! »

Il répugne à croire qu'il n'y eût pas de gentilshommes à pouvoir le faire également ; mais il est bien certain que du Fouilloux et François Iᵉʳ ont pris des cerfs en deux et même en quatre jours, la *grande traite* sans lévriers, *la pure chasse à courre.*

---

(1) *Le Livre de la Chasse du Grand Sénéchal de Normandie,* Introduction, p. 14, 1858.
(2) *Histoire du XVIᵉ siècle,* t. I, par P.-L. Jacob.

L'auteur qui a écrit l'article de la *Grande Encyclopédie*, vᵉ *Chasse*, prétend que « François Iᵉʳ brouilla tout ». Cette appréciation est véritablement inexplicable, car la science de la menée ne fut jamais poussée plus loin.

Au lieu de renvoyer les oiseaux à la Croix de Mai et de les reprendre à la Croix de Septembre, le Roi voulut chasser à force toute l'année, donnant ainsi une solution au Débat des Dames ; Guillaume Crétin aurait pu écrire du nouveau au lieu de copier servilement *le Roy Modus*, de faire reparaître Tancarville mort depuis longtemps, et de maintenir la balance égale entre les chiens et les oiseaux.

Henri II supportait aussi des chasses de cerf durant sept heures, et ses chevaux en tombaient de fatigue. Quelquefois il fit prendre le cerf exceptionnellement par des lévriers, comme en 1551 devant les ambassadeurs allemands.

Charles IX fit le bois et chassait lui-même ses chiens comme un piqueur ; mais, s'il avait le bon sens et la passion de la chasse, c'était par ailleurs un impulsif et un névrosé ; Papyre Masson a prouvé à quel point « ce roi fut sanguinaire après les bestes ». Ses chiens étaient dressés au carnage vivant ; les comptes de sa Vénerie en donnent la preuve peu flatteuse pour ce monarque.

Henri IV fut aussi un très passionné chasseur, au point qu'il chassait en guerroyant, et, s'il ne guerroyait pas, il lui arrivait souvent de chasser tous les jours.

Il créa un équipage de loup et chassa de toutes les façons avec Montmorency, Vitry, Frontenac, etc... (1).

La tactique de la chasse du xvıᵉ siècle nous est connue par la Vénerie de Du Fouilloux, le traité de vénerie de Charles IX, la Chasse du cerf de Budé, la Chasse du loup de Chamorgan (1566), le Chien courant de Jean Passerat (2ᵉ partie du xvıᵉ siècle), les Plaisirs des Champs de Cl. Gauchet, maître d'un bon équipage de chevreuil, les Lettres Missives d'Henri IV et les Mémoires du temps (Sully, Bassompierre, d'Aubigné, etc.)

Dans son *Traité de la Vénerie*, écrit sous François Iᵉʳ, Budé, conseiller du Roi, précise « la chasse avec les chiens courants et les piqueurs sonnant de leur trompe, tant qu'eschauffé et mal mené le cerf de meute rende les abbois. Si de nuict il ne fuyt bien loin, il ne se saulvera jamais le lendemain des chiens .. *Nous donnons aux cerfs tous les moyens de fuyr librement* (2).

Il peint ensuite la chasse à la course avec lévriers, si le passe-temps se fait pour le plaisir de quelques dames. Budé oppose *chasse à force* et *chasse à course*, comme Clamorgan oppose *chiens de chasse* et *chiens de courre*, chien courant et lévrier.

Pour le loup seulement il entend la chasse à force avec postes de lévriers ; il la juge une des plus belles et bonnes de toutes les chasses, mais il ne l'entendait pas encore à la façon de Monseigneur, ni de M. de la Besge.

Du Fouilloux chassa sous François Iᵉʳ, et finit sa fameuse *Vénerie* en 1558

---

(1) A cette époque Louis de Bourbon ne chassait qu'aux lévriers, comme beaucoup de gentilshommes provinciaux levrettours ; il y eut même des pays où il y avait une trompe et quelques laisses de lévriers par village. Pendant les troubles de Normandie, Chamorgan « fut pillé et desrobé de quatorze chiens courants, des meilleurs de France, et huit grands lévriers, tous faits à la chasse au loup. » Vu l'état du terrain, le petit seigneur ne pouvait guère chasser autre chose que le lièvre et le chevreuil ; les grands, seuls, commencent à chasser le cerf à force de chiens courants sans lévrier.

(2) *Traité de la Vénerie*, Budé, édition Chevreul, 1861, p. 28.

sous Charles IX, auquel il la dédia ; il étudie la façon de chasser et de prendre à force le cerf, le sanglier, le lièvre et seulement celle de *chasser et prendre* le chevreuil.

Si le cerf n'est pas pris à cause de la nuyt, « faut que le piqueur brise pour le requérir et prendre le lendemain.

Quand le sanglier a son quart an, il se peut prendre à force ; on le sert à cheval à passades. On ne doit assaillir, attaquer un sanglier à son tiers an, car il courra plus longuement qu'un cerf. »

Le loup se prend à force avec les chiens courants, moyennant l'assistance éventuelle du lévrier.

Le chevreuil se prend avec lui, mais non à force ; notre auteur admet l'emploi du lévrier à sa chasse, à laquelle il ne voit pas de mestrise, parce qu' « on ne les peut cognoistre par leurs fumées, ni par le pied guère. » Cette théorie devait être démentie.

Contrairement à Phœbus et avec raison, il ne veut pas que le valet découple le relais avant le passage des premiers chiens de la meute, ni qu'on recouple les chiens qui vont de forlonge.

Cette façon d'opérer de Phœbus nous permet de voir pourquoi « le renfort de chiens frès » s'appelle le relais, car jadis on les relaissait (reprenait) littéralement à certains postes, comme les chevaux à l'auberge à relais. Relayer vient de relaissier.

Son livre est regardé comme le point de départ de *notre vénerie*, et le lecteur est toujours forcé d'admirer la modestie du gentilhomme poitevin, qui se donne comme ayant écrit « selon sa petite puissance, suyvant le trac de ses prédécesseurs ».

Sous François Iᵉʳ et Charles IX fut écrite la *Chasse du loup*, de Clamorgan, dont le chapitre VII est intitulé : « Comment l'on doit chasser les loups avec les chiens courants et prendre à force » Mais, pour arriver à un résultat, l'auteur explique qu'il ne faut pas que le loup s'éloigne ou puisse s'éloigner, ce qui s'obtient à l'aide du lévrier.

« Si quelque prince vouloit courre à force de chiens courants, faudroit environner le buisson de toiles ou de lévriers, pour rembarrer le loup dedans, s'il veut sortir. » (Edition 1881, p. 60.)

C'est de la chasse à force de divers chiens courants, mais non notre chasse à courre.

Le loup ne s'était pas encore pris « *franchement* à courre » : on ne l'aurait pas pu.

Sous Charles IX et Henri III, Passerat, dont l'œuvre n'est pas bien importante, ne mentionne que la prise à force, sans faire allusion au lévrier dans *Le Chient courant*.

La chasse à force et sans lévrier ne peut plus progresser qu'en vitesse depuis François Iᵉʳ, mais elle le fait progressivement, avec l'amélioration des percements forestiers commencés dans toutes les forêts de la couronne, percements qui seront encore très multipliés par Louis XIV (Dangeau, et *Histoire des Fôrêts de France*) et par Louis XV.

Encore au temps de Louis XIII les routes ne sont pas partout suffisantes. Il est dit dans les Mémoires de Saint-Simon (1) que les « chasses de ce roi étaient

---

(1) Cité par Noirmont, I, p. 197.

sans suite et sans abondance de chiens, de seigneurs, de relais, de commodités, que Louis XIV a apportées, et *surtout sans routes dans les forêts.* Toutefois, au xvi° siècle, la chasse des animaux bosqueresques à course de chiens courants et de chevaux est bien réellement comprise à notre manière.

Depuis le XVII° Siècle

En vertu de l'Ordonnance de 1600 (art. 4), le cerf devint gibier royal.

La chasse du chevreuil, à laquelle Phœbus reconnaissait tant de mestrise, ne fut le plaisir du Roi que depuis Henri IV. Les chiens fameux de Huet des Ventes

« Prennent à force *chevreuils,* biches et cerfs ! »

Le poète ne connaissait pas encore cette règle formulée dans le *Traité des Chasses* de Ch. DE SEREY (Dons de Latone, 1681) : « On ne doit jamais faire courir une biche aux chiens pour ce que son sentiment est différent. »

La chasse, de Louis XIII à Louis XVI et à Charles X, nous est très connue par les historiens, les Mémoires (DANGEAU, SAINT-SIMON...) et les traités de vénerie de Sélincourt, Gaffet de la Briffardière, Maricourt, Ligniville, Salnove, Le Verrier de la Conterie, d'Yauville, Chamgrand, Desgraviers. L'habileté des grands-veneurs Soyecourt, La Rochefoucauld, d'Heudicourt et, au temps de Napoléon et de Charles X, d'Hanneucourt et de Girardin (1), la maîtrise du duc de Bourbon font encore de beaux jours à la vénerie; c'est toujours la chasse à force de chiens et de relais. Louis XIV et Louis XV ont fait avec les lévriers toutes les chasses les plus diverses qu'on peut faire, mais exceptionnellement. En moins de trois cents mètres, deux lévriers bien jettés happent un chevreuil, et le courre est fini ; « cela ne constitue pas, à nos yeux, une chasse à courre ».

Le bâtard devient de plus en plus prisé, comme réunissant nez, train, cri et fond. Il est facile de s'en rendre compte en comparant l'état des races composant les meutes des gentilshommes sous Louis XIV avec l'état similaire et très documenté que le marquis de Mauléon a élaboré et publié en 1908 sous le titre *La Chasse à courre en France.*

Depuis cinquante ans l'art de produire le bon chien de meute a fait tant de progrès en France que la majeure partie des équipages réalise le vœu émis par Gace de la Bigne, sous Jean II, dans le *Roman des Déduits.*

Le Roi chassait à beau bruit. Au débuché le veneur propose de donner la laisse de lévriers ; le Roi refuse, voulant que le cerf soit pris « à force et sans relais ».

Pendant longtemps encore, il ne peut arriver à la prise que fort peu de chiens de la meute; depuis cinquante ans seulement, les attaques de meute-à-mort se sont multipliées d'une façon inusitée jusqu'alors, sans entendre de ce fait que le relais ne puisse pas encore être considéré comme de « bonne guerre » à la chasse du cerf et du sanglier.

Le veneur de province n'a pas toujours pour chasser un terrain régulièrement percé comme le sont tous ceux des anciennes capitaineries, ce terrain qui a permis à tous les auteurs susnommés d'élaborer si largement le placement des relais ; il aura toujours besoin du chien très criant, davantage que le veneur des forêts-parcs, dites des environs de Paris. Il sera donc toujours de la plus grande utilité que les races de chiens se rapprochant du vieux sang français soient con-

---

(1) V. les *Chasses de Charles X,* par CHAPUS.

servées par quelques veneurs pour pouvoir faire produire le croisement avec les foxhounds, les croisements ne pouvant pas se faire indéfiniment sans qu'il soit nécessaire de retourner aux types primitifs.

Le loup n'est plus chassé à courre ; la strychnine laisse peu d'occasions d'attaquer les trois ou quatre portées de louvards qui naissent en pays courable chez nous tous les ans ; mais, pour être finie, la chasse à force du loup ne laisse pas d'avoir eu ses plus belles pages dans la période que nous repassons.

La chasse du loup à force est jugée par du Fouilloux comme la plus grandiose de toutes. En principe les louvarts se prennent aux chiens courants ; mais le grand loup, c'est la très grande exception au dire des fameux piqueurs du grand Dauphin eux-mêmes, les seuls qui auraient pu vouloir prétendre le contraire.

Cette chasse si pénible réussit souvent à ce prince infatigable, qui, malgré la malignité de Saint-Simon, en prit plus que personne et après des chasses de plusieurs jours de suite. En rappelant la chasse qui eut lieu de Fontainebleau à Rennes en quatre jours, chasse citée par la *Feuille des Cultivateurs* en 1792, Chaillou ne peut s'empêcher de dire que ce loup fut forcé par la famine autant que par la fatigue.

Citer les succès de MM. d'Hanneucourt, d'Ivry, Brière d'Azy, du baron de Lareinty, de MM. Le Couteulx de Canteleu, de la Besge, c'est dire que les chiens vendéens et poitevins sont les premiers chiens d'ordre du monde, et qu'ils en ont donné la preuve.

« Ils adorent le loup », le « chassent d'amitié » et le forcent. Autre chose est de le chasser dans la courre comme autrefois, ou de le forcer en le chassant « franchement à courre ».

La chasse aux animaux bosqueresques à course de cheval et de chiens courants, comprise à notre façon, a pris encore une fois pied en Allemagne, auprès de Postdam, Grossenhein, Munich, Lübeck.

Les réunions cynégétiques actuelles y présentent un mélange de tenues, de chiens, ayant tous le style plutôt anglais ; ces veneurs portent des trompes comme les nôtres et les appellent *Jagdhorn;* c'est mélodieux, mais pas tayauté à la française : là le chiendent! Des cerfs de vingt et trente andouillers sont forcés en peu de temps par des chiens anglais très vites après un bon galop.

Les hommes, après avoir coupé le cerf en 161 morceaux, donnent la « Kurée » et sonnent l'« Hallali-fanfare ».

« So ist die Taktik der *Chasse à courre — chasse à cor et à cri* oder franzsosischen Parforcejagd ».

Terminologie

En 877 Charles-le-Chauve signe le cartulaire de Kiersy-sur-Oise, consacrant le principe de l'hérédité et crée, par le fait même, la féodalité. La chasse fructueuse du seigneur put commencer, mais notre chasse à courre était alors complètement impossible ; il faut attendre que les essartements du milieu du XIIᵉ siècle soient achevés, les villages bâtis, attendre la mise en valeur du sol arable et boisé, le tracé de quelques chemins *(rareti),* pour que l'on puisse modifier la chasse à l'arc avec lévrier et chien courant; le XIIIᵉ siècle vit seulement commencer, grâce aux seigneurs et aux rois, la prédominance de la suite du chien courant et diminuer l'emploi du lévrier dans la chasse à force (1).

---

(1) Toutefois, l'emploi du lévrier était de beaucoup le plus employé alors, témoin cette redite fréquente des livres de ces deux siècles, « XIIᵉ et XIIIᵉ » : « le cers devant les leuriers ».

La lexicologie de la chasse était évidemment peu complète au xii² siècle ; du moins les moyens qui nous permettent de le vérifier sont fort restreints. Il manquait surtout les expressions caractérisant tout spécialement la poursuite d'un animal déterminé dans la harde, poursuite qui doit être exécutée le plus possible par les chiens courants disposés en groupes se remplaçant. Le terme relais est du xiii² siècle (relais, relains). Il est signalé par plusieurs auteurs, La Vallée notamment, comme typique (1) de chasse à courre ; la plupart des auteurs veulent le classer du xii² siècle, à cause de sa présence dans le *Roman de Garin le Lohérain* : cette question mérite une étude spéciale, que nous ferons au chapitre *Discussion.*

Les quelques plus anciens termes pris au sens cynégétique remontent au xii² siècle, exemple mote (meute), qui a été appliquée aux groupes d'hommes avant de s'appliquer au chien.

La plupart datent du xiii², et ce fait est un des plus importants pour fixer la date de l'origine de la chasse que nous appelons *à courre,* car ils en sont les meilleurs témoins.

Le premier ouvrage qui nous fixe, c'est *La Chasse dou cerf,* paru entre 1231 et 1250.

Les termes qui datent du xi² siècle ont bien souvent conservé un premier sens non cynégétique jusqu'au xiii² siècle. Chien courant (2) remplace peu à peu le brachet « as aureilles pendanz » à la fin du xiii² ou mieux au commencement du xiv², époque qui apporte les termes chaçable et change (typiques), cuissot et dague (milieu du xiv²). Le xv² apporte l'*armure* du sanglier et les vocables de chevalerie, valet, page, écuyer, connaissance dans le sens de signe caractéristique d'un individu (3).

Une grande partie des termes de vénerie existait déjà au xii² siècle sans doute ; s'ils se sont multipliés au xiii², beaucoup ne paraissent vraiment fixés qu'au xiv² (4).

Ainsi le for-hu, aujourd'hui tombé en désuétude ; ainsi les termes braconnier, brachet, du xiii² siècle, deviennent veneur et chien courant (courâs) (5), qualificatif qui, d'après Nicot et du Fouilloux, aurait été appliqué, au début, spécialement aux chiens gris de Saint-Louis, parce qu' « ils couraient à toutes bestes ».

Brunetto Latini *(XIII² siècle,* I, V, ch. 64 ; XXXVI, p. 235), dit : « Sont brachet as aureilles pendanz qui cognoissent l'odour des bestes et des oisiaux. » Brachet a évidemment pour lui le sens que nous donnons à chien courant.

Ainsi le terme biche ! Hardouin dit fort justement que « les chiens frès

---

(1) Nous serons moins affirmatifs, mote (meute) ayant été souvent synonyme de relais.

(2) « *Chiens courans* », « *cers et biches* », figurent dans la *Chace dou cer* et non dans Brunetto Latini, 1230-1294.

(3) Voir en tête du volume la photographie du pied d'un chevreuil tué le 25 octobre 1909 par M. de Brunville, dans une forêt de la Mayenne, cet animal avait une *connaissance* à la jambe :

Il porte trois os, ou plutôt un os dédoublé. Cette particularité provient, en effet, du dédoublement du bourgeon osseux (noyau d'ossification), qui donne naissance à l'ergot, fait assez fréquent chez les gallinacés, chez les carnassiers et très rare chez les cervidés.

(4) Voir une étude spéciale de la question, *Langage et terme de vénerie,* Hérissey, Evreux, 1905.

(5) Levrier ségu ! Le ségu, qui est le chien de suite pour les prédécesseurs d'Hardouin, paraît être avec lui le chagre, l'issu du lévrier et du brachet. « Sont lévrier apelé ségu, parce qu'ils ensuient lor proie jusqu'à la fin. » (B. L., p. 236.)

du relais sont enclins à prendre change de biche ou d'autres bestes estranges ». (*Traité de Vénerie*, p. 19.)

Avec lui le terme *biche* désigne, comme aujourd'hui, la femelle du cerf.

Ouvrons Brunetto Latini (1230-1294), nous ne verrons même pas trace de la graduation : 1° le cerf (pour les deux genres); 2° la cerve; 3° la bische cerve; 4° la biche. Avec ce dernier, le terme *cerf* désigne le cerf ou la biche : « Elle (le cerf) enseigne ses filz à corre... »

Passons au chevreuil ; on voit (p. 239) le chapitre Dou Chevreuil et des Bisches. « Autressi cognoissent de loing les gens qui viennent, se ils sont veneor ou non... »

Cela peut paraître à première vue bizarre ; pourtant, au fond, c'est très logique. En Anjou constamment le paysan d'aujourd'hui appelle encore le brocard *le bouc*, dont la vieille forme féminine est bique, bisse et biche. Biche a donc passé de la chevrette à la cerve avec les veneurs du xive siècle (1).

Le xvie en introduit plusieurs comme hourvari (français), comme garde (de sanglier), botte (de limier), massacre (de cerf, corruption de maschere *maschera*, masque) (italiens). Courre, du xiiie siècle, devient courir au xvie, mais au xviie il revient de mode ; aujourd'hui, les deux sont de mise.

Le xixe apporte son appoint : servir un cerf (2), chien d'ordre.

Quelques-uns, mais peu, se perdent ; le *droit* s'appelait le Parfait avec Twici ; le forhu a disparu avec la chose avant la Révolution.

Quelquefois une idée vit sous des expressions différentes et même sous des vocables d'étymologies diverses : exemple, chassable (xive siècle), venable (xvie siècle), courable (xviie siècle). Puis ce sont les chiens bauds et bauds muz et bauds restifs de du Fouilloux, qui font le pendant des chiens convaincus et vaincus du marquis d'Armaillé.

Les termes et expressions sont choisis avec un parfait bon sens, avec le souci du sens propre, toujours conforme, à l'étymologie (cerf plus cerf, têt, fumet, malmener, os, garde). Rendre les abbois, si bizarre d'apparence, est expliqué par H. Etienne dans la *Précellence*. Le sanglier rend les abbois en bourrant les chiens.

Le veneur n'est pas ennemi de la métaphore ; la plupart de ses termes sont tirés du langage courant, de la comparaison avec l'homme, avec le chevalier et les faits de la vie humaine quotidienne : les chiens parlent et se réclament ; le cerf a chambre, tablier, porte bonnet quarré ; le chevreuil, sa serviette ; valet, page du sanglier, écuyer du cerf, etc. ; ragot, parut à la Renaissance — (*ragazzo*, valet à soldat) ; le cimier du cerf, connaissance, hère, etc.

Les divers genres de chasse déjà existants ont aussi laissé des traces :

Chasse vient de *chas*, c'est-à-dire de l'ancienne chasse à la haie, de même que fermer, barrer ou couper une enceinte, chasser l'échappée.

Attaquer vient de la chasse des premiers rois carlovingiens (devenue la chasse allemande et la chasse aux toiles), au cours de laquelle les veneurs à cheval attaquaient eux-mêmes à coups de javelot et souvent sans chiens ; cette chasse fut répétée assez fréquemment par les gentilshommes sous Louis XIV, comme on le voit dans le *Journal de Dangeau*.

L'expression *chiens d'attaque* vient de la chasse dans la courre et des chiens de la laisse d'*attaque* ou d'estric qu'on lâchait les premiers.

---

(1) La bique ou chèvre est encore appelée biche de nos jours en Normandie.
(2) Pour le daguer; car le *service* du cerf dans le Déduit du roi Jean consistait à le défaire.

Fortitrer vient de la chasse à titre, qui fut d'abord une chasse à la courre au filet avant de devenir une chasse à cor et à cri vers la courre et sans filet.

Remettre un cerf vient du faucon, faisant remettre la perdrix à terre à la remise.

Le Gros gibier s'emploie par extension du petit, dit simplement *gibier*, lequel était la prise faite par le faucon, quand on « allait en gibier ».

Les termes conservent ordinairement en vénerie leur sens primitif comme « voie haute, lever un lièvre, jeter sa tête, le droit (le cerf véritable ou de meute), fuyr la voie, chasser le chemin ou les chiens, forlonger », sinon ils *perdent* de leur cachet, comme « retraite manquée »; la retraite, c'est le rappel, (1) et rappel manqué ne signifie rien.

Les expressions sont abrégées très souvent, ce qui les rend bizarres en apparence (chien de change, détourner un cerf, faire le bois, rencontrer, tenir aux chiens, tirer).

Les erreurs des copistes ou les erreurs d'étymologie suffisent à créer des mots extraordinaires, dont l'usage consacre souvent la corruption; tête mal semée, pour mal sommée (2); massacre, andouiller, cerf mulet.

Des faits spéciaux créent des mots, comme hallali, darboling.

Bref, en vénerie, quelques anciennes expressions, fort peu nombreuses, sont tombées en désuétude; presque tous les termes acquis au XIIIe siècle sont restés; quelques autres se sont ajoutés à l'époque de la Renaissance, et fort peu depuis; aussi l'on peut dire que « le langage de la vénerie n'a presque pas varié depuis le XIIIe siècle ».

« C'est l'ancien français de la féodalité, plus ou moins altéré, modifié par l'orthographe fantasque des veneurs, gens ordinairement peu lettrés. »

Cette façon de voir, exprimée par Noirmont, t. II, p. 395, s'explique par le fait que le manant, le valet a fait ce langage bien plus que le seigneur; c'est ce qui explique qu'il y a des termes de patois venant de sept provinces différentes.

La précision et la concision de la langue de la chasse lui valut d'être souvent celle des hommes qui mènent les grandes affaires, au point que si la chasse à courre sombrait, une foule de ses termes n'en resteraient pas moins dans notre langue. On prendra toujours les devants, il y aura toujours des gens pour marcher sur les brisées des autres.....

Cet idiome n'a presque pas varié depuis le XIIIe siècle (Noirmont); notre langage expressif se retrouve en Allemagne et en Angleterre, pas toujours défiguré, et ceux qui cherchent l'origine des termes de vénerie ailleurs qu'en France tombent de suite en défaut.

Dans le journal cynégétique allemand *Saint-Hubertus Jagdzeitung*, n° 44, 29 octobre 1909) le spirituel Herr Carl Baltz raconte « dans sa maternelle » la « Parforcejagd » française; il n'a pas trouvé mieux que d'intituler son article « Chasse à courre — Chasse à cor et à cri », chasses dont découle vraisemblablement à ses yeux, en se synthétisant, la chasse à force *(Parforcejagd)*, dont est dérivée à son tour celle que nous avons appelée *avec un autre sens* qui lui, chasse à courre. Cet auteur semble confondre chasse à courre et chasse dans la courre.

---

(1) Il s'agit du rappel des hommes postés aux titres, que la beste soit prise ou manquée.
(2) Ou (peu probablement) mal « seynée », signée, c'est-à-dire marquée.

Usages. — Droit de suite

Usages. — Nous ne parlerons pas du détail de la guise normande et de la guise de France, « ni de toutes les vieilles usances de la chasse », pour parler comme le baron de Foeneste ; nous ne venons pas non plus, comme Erasme, ce plumitif hollandais qui vécut en chambre, à cheval sur les xvᵉ et xviᵉ siècles, faire la critique de l'importance excessive que les gentilshommes de notre pays attachaient de son temps aux cérémonies cynégétiques, « lorsqu'ils avaient forcé un animal, etc. ! ! ! »

Erasme aurait compris de monter sur un arbre pour servir à la carabine un cerf tenant les abois au milieu des chiens.

Les chasseurs ou les veneurs de cerf anglais se mettent à deux, jettent un nœud coulant aux bois du cerf, et, pendant que l'un tient et tire, l'autre coupe vivement la gorge de l'animal avec un petit couteau, comme cela se faisait déjà chez eux à la fin du xiiᵉ siècle. Chacun sa mode !

Les veneurs français ont toujours compris autrement. « La chasse est un jeu, dit Dangeau, et tout jeu a ses règles. »

Jetons un simple coup d'œil sur les honneurs, la tenue, la marque des chiens, qui eut toujours son utilité, dès que ces derniers échappaient en faisant suite.

Les *honneurs* ont existé bien avant la chasse à force, c'est même un usage mondial et ancestral. Lors de la grande invasion de 732, les Maures apportaient à leur chef l'oreille ou la tête, ou la main droite de tout ennemi qu'il avait occis (1). Porter ou faire porter la tête d'un ennemi tué fut toujours un signe de puissance aux yeux des peuples mauresques ; de l'homme l'usage passa aux bêtes.

Augustin Thierry fait sur ce thème une peinture peu ordinaire du village gaulois, décoré avec les têtes humaines et les têtes d'animaux tués à la chasse et tombant en décomposition.

De leur temps les honneurs (tête et pied, hommage des chasseurs) étaient tendus à Diane.

Cela du reste n'était que la réminiscence de ce que les chasseurs anciens, tant grecs que romains, rendaient déjà à cette déesse au dire de Xénophon, d'Arrien et d'Oppien.

Au xᵉ siècle, le serf attaché à la glèbe s'était fait souvent passer pour mort, afin de ne pas payer le droit de forfuiance ; la conséquence fut que les mains droites des serfs morts durent être présentées au seigneur. *Le droit de symier* comprit le droit de chasse aux temps féodaux ; une des formes fut le droit à la tête, à la peau, aux pieds et à un morceau des bêtes tuées pour le proufit.

Déjà, du temps de la « chasse à l'arc », le cerf ou le sanglier tués étaient vidés sur place, troussés sur roncins, rapportés au château ; le droit du seigneur lui était remis en son hostel avec accompagnement de cornures.

Le chien avait eu son droit, sur place, tout de suite, la curaille ou curée (2), partie de « viron le cœur » (cur). De fait ce fut un usage depuis les Pyrénées jusqu'à la Tamise.

---

(1) Tristan trancha la main droite du géant Urgan le Velu et la présenta au duc Gilon.

(2) Le limier qui avait détourné avait dans son droit un morceau du *cœur* appelé *honneur ;* la part des autres limiers était appelée devoir.

Louis IX réglementa le profit, la « redevance du cuissot » avec les quatre pieds et la tête, qui revenaient au propriétaire du fonds sur lequel on prenait ; les détails varièrent beaucoup avec les époques.

Cette redevance constituait un hommage en réponse à la tolérance du seigneur haut justicier, qui, sur sa terre, tolérait d'un de ses pairs la suite d'une chasse près de finir.

Les honneurs finissent toutes les chasses faites avec un peu d'apparat ; les chasseurs allemands fêtent le « roi de la chasse à tir » et le comte Clary (dans le S¹-H.-C., 12 décembre 1907) nous montre le grand-veneur offrant, non le pied tressé sur sa cape, mais des branches menues placées sur la garde en croix de son couteau de chasse, qu'il tient par la lame ; les tireurs les arborent au ruban de leur chapeau. Les forestiers sonnent devant le « tableau » ; les chiens, couplés, retenus hardés, crient de rage de n'être pas français, car, au moins, ils auraient de suite leur droit.

Le piqueur anglais remet le pied coupé net à la jointure métacarpienne.

Ce n'est ni d'un côté, ni de l'autre, le bel ordonnancement de France, ni les belles fanfares aux finales majestueuses.

Le faisceau de petites branches des Allemands, le pied coupé à l'anglaise, ne vaudront jamais le pied tressé et présenté à la française.

Les honneurs ne sont pas une spécialité de la chasse à courre ; ils ont été réglés par Louis IX, au xiiie siècle, pour tous nos genres de chasse à force. La tradition générale eut une journée intéressante pour la cour de Louis XIV. Le *Journal de Dangeau* nous apprend que, « le 28 octobre 1865, le Roi est allé à la chasse du sanglier dans les toiles (avec les dames) ; on donna la hure du sanglier à Roussis (un Persan), qui l'avait tué et qui apporta l'oreille au Roi au bout de son sabre, à la manière de Perse ».

La *tenue de chasse*, c'est tout un historique, toute une exposition, qui serait fort intéressante ; mais à qui attacher le grelot ?

Noirmont parle de la cotte à chasser du xiie siècle, « cote à chascier li Loherens vesti », mais Viollet-le-Duc ne les classe qu'au xiiie (1). La cotte hardie de Guillaume de Malgeneste est du xive. Le drap *vert à bois* date de Jean II ; le gris l'hiver, le vert l'été furent de mise avec François Ier et Charles-Quint. Le ceinturon date de Louis XIII, et le bel album des tenues de vénerie (2) du lieutenant de Laverteville, commence à Louis XIV.

Les chiens de Charlemagne étaient *marqués* à l'épaule droite, ceux de Charles-Quint l'étaient au côté droit avec un chiffre. Le triangle renversé, en usage à l'équipage de Chantilly, fut la marque spéciale des chiens de meute des rois et des princes du sang depuis Louis IX ; les chiens gris, que ce roi ramena de sa première croisade, furent en effet marqués d'une croix inscrite dans un écusson triangulaire, qui représentait l'écu du Roi,

> Le bel escu pour marcque à croix,
> Droitte au costé.....

« C'est ainsi, dit Noirmont, que j'explique ce vers des *Ditz du bon chien Souillard*, publiés par le baron J. Pichou, à la suite du *Livre de la Chasse du grand Sénéchal de Normandye, Jacques de Brézé* (Paris, Aubry, petit in-8°. 1858).

---

(1) On verra plus loin ce qui peut mettre ces deux auteurs d'accord.
(2) Fait, mais malheureusement pas encore publié.

Le Droit de suite

Sans la suite, pas de chasse à courre !

Au siècle dernier, un équipage français tout monté arriva un beau jour dans une contrée de la Pologne, n'ayant jamais vu notre chasse.

Le rendez-vous fut noir de monde ; un cerf ou un chevreuil fut attaqué très brillamment. Joie, cris !... Au bout de vingt minutes la chasse prit une direction imprévue, traversa un cours d'eau et un marais infranchissables aux cavaliers ; il fallut trois jours pour rattraper la moitié des chiens ; le reste fut perdu. Ce pays était encore en plein XIX° siècle ce que le nôtre était au XII°.

Aux temps mérovingiens l'impossibilité de suivre faisait que la meute, ou plutôt la bande hétéroclite des chiens courants et de lévriers mêlés, prenait quelquefois toute seule, après avoir *chassé l'échappée* sans que les propriétaires puissent arriver.

Il fut donc défendu de s'emparer du gibier pris par les chiens des autres propriétaires, et la marque des chiens en indiqua la personnalité.

Le droit de suite était bien peu de chose encore en 1259, époque où le sire de Coucy fit tuer trois jeunes enfants nobles qui poursuivaient sur sa terre un lapin lancé à côté.

En 1273, le forestier du Duché d'Aquitaine, qui surprenait un chasseur à cheval avec ses chiens en la forêt de Sault, saisissait cheval et chiens pour lui, et le veneur, prisonnier, était remis au Connétable du Duché. (DUCANGE, Voir *Forestarius in feodo.)*

Les querelles de chasse, avec souvent « la suite » pour cause, éclatent dès l'origine de la chasse à force ; le *Roman des Lohérains* expose une phase de la rivalité des ducs Garin de Lorraine et Fromond de Lens ; Begon de Bélin est tué. Certains faits de ce roman n'ont été conçus qu'au XIII°, et non au XII° siècle, quoique Noirmont et ceux qui l'ont répété en pensent, comme nous le prouverons au chapitre *Discussion.*

C'est de 1290 seulement que date le premier arrêt du Parlement de Paris, consacrant l'existence du droit de suite ; il condamne les habitants de Crespy-en-Laonnais à restituer un cerf aux veneurs du sire de Coucy, qui l'avaient forcé auprès de cette ville (SOREL).

Au XIV° siècle les seigneurs ayant titres ou possessions chassaient aux grosses bêtes à rézeulz : pas de chasse à courre sans la possibilité de suivre la menée partout, tel est le fil auquel l'existence de cette chasse est toujours suspendue. Le droit de suite ne fut qu'un privilège accordé au seul possesseur du fief, au seul fieffé, seulement quand il chassait à cor et à cri et sans le courre.

Les coutumes des anciennes provinces ont admis le droit de suite, car s'il est dit seulement licite à chacun de chasser au dedans de son fief, terre ou seigneurie, il n'y aurait pas grand exercice. « La raison de civilité y est. »

Louis XIII, au dire de Salnove, décide que les chasseurs à cor et à cri n'étaient pas tenus à rompre les chiens à leurs limites, *ce respect* n'étant dû qu'au roi dans les cantons réservés ; maintenant, depuis 89, il est dû aux limites du plus petit propriétaire qui veut l'exiger ; c'est tout ce qui reste du droit de suite.

Pour chasser à courre, il faut désormais obtenir de l'entente cordiale ce qui fut le droit du seigneur fieffé, tant il est vrai « qu'en fait de chasse, l'homme civilisé n'a inventé qu'une chose, l'art d'empêcher son voisin de chasser. *(Petite Vénerie,* d'HOUDETOT.)

CHAPITRE IV

Animaux employés

Chien, Cheval

Le Chien. — L'expression « chasser à chiens » dans les Ordonnances désigne toute espèce de chiens *servant* à la chasse. L'homme a utilisé la force, la vitesse et le nez du chien.

Le chien de force servit pour combattre les animaux (et quelquefois l'homme lui-même) ; ce furent les molosses, les alans, les lévriers ou *ses croisés;* ces combattants chassaient à vue en principe.

Le chien de vitesse, chassant à vue, c'est le chien du type dit lévrier; c'était le facteur du succès. La poudre a commencé progressivement à le supplanter depuis le milieu du xviᵉ siècle, et les sloughis, barzois, lévriers n'ont plus de beaux jours en France.

La chasse dans la courre fut le triomphe de l'emploi combiné de ces deux types principaux; leur emploi est résumé par ce mot de Napoléon : « Les légers engagent l'affaire, les cuirassiers la décident. »

Le chien chassant par l'odorat (par le scent), pour mieux dire, par le nez et la voix, travaille modestement durant toute l'antiquité et une grande partie du moyen âge pour le chien de vitesse; de son vrai nom, c'est le *chien de suite,* c'est-à-dire ayant l'esprit de suite, auquel les temps ont progressivement demandé la vitesse; ils en ont fait le chien complet pouvant « chasser et prendre » dans les conditions imposées par la topographie et les mœurs de chaque époque, à force depuis le xiiiᵉ siècle.

Les races de ces trois types ont été tellement croisées dans l'antiquité que l'étude des sous-races en est fort ardue, comme peut y faire songer l'expression de Gratius Faliscus « *mille canum patriæ* » (Claudian Stil, III, 297).

L'étude des races asiatiques, européennes, gauloises est admirablement traitée dans le très documenté *Dictionnaire* (encore inachevé) *des Antiquités grecques et romaines* (1).

Le chien purement de force n'offre pas grand intérêt pour nous, d'autant plus qu'il s'est souvent métissé avec le chien vite pour être plus serviable ; les croisements du chien vite et du chien de suite n'ont pas non plus pour nous le vif intérêt qui se concentre sur les deux types simples de vitesse et de suite, types *très improprement* appelés *lévrier* et chien courant.

Rien ne justifie, en effet, ces deux appellations, et même, *à première vue,* rien ne les explique.

Il n'est pas naturel d'appeler *lévrier* le chien vite happant à vue le sanglier et le loup, ni de qualifier chien courant un chien beaucoup moins vite que lui, et dont la spécialité n'est pas la course, mais *la suite* à proprement parler.

Le grand emploi du chien de vitesse chassant à vue réduisait le rôle du chien chassant par le nez à celui dévolu aujourd'hui aux chiens courants ou briquets servant à la chasse à tir, rôle qui ne se modifiera que le jour où le grand seigneur, le roi de France, *pourra et voudra* chasser et *prendre à force de*

---

(1) Par MM. Darenberg et Saglio. (V. au terme *canis*, t. 1, 2ᵉ partie, p. 877.)

chiens de suite, aidés d'abord par les chiens de vitesse pour la fin seulement, puis *enfin seuls,* notre chasse à courre.

Le Lévrier

Le Gibier (1) échappait au chasseur par sa vitesse ; le chien du type lévrier a été l'agent de réussite rapide remplaçant dans les temps anciens l'arc et l'arquebuse ; de là son succès dans l'histoire cynégétique ; en principe on ne prenait pas et on ne pouvait pas prendre sans lui.

Le lévrier c'est, par étymologie, le *chien qui prend le lièvre ;* mais depuis l'orée du moyen âge, c'est le type du chien vite chassant à vue, sens volé au terme *veltre,* auquel il s'est substitué.

A l'origine les animaux reçurent des noms désignant leurs qualités physiques ; ces adjectifs devinrent substantifs dans toutes les langues.

Ainsi Kwal signifie rapide en ancien persan ; c'est le cheval.

Elaphos Kéraos ou Kératos désignaient le cerf en Grèce et signifiaient *l'agile cornu.* Considérant toute l'importance caractéristique des « bois » dans la classe que nous avons depuis appelée les cervidés pour la même raison, les Romains ont retourné la succession de ces deux adjectifs et ont fait :

Cervus elaphus — le *cerf* agile ;
Cervus *capreolus —* le cerf *chevreuil ;*
Cervus *dama* — le cerf *daim.....* à continuer ;
Porcus *singularis* — le porc *sa(i)ng(u)lier ;*
Canis *lupus —* le chien *loup,* etc., à continuer.....

L'histoire des termes lévrier et vautre est comparable à celles des termes cerf et chevreuil.

Le chien de vitesse était dit ouertragos (coureur supérieur) en Grèce ; les Romains en ont fait vertragus, veltraus, veltris ; le veltre se dédoubla d'après sa taille et sa masse en deux catégories déjà existantes pratiquement en Grèce.

Veltris porcarius (le plus fort), *veltre* à porcs (sangliers) ou *vaultre ;*
Veltris *leporarius* (le plus léger), veltre à lièvre où *lévrier,* appelé ainsi, non par ce qu'il est *levreté,* c'est-à-dire bâti comme un lièvre, mais parce qu'il servait à prendre le lièvre.

Ces qualificatifs typiques furent choisis avec le plus grand à-propos ; le veltre à lièvre était tellement répandu en Grèce, que les Romains l'appelaient aussi *canis graius.*

L'adjectif veltre est resté comme de juste pour désigner les chiens puissants bâtis un peu comme le lévrier, autrement dit pour ses « croisés ».

L'adjectif *porcarius,* tombé en désuétude, avait été choisi parce que tout chien, attaquant franchement le sanglier, n'hésitait jamais à se jeter sur le cerf et sur le loup, alors que la réciproque n'était pas forcément vraie. C'est ainsi qu'à force de s'étendre le terme vautre est devenu notre vautrait, meute pour sangliers.

Le levrier de moyenne taille fut le plus fameux ; il a servi à tout prendre. « Il a servi à prendre le cerf et le lapin. » (D. DE NOIRMONT). On voit par exemple,

---

(1) Gibier fut d'abord les captures faites avec le faucon, lesquelles formaient la *gibe* ou *faix* sur le dos des chasseurs ; ce terme s'est étendu ensuite aux animaux comestibles parmi ceux dits de venerie pris au chien courant. Le cerf est gibier, non le loup.

dans le livre de Phœbus (chap. LI) « comment on doit chassier et prendre les *connins.* »

Svelte, élégant, agent indispensable du succès ! voilà pourquoi la poésie moyenageuse le chante si souvent ; de là aussi ces vieux proverbes qui le portent si haut : « Il n'est chasse que de vieux lévriers », ou « les lévriers sont les meilleurs chiens de chasse ». (V. page x.)

La chasse à force avec les chiens courants a fait progressivement monter ces derniers au pinacle et redescendre les autres. *Graviore casu decidunt turres.*

Les conditions de la vie sociale et de la topographie générale ont opéré le mouvement de bascule. Si le lévrier (sloughi, barzoï, etc.) a conservé son rôle en Afrique et en Russie, il n'a plus guère que le jour du *Waterloo-cup* comme belle journée sportive auprès de nous ; son rôle officiel a été maintenu jusque dans les comptes de la vénerie de Charles X.

Bien qu'on ne le vit plus guère après 89, il fut supprimé par l'art. 12 de la loi du 3 mai 1844, mais nous ne pouvons oublier ce chien, qui a contribué dans une très petite mesure à former quelques-unes de nos races vites, ce chien au rôle duquel plusieurs auteurs attribuent faussement d'ailleurs l'origine de l'expression chasse à courre (1). Bescherelle définit « chasse à courre, chasse aux lévriers », idée générale qui fut bien aussi celle d'Ernest Jullien le jour où il définit « levretter, chasser à courre avec des lévriers » (2), alors que nous croyons devoir opposer justement notre chasse à courre et la chasse aux lévriers, tout comme Phœbus différenciait en principe « chassier et prendre à force » de « chassier et prendre ».

J'ai dit que le terme lévrier avait volé son sens au terme *veltre;* ce terme a réellement existé ; on le trouve dans la *Chanson de Roland* (3). L'homme qui les menait s'appelait veltrier, ancêtre de vautrayeur, terme que nous trouvons notamment dans *The poetical Romances of Tristan* (4).

> Viennent séuz, viennent brachet
> Et li curliu et li veltrier.

Il n'est pas de meilleure citation pour faire la liaison entre le veltre et le séguz, ségu, séus ou séu (5), « espèce de chien courant » selon Godefroy ; nous l'appelons « chien de suite », et le considérons comme le vrai chien de chasse avec P. Mégnin *(Nos chiens,* p. 147).

« Le vrai chien de chasse est le chien courant, tandis que le chien d'arrêt n'est qu'un produit de l'art ou plutôt d'éducation ».

---

(1) Dans la noble et curieuse *Chasse du loup*, R. Monthois appelle « chasse à course de lévriers » une chasse où les deffenses font devoir de crier pour obliger le loup à marcher à la course (la courre ou l'accourre), bien que le nombre des chiens courants employés soit assez supérieur à celui des lévriers.

Le titre même de l'ouvrage « dit comment il (le loup) est à prendre et tuer par chiens de chasse et chiens de courre ». (m.s. 3, Dresde, B 148, *Ch. du loup*, notice, p. XVII). Chiens de courre sont les lévriers.

(2) Conférence des Fauconniers, Cabinet Jouaust, p. 112.

(3) 2563 Muller, xii° siècle, et dans Goron. Looïs (292 A. I. Godefroy).

(4) Voir Michel 1839, 3°° fragment, p. 84, en normand xiii° siècle.

(5) Ségu (et similaires) vient de *ségusium ;* seu (et similaires) de *seucem.* L'étymologie est *sequi suivre ;* les métathèses portent sur les gutturales g, k, c (h).

Le ségu, ségusien ou chien de suite

Le terme ségu se trouve dans le *Roman du Rou* (Wace 3 p., p. 523), dans la *Vie de Saint-Gile* (1551 a. t) et dans Brunetto Latini (xiiiᵉ siècle, Trés., p. 236, Chabaille), où l'on voit que « li archier l'appelle ségu parce qu'il ensuient lor proie jusqu'à la fin » ; c'est juste la définition qui sera donnée du chien courant aux siècles suivants.

Les chiens de chasse des anciens peuples d'Orient se ramènent aux deux types susmentionnés ; l'art nous en est le témoin ; leur dénomination générale fut *théreutikos* chez les Grecs, *canis venaticus* chez les Romains, chiens venatiquez dans le *Roi Dancus*, qui est de 1284, c'est-à-dire du xiiiᵉ siècle.

Quand les Grecs voulurent déterminer plus spécialement le chien de suite, ils eurent l'expression metagon (méta, agein, conduire à la suite) dont les traducteurs gréco-français ont fait, je ne vois pas pourquoi, *métagontes* au lieu de chiens meneurs ou chiens de piste, et les latins-français *segusius (canis qui sequitur)*, qualificatif désignant une aptitude, non une race ; ce terme est devenu ségu ou seu en vieux français jusqu'au xiiiᵉ siècle.

Ces chiens servaient à mettre debout, à mener pour faire prendre, et accidentellement seulement ils prenaient d'eux-mêmes ; il n'y a rien d'absolu en fait de chasse.

Cependant, en principe, l'étude serrée des traductions de Xénophon, d'Arrien, d'Oppien et de l'histoire de la Chasse chez les Gaulois jusqu'au douzième siècle inclus, ne permettent à personne d'affirmer que la chasse à force de chiens courants, sans lévriers pour jouer le rôle prépondérant, ait régulièrement existé.

Quand le filet est baissé pour le plaisir, le lièvre s'échappe en principe, s'il arrive à s'enfoncer dans l'épaisseur des bois et à disparaître aux yeux des chiens à lièvre ou lévriers, au dire d'Arrien.

La chasse en forêt avec les chiens de suite se perfectionne aux xiᵉ et xiiᵉ siècles, c'est la chasse à tir et à l'arc, vener et berser, berser, tirer à l'arc ; vener, chasser avec un certain nombre de chiens courants.

Encore au xiiᵉ siècle, la meute peu nombreuse des chiens de suite très criants et peu vites chasse dans une grande enceinte entourée de défenses, et prend les animaux blessés par les archiers. Le seigneur monte à cheval, porte cor, dague et quénivet ; il recherche de plus en plus le chien forcenant, c'est-à-dire résistant à la fatigue de la chasse : l'expression « dague et cor » signifie *tout l'accoutrement* dans le langage courant, comme aujourd'hui « avec armes et bagages ».

New-Forest était sans doute une forêt bien percée ; elle avait été plantée par Guillaume-le-Conquérant en vue de son genre de chasse ; l'archier tirait dès qu'il pouvait. On chassait sans doute plusieurs cerfs le même jour, si on pouvait, et on changeait de meute au besoin.

Au moment de quitter le lévrier et le chien de suite, pour mieux dire le veltre et le ségu — (sien), pour passer au chien dit courant, nous ne pouvons oublier de citer le chien produit de ces deux types, connu sous le nom de charnègre, charni(n)gue ou encore chagre, avec lequel les paysans du Midi ont tout détruit le petit gibier entre 1830 et 1850 ; ils couraient « le lièvre et même la perdrix rouge qu'ils forçaient à la course » (Noirmont (I, II, m. 312). Ce chien-là, ayant quelquefois du nez et jamais de voix, était très destructeur ; il a toujours dû exister dans les anciens temps et se confondait soit avec le veltre soit avec le brachet, mais il n'a jamais servi à former de meutes, du moins il ne le paraît pas dans les livres.

Races des Chiens Courants

Les chiens de suite les plus répandus au moyen âge sont, comme on les a appelés depuis, de quatre races dites royales :

1° *Les chiens fauves de Bretagne* ou des ducs de Bretagne.

Ils n'étaient pas vites, mais de très haut nez ; de Fouilloux en cite qui ont pris un cerf en quatre jours consécutifs. Ce n'est plus une prise par force, mais une prise par la famine.

Le chien fauve de Bretagne, dit M. Mégnin (p. 156), a deux variétés, poil long et poil court ; certains auteurs croient que la première a concouru quelque peu avec les chiens de Saint-Hubert et les chiens gris (de Saint-Louis) des ducs d'Alençon, à former les griffons vendéens (1) ; la variété à poil court, au contraire, d'après eux, aurait servi conjointement avec les chiens blancs et les chiens noirs de Saint-Hubert et le doguin à produire le normand. (Le baubi (2) et le grand chien.)

Le normand, à son tour, sélectionné par la petitesse de sa taille, aurait été croisé avec le basset, d'où les chiens d'Artois.

La sélection a grandi ces fameux normands, trop lents à l'origine, et ils sont arrivés à composer le bon équipage de cerf que Louis XIV posséda, lorsqu'en 1700 il cessa de pouvoir suivre le train de ses grands chiens blancs, chiens des plus brillants, vites et criants, mais dont la défaveur royale causa la perte.

2° et 3° *Les chiens de Saint-Hubert.*

Les chiens de Saint-Hubert au dire de Salnove (chap. X, p. 32) que d'Yauville répéta, comprenaient deux variétés, les blancs et les noirs, également crieurs et fins de nez ; ils habitaient l'immense région des Ardennes qui descendait jusqu'à la Selve. Certains auteurs les appellent simplement chiens de France.

Le chien noir de Saint-Hubert ne serait autre que le bloodhund de M. Oliphant, chien avec lequel la légende voudrait que saint Hubert ait forcé des cerfs !... « Ils ne sont vistes et aiment les bêstes puantes » au dire de du Fouilloux.

Le chien de Gascogne serait le produit d'un chien noir de Saint-Hubert, principalement du braque tavelé basque, cité par Phœbus (chap. XIX, p. 162) et du chien blanc de Saint-Hubert, ces deux derniers pour une plus faible part.

Les blancs auraient concouru à former le normand et le chien blanc du Roi, par le croisement de *Souillard* avec *Baude*, braque d'Italie appartenant au greffier de Louis XII, puis avec *Miraut*, puis avec un chien écossais, etc.....

Les chiens blancs du Roi ont vécu dans nos chenils jusqu'à la Révolution ; ils auraient encore concouru à former :

1° Les chiens de Porcelaine de M. H. Baillet de Villenauxe (Aube), race qui comprend des chiens de tailles extrêmes ;

2° Les chiens de Saintonge avec les chiens noirs de Saint-Hubert ; les chiens de Saintonge avec les chiens de Gascogne ont donné ceux de Virelade ;

3° Les chiens griffons de Vendée avec les issus des chiens fauves de Bretagne à longs poils et un peu de sang des chiens de Saint-Louis, comme nous avons déjà dit.

4° Les chiens actuels de M. de Chambray descendant de *Cajolant*, chien d'un garde de la forêt de Breteuil croisé avec une chienne briquette ;

---

(1) Les ducs de Bretagne, en effet, avaient aussi de grandes réserves de chasse en Poitou.

(2) Baubi signifie aboyeur, de baubau, aboiement en normand, (onomatopée).

5· Les chiens du Haut-Poitou et de Vendée à poils ras.

Ils auraient même contribué quelque peu à produire les chiens anglais staghunds, vraisemblablement les chiens de cerfs des Stuarts, de Georges II et Georges III, notamment à l'époque de l'invasion anglaise sous Jean II).

Les chiens de Vendée et du haut Poitou ont aussi du sang de lévrier dans leur origine, ce qui est rappelé fréquemment et indiscutablement par les chiots qui naissent bégus dans ces races.

Il est bien osé de voir la proportion de sang de lévrier venue uniquement par le croisement avec les chiens gris de Saint-Louis. C'est peu soutenable.

Comme les fameux gascons, les « fachionnables » bâtards du Haut-Poitou ont chassé le loup « d'amitié », pour employer la jolie expression de M. Joseph de Caragon, « ce qui ne les empêche pas de mener magnifiquement le cerf ».

Le chien du Haut-Poitou est le premier du monde, au dire de M. Le Couteulx ; il en a en quelque sorte donné la preuve lorsque M. E. de la Besge, en 1867, eut l'honneur de forcer tous les loups qu'il attaqua devant Sa Grâce le duc de Beaufort, dont les chiens ne purent en coiffer un seul.

On a de mauvaises années, de mauvaises semaines, mais le vrai veneur a de bonnes heures et des minutes délicieuses.

Ainsi en fut-il pour M. de la Besge, lorsqu'après ses succès de si bon aloi, il vit circuler la fameuse caricature anglaise de l'époque, représentant le loup français levant la patte au-dessus de la tige de bottes à revers de Sa Grâce.

« N'était-ce pas dû à la mestrise des chiens de Persac ? »

4° *Les chiens gris de Saint-Louis.*

Vers 1180, époque de Philippe-Auguste, les parcs s'élèvent de toutes parts et les chiens courants, aidés des chiens de force dits alans (alans gentils et alans veautres, y prennent de grands animaux, mais ces chiens courants, les ségusiens blancs ou noirs étaient un peu lents. Leur train était insuffisant pour prendre « à force de chiens courants » seuls ; il fallait presque toujours l'aide de l'archier et du chien happeur ; si le cerf prenait son parti sans retour, le succès était très compromis.

Le besoin du chien plus vite pour pouvoir prendre hors du parc se faisait donc sentir, lorsque Louis IX ramena de Chypre ou plutôt de Palestine (1), les chiens gris dont la race passe pour originaire de Tartarie (Turkestan), (*peut-être* (2) offerts par El Kithaï !), chiens vites, mais peu remarquables dans la difficulté, au dire de Charles IX.

Mégnin ne fait que de les citer (p. 147) ; pourtant il semble avoir fait quelque peu leur histoire, lorsqu'il dit que de la promiscuité des chiens dérivés du loup avec les lévriers et les chiens de berger sont sorties différentes races de chiens courants qui ont été la souche de ceux que nous connaissons aujourd'hui.

Le chien gris de Saint-Louis était un animal très intéressant et bien particulier, probablement issu du loup, du grand lévrier d'Egypte (caberu) et d'un chien de suite oriental très gorgé comme le chien de Laconie ou de Crète.

Il rappelle par ses formes un des chiens reproduits sur le tombeau d'Antef (Antifaa II, X° dynastie des Pharaons) ; quant à son poil, il est fort bien défini « poil de lieure » par Charles IX (*Chasse du cerf*, p. 34).

---

(1) Ce n'était peut-être que des chiens d'Asie Mineure, originaires de l'Inde.

(2) Dunoyer de Noirmont dit *peut-être* ; après lui, les auteurs n'en ont plus douté et ont affirmé. Probabilité pour Oppien, certitude pour Xénophon.

Ce roi les dit très vites : « Il se fault rompre le col et les jambes pour les tenir. » Ils étaient très répandus chez les gentilshommes.

Le chien gris pur ne s'est conservé à la vénerie pour cerf des ducs de Bourgogne que jusqu'à Charles-le-Téméraire (1477), à la meute pour lièvre des rois de France que jusqu'à Louis XIII ; la dernière meute de chiens pour cerf appartint au comte de Soissons à cette époque. Ce chien avait aussi figuré dans les meutes des ducs d'Alençon.

M. Le Couteulx regardait comme absolument purs les chiens qualifiés griffons gris de Saint Louis, appartenant au comte de Leusse (château d'Anet) et lauréats des Expositions canines de 1886 et 1887.

Ces derniers chiens gris, *Baude* et *Souillard*, étaient très dégénérés et sont morts en 1887 ; ils avaient été achetés à M. Cruchon, qui avait également perdu tous les siens à cette date.

Ils avaient des voix exceptionnellement fortes et s'arrêtaient pour crier, ce qui ne concorde guère avec ce qu'en a dit Charles IX.

Salnove les vante ; ils étaient de son temps assez répandus chez les gentilshommes.

D'aucuns prétendent que les couleurs grises des griffons vendéens sont dues à cette ascendance...; d'autres que l'auteur pourront le discuter.

Ces chiens nous intéressent grandement sur un point ; le terme « chien courant ou courâs », comme on trouve dans les vieux dictionnaires, a été inventé en leur honneur, au dire de du Fouilloux et de ses élèves..... (1).

L'expression chien courant existe bien au XIV° siècle, sans être encore très répandue ; le Roy Dancus, au XIII° siècle, les appelle encore chiens venatiquez. Brunetto Latini 1230-1284, également du XIII° siècle, (I, V, chap. XXXVI, p. 236) parle des « brachets as oreilles pandanz et des ségu.....», mais ne parle pas de chiens courants.

Le terme ne paraît donc s'être fixé qu'au XIV° siècle.

Depuis la fin du XIII° siècle environ, le chien courant est le chien de suite ou ségu, qui « poursuit et court incessamment le cerf chassable tant qu'il le rende aux abbois », ou encore « qui peut, employé en meute, prendre régulièrement un animal courable», sens que nous donnons aujourd'hui à chien de meute ou à chien d'ordre.

Le brachet, aujourd'hui briquet (2), c'est le chien de suite non forcenan, c'est-à-dire non capable de prendre régulièrement de grands animaux ; c'est le chien courant dégénéré. Parfois les sujets en sont d'une intelligence remarquable ; beaucoup, noir et feu, ne sont que des issus des croisements des chiens noirs de Saint-Hubert et du petit lévrier.

Les livres disent qu'il y avait vingt mille veneurs français ayant des chiens courants à la fin du XIV° siècle. Ils ne chassaient pas à courre ! Loin de là !

Les grandes menées sans lévriers, grandes comme on n'en avait jamais vu, commencent à travers la France avec le XVI° siècle. Il a été la grande époque des *longues chevauchées* que François I° encouragea de son exemple; la grande époque des limiers fut du XII° au XVI° siècle, époque où l'art de chevaucher menée

---

(1) Ils sont appelés chiens courâs parce qu'ils « courent à toutes bertes ». (Du Fouilloux, *Chiens gris, etc.*, et Nicot, *Très. d. l. l. fr.*).

(2) Nous voyons paraître le terme briquet pour la première fois dans le rondel LII de Louis d'Orléans, composé entre 1415 et 1440 : « Près là briquet aux pendantes aureilles ».

des chiens courants par *mestrise* et non par *mestrie*, c'est-à-dire par science et non par ruse, atteint sa perfection.

Les longues chevauchées de Charles IX sont aussi légendaires que celles de François I⁰, dont les déplacements cynégétiques, à l'instar de ceux des anciens ducs de Bourgogne, étaient réglés d'après les rapports de ses veneurs : « Ce que les cerfs voudront nous ferons »; c'est Catherine de Médicis qui parle, et tout le monde allait dans le *droit* chemin.

A cette époque, le gentilhomme campagnard forçait le lièvre sans lévriers, et faisait déclarer les chiens du roi sur cette voie (Charles IX).

Les importations de chiens (1) et de chevaux anglais doivent remonter fort loin, sans doute au temps des ducs anglo-normands; cependant elles sont encore indiquées sommairement au sujet des véneries des ducs de Bourgogne (xvᵉ siècle).

Henri IV, en tout cas, échangea des *meutes de chiens* avec Jacques I⁰, roi d'Angleterre. Le Vert-Galant, nous l'avons déjà dit, élevait ses chevaux de guerre dans la vallée de l'Yèvre, près de Bourges, mais « il faisait venir ses chevaux de chasse d'Angleterre, parce qu'ils avaient plus d'haleine » pour suivre le train de ses chiens anglais.

Les meutes de Louis XIII se composent de chiens blancs du roi, excellents descendants de *Souillart*, qui disparurent dans les premières années du règne de Louis XIV, chiens écossais (pour le lièvre). Ses chiens pour renard et les Sans-quartier du comte de Toulouse étaient anglais; la meute, c'est-à-dire la grande meute pour cerf de Louis XIV, se composait de grands chiens blancs, réunion « des plus grands que l'on pouvoit trouver dans les races mêlées dès lors ». (SELINCOURT, *Parfait Chasseur*, p. 56). Louis XIV cessa de pouvoir les suivre en 1700; ils périclitèrent, parce qu'ils furent délaissés et remplacés au laisser-courre royal par des chiens normands (trop lents).

Après Louis XV les meutes diminuent, et on sait le reste. A la Révolution le gibier disparaît presque complètement, comme le veneur et son chien. Il faut un long laps de temps pour tout refaire.

Napoléon rachète des cerfs allemands et autrichiens; il en trouve plus facilement que de bons chiens, et « quand on reforma les équipages de la vénerie du premier Empire, écrit M. Le Couteulx *(Chiens français et Chasse anglaise,* p. 13), on eut une peine infinie à trouver des chiens, et ils n'avaient guère de race ».

« En 1815, le dénuement est complet dans les campagnes à un point qu'on peindrait difficilement, mais « la gloire des armes est si grande! »

Vers 1828 seulement les forêts de l'Etat commencèrent à être repeuplées. A Chantilly, le dernier des ducs de Bourbon passait souvent derrière ses valets de limier, et corrigeait ensuite leur rapport; il chassait tous les jours, et il est mort tragiquement en 1830, bien que méritant évidemment un bien meilleur sort.

Les premiers veneurs du Centre qui voulurent chasser le cerf les saignaient et leur fendaient l'oreille à l'hallali pour les relâcher et avoir le plaisir de les rechasser. C'était une manière de *fouetter* le cerf, due au même mobile qui avait engendré le fesse-lièvre au xviiiᵉ siècle. (MM. DE LA PALLUE, HURAUT, DE SAINT-DENYS, DE PR., etc)

(1) Comptes de Philippe-le-Bon, 1427, Voir SAINTE-PALAYE, cité par NOIRMONT, I, 115.

La paix, et en quelques années les équipages se développèrent rapidement, devinrent plus nombreux et meilleurs que jamais.

En 1830 M. de la Rochejaquelin achetait mille francs un chien de change; aujourd'hui, si le très bon chien est toujours très rare, le bon chien de change ne l'est certes plus autant.

L'élevage du chien courant a fait des progrès immenses. La science de l'accouplement du chien n'a jamais été mieux entendue que de notre temps. Les vrais veneurs passionnés sont bien moins nombreux que jadis, mais la suite n'offrant plus autant de difficultés ni de désagréments que jadis, les invités et « les chasseurs de veneurs », selon le dire de M. H. de Chézelles, ont notablement augmenté.

On ne saurait s'en plaindre; ils ne veulent au fond que du bien aux veneurs, et aident ces derniers à prolonger la vie de notre chasse à courre, notamment par leurs dépenses en marge de la vie des équipages, dépenses que, grâce aux soins de la Société de Vénerie, les pouvoirs publics n'ont pu s'empêcher de prendre en très sérieuse considération jusqu'ici.

On peut facilement constater avec M. Mégnin (Nos Chiens, p. 148) que « la chasse à courre a depuis quelques années repris un essor et que les grands équipages de beaux et bons chiens sont plus nombreux qu'ils ne l'ont jamais été »; la proportion des prises, par rapport au nombre des attaques, n'a jamais été plus élevée ; donc on n'a jamais mieux chassé à courre.

Les races sont depuis longtemps nombreuses et mêlées; la chose est signalée par Phœbus (1) et Nicot (2) après Gratius, et les paléologues qui ont trouvé des races déjà distinctes à l'âge de la pierre polie. « Nos chiens ont une origine multiple », dit Mortillet (Origine de la chasse.., et de la domestication des animaux); il ne risquait rien à le dire.

Cette origine est des plus délicates à démêler; aussi les auteurs qui en parlent très sérieusement sont comme le valet de limier faisant son rapport ; ils ne peuvent pas toujours affirmer.

En fait de chiens de Saint-Hubert par exemple, Mégnin, un spécialiste de chiens, voit les chiens noirs de France (dits de Saint-Hubert, p. 147), mais il ne parle pas du chien blanc de Saint-Hubert, à l'encontre de Charles IX (chap. VII), qui dit formellement « ces deux races venues de Monsieur Saint-Hubert ».

Pourtant, c'est le vieux chien blanc de France (3) qui a engendré Souillard, qu'un pauvre gentilhomme vendéen avait offert à Louis XI. Souillard fut croisé avec Baude, chienne braque d'Italie appartenant, selon M. Pichon, à Jehan Robertet, secrétaire du Roi, greffier de l'ordre de Saint-Michel.

Leur descendance, déjà fameuse à l'avènement de François Iᵉʳ, fut croisée avec un chien fauve appartenant à l'amiral d'Annebault, puis par Henri II avec Barrault, chien blanc offert par la reine d'Ecosse. etc.

Le sang des fameux chiens blancs du roi a été conservé par delà la Révolution chez un garde de la forêt de Breteuil; voilà d'où est sorti Cajolant, avec lequel le marquis de Chambray a créé son fameux équipage.

---

(1) Phœbus, éd. Lavallée, chap. XIX, p. 161 : « De tous poilz de chiens courans y a de bons et de mauvais. »

(2) Thréson, Vᵉ Chiens (covràs) : « Il en est toutefois de tous poils, tant est mêlée leur race. »

(3) Nous ne pensons pourtant pas que M. Mégnin veuille faire venir les ascendants de Souillard de « la meute du Roy de Barbarie, le Domchérib ».

Un veneur humoristique, qui tenait à ne jamais *se perdre*, ramenait les origines du chien de chasse au lévrier, au chien courant et au dogue : « les chiens de chasse varient plus ou moins de l'un à l'autre ». Il n'en voulait pas savoir plus long, ajoutait-il, par la raison que, « sous son règne, Nemrod a vu bâtir la tour de Babel ».

Son idée, très simple, se base sans doute sur l'angle du profil nasal ; cette idée rappelle la « théorie des angles » (angle facial), dont le peintre Méritte tire si bon parti ; à chacun son angle !

Au lieu de chiens de France, Noirmont présente les chiens de Saint-Hubert comme dits chiens de Flandre ; il voit les blancs et les noirs, et reconnaît dans les chiens de Flandre les chiens *belges* cités par Silvius Italicus (t. II, p. 315).

M. Le Masson, vers 1830, prétendait que la race normande était « à peu près la seule actuellement vraiment pure ». Nous avons cité trois origines du chien normand (chien blanc et chien noir de Saint-Hubert et le chien fauve de Bretagne).

D'après un autre auteur, le dogue d'Angleterre aurait contribué pour une grande part à lui donner le nez peu pointu et si connu aujourd'hui, grâce aux aquarelles de Condamy ; le même auteur, par contre, refuse cette origine approximative au chien d'Artois, c'est-à-dire chien normand et basset.

Le baron Dunoyer de Noirmont (*Histoire de la Chasse,* t. II, p. 334 et 357 ; t. III, p. 199) fait des chiens d'Artois des bassets à jambes torses ; il ne reconnaît donc pas la division en briquets et en bassets d'Artois décrite par Mégnin (p. 157).

Quant à leur origine, Jullien (*Conf. des Fauconniers,* p. 134) cite ce passage du *Dictionnaire théorique et pratique de chasse et de pêche,* v° *Chien :*

« Chiens d'Artois, race provenant du croisement du doguin et du roquet, qui n'étaient eux-mêmes que des métis issus le premier du dogue d'Angleterre et du petit danois, le second du petit danois et du doguin. » D'autres comprendront cela mieux que nous sans doute ! « Depuis que les races angloises se sont confondues avec les races françoises, l'on n'y connoît plus rien, et ces belles races de chiens antiques se sont évanouies, et, de ces mélanges de races, il n'est resté que la curiosité du pelage. » (Selincourt, *Parfait Chasseur,* p. 56.)

L'entente n'aurait jamais pu se faire entre les chasseurs, malgré les travaux et ouvrages les plus documentés de MM. Lecouteulx, Chabot, Noirmont, Chaillou, Mortillet, et les naturalistes Mégnin, Guyot, etc., sans l'établissement de la *classification* adoptée par la Société Centrale pour l'amélioration des races de chiens et suivie pour les expositions canines. Les innombrables croisements entre les races des chiens font que la plupart des classifications proposées ne sont que purement artificielles. La meilleure de toutes passe pour être celle de Stouchenge, qui établit ses groupes en se basant sur l'instinct prédominant et l'utilité pratique. C'est d'elle que s'est inspiré le Comité de la Société Centrale pour arrêter sa classification en 17 variétés de chiens courants français, 7 d'anglais, 5 de bâtards anglo-français, 3 d'étrangers.

Le Limier

C'est le chien qui travaille au lien, *canis di ligamine* (lois de Dagobert, loi salique.....), c'est un chien d'espèce courante ayant des aptitudes particulières, dressé spécialement à être secret, servant à trouver et connaître la partie de terrain où se trouve le gibier que le veneur fera poursuivre ensuite par les chiens courants.

Son emploi, indiqué par Xénophon l'ancien, appliqué plus sérieusement par Hagron le Béotien (avec son chien *Glympisc*), c'est-à-dire par les Grecs, est parfaitement bien compris par Avitus, c'est-à-dire par les Romains ; il en fut de même chez les Gaulois et les Francs, comme les lois du temps le prouvent.

Il continue le même service jusqu'à nos jours, mais il se perfectionne encore au xii° siècle, quand les ducs normands et les rois de France veulent chasser pour tuer un animal déterminé.

L'art du valet de limier est très perfectionné au xiii° siècle ; les percements forestiers commencés au milieu du siècle précédent permettent de découpler le relais pour prendre à force le cerf le plus cerf de la harde.

La perfection de cet art est atteinte au xiv° siècle, et son rôle restera plus important que jamais jusque vers le règne de François II.

Le cognoisseur, veneur par excellence, est, grâce à son limier (de change), l'âme de la chasse qu'il suit sur traquenard, son chien étant retenu au troussequin de sa selle par le lien dit botte à l'époque de la Renaissance.

Il travaille à relever les défauts ; la chasse traîne en longueur ; elle dure quelquefois plus d'un jour, et tout le monde qui chasse sait bien comme la chasse de forlonge multiplie les difficultés.

Avec Charles IX, qui veut gagner du temps, le piqueur se double d'un cognoisseur, c'est-à-dire d'un valet de limier ; il fait le bois ; le rôle du limier s'arrête au laisser courre.

D'Yauville, sous Louis XV, ne fait plus mettre debout à trait de limier, mais par des rapprocheurs, appelés aussi *chiens d'attaque* en souvenir de la première laisse de la chasse dans la courre, (laisse composée des lévriers les plus vites, dont l'attaque était très rapide, très soudaine, le modèle de toutes les attaques). L'attaque de meute à mort ne lui avait pas réussi.

Le limier ne *voit* donc plus découpler la meute ou de meute à mort ; il l'entend mélancoliquement dans le lointain. Il ne suit plus de loin la meute, la botte au col, dans l'espoir d'avoir son droit ; c'est l'exception quand il se trouve à l'hallali et peut, botte avalée, se mêler aux autres pour la curée, leur disputer les morceaux, son droit, qui lui étaient servis jadis à part au bout de son trait.

Les Rapprocheurs

Les rapprocheurs sont de vieux chiens courants sages, créancés ; c'est dans certains pays une grosse difficulté que de les arrêter bien à propos, quand ils ont encore un peu de jarret et sont durs d'oreille. Les manquer peut compromettre la journée ; trop vieux, trop froids, ils surallent les voies que d'autres empaumeraient au galop : leur dressage et leur choix sont très délicats. (1)

De nos jours on attaque exceptionnellement le chevreuil avec des rapprocheurs, mais cela s'est encore fait vers 1872 par des maîtres d'équipage possédant des équipages nouveaux, dont ils n'étaient pas assez sûrs, et qui seraient partis sur n'importe quel animal, comme les Sans-quartier du comte de Toulouse.

Les Grecs, d'après Xénophon, semblent avoir voulu employer le limier pour remettre le lièvre ; les Gaulois riches envoyaient un homme s'affûter pour voir le lièvre rentrer ; depuis eux, c'est la billebaude qui est d'usage au lièvre.

(1) Certains équipages en emploient un, d'autres jusqu'à huit.

Attaque à la billebaude

Quand les forêts sont vives ou quand il n'y a pas de brisées au rapport, les équipages de chevreuil attaquent à la billebaude.

Ce terme justement nous vient du valet de limier normand, lequel excitait, encourageait, *baudissait* son chien sur la voie du loup ou du sanglier et quelquefois du cerf en tapant sur le trait avec la *bille* de châtaignier ; il s'est appliqué ensuite à la façon de faire des veneurs qui, en foulant au hasard, tapaient sur leurs houseaux et les branches avec l'estortoire, puis, en nos temps, *avec leur fouet sur leurs bottes.*

L'art du valet de limier, bien que fort ancien, est très délicat, très difficile, très intéressant, exige une grande pratique : ce fait de l'homme définissant à la trace un animal dans une harde de même espèce, et qui le fait bondir sans l'avoir vu autrement que par pied, forcera toujours l'admiration des spectateurs les plus indifférents.

Le Cheval

« Sur un bon chaceour le cerf il poursuivi. »
(BERTHE.)

Les chevaux qui ont été employés à la chasse pour suivre le chien courant n'ont été désignés que par le nom de leur race dans la littérature ancienne : l'idée qui a inspiré la fable du Cheval s'étant voulu venger du cerf remonte à une époque où les races ne peuvent plus nous intéresser.

Xénophon fait chasser ses veneurs à pied, et c'est le terrain qui le veut aux environs de Scillonte ; Platon veut que les sacrés chasseurs soient *montés* et aient le *droit de suite ;* Arrien et Oppien nomment les races des meilleurs chevaux, c'est-à-dire les plus vites.

Chevaux de Mysie, de Gétie, d'Illyrie, numides ou scythes, c'est pour nous le cheval syrien, le cheval arabe, le cheval d'Orient, l'ancêtre de notre pur sang.

Dans la vieille France ce qui prédomine, c'est le cheval barbe. A la suite des croisades, quelques chevaux d'Orient sont venus chasser chez nous. Dès le xi° siècle, le caçor, le chaceür, le chaceour de pris, les coureurs enfin, ont devancé le roncin, lequel était plutôt une bête de somme sans moyens, suivant tant bien que mal et rapportant au château le gibier vidé et *troussé.*

Les prouesses des chevaux des x°, xi°, xii° et xiii° siècles ont été très surfaites par les peintres, les rhétoriciens, les romanciers.

Dans les salons de Mai on voit parfois représentés dans *les départs pour les croisades* des chevaux qui ont la silhouette de nos meilleurs et plus grands steeple-chasers, silhouette due à un travail de sélection plusieurs fois séculaire.....

L'ancien caçor, d'après les études des hippologues spéciaux, était petit, soudé, doué d'un grand tempérament et d'un train plutôt moyen ; les chevaliers « ne montaient pas sur leurs grands chevaux pour chacier, mais bien sur ces chevaux barbes ou sur des « arabbis », comme on voit dans le *Roman de Garin le Lohérain,* sur des chevaux espagnols, navarrins ou andalous ; Jean II avait des chevaux de la Pulle, (Pouille, Italie) et des napolitains, rien pour marcher le train de nos chevaux de pur sang ou près du sang, rien pour suivre le train des bâtards anglais actuels dans les chasses perçantes comme sont beaucoup des nôtres avec les chemins de ce temps-là.

C'est faute de sang que tant de chevaux meurent de fatigue entre les jambes de François I", de Charles IX, d'Henri IV, du Grand Dauphin et des piqueurs qui servaient leurs meutes.

Sans doute, au xiv° siècle, les Twici et les Brocas ont dû renvoyer des chevaux anglais en France, plus sérieux encore que le hobbin.....; toutefois, historiquement, nous ne trouvons la preuve de la présence du cheval anglais à « nos chasses », pour parler comme Montaigne, qu'à la vénerie des ducs de Bourgogne (xiv° siècle), puis surtout à celle d'Henri IV.

« Ce roi élevait ses chevaux de guerre dans les plaines de la vallée de l'Yèvre, près de Bourges, mais il faisait venir d'Angleterre ses chevaux de chasse, *parce qu'ils avaient plus d'haleine.* »

La mode en fut continuée. On peut même dire que cette mode était alors rendue obligatoire par l'introduction de chiens de meute anglais, chiens vites et peu criants; Henri IV en avait justement une meute. Hors des bois suffisamment percés des capitaineries, les piqueurs ne pouvaient ordinairement pas suivre des chiens anglais avec leurs chevaux habituels.

Aujourd'hui encore, le train est une question très variable suivant les forêts, la nature de leur sol, les races des chiens, l'aménagement forestier, les *refuites,* lesquelles varient ordinairement de sévérité en sens inverse de la densité, de l'abondance des animaux.

En règle générale, la chasse du sanglier exige le cheval de grand fond, et le cerf le cheval vite et de grand souffle.

Le très bon demi-sang et le pur sang très nourris, bien en condition et sains dans leurs voies respiratoires, seuls peuvent résister en principe au travail normal de la chasse de cerf non tournante, mais défilante, perçante à travers un pays qu'il faut parcourir pendant deux ou trois heures avant d'arriver à l'hallali.

Le cheval de chasse est une question secondaire dans cette étude; il est toutefois curieux de constater que l'aide fut dit chasseur avant l'homme; c'est parce que, conformément à l'étymologie du terme chasse, il fut *un instrument de poursuite.*

Fond, vitesse, souffle, la *qualité* des chevaux scythes que les veneurs du temps utilisaient dans les plaines, est plus que jamais celle qu'il faut aujourd'hui pour suivre les chiens de meute de notre époque par tous terrains.

Bonté, c'est-à-dire fond et souffle, suffisaient au commencement du moyen âge pour suivre les chiens du temps : dans le *Roman de Berthe,* écrit au *XIII° siècle,* nous lisons :

« Sur un bon chaceour le cerf il poursuivi »

Aujourd'hui nous débuchons ou faisons le tour de l'entreillagement de forêt, le train des Scythes, sans chasser forcément *à vue* comme eux.

Le débucher passe pour se produire si souvent, que la chasse à courre a été définie dans un livre récent d'école communale « chasse qui se fait à cheval avec des chiens courants ; elle a lieu *quelquefois* dans les bois ».

Accessoires du Veneur

Fouet. — Les chiens françois chassent le nez et le balai hauts. *(Maison rustique,* t. II, p. 529). Traduction libre :

« En partant pour la chasse, le chien de meute porte son *fouet* en *trompe.* »

Cela nous fait penser aux accessoires du veneur, au fouet, à la trompe, à la laisse, à la harde, au couteau, à l'épieu.....

Le fouet primitivement s'appelait *cachoire* et servait à cachier, à chacier, à pousser le gros gibier en battue vers le chas et dans la lée, autrement dit pour aller à la chasse.

L'usage de prendre du bois de hêtre pour faire le manche a eu pour conséquence de lui donner le nom de fouet, emprunté à la bourrée de branches de hêtre (fouteau) destinée à faire du feu, ce qui n'empêchait pas la houssine ou tige de houx de servir de baguette à l'étable à chiens des gentilshommes et au chenil du roi.

Le terme cachoire n'a pas été perdu pour cela ; il est devenu la chassoire, servant au fauconnier à dresser son oiseau.

Trompe. — La trompe ! Cet instrument ne supporte la médiocrité que lorsqu'il se fait comprendre à propos dans les moments désespérés.

Le cor et la trompe des anciens temps sont souvent pris pour notre trompe d'aujourd'hui par ceux qui oublient l'époque relativement récente de son invention.

Salnove parle au chapitre « De la chasse du renard » (p. 182, éd. 1888) d'un ton particulier, qui a esté étably par le roy Lovys le Juste....., « pour donner advis que le renard est terré....., trois ou quatre tons de gresles fort courts et un ton du gros sur la fin, et les réitérer ».

Ces dernières années un auteur de renom a écrit que Louis XIII avait le premier chassé le renard en France et avait composé la fanfare du renard !..... La première édition de Salnove est de 1655, d'une part ; de l'autre, l'ancêtre de Raoux, chaudronnier à Nancy, inventa notre trompe entre 1738 et 1766! Elle était en cuivre rouge et dure à sonner; mais Dampierre arriva et composa ses fameuses fanfares, qu'il sonna avec des trompes douces.

L'erreur est donc aussi forte que celle qui consiste à regarder comme moyenageuse ou plus lointaine encore la benoîte chanson du roi Dagobert, laquelle fut composée en 1830 par d'Estournel, alors élève de M. de Fenaigle.

Le cor d'ivoire et l'olifant servaient à la chasse et à la guerre au XIe siècle ; au XIIIe, le huchet et les premières cornures paraissent dans *La Chace dou serf*. Sonner s'appelait « porter en un cor » au temps de Louis XIII. Le petit cornet et le huchet de François Ier furent remplacés par le cornet tournant sur lui-même, qui fut appelé trompe sous Charles IX.

En principe, le cor a la forme d'une corne ; l'expression « à cor et à cri » vient de lui et non de notre trompe, appelée à tort cor en souvenir de lui, qu'elle a remplacé.

En principe, elle est plus recourbée et faite en métal, comme la trompette (trumba).

« Le son emporte avec lui quelque chose de l'âme du veneur dit Bonne trompe » ; jamais les poètes n'ont décrit la véritable expression qui se dégage de cet instrument bien sonné dans son vrai cadre.

« Le cor triste au fond des bois », allons donc ! La trompe anime les bois, l'écho redouble la note gaie ou majestueuse..... sinon le vent emporte tout : rien de triste !

Pour finir cet air sur la note gaie, nous renvoyons le lecteur au « petit discours envoyé à ses compagnons de la trompe » par Guillaume du Sable (fin du XVIe siècle).

Epieu. — L'épieu traditionnel des veneurs à pied, allant à la chasse à courre ou dans les toiles, ne nous intéresse que pour dire qu'il est encore employé de nos jours sous une forme spéciale par les veneurs qui suivent le vautrait de M. Bertin, ce qui cadre fort bien avec la devise de leur bouton : « Boutez en avant. »

Le quévinet, qui se portait sur la hanche droite au xiii⁺ siècle, n'est remplacé que par un couteau de poche long et bien effilé, et qui doit être repassé sur l'heure pour bien couper ; quant au couteau, *culter venatorius*, il a été remplacé par l'épée ou la dague, ce qui a fait naître les deux expressions « tuer » ou « tuer de l'espée » et « daguer ».

Cette dernière seule a passé la Révolution ; on ne dit plus dague, mais couteau, d'où il suit qu'au commencement du siècle dernier l'expression « servir au couteau » est devenue « de mise ».

Laisse et harde. — Les laisses étaient déjà de poils (crins) dès l'époque d'Eustache Deschamps (1330, xiv⁺ siècle), mais elles n'abondaient sans doute pas ou étaient réservées pour les lévriers, car elles étaient souvent remplacées par de simples cordes dites forces, ou simplement des branches de bois vert tordu, appelées « are, hart, *hard* », avec lesquelles on tenait les chiens *hardés*. (Voir Modus, xiv⁺ siècle, Chasse pour les bestes noires.)

Les veneurs d'alors, pour rompre leurs chiens, ne criaient pas « arrête », mais « à la hard ».

Et maintenant revenons, comme Hugues Sahel (1539), à la prise du grand sanglier Discord, « en ung cours », je veux dire à la discussion sur certains faits historiques relatifs à la chasse à courre.

CHAPITRE V

Discussion et Discussions

> Hudain lor prendoit les daims
> Et les cerfs sans noise et sans cris (Tristan),
>
> Si bien je me fis dans ce pays landeux
> Que chaque jour un cerf prenois et souvent deux.
> (*Epit. du bon chien Relay*, par Louis XII).

« La littérature française ne s'occupe pas de la chasse..... et, quand elle en parle, elle ferait mieux de se taire : il y a trop de fantaisie dans leurs soi disant études psychologiques ». Le baron Le Couteulx de Canteleu s'est exprimé ainsi dans *Chiens français et Chasse anglaise* (p. 17).

Évidemment, s'il faut juger un chien ou parler croisements de chien, l'homme de plume qui ne pratique pas, risque la fantaisie ; « il n'est rien de vain comme la théorie de la vénerie à côté d'un peu de bonne pratique. »

L'homme qui vieillit sur les manuscrits, passe sa vie dans le livre, est cependant là quelquefois, lorsqu'il faut étudier les vieux manuscrits, les termes et leur histoire.

Le professeur de littérature, l'archiviste paléographe, le professeur de Faculté ont souvent des occasions de sourire à leur tour lorsqu'ils lisent les livres d'un veneur. Ils ont parfois leur revanche, notamment, parmi ces derniers ceux qui ont fait leur thèse sur une question de littérature cynégétique et ont en même temps un peu chassé ; « ils en relèvent de belles ».

Pour en citer quelques petits exemples, il y a peu de chemin à faire, sans chercher les termes corrompus, comme massacre (1), tête mal *semée* (2). faux fuyant (3). Ouvrons la *Vénerie Française* (1858) par le baron Le Couteulx (p. 17, ligne 12) ; nous lirons : « Saint-Louis ramène de Tartarie une meute de chiens ». Saint-Louis au Turkestan, ce n'est pas historique.

Ouvrons, par exemple, le fameux *Nouveau Traité des Chasses à courre et à tir*, fait par le baron de Lage de Chaillou, officier de la Vénerie Impériale, M. de la Rue et le marquis de Cherville ; au chap. XI, « De la Trompe », nous lisons :

« La Royale, composée par Charles IX (1560) est déplacée, lorsqu'on la sonne au balcon d'un établissement public..... »

En 1560 Charles IX avait 10 ans (4); il a dicté ? à Villeroy, un peu plus tard tout de même, la *Chasse Royale* (5) à une époque où l'auteur de la fameuse fanfare et l'inventeur de notre trompe avaient encore deux siècles à attendre avant de venir au monde. L'erreur de Chaillou, c'est-à-dire l'idée fausse sur l'époque de l'apparition de notre trompe, se retrouve dans plusieurs livres cynégétiques.

Un autre auteur écrit encore : « Vers le milieu du *XVI*ᵉ siècle, Salnove offrit sa *Vénerie royale* au roi Louis XIII »,..... qui est né au XVIIᵉ siècle.

R. Monthois appelle laisses d'étrique et Leverrier de la Conterie laisses d'extries ce qui était dit jadis laisses d'estric, c'est-à-dire laisses de presse, lesquelles mettaient les animaux en *destri*, c'est-à-dire en détresse.

Deux auteurs se mettent en collaboration pour faire un lexique cynégétique et expliquent l'expression *mettre à pisser*, au lieu de mettre à *piser*.

Tous les lieux communs d'erreurs tous les sujets à discussion ne sont pas si facilement discutables que l'existence de la fanfare composée par Charles IX.

En voici quelques-uns :

1° Les chiens représentés sur le tombeau d'Autef

Les représentations du tombeau du roi Autef V (6) sont célèbres depuis la communication faite au *Sport* en 1865 par le vicomte de Rougé. « Le chien courant d'Autef représente à peu près le Staghund actuel..... Les quatre chiens favoris d'Autef se nommaient : *Bakuta, Abaker, Pahtès, Pakaro;* une inscription près du premier nous apprend qu'il était excellent pour l'antilope, *ce qui prouve que ce n'était pas seulement avec les lévriers*, comme cela se pratique aujourd'hui dans le désert, que chassait le vieux roi thébain. »

Il semble invraisemblable que des chiens d'une espèce plus massive aient pu mieux faire que le sloughi, déjà existant, à la chasse de l'antilope, animal imprenable sans une très grande vitesse. Or plusieurs savants ne voient que des *lévriers* dans ces chiens du roi égyptien ; M. Maspéro, de l'Institut, a trouvé qu' « Abaker veut dire sloughi ; c'est le même mot employé encore chez les Berbères pour désigner le même chien ».

(1) Pour *maschere*, masque.
(2) Dite pour mal somnée, sommée suivant les uns, pour mal seinée, marquée.
(3) Pour for-fuyant.
(4) Un auteur cynégétique fort connu écrit : Au XIIIᵉ siècle, Charles IX..... » !
(5) Dont le manuscrit est à la Bibliothèque de l'Institut, fonds Godefroy (rec. 194).
(6) *Chasse à travers les Ages*, par le comte de Chabot, p. 17, et *Dictionnaire des Antiquités grecques et romaines*, de Darenbert et Saglio.

Le roi Autef faisait donc vraisemblablement chasser l'antilope par *Bakuta,* s'il était réellement chien courant, ou par quelque autre, et la faisait prendre par les sloughis qu'Abaker symbolise !

Il devait, comme les autres, faire aider son chien chassant à la piste par le chien vite chassant à vue. C'est ainsi qu'il faut, croyons-nous, entendre la note du vicomte de Rougé, sans entendre qu'Autef ait pris l'antilope à l'aide de chiens courants seulement. L'idée est, du reste. exprimée par M. Mégnin dans *Nos Chiens* (p. 20). Il décrit ces fameux chiens du stèle du Pharaon Antifaa II (X⁰ dynastie) ; il y voit quatre chiens de races différentes, lévriers ou chiens courants.

Bakuta a encore été donné comme « *lévrier* de Dalmatie » « d'origine nubienne », au dire de P. Mégnin, chien qui sert encore à la chasse des gazelles.

2' La Chasse de Childebert

Un lieu commun, connu des théreuticographes traitant l'histoire cynégétique, un lieu commun tendant à prouver l'existence de la « Chasse à courre » au vi° siècle : c'est la chasse de Childebert.

M. E. Jullien (1), La Curne de Saint-Palaye (2), Noirmont (3), Chabot (4) nous représentent la chasse à courre d'un buffle par les meutes de Childebert, dont le récit s'arrête toujours net après le laisser-courre, tout net comme le cerf à la croix de Placidas, fait recollé à « Saint-Eustache » et longtemps après à Saint-Hubert.

« Rien n'est oublié », disent ces auteurs..... Pourtant, si l'on veut savoir la fin, il faut aller consulter *Vita Sancti-Karilef,* par Siviard, ou les *Moines d'Occident,* de Montalembert ; on apprend ainsi qu'il s'agit d'un bœuf élevé par le moine Karilef ; couché sans doute un peu en dehors du vol du chapon, il fut effrayé par « la Venerie » de Childebert et courut se cacher derrière son protecteur, comme un agneau derrière sa mère.

Le moine le caressait, *setas inter cornua mulcentem ;* les piétons armés de flèches arrivèrent bien avant les cavaliers.

C'est alors que le cheval de Childebert arrive enfin, et rétive ; Childebert *se rend* et trinque le coup de la réconciliation avec le moine qu'il voulait faire tuer un instant auparavant.

C'est le cas de ne pas oublier ce que dit à ce propos L. DE SAINT-PALAYE (5), à savoir qu'*il s'agit là d'une époque* où les cerfs chassés « se réfugient toujours dans les lieux saints », d'une époque où les lièvres, épuisées toutes les ruses, dont l'habileté est reniée par M. Guillebert des Essarts, et, mieux que cela, les biches (frémissantes sans doute), se jettent dans les bras des saints (6), d'une époque où les ours, près d'être forcés, vont se cacher dans les maisons, où ils se couvrent d'habits d'hommes (7), et..... écrivent sans doute leurs Mémoires sur l'histoire de la chasse à courre.

---

(1) *Histoire de la Chasse,* p. 78.
(2) *Mém. histor. de la Chasse,* t. III, p. 70. (Il écrivait en 1776 : c'était l'émule de Darboling).
(3) *Histoire de la Chasse,* t. I, p. 42.
(4) *Chasse à travers les Ages,* p. 56.
(5) *Mémoires de la Chasse,* p. 171.
(6) Noirmont, I, p. 43.
(7) La Curne de Sainte-Palaye.

Dans *La Chasse à travers les Ages* (p. 55), l'auteur tire cette conclusion que « les Francs attaquaient et forçaient à l'aide de chiens *courants* » ; nous serons plus timides, et pensons simplement que l'auteur de la *Vie de saint Karilef* en latin a agi comme le moine Oppart, au xv⁺ siècle, à l'égard de saint Hubert ; il a arrangé les choses à la couleur de son esprit et à la façon de son temps.

Dans la Préface. de sa *Chasse du loup*, M. Le Couteulx écrit que « c'est bien dans la France seule....., pays *où est née la chasse à courre*, qu'on a chassé et qu'on chasse le loup à courre. Or, il écrit dans *La Vénerie française* (p. 10) que le cerf a *toujours* exercé l'adresse et le courage des Grecs et des Latins ; on le *courait* avec des chevaux scythes..... et quand le cerf était *forcé*..... »

Il cite des passages traduits de Xénophon, qui justement ne parle pas des chiens gaulois dans sa *Cynégétique*.

Si les Grecs ont *toujours couru et forcé le cerf*, comment peut-il écrire que *la chasse à courre est née* chez les Gaulois ?

Au chap. I⁺ du même livre, cet auteur écrit encore qu' « on a toujours chassé le loup en France » et que « de tout temps, même sous les Gaulois, ainsi que nous le voyons dans Pline et autres anciens auteurs, on le chassait à courre ». Puis, arrivant aux siècles suivants, il explique que les immenses forêts non percées de la France étaient un obstacle invincible pour suivre un grand loup dans sa refuite, et qu'alors on cernait les enceintes des loups avec des hommes, puis des filets, etc., etc.

Nous concluons que les Gaulois rencontrèrent les mêmes difficultés que les premiers chevaliers, qu'ils ne chassaient pas davantage le loup à courre que les *luparii* de Childebert et de Charlemagne, et enfin que nous n'interprétons pas « Pline et les autres auteurs, *Arrien compris* », de la même façon. Le louvart a sans doute toujours pu être forcé depuis Charles-le-Bel *(Modus)* ; mais le grand loup chassé à titre, puis dans l'accourre, n'a commencé à être réellement couru que sous Henri IV, par d'*Andrezzi*, gentilhomme que M. Le Couteulx cite lui-même *(Chasse du Loup*, p. 3) comme « un des premiers *veneurs* ayant un bon équipage de loup que l'on trouve cité ». D'Andrezzi est donné comme ayant *couru réellement* le loup le premier par certains auteurs ; d'autres citent Henri IV, d'autres le Grand Dauphin. Nous remarquerons simplement que ces trois noms sont d'une époque quelque peu différente de celle des Gaulois.

3⁺ Les chiens gris de saint Louis et les chiens blancs de Barbarie

A l'époque de la Renaissance la mode était de *tout faire venir d'Orient*, du Fouilloux fait venir les premiers chiens courants de suite après le siège de Troie (1) dans son pays et les représente même sur le bateau ! (2) Napoléon savait aussi..... et alla en Orient y chercher la gloire, qui devait le rendre maître de la France.

---

(1) Et Jourdan (commencement du xix⁺ siècle) renchérit sur cette bourde et écrit que les chiens normands gris-fauves-noirs viennent de Troie (Turquie d'Asie).

(2) « Une chronique bretonne, faite par Ioannes Monumetensis, écrit du Fouilloux (chap. I⁺) — c'est-à-dire une narration, une invention ! — raconte que Brutus, son fils Turnus et nombre de Troyens amenèrent force chiens courans et leuriers en Bretaigne, avec lesquels ils vinrent chasser en Gastine et au temps du roi Groffarius (?) Pictus (de Poitiers). » D'où il résulte que les chiens courants de France « sont sortis du païs de Bretaigne excepté les chiens blancs, qu'il apprit être venus de Barbarie de par plusieurs Pilotes de mer et du viel Alfonce.....! ! Sources non réfutées, non discutées, mais fort discutables !

Charles IX raconte, dans *La Chasse Royale,* que « le roy saint Louis, estant sur le point de sa liberté, ayant sceu qu'il y avait une race de chiens en Tartarie qui estoient fort excellents pour la chasse du *cerf,* fit tant qu'à son retour il en amena une meute en France ».

Noirmont écrit, par suite, que les chiens gris *passaient* pour avoir été ramenés d'Orient par saint Louis (t. II, p. 321) : *il n'affirme pas.*

Certains auteurs les ont donnés comme prenant le lièvre en Barbarie (Etats barbaresques, Mauritanie), au lieu de Tartarie (Turkestan) !

Impossible de trouver un document vérifiant le dire de Charles IX, ni des autres. Noirmont met toutefois en note que ce fait doit *peut-être* se rapporter à l'époque où Louis IX reçut en Chypre une ambassade du prince tartare El Kathaï (t. I, p. 87).

M. de Chabot (1) dit formellement que « Louis IX accepta de ce prince (El Kathaï) une meute de chiens gris..... » et, dans la Préface de l'*Armorial de la Vénerie* (baron DE VAUX, 1895), ce même auteur écrit que « saint Louis ramena de Tartarie après sa première croisade une meute de chiens gris ». Ce passage est inspiré de celui de M. Le Couteulx *(V. F.,* p. 17; cet auteur est excusable, l'ayant lui-même emprunté textuellement à d'Yauville (édit. 1788, p. 206) : Saint Louis ramène de Tartarie une meute de chiens gris.

Voilà comment une coquille devient bateau !

Il nous serait trop difficile de trouver trace du voyage de saint Louis en Turkestan ; nous concluons de suite à la justesse d'esprit de celui qui a écrit « probabilité pour Oppien, certitude pour Buffon ».

Du Fouilloux fait venir les « chiens blancs, chiens-cerfs, chiens bauds... de Barbarie » ; les chevaliers croisés, dit un autre auteur, en auraient importé la race dans ce pays !..... *risum teneatis, amiri !*

Il serait trop simple, sans doute, pour des chiens de cerf d'être simplement dits originaires de France, comme le veut d'Yauville, au lieu d'un pays où les derniers cerfs ont été pris par les Romains depuis des siècles.

« Pendant sa dernière chasse à Versailles, rapporte Dangeau, M. de la Rochefoucauld dit au jeune Roi (le duc d'Anjou) qu'il le plaignait bien de ne pas avoir de meute à Madrid. » — « On dit, répondit-celui-ci, que le *Roi du Maroc* en a une bonne..... » N'est-elle pas bonne celle-là, en effet ?

Noirmont (t. I, p. 216, note 2) fait remarquer que le duc d'Anjou reproduit là une réminiscence de du Fouilloux, un *Roy de Barbarie* nommé le Domchérib......

L'histoire n'a pas enregistré un Roy de Barbarie de ce nom. Dans son langage succulent, un vieux matelot de La Rochelle, nommé Alfonce, aura voulu raconter à du Fouilloux qu'un (dom) *chérif* des Pays Barbaresques avait des chiens (sloughis) pour prendre des gazelles.

Voilà ce que nous en pensons :

Un récit présenté par le vieux pilote Alfonce, entre deux pipes, tel est le document de du Fouilloux ; il a été pris au sérieux par le duc d'Anjou et *tutti.....*

Pline ne croyait déjà plus au lynx dont le regard traverse les murailles et dont l'urine forme l'escarboucle, *lapis lyncurius !!* Ne croyons plus au « Roy Domchérib ». F. Fobis a bien dit : « Tous les animaux, surtout les animaux de chasse,

---

(1) *Chasse à travers les Ages,* p. 76.

ont leur histoire vraie et leur histoire fabuleuse » ; le chien de suite n'a point échappé à cette règle générale.

C'est toujours l'histoire fabuleuse qui prime : « De loin, c'est quelque chose, et de près presque rien », dirait La Fontaine.

4° L'origine des chiens normands

Dès qu'il est question des origines du chien de suite, il est réellement impossible à un auteur de sortir des grandes lignes admises par tout le monde, sans risquer de trouver un contradicteur assez documenté pour l'embarrasser.

La raison en est simple : c'est la disparition de tous les types primitifs. « Dès le xvII° siècle, dit le baron de Chaillou (1), les vieilles races françaises se confondaient entre elles et se sont mêlées avec les races d'outre-Manche. »

Le baron de Chaillou prétend que « les chiens normands composaient sous Louis XIV les meutes royales ».

Louis XIV, d'après Noirmont, eut des chiens écossais, des bâtards anglais et la meute des grands chiens blancs (français) ; ces derniers étaient achetés au sevrage chez les gentilshommes de Normandie, mais n'étaient pas normands par le sang. En 1700, ne pouvant plus suivre ses grands chiens, qui prenaient très vite, Louis XIV acquit alors une meute de chiens normands. Ils étaient un peu trop lents, et Louis XIV ramena plus d'une fois son soufflet avant la prise, qui avait souvent lieu à la nuit.

Ce qu'on peut dire sur l'origine des chiens normands est nettement précisé par d'Yauville : « La race existante est si ancienne que les plus vieux veneurs, tant normands que de ce pays-ci, disent que leurs anciens même n'en connaissaient pas l'origine. »

5° Le Chien Ségusien (Ségu)

Arrien (2) cite comme chien de haut nez dans sa *cynégétique* les « Egousiai », appelés ainsi du nom d'une tribu gauloise qui les élève et s'en sert pour chasser : « leurs voix plaintives, etc... »

Les traducteurs grecs-latins ont traduit segusii, segusiani. Arrivent ensuite les traducteurs latins-français, qui ont fait de segusii, Sequanien, et maintenant, dans tous les auteurs, on trouve le chien ségusien ou de Gaule lyonnaise ou de Bresse (Noirmont, Chabot, Mégnin, Chaillou, Tya-Hillaud, etc.)

Tous les chemins mènent à Rome ; les impôts de la Gaule romaine remontaient à Reims pour redescendre par la Saône et le Rhône ; les chiens de suite gaulois qu'Arrien a pu voir « arriver par le même itinéraire venaient certainement d'une tribu des Gaules qui en élevait. »

Quelle était la tribu ? Qui a dit le premier : *la Bresse ?* Sur quoi s'est-il basé ?

Dans la *Chasse Moderne* (chap. XVI, p. 370), M. R. Laurent écrit que les Gaulois ont *une race* de chiens dont ils sont très fiers, les ségusiens : ils sont rapprocheurs et hurleurs (3).

---

(1) *Chasse à courre et à tir*, p. 12.

(2) II° siècle de notre ère.

(3) Les chiens normands étaient lents, très collés à la voie, avaient belle gorge, etc... Ils furent appelés en vieux français *baubis*, terme qui fut pris comme désignant une race. Les Anglais en ont fait *boobie*, nigaud ; l'étymologie en fut crue bien à tort, car le terme baubi était bien plus ancien, et vient justement du terme normand *baubau* (onomatopée de l'aboiement) : baubi voulait dire hurleur, c'est-à-dire un autre ségusien !

La tribu gauloise et la race n'ont jamais été trouvées par les savants (et pour cause); voilà la vérité.

M. le comte de Chabot (p. 48) déclare qu'il existe encore des types de cette race en Bresse, et donne même la reproduction de Sonnefort, chien de Bresse, prise dans la *Vénerie Française* du baron Le Couteulx (p.75); or cet auteur déclare ne pas reconnaître en lui le ségusien, et Chaillou dit que, actuellement, le chien dit de Bresse est un chien « venu de Suisse, vers le XVIII° siècle », (N. tr. de *ch. à c. et à t.*, I, p. 33.)

D'autres auteurs ont prétendu voir dans le ségusien le chien d'Artois, d'autres l'agasse, (1) d'autres le bloodhund ou chien noir, dit de Saint-Hubert (ou encore des Ardennes, des Flandres ou de France)!

L'erreur qui a été commise vient d'une erreur d'étymologie; elle consiste encore à vouloir donner le sens de race à un terme désignant simplement une aptitude; c'est ce qui ressort des travaux de MM. Darenberg et Saglio *(Dictionnaire des Antiquités)* et des études de feu M. Villequez, doyen de la Faculté de Dijon, sur les textes des lois anciennes (Salique, Alamane, Ripuaire, Gombette, Bavarois, Lombards, Burgondes) où le terme *segusius* et *ses nombreux synonymes* sont expliqués (Leithunt, Spürihunt, etc.). *Segusius*, c'est *canis qui sequitur*, « le chien de suite »; notre limier, qui est essentiellement un chien de suite, puisque, depuis toujours, il doit la faire sur le droit et sur le contre, y est appelé « *seucem, qui in ligamine vestigium tenet* ».

Le jour où le savant Godefroy a inscrit sur son *Dictionnaire de vieux français* « ségu, seu ou séuz, chien courant », il a déjà donné sur cette question la même solution que M. Villequez devait trouver par une voie toute différente, l'un à propos du *Roman de Tristan de Léonois*, l'autre en étudiant les anciennes lois.

Leur conclusion peut donc être regardée comme indiscutable par tout le monde.

Du reste on trouve cette phrase dans Brunetto Latini (1230-1294) (t. V, ch. CL; XXX, VI, p. 236). « Li autre sont levrier et sont apelé (qualifié) ségu, parce qu'il ensuient la proie jusqu'à la prise. » Ségu fut remplacé par chien courant dans les écrits cynégétiques du siècle suivant.

N. B. — M. de Chabot écrit (*Ch. à tr. l. âg.*, p. 48), que « pour le courre du lièvre on faisait grand cas des ségusiens, chiens assez *lents*. »

Nous prenons pour un *lapsus calami* ce passage du même auteur (p. 41) où, après avoir fait l'énumération de la longue liste des chiens de chasse employés par les Romains, il écrit : « Les (chiens) gaulois, les belges, les sicambres, les *ségusiens* étaient les plus vites. » Les vertrages gaulois, le chien blanc des Belges, depuis dit des Flandres, les sicambres des Francs (c'est-à-dire d'outre-Rhin) étaient vites; le ségusien justement n'était pas vite, puisqu'il était hurleur et de toutes les tailles, alors que la vitesse et le hurlement ne marchent pas de pair.

Le petit agasse était aussi un ségusien, un meneur.

6° Garin le Lohérain

Les auteurs traitant l'histoire de la chasse abusent de Garin le Lohérain. Ils répètent cette phrase : « Vers le milieu du XII° siècle, Garin le Lohérain écrivit la *Chanson de geste*. On y lit le récit d'un laisser-courre d'un sanglier lancé avec

---

(1) Ségusien et agasse auraient d'après eux la même étymologie grecque « egousiai, agein ».

lévriers et forcé dans toutes les règles (1) ». Et ils concluent à l'existence de la chasse à courre régulière du sanglier au xii° siècle.

L'étude consciencieuse du *Roman de Garin le Lohérain* et des travaux faits à son sujet par MM. A.-P. Paris, Godefroy et Bartsch ne permettent pas de tirer des conclusions aussi larges.

1° Garin n'a pas fait la *Chanson de geste*. Il y a un grand nombre de chansons de geste aux xi° et xii° siècles. Garin, seigneur lorrain, est un des acteurs du roman, acteur qui meurt dans le courant du récit (2).

2° Le premier auteur, Jean de Flagy ou de Flavy, vivait bien à l'époque de Philippe-Auguste, c'est-à-dire au xii° siècle, mais il n'était pas veneur ; il écrivait les hauts faits des grands seigneurs qui chassaient de son temps : Il décrit *à sa manière*.

Les manuscrits de Jean de Flagy n'ont pas été retrouvés; les notes de P. Paris (1835) et de Karl Bartsch (1887) en donnent la preuve.

Il n'en reste seulement que diverses transcriptions exécutées en plein xiii° siècle avec l'écriture, les termes et la couleur du temps ; ce n'est même pas trop s'avancer que de les dire vraisemblablement postérieures à 1231.

Le manuscrit de Paris, qui a servi à Paulin Paris et à Bartsch, *est du XIII° siècle:* nous trouvons que c'est le plus ancien de ce cycle où il soit question de la fameuse chasse au sanglier ; « dix meutes et quinze valets pour les relais tenir », le tout sous la direction du « veneor mestre! »

Or nous savons que le premier maître veneur fut Geffroy (3) nommé par Louis IX en 1231. Il serait bien extraordinaire que les seigneurs aient eu des maîtres veneurs plus tôt que ce roi très chasseur.

Cette date est approximativement, croyons-nous, celle de la naissance de la chasse à force de chiens, et le manuscrit de Paris semble lui être *postérieur*.

3° La description de la chasse au sanglier de Bègues de Belin, dans le *Roman de Garin le Lohérain*, est une composition du xiii° siècle (4); elle nous éclaire sur la chasse de ce temps, et nous donne simplement quelques renseignements à placer à côté de ceux de la *chace dou serf*.

Les observations à y faire, autres que la date précitée, sont relatives au limier, à la description de la chasse elle-même, aux relais, à la suite.

C'est un beau « déballé de vénerie », mais il est impossible de voir les choses se passer « en règle » en regardant d'un peu près. L'auteur en connaît vaguement l'existence et mêle les péripéties naturelles de la chasse sans apporter une suite assez logique dans ses idées.

---

(1) Voir *La Chasse moderne* (p. 417). La citation est empruntée textuellement à *La Chasse à travers les âges* (p. 70). Voir NOIRMONT (t. II, p. 7) ; voir Elzéar BLAZE (*Le Chasseur au chien courant*, t. II, p. 142), et *Archives historiques et littéraires du nord de la France et du midi de la Belgique*, par MM. Aimé LEROY et Arthur DINAUX.

(2) Ce roman est composé d'un cycle, c'est-à-dire de variantes; quelques manuscrits ne roulent même que sur la mort de Garin.

(3) Ce Geffroy a été souvent à tort appelé le premier Grand Veneur ; ce titre ne fut donné qu'en 1413 par Charles VI à Jean d'Orgessin. (Voir NOIRMONT, *extraits de l'histoire des grands officiers de la Couronne de France*, par le père ANSELME : cité par NOIRMONT, I, 357.)

(4) LA CURNE DE SAINTE-PALAYE écrit (dans *Mém. s. l'anc. cheval.*, t. III, p. 190) qu'« il existe des poésies composées vers le xiii° siècle qui contiennent des détails très curieux sur la chasse du sanglier ». C'est à ce roman qu'il fait allusion.

4° Ainsi le service du limier n'est pas admissible d'après ce manuscrit de Paris.

Les chiens trouvent la voie et l'empaument, et c'est après seulement qu'un valet amène le limier (loiimier) Brochard. Le duc le desloie aussitôt ; alors ce n'était pas la peine de le demander ; il en fait immédiatement un chien d'attaque, un rapprocheur comme le trouveur de Xénophon. On n'a avalé que fort tard la botte au limier, qui est toujours représenté avec *son lien même* à la curée. Pas un seul autre rapprocheur dans les quinze relais : à quoi bon en avoir tant !

5° Pendant le débuché, les dix meutes fondent ; les chiens n'avancent plus quinze lieues de débuché tout droit sans chemin pour suivre et ménager le cheval ; c'est difficile pour passer l'eau et donner les relais ; c'est sévère comme distance et comme suite. Plus de chiens ! reste seulement la vigueur de Baucent, le vigoureux « arabbi ! »

6° Le duc met en trousse ses trois meilleurs chiens, deux seulement suivant d'autres transpositeurs. On voudrait avoir vu passer le bon veneur avec ses trois chiens, son épieu et cornant. Comment tenait-il ses rênes ?

« Li duc ..... » :

« Entre ses bras trois verais chiens a pris ».

Baucent, toujours vigoureux après avoir galopé quinze lieues en portant son seigneur et les trois chiens, piaffe encore d'impatience, alors que tous les autres chevaux sont finis depuis longtemps :

> Le duc les remet « à vue, bas et roide » :
>
> Li troi chael le demeurèrent si
>
> Hapant le (sanglier) moinnent et pinsant à estri.

C'est toute la description de ce que fait la laisse des bons lévriers d'estric dans l'accourre, sur place, mais pas à quatre-vingt lieues !

Ces chiffres deux et trois indiquent l'idée de la laisse de lévriers, de même que leur façon d'arrêter le sanglier à trois, de le *happer* et *pinser à estri*, si bien que certains traducteurs ont traduit *li troi chael* par les trois lévriers. Du reste, le rôle de ces trois chiens suivant le cercueil de leur maître, comme on les représente souvent dans l'art, n'a jamais été donné qu'à des lévriers à cette époque. Lévriers sont chiens, disait G. Crétin.

En contradiction avec ces derniers transpositeurs, qui ont dû être très embarrassés, M. DE CHABOT (p. 69) conclut « qu'on commençait à se passer de lévriers » !

Nous y voyons, au contraire, qu'à l'image exacte de ce qui est prescrit dans *La Chace dou serf,* l'auteur a voulu évidemment faire intervenir pour la fin seulement l'action du chien chassant à vue ; malgré qu'il ne l'ait pas nommé jusque-là, il l'a peint aidant le duc à servir à l'épieu. D'où sort-il cet épieu, ordinairement porté par le piéton à cette époque ? Le duc avec un cor, ses trois chiens et son cheval à tenir, avait encore un épieu à la main, au lieu d'un estortoire, comme Tristan de Loonois !

L'auteur, ne pouvant faire arriver le valet de lévriers au bout d'un pareil débucher, inventa l'enlèvement des chiens, et l'épieu arrive *par enchantement !*

7° Le droit de suite, délégation du pouvoir royal, tolérance entre les seigneurs hauts justiciers, qu'en existe-t-il ? Le duc porte un cor, attribut de sa noblesse ; il est cependant pris pour un « vil brenier » par des gens dont le métier justement consiste à garder les intérêts d'un grand seigneur comme lui bien qu'il soit aussi facile à reconnaître.

8° La parole sacrée du grand seigneur est tenue pour rien, malgré qu'il se soit nommé !

Autant d'invraisemblances que les professeurs ont relevées, tout en s'intéressant à la forme !

9° La Vallée fait remarquer que les relais ne sont pas mentionnés dans *La Chace dou serf*, premier traité de vénerie connu ; il regarde l'histoire de ce terme comme très important pour celle de la chasse à courre.

Les termes *courable* et *chassable* sont aussi typiques et sentent la chasse à forcer mieux encore que l'expression de « rendre les abbois », qui a été le fait de l'animal blessé. Ces termes se trouvent, le premier dans *La Chace dou serf*, xiii° siècle, et le second dans *Modus*, xiv° siècle, pour la première fois.

Nous savons par le *Roman du Rou* qu'Henri I°, Pied-de-Cerf, faisait « motes mener » en forêt. Au xii° siècle, les termes mote et releis étaient synonymes ; aller de meute, c'était aller en relais ; le nombre des meutes si considérable n'était qu'une conséquence du petit nombre de chiens entendus alors par ce terme, auquel le chiffre de douze chiens ne fut donné conventionnellement qu'au xiv° siècle, avec Modus.

Ce terme relais a été spécialement étudié de façon très serrée par MM. P. Paris, Godefroy (1), Bartsch et Thomas ; ce dernier, professeur à la Sorbonne, relève dans B. de Condé (p. 137, Scheler) pour la première fois ce passage : « Chien en laisse c'on n'a cure de relaier » (2).

« L'œuvre de Jehan de Flagy est du xii° siècle, mais ses plus anciennes copies ne datent que du milieu du xiii° siècle » (3).

Les conclusions à tirer de là sont :

1° Que le terme relais, jugé si typique par La Vallée et M. de Chabot pour l'histoire de la chasse à courre (chasse à force), *existe au XIII° siècle*.

L'intérêt est très grand pour la question que nous traitons, car la chasse de meute à mort n'apparaît que *très tard* en France, la topographie générale en ayant été cause.

Savoir que les premiers relais qui marquent le désir de prendre à force de chiens (4) ne datent que du xiii° siècle, c'est une sérieuse base pour appuyer notre théorie que la chasse à forcer a bien des chances de ne pas pouvoir remonter plus loin.

2° Il est de toute impossibilité d'établir si Jean de Flagy (xii° siècle) a réellement employé le terme relai oui ou non, contrairement à ce que presque tous les *auteurs cynégétiques* écrivent successivement. Noirmont porte le *Roman de Garin* au xii° siècle, t. II, p. 440, et au xiii° siècle, t. II, p. 269; d'autres auteurs donnent ce *Roman* comme postérieur au *Roman du Renard*, qui est reconnu du xiii° sans conteste.

---

(1) Godefroy relève le fameux passage en question :
> Meutes de chiens menoit jusqu'à dis,
> Quinze vallès por les releis tenir.

(*Garin le Lohérain*, ap. K. Bartsch. Lang. et litté. fran. 115, 14, Impr. releins, Ms D. reles.)

(2) Ouvrage du xiii° siècle, plus ancien sans doute que le manuscrit de Paris.

(3) En allant consulter les manuscrits de Paris, Af. 1443, fol. 57 ; Arsenal, 2983, p. 85, on acquiert la certitude que tous ces manuscrits sont portés du xiii° siècle, et non du xii°, dans les catalogues des Bibliothèques Nationale et de l'Arsenal.

(4) A force de *chiens courants* ne paraît qu'au xiv° siècle.

7° Tristan de Léonois

Encore une figure ancienne de grande importance !

Les fragments relatifs à Tristan sont encore presque tous du xiii° siècle (1). Sir Armoricus Tristram ou Tristan était le compagnon d'armes du sir John Courcy en 1177, mais il figure avec des rôles cynégétiques pas toujours identiques dans les romans (la Poire, l'Escoufle, etc.)

Tristan de Léonois a un chien symbolique, *Hudains* ou *Husdent*, le nom varie un peu suivant les divers manuscrits ; *Husdent* fait tout, le chien d'arrêt, le lévrier, le chien courant, le chien de suite, le limier, le chien de « sang » ; c'est un chien universel.

Tristan est représenté comme ordinairement bon archier et bon veneur à pied, sauf une fois où on le met à cheval. Il a *mis* son chien *Hudens* au lien, l'a dressé « a sievir le sang » ; il s'en sert aussi comme chien courant :

> Tristan a un dain trait ;
> . . . . li brachet brait,
> Li dain navrez s'enfuit le saut,
> Hudens li bauz en crie en haut
> Li bois du cri au chien résonne.

Il est ici fauve de Bretagne, là originaire d'Avalun (Avalon), ailleurs blanc.

Dame Juliana Barness et les veneurs anglais vivant au commencement du xiv° siècle attribuent la paternité des termes de vénerie françois-normands à ce veneur dont la meute se réduisait à *l'unité*, sauf un jour pourtant, où il dirige une chasse à cheval, (les chiens lui obéissent du premier coup comme à leur piqueur, sans doute parce qu'il leur parlait *en vrays termes*), où il enseigne à toute l'Angleterre l'art de défaire un cerf forcé.

A l'ordinaire un seul bon chien suffit à Tristan ; le limier secret, « les chiens Hudain » :

> . . . . lor prendoit des dains
> Et les cerfs sans noise et sans cris,

quand son maître les avait blessés à l'arc.

Tristan est devenu, après deux siècles, un type de chasseur à l'arc, sachant chasser les grosses bêtes à force de chiens et d'adresse à l'arc.

Au xiii° siècle, le terme « chien courant » était moins connu que ceux de seuz et de brachet (2) qu'il a remplacés. Il n'était pas toujours besoin du chien de suite courant vite, il n'était pas toujours besoin de cheval pour chasser à cette époque, témoins ces seigneurs qui « descendirent à pié et alèrent trouver le Roi là où il *chassoit* aux bêstes sauvaiges (JOINVILLE, 235). On ne peut donc traduire « chasser » par « courre le cerf », lorsqu'il s'agit d'une chasse dans enceinte une fermée.

Rambaud, comte d'Orange, poète du xiii° siècle, adresse des vers à sa maîtresse ; M. Jullien, eu traduisant le mot « chasser » par « courre le cerf » donne une traduction par trop large (V. LEBAS, *Dictionnaire encyclopédique de France*, v° *Chasse*) qui pourrait être bonne aujourd'hui.

---

(1) *The Poetical Romances of Tristan*, London, William Pic-Kering (1859), publié par Michel. Les fragments relatifs à Tristan sont du xii° et du xiii° siècle, Ms. Sneyd.

(2) Brunetto Latini, ségu ; Tristan, séuz Voir GODEFROY et le troisième fragment (Bibliot. du rém. de Satrsb., prof. Maró, de Carlsruhe), xiii° siècle. Notice, p. XXIX.
Viennent séuz, viennent brachet ·
Et li curliu e li veltrier.

M. Jullien a fait la même erreur que ceux qui, ayant lu dans la *Chasse de Charlemagne* (col. II, Pr. 5, 308) :

« Et li roi Charles ansément
« Kaçoit volontiers et sa gent,

ont conclu que Charlemagne chassait à courre avec sa gent.

On oublie toujours trop ce passage de la préface de l'*Armorial de la Vénerie* (baron DE VAUX) : « Pour faire de la vénerie, il ne suffit pas d'avoir des chiens qui galopent et des chevaux. » C'est signé : Duchesse d'Uzès.

8° Les Gaulois, les Francs, les Gallo=Romains, les Carlovingiens, chasseurs à courre !

Dans sa traduction d'Arrien, Fermat dit (1) que « dans les Gaules les chasseurs sont accoutumés à mesler les levriers avec les chiens courants. Les levriers sont lâchés à part (p. 90). »

Les filets, voit-on encore, sont baissés par ceux qui ne cherchent qu'un *divertissement* (2). Les meutes disparates formées par les vertrages, les lévriers et les chiens de suite mélangés n'auraient pas pu garder le change au milieu des hardes fort nombreuses de cette époque. Dès lors était déjà vrai le dicton formulé plus tard : « Par petitz chien trové, par grans happé. »

Ainsi, « aucun lièvre, dit Arrien, ne pouvait échapper aux chiens des Gaulois, sans un accident extraordinaire » !!!

Quel était cet accident ?

La disparition du lièvre aux yeux des lévriers, soit qu'il s'enfonce dans les bois, soit qu'il se cache dans les rochers !!! On comprend par là comment on doit entendre les chiens gaulois « prenant quatre lièvres de suite ! »

9° La mosaïque de Lillebonne

La mosaïque de Lillebonne (3) comprend quatre sujets représentant divers modes de chasse. « Le troisième nous montre une chasse à courre : trois cavaliers lancés au galop et trois lévriers poursuivent un loup et traversent la forêt à toute vitesse. » (CH., p. 51.)

Le sujet représente un épisode de chasse au loup avec lévriers chassant à vue. Le sujet est symbolique. On ne peut conclure de cette image à l'existence de la chasse à courre du loup à la manière de Monseigneur le Dauphin, de feu E. de la Besge, surtout avec les chemins en moins.

Les cavaliers de ce temps ne pouvaient pas plus que ceux d'aujourd'hui suivre des lévriers sous futaies mal percées (4) ; nous ne voyons dans ce sujet que la représentation symbolique de la chasse aux vertrages (grands lévriers). Dans ces chasses, si le loup n'est pas arrêté avant de rejoindre un bois quelconque, tout est manqué, à moins qu'une haie y soit dissimulée, juste comme elle est indiquée par le sarcophage de Niort.

---

(1) Chap. XXI.

(2) Remarquer qu'il s'agit de chasse à lièvre en plaine.

(3) Julia-Bona, II° siècle de notre ère.

(4) Les lévriers étaient postés autour des clairières à défaut d'accourres. Aussi nous ne pouvons admettre ce passage de Leverrier de la Couterie dans son Introduction : « Dans ses sombres forêts le fils de la Gaule ne conduit pas le lévrier léger, qui dévore la plaine, mais bien le chien courant à la voix sonore, à l'odorat exquis..... » Il ne pouvait réussir à rien sans le lévrier.

Le tableau de Luminais représentant un Gaulois retraitant à cheval, suivi d'un molosse et rapportant un loup sur le garrot de son cheval, n'est encore qu'une conception symbolique, non un sujet historique.

La peinture symbolique est beaucoup trop souvent prise pour une leçon de choses. Ce tableau a fait dire bien à tort que les Gaulois étaient bien plus forts que nos meilleurs chasseurs de loup des deux siècles derniers, ce qui est absolument inadmissible. Tout l'art ne peut être cru.

Quelle leçon prendront donc les générations futures en contemplant le magnifique paysage produit en cette année 1909 par M. R..., prix de Rome, représentant un brocard, sa chèvre et le faon au bord d'un ruisseau ? Ces trois animaux *ont des queues* longues comme celle d'un mouton et se relevant de l'extrémité comme celle d'un cheval en montre.

10' La pierre tombale de Philippeville

La pierre tombale trouvée dans les ruines de Rusicada (1) peut dater du iii' ou du iv' siècle de notre ère ; elle représente une chasse à courre (2).

Evidemment un cheval, deux lévriers, un lièvre,... mais c'est simplement la chasse très classique à vue, avec levriers, qui a toujours existé dès Platon.

De nos jours, les Toungouses, à cheval sur des rennes, chassent le renard blanc avec des chiens ; personne ne dit qu'ils chassent à courre, non plus que les Arabes.

11' Les récits historiques ou poétiques

« De très savantes dissertations modernes insérées dans les Recueils académiques nous représentent les Gaulois, les Germains ou les Francs, montés sur des chevaux petits et maigres, ne le cédant en rien pour la vitesse et le fond à leurs chiens et durant si longtemps à la course qu'on pouvait aisément, avec le même cheval et les mêmes chiens, *forcer* le cerf le plus vigoureux, qu'ils attaquaient sans relais ! ! ! ! »

Les Gaulois, Celtes, Francs et surtout Germains, grands, lymphatiques, lourds, *dediti somno ciboque* (comme dit Tacite), montant sur de petits chevaux, galopant à travers les forêts épaisses *(avia)* et fournissant plus que nos meilleurs hunters ou steeple-chasers d'aujourd'hui, ces hommes avec un épieu et *un* molosse, se rendant maîtres d'un loup, comme l'a voulu le peintre Luminais, sont tellement forts que M. Villequez, devant l'éclat de leurs hauts faits, se « hâte de quitter le récit de leurs prouesses pour aller traduire les lois de leur temps, très mal comprises, dit-il, et mal entendues par les jurisconsultes eux-mêmes dans les passages relatifs aux chiens et à la chasse ».

Quand on lit les histoires de chasse des Gaulois, Gallo-Romains, Mérovingiens, etc., on ne peut admettre ni s'imaginer que les chiens, les chevaux si sommairement avoinés de ce temps et leurs propriétaires aient pu faire mieux que nos meilleurs veneurs, hunters et chiens d'ordre d'aujourd'hui. Il faut s'en tenir à croire ce qui est écrit dans le *Tir à l'arc* (p. 43) : « Les Francs....., Clovis....., Charlemagne, Louis-le-Débonnaire bersaient et venaient, c'est-à-dire chassaient en tirant de l'arc. » Le fameux sarcophage du musée de Niort, qui est reconnu être du xii' siècle, représente justement un chasseur à cheval poussant le gibier avec quelques chiens vers des tireurs à l'arc dissimulés.

---

(1) Philippeville, anciennement capitale des Cigales.

(2) Ch., *Chasse à travers les Ages*, p. 15.

Il n'y a pas à conclure à l'existence de notre chasse à courre, sous prétexte de certaines citations du *Roman du Rou* dont Robert WACE, prêtre anglo-normand, fut l'auteur entre 1112-1184.

Quand on lit que Richard Cœur-de-Lion, au XI° siècle,

> Cers et biches sut prendre et aultre venaison
> Et son sanglier *tout seul*, sans aultre compagnon,

cela fait penser à Charles IX prenant un cerf *rusé* à course de cheval comme Persée, ou à ce passage de l'*Epitaphe du Bon chien Relay,* par Louis XII :

> ..... Si bien je me fis dans ce pays landeux,
> Que *chaque jour* un cerf prenais et souvent deux.

Un ordinaire trop fort et trop beau tout de même pour le meilleur chien d'ordre !

12° **Saint Hubert et sa Légende**

Immense question, remplissant bien des volumes ! (1)

M. Demarteau et autres savants belges ont établi, cette année, que les diverses histoires de saint Hubert comportaient mêlés le vrai et le vraisemblable, le certain et le possible, le document et la déduction, c'est-à-dire l'invention, « la plaie de l'histoire ».

« Saint Hubert succéda à saint Lambert comme évêque de Liège ; il mourut après six jours de maladie à Fura, *domus propria,* sa propriété (aujourd'hui Tervueren, on croit), le 30 mai 727, en présence de son *fils* Floribert. »

C'est tout ce qu'on sait ; tout le reste est déduction (2).

On ne sait pas « si le terme *fils* doit être entendu suivant la nature, ou suivant la grâce, fils spirituel, fils adoptif ou filleul. » (ANSELME, son plus vieil et plus véridique historien.)

On ne sait pas si Hubert était fils d'un duc d'Aquitaine, car les *Annales de Lobes,* qui l'insinuent, sont de 982, deux siècles après sa mort, et ne s'appuient sur aucun document.

On ne sait pas s'il a épousé réellement Floribanne, fille du comte de Louvain, car cette assertion a été faite sans preuves pour la première fois au XIV° siècle, *sept siècles après la mort de saint Hubert,* par Jean d'Entremeuse, « grand conteur de fables et inventeur de noms ». La plus ancienne mention d'un comte de Louvain ne date que de 881, un siècle et demi après la mort de saint Hubert. La ressemblance d'assonance des deux noms propres Floribanne et Floribert a probablement suffi à établir la religion de Jean d'Entremeuse, mais elle ne suffit pas à tout le monde.

La première mention de la taille date de l'an 1009 et eut lieu sur la personne de Gabin, comte de Marle, presque trois siècles après la mort de saint Hubert.

Quant à la vision, il en est parlé pour la première fois au XV° siècle par le moine qui fit *Vita quinta sancti Huberti.* En 1511, un autre moine, Adolphe Happard ou Oppart, ajoute dans la *Sixième Vie* en latin que le cerf était blanc, *albidus pilo.*

---

(1) Voir SOUHART, le *Nemrod* du 20 juin 1909, plus de nombreux ouvrages catalogués dans les Bibliothèques de Lille (legs Debray), de Châlons (notamment l'*Histoire des Voëvres*), Nationale de Paris, Royale de Bruxelles.

(2) Voir le fascicule 5 de Léodium, mai 1909.

Les historiens inventeurs se multiplient ; l'un d'eux raconte que la vision eut lieu à la Converserie. Or, la Converserie était une ferme de peu d'importance, donnée en 1152 par Henri, comte de la Roche, à l'abbé de Saint-Hubert, qui y envoya des *frères convers* pour l'exploiter, d'où le nom de Converserie, qui n'a rien de commun avec une conversion quelconque.

Cette vision est la simple réédition de la vision de saint Eustache et du chevalier romain Placidas, qui était « alé en boys pour chacier des cerfs » et en vit un qui avait entre ses oreilles un crucifix Dieu, comme le dit Hardouin en 1394.

Saint Hubert devait forcément chasser à la mode de son temps, la venaison étant alors le seul produit de l'étendue forestière. On ne pouvait alors perdre son temps à courir le cerf de meute ; la mode alors devait être bien peu différente sans doute de celle employée par Charlemagne et Louis-le-Débonnaire, la battue productive et la mise à mort dans l'enceinte.

Nous croyons fermement que « l'escadron entier des huit filles de Charlemagne, qui allaient à la chasse la lance au poing », suivant les vieux clichés, ne devaient pas courir pays dans cet accoutrement, et que le chien de France noir, dit de Saint-Hubert, ne devait pas pouvoir forcer le cerf, chose qu'il n'a pu faire dans les siècles suivants.

Aucun document enfin ne permet de dire que saint Hubert a été choisi comme patron des chasseurs *pour avoir* CESSÉ *de chasser à la suite d'une conversion miraculeuse ;* la chose eût été vraie, qu'il eût été le dernier à prendre pour remplacer saint Germain, évêque d'Auxerre ; les veneurs d'autrefois, gens de bon sens, n'auraient pas eu l'idée de suivre cette voie-là sur un pareil renseignement.

13° Les Chartes

Geffroy Martel, duc d'Anjou, donna à l'abbaye de la Trinité de Vendôme, par charte en date de 1031 (dédicace 1040), « la dîme des peaux de cerfs pris à la chasse à courre dans l'île d'Oléron, la Saintonge, etc... », *decimam de cervorum pellibus qui apud Olorum canibus venantur.* (Ch., *Ch. à t. l. â.*, p. 68.)

L'expression « *canibus venantur* » n'indique pas forcément la chasse à courre, mais simplement « chasser avec des chiens » (lévriers et chiens courants), ce qui admet forcément aussi le tir à l'arc à cette époque, mais exclut les cerfs *de provenance prohibée* (lacs, bricolles, collets, etc...)

Ce que nous avançons est en tout point d'accord avec les scènes cynégétiques de la tapisserie de Bayeux, où le lévrier figure toujours à côté du chien courant. Ces tapisseries sont le meilleur document relatif à la chasse de cette époque.

D'après un cartulaire de 1207, Philippe-Auguste octroie à l'église de Saint-Germain-des-Prés l'abandon que lui avait fait Pierre de Samois de ses droits *fugationis, venationis et haiœ.*

On ne doit pas traduire « chasse à courre, chasse à tir et chasse à la haie », mais entendre par *fugatio* la chasse avec chiens courants, chiens de force et tireurs à l'arc ; par *venatio*, les « captures par engins », et par *haiœ* les battues vers les haies.

Les chartes ne parlent pas tant que cela de chasses à courre !

Hugues Sahel s'y est décidément pris trop tard pour vérifier la prise du Grand Sanglier Discord ; le dernier vautrait, qui existera en France, ne le forcera même pas.

14° Les Hommes de Loi et Viollet-le-Duc

Certaines personnalités :

1° Veulent démontrer l'existence de la « chasse à courre » sous les Carlovingiens, par les textes de la loi Salique et de ses contemporaines, et principalement par l'existence des désignations de chien (1) limiers, chiens de meute, chiens de tête.

Nous ne pouvons en conclure qu'une chose : c'est que les chasseurs d'alors savaient apprécier la menée et le travail des chiens de suite aussi bien que les Romains et même que les Grecs, qu'ils savaient se servir du limier comme Hagron le Béotien, et que le limier a existé, ainsi que le veneur, bien avant le chasseur à courre.

2° Admettent qu'il soit question de « chasse à courre » dès que le texte de loi comporte l'expression « chasse à grosses bêtes ».

Cette chasse se faisait par mestrise ou par mestrie ; ce n'est donc pas forcément de la chasse à force ou royale, ou noble, dont il s'agit. La chasse à grosses bêtes par mestrie (ruse) se faisait par exemple avec harnois ou engins et bâtons, avec rézeuls et lévriers, etc.

Au XIVᵉ siècle, d'après La Curne de Saint-Palaye, il y aurait eu environ vingt mille chasseurs au chien courant en France chassant par mestrie, alors que nous savons, par Hardouin de Fontaines-Guérin, qu'il n'y avait guère plus de vingt grands seigneurs chassant à force et par mestrise.

Viollet-le-Duc, dans son *Dictionnaire du Mobilier français* déclare ne pas traiter la question purement cynégétique (vᵉ *Chasse*), mais seulement celle de l'habillement et des accessoires du veneur.

Il emploie le terme chasse à courre à une époque où nous ne pouvons le voir, à l'instar du baron Chaillou et de M. P. Petit.

Il cite, (p. 487) comme un des plus anciens monuments représentant des « veneurs à courre » (2) le tympan de la porte de Saint-Ursin à Bourges (1110) : « Le bas-relief, dit-il encore, montre des veneurs à cheval et à pied, forçant un cerf et un sanglier. »

Nous croyons devoir rapprocher ce sujet de la scène représentée par le sarcophage de Niort, qui est de la même époque. C'est une scène de chasse en terrain limité à force de défenses, d'alans et d'archiers.

Viollet-le-Duc, au contraire, rapporte un véritable document de plus à notre théorie en citant « les vignettes du XIIIᵉ siècle représentant des scènes de chasse où les seigneurs à cheval n'ont pas d'autre particularité remarquable que de suivre les chiens, la corne suspendue au côté. »

3° Parlent de la chasse à courre au XIIIᵉ siècle, et citent la *Loi de Beaumont-en-Argonne* par exemple ; elle est bien de 1182 ; elle accorde aux habitants *l'usage libre des bois*.

L'usage libre des bois a donné aux habitants de Beaumont la possibilité de piéger, de colleter *(ramerio et rameriis)*, faire des battues ; ils auront chassé par mestrie, c'est-à-dire par ruse, mais non noblement ; ils n'ont vraisemblablement jamais eu d'autre idée que de faire de la chasse utile, surtout dans une région aussi peu propice pour la suite. Il suffit de regarder la planimétrie de ce pays sur la carte pour s'en convaincre.

---

(1) A noter que tous portent le qualificatif segusius ou un synonyme.
(2) L'expression lui est absolument personnelle.

Exercer « un droit de chasse sur les bestes sauvages » comme les propriétaires des environs d'Angers en 1321 (Recueil d'Isambert), ce n'est pas forcément la chasse à force, *a fortiori* le faire comme les habitants de Beaumont-en-Argonne en 1182. « La chasse à courre, au dire de Viollet-le-Duc, a toujours été le privilège des classes élevées, puisque, pour la suivre, il est besoin de chevaux, de valets, de chiens et d'un attirail dispendieux. » L'équipage de Beaumont n'avait pas encore de devise !

Il est fort à croire qu'aucun habitant de Beaumont n'a jamais eu l'idée de *chasser noblement.*

Cette idée est venue au petit gentilhomme de province, quand il a pu le faire sans trop de frais, sans dépenses ; c'est au xvi° siècle que le fesse-lièvre a fouetté non plus le lièvre happé par ses lévriers, mais celui que ses chiens courants avaient *forcé* et *pris dans les règles.*

« Chasser et prendre dans les règles » est une excellente définition de la chasse à courre donnée par Le Masson.

L'histoire de la chasse par l'image existe. Nous avons dit que l'art ancien était le plus souvent symbolique; parmi les sculptures, fresques, etc., dont le trait nous est rapporté, il est sans doute des œuvres de véritables artistes. Toutefois l'artiste a toujours son genre ; un paysagiste, qui travaille d'après nature, s'il lui prend fantaisie de représenter au milieu d'un paysage ce qu'il a entendu raconter, ou ce qu'il a insuffisamment vu ou pu voir, tombe justement dans la fantaisie pure, comme le fait de doter les chevreuils d'une grande queue. Il entreprend au-dessus de ses forces ; il embrasse trop à la fois..., d'où l'insuccès, bien qu'il ait sa petite excuse dans la mission qu'il se donne sur la terre.

« L'artiste, le véritable artiste, a une mission plus haute que de reproduire ce qui est : il a à découvrir et à nous révéler ce que nous ne voyons pas dans ce que nous regardons tous les jours... ; s'il emprunte à la création, ce n'est que pour créer à son tour. Il idéalise le réel qu'il voit, et réalise l'idéal qu'il sent. » Alexandre Dumas fils, dans sa Préface de *L'Etrangère*, a parlé de « *véritable* artiste »... sans cela nous pourrions conclure que la Nature a oublié de donner une queue aux chevreuils.

Que reste-t-il, en somme, de l'exposé de ces quelques sujets de discussion, petite image de ceux qui restent dans l'ombre ?

Si les littérateurs français dont parle M. Le Couteulx ont mis « trop de fantaisie en parlant de chasse », si les transpositeurs abusent du synonyme sans avoir pour excuse le besoin de faire rimer, en traduisant Kunès, canes, berserets, brachets ou ségus par limiers ou lévriers, si quelques peintres, n'ayant pas vu, ont peint à la couleur de leur esprit, il est juste de reconnaître que les chasseurs et veneurs, qui écrivent sur l'histoire de la chasse et la teneur de ses anciennes lois, ont souvent, eux aussi, une certaine difficulté à s'abstenir d'une toute petite fantaisie.

Il en est de l'histoire de la chasse comme de l'histoire de France elle-même. Voilà une très belle occasion pour apprécier la justesse de cette pensée exprimée par Alexandre Dumas fils, dans sa Préface au *Fils naturel* (III, 10) : « Inutile de combattre les opinions des autres; on parvient quelquefois à vaincre dans une discussion ; à convaincre, jamais. Les opinions sont comme les clous : plus on tape dessus, plus on les enfonce. »

Pour finir galamment, mettons :

15° **La Dame à Cheval !**

Dans les temps anciens « la dame était assise en selle avec une planchette sous les pieds tenant les jambes égales ». Il est impossible de s'imaginer que les amazones de la cour de Charlemagne puissent marcher au train sévère que les auteurs leur ont accordé dans les livres, même à califourchon.

Ce besoin de changer leur position de transport à cheval pour une position d'équitation reçut une solution bien connue : le corps face à la tête du cheval, une jambe tendue, l'autre raccourcie et placée sur la fourche : à qui l'honneur d'avoir introduit la mode galante ?

Chaillou indique Christine de Danemark, duchesse de Lorraine (*Ch. à c. et à t.*, I, p. 3).

Noirmont cite le nom de Catherine de Médicis, qui, d'après Brantôme (1) « avait esté la première qui avoit mis la jambe à l'arçon..... la grâce y estant bien plus apparoissante que sur la planchette ».

D'autres auteurs citent « Marie de Bourgogne, femme de l'archiduc Maximilien, morte d'une chute de cheval en 1481, comme ayant été la première à se tenir la jambe droite sur l'arçon de sa selle. »

Enfin M. Chabot reproduit une médaille (2) représentant Faustina Augusta, impératrice romaine, en Diane chasseresse, assise sur un cerf dix-cors à la façon des amazones d'aujourd'hui. (Ce dix cors symbolise probablement la rapidité au service de la puissance).

Il en conclut que cette position était déjà connue.

Adhuc sub judice. « Grammatici certant », « venatores » aussi.

CHAPITRE VI

Conclusion

> Pour chasser en perfection, il faut observer une
> industrie toute autre que du passé.
> (R. MONTHOIS, 1642.)

« En moins de trois cents mètres, dans une bonne accourre, deux lévriers bien jetés arrêtent un daim ou un chevreuil »; ils ne sont que l'agent éventuel terminant la chasse dans la courre.

La vénerie, encore en 1814, comprenait la chasse à courre et la chasse à tir; autrefois, elle comprenait toutes sortes de chasses, dont la chasse à tir à l'arc.

Au XII° siècle, les veneurs allaient à cheval jusqu'au bois. Pour chasser à l'arc, ils « descendaient à pied » et faisaient chasser leurs chiens de suite (brachets ou ségus). Au XIII° siècle, le seigneur resta à cheval et prit goût à entendre « la musique de ses petits valets ».

Cette idée du plaisir chic, du divertissement soumis à des règles fixes, ce soin d'égaliser les chances des duellistes, a germé dans l'esprit du riche Gaulois dont les lévriers manquaient quelquefois le lièvre, qui disparaissait à leurs

---

(1) *Vie des Dames illustres françoises et étrangères.*
(2) *Ch. à t. l. à.*, p. 45.

yeux ou se jetait traîtreusement dans la profondeur des bois! Les Gaulois, les Francs et leurs prédécesseurs ne chassaient pas à cheval dans les bois.

Avec les premiers chemins, (1) le seigneur monta à cheval, s'intéressa davantage à suivre la menée de ses chiens, et ne voulut plus qu'on tirât à flèches dès la première occasion, quand le terrain permettait de le faire sans compromettre le succès.

Jusque-là le travail de la menée, excessivement délicat à cause de la foison du gibier, avait exigé l'emploi de peu de chiens de suite, *segusium, magistrum canem*, pour maintenir dans l'enceinte fourrée et sans être appuyé de près par l'homme un animal qui, forcément, devait beaucoup rebattre ses voies par suite des deffenses limitant son parcours (haies à chasses).

Le chien de tête était donc fort utile, d'où les mesures légales dont il fut l'objet dans la loi Salique.

Si le cerf ou le sanglier n'étaient pas happés à estri faute d'espace, il se produisait ce que Clamorgan nous a expliqué pour le loup, une poursuite qui ne se terminait ordinairement sans succès, l'homme ne pouvant servir ses chiens, les lévriers gênant les chiens de suite.

Rien d'absolu à la chasse! Les chiens passaient quelquefois la rivière (cette eau froide que Phœbus signale encore) et arrivaient parfois à perdre leur animal plus ou moins blessé à flèches. Voilà l'origine de l'article de la loi Salique : *Si quis cervum vel aprum quem alterius canes moverunt aut lassaverunt......, « furaverit,..... amende! »*

« *Moverunt* est le fait du ségusien, *lassaverunt* l'effet des assauts de lévriers qui n'avaient pas toujours la place libre suffisante pour gagner le gibier de vitesse et l'arrêter. Nous ne faisons pas de cette prise la règle, mais l'accident qui, par suite, a motivé l'article de la loi et n'a pas, à proprement dire, constitué la chasse à course de divers chiens. »

Nous ne pouvons donc pas suivre MM. Dubosc, Jullien, Villequez *(Lois et Sports*, 15 juillet 1909, p. 404), lorsqu'ils ont dit que « les Francs connurent la chasse à courre », ou encore : « J'ai voulu démontrer que la chasse à courre était d'origine française et déjà pratiquée par nos premiers rois, *comme aujourd'hui.* »

L'origine française, nous avons encore de l'espoir; le père des Veneurs est de chez nous.

En parlant des origines de la chasse à courre, nous laissons Diane entre Nemrod et saint Hubert!

C'est que leurs noms ne font que de nous rappeler cette pensée qui commence l'Introduction du livre : *Les Aventures du cardinal de Richelieu et de la duchesse d'Elbeuf,* par le baron Ad. MARICOURT, 1909 : « Il est dans l'Histoire de grandes et énigmatiques figures sur lesquelles le « dernier mot » ne sera peut-être jamais dit et qui demeurent, pour les amateurs des choses d'autrefois, l'objet de passionnantes recherches. »

Personne ne nous disputera cette origine de la chasse à force ; nos termes sont là pour quelque chose. Les géographes paléologues ont expliqué les difficultés de la circulation avant le milieu du xii⁰ siècle, idée que M. P. Petit a ainsi libellée : « Le sol devait, dans les siècles passés, présenter des difficultés de chasse ignorées de nos jours. »

Au xiii⁰ siècle, quand il veut chasser à force, le seigneur relègue l'arc et

---

(1) Deuxième moitié du xii⁰ siècle.

le lévrier pour la prise, quand ses petits ségusiens n'arrivent pas assez vite à porter bas le cerf : alors il est vite « *jut et sachié* », gisant et foulé.

Cette chasse est un des divers modes ; c'est le plus bruyant, le plus coûteux, celui qui exige le plus de monde ; il prend des termes à tous les autres genres existants.

Au xiv° les chiens courants, dont on sélectionne la race avec grand soin, gagnent de pied, et au xvi° siècle les veneurs suivront leurs chiens quelquefois plusieurs jours de suite pour prendre leurs cerfs, qui se défendent bien moins, pris de cette sorte, appelée par les paysans « à la lasse », que lorsqu'ils sont *pris de souffle.*

Les règles furent complètement coordonnées au xvi° siècle avec du Fouilloux et au temps du Père des Veneurs, qui n'a rien brouillé, au contraire. Ce roi est accusé d'avoir chassé à contre-temps ; il n'a fait que chasser tant que la température n'était pas contraire, et il a si bien réussi à travers la France que c'est à lui seulement que le baron de Chaillou fait remonter notre chasse à courre.

Bref, la chasse à force commence au xiii° siècle, suivant les propres expressions écrites par M. P. Petit le 25 août 1909 : « J'approuve l'idée de ne faire remonter la chasse à courre proprement dite qu'au xiii° siècle. »

Etat actuel de la question

Les propriétés privées se sont aménagées pour la chasse à courre dans beaucoup de provinces, à l'image des capitaineries ; la circulation, plus facile que jadis, permet l'emploi d'un chien courant vite.

Bien que les fameuses races aient été presque entièrement détruites en 1789, l'élevage a repris peu à peu et a atteint une grande perfection. Il produit une grande proportion de chiens de change ; si « le nombre des hommes très entendus baisse », la qualité de ceux qui restent est encore assez remarquable, assez habile, pour réussir aussi bien que nos pères et souvent plus vite qu'eux, malgré l'inondation croissante des invités, des voitures et des autos « empoisonnant la voie ».

Cette moyenne de brillants succès actuels, cette proportion moyenne des prises par rapport aux attaques dans tous les équipages de France, nous permettent de juger tout différemment de Carl Baltz dans son article sur notre chasse à courre (octobre 1909, Saint-Hubert Iagdzeitung).

Regretter pour nous l'apparat des grandes curées de Louis XIV et de Charles X et de 1860, c'est un très petit côté ou même un à-côté de la question, laquelle se résume plutôt à prendre très correctement l'animal attaqué « entre une heure et demie et trois heures environ ».

« Ces chasses, dit Baltz, avaient un côté grandiose, comme on peut en juger par la curée aux flambeaux, faite en l'honneur du grand-duc Constantin de Russie en 1860, à Compiègne *(im Jahre 1860 in Compiègne veranstaltete curée beweift).*

Dans la cour des Adieux, comme elle fut dénommée par Napoléon I", en 1814 — *Auf dem hofe* « des adieux » — *so genannt nach dem ubfchiede Napoleons I", 1814* (1), le cadavre fut apporté.

M. Karl Baltz emploie l'expression « *der kadaver* der Hirsches » : tant qu'à nous prendre des termes français, il a *cité* juste un terme qui n'existe pas. Il

---

(1) L'auteur confond avec la cour de Fontainebleau.

faut, pour l'avoir fait, ignorer complètement le génie de la langue de notre vénerie et le ton enjoué qui est de mise depuis les temps chevaleresques ; le vrai terme est *coffre*, autrement moins lugubre.

Parfois les Allemands appellent « la meute » « *le mutin* », c'est encore une variante peu heureuse de notre vieille « mute » ; la meute *proprement dite* n'a qu'un joli surnom dû aux gais récris des chiens jeunes et vigoureux qui la composent, « les enfants de chœur ».

Après les sons de la Royale, sonnée par douze grandes cornes de chasse (*Auf zwolf grossen Jagdhornern wird la Royale geblasen*), de l' « Hallali à pied » et de l' « Hallali à terre », les chiens voraces s'élancent après l'ordre : Hallali, valets, Hallali ! On retire la *couverture* du cerf ; le cadavre est disparu, et la meute abandonne la cour au milieu des fanfares.

Il est totalement injuste de dire, comme l'a fait cet auteur allemand, de « Chasse à courre-chasse à cor et à cri » : « Le temps de la prospérité des chasses par force en France est passé, et la dernière splendeur est perdue depuis la monarchie déclinée» : «Die Zeit der Blute der Parforcejagd ist auch für Frankreich vorüber und ihren letzten Glanz haben sie eingebüsstzt, seit dit monarchie niedergegangen ist. « (Karl BALTZ, S. H. I. octobre 1909.)

Karl Baltz lit les compte rendus des chasses des Parforcejagds allemandes. S'il était mieux documenté (1) sur nos chasses (conditions et proportions des prises et dépenses), il parlerait sans doute plus favorablement de la vénerie française ; on ne peut pas reconnaître qu'il ait cherché à appliquer la maxime :

« Dire ce qu'on voit ; voir ce qui est. »

Herr Karl Baltz sait, nous n'en doutons pas, que l'assemblée pour cerf se disait du temps de Brantôme (2), que Philippe Mouskes (3), en écrivant que « d'aire est li ciens qui devient veneres sans aprendour», savait ne parler que du chien courant français, que « l'art de la vénerie est un art français par excellence », comme dit P. Mégnin (4) ; mais il aurait dû savoir aussi la grande vérité que cet auteur a libellée à la page suivante :

« En France, la chasse à courre a, depuis quelques années, repris un nouvel essor, et les grands équipages de beaux et bons chiens sont plus beaux qu'ils n'ont jamais été. »

Venour, cy default ton estoire.

CHAPITRE VII

Appendice

Chasse. — Chasse et vénerie sont deux termes « pas jaloux l'un de l'autre » ; constamment l'un sert à expliquer ou à définir l'autre jusque dans Du Cange. L'œuf sort de la poule et la poule de l'œuf !... Si les auteurs anciens n'hésitent pas à faire venir *venari* de *venire*, par contre ils sont très différents au sujet du mot « *chasse* ».

---

(1) Voir *La Chasse à courre en France*, par le marquis DE MAULÉONS, 1908, p. 14 ; chez nous 20.000 chiens courants faisant 9.957 prises !
(2) T. VII, p. 345.
(3) Mas. XIII, p. 449.
(4) *Nos Chiens*, 1909, p. 147.

H. Estienne évite encore la difficulté ; il ne la définit pas, mais il donne les termes italiens « *Caccia* et *Cacciar* (1) comme forgez sur nostre chasse et nostre chasser ».

Le Maître de conférences de Caen ne fait aucune observation à ce sujet, parce qu'il approuve l'idée de H. Estienne, alors que tant de grands Dictionnaires modernes disent l'inverse et font descendre chasse de *caccia*.

Les Grecs avaient le terme *thèra*, les Latins le terme *venatus*, mais le mot *chasse* n'avait pas son pendant à Rome.

Dans la *Grande Encyclopédie*, on voit que « la *chasse à courre*, c'est celle qui consiste à *poursuivre* les animaux de chasse (cerf..) jusqu'au moment où, lassés, (2) ils se laissent prendre ».

L'idée générale, émanant des meilleurs dictionnaires, comme des textes légaux, c'est avant tout la poursuite, *la poursuite du gibier dans le but de s'en rendre maître*, et seulement ensuite, *par extension*, la prise ou capture qui en est la conséquence.

Cette idée se retrouve dans les chartes les plus anciennes, par exemple dans la charte d'Edouard II « ..... *ad omnimodas feras chaciendas et capiendas.* »

« Chasser, de captare, s'emparer de ». Ainsi s'exprime M. E. CHRISTOPHE, dans son article de « la Chasse à courre » (*Revue du Tourisme et des Sports*, 15 juillet 1907, p. 304). Il indique ainsi le sens de capture, de captation, et non celui de poursuite ; capter, capturer sont un sens dérivé et non un sens original).

Cette étymologie erronée remonte à Gilles Ménage, littérateur français du XVIIᵉ siècle (3)

Captare a donné capter, prendre par artifice et déloyalement ; c'est un sens secondaire, un sens dérivé. « La capture est une saisie de chose prohibée », ce qui n'est généralement pas le fait du veneur, d'autant que jadis c'était justement les rois qui édictaient les lois et chassaient le plus.

Peigné-Delacourt (4), d'accord en cela avec Du Cange et Sylvius, a expliqué qu'à l'origine chasser, c'était simplement poursuivre le gibier et le faire entrer dans le *chas,* entrée évasée formée par deux haies conduisant à la chafosse et à l'enclos où il se trouve pris.

La racine du mot est grecque, mais le mot « très vieux français ».

« Un engin aussi simple que bien ordonné, nous dit Peigné-Delacourt (p. 4), servit à nos premiers pères de moyen infaillible pour la *capture* du gibier, ainsi que du poisson. C'est le chas ou cas. Le principe de cet engin est encore fréquemment employé de nos jours par l'agha d'Algérie, qui veut *capturer* des troupeaux entiers de gazelles.

L'agha de notre Sud-Algérie d'aujourd'hui dispose encore ses tribus en deux haies, les piétons formant un angle dont le sommet laisse une ouverture aboutissant dans un chott où le sol est complètement détrempé ; les cavaliers, ou mieux les chasseurs avec leurs sloughis, poursuivent au galop et *chassent* le troupeau de gazelles, qui vient s'enliser et se mettre à la merci de l'homme.

---

(1) *La Précellence du l. fr.*, p. 197.

(2) D'après cette définition bien précise, la chasse aux levriers ne peut évidemment pas être comprise comme chasse à courre, quoiqu'en dise Noirmont.

(3) Cet étymologiste invente au lieu de chercher ; c'est moins pénible ; il donne sa mesure à propos du terme *faon*, qu'il fait venir d'in-fans, sans parole, alors que c'est un dérivé du verbe grec *phoitan*, accoupler, d'où fœtus, féton, phaon, féon et faon ; faon a été quelquefois écrit à tort fan, et c'est à cet hameçon que Ménage a mordu.

(4) LA VALLÉE, *Tech. cyn*, p. 49.

Chas ou cas sont les formes masculines de chasse et de cache, signifiant entrée évasée, *ce qui enclot. Le chas de la maison,* c'est sa clôture en très vieux français. Le *chas* de l'aiguille n'est pas, *à proprement parler,* son trou, mais les glissières inclinées qui y conduisent le bout du fil ; le chas de la boussole est le godet évasé qui reçoit son pivot.

Citons pour mémoire le chas du maçon, le chaton du diamant, le chasier du homard, etc. Le chas, c'est proprement l'entrée évasée, et par extension le pertuis.

Sa forme est un grand V, en angle, en coin ou en cône arrondi au sommet ; c'est encore celle de la borne romaine ou de la pyramide, et c'est la forme qu'on donnait au fromage chez les Romains, dit *caseus* (Martial, l. I, 49), qui prenait sa forme dans le *moule cônique renversé en usage.* Deux chas forment la nase pour prendre le poisson, et le terme *chas,* dans ce dernier sens, figure dans un acte de Philippe de Valois. *(Ordonnances des rois de France,* t. II, Paris, 1328, Bréquigny et Fontette. Vᵗ Peigné-Delacourt, p. 6.)

La chace n'était que *la poursuite du gibier dans le chas,* laquelle se faisait en le poussant avec la cachoire (le fouet).

Dans l'antiquité, nous explique Peigné-Delacourt, on poussait le gibier vers la fosse ; lorsque cette fosse fut recouverte par des triangles basculant vers le sommet au centre, c'est-à-dire en « abysme » comme on dit en blason, la fosse fut dite chapée (1). Par l'allée conduisant à un passage étroit dit chafosse, le gibier *chassé* venait faire *chape-chute,* et se mettait *en capilotade* au sens propre du mot.

Le gibier, qui évitait la chape, était dit s'être *échappé ;* chasser en dehors de la chasse, c'était « chasser l'échappée », expression conservée en vénerie.

Ce mode de chasse ancien ou encore « chasse allemande », dite *par opposition* à « chasse française ou à force », devint chez nous le *houraillement.*

Les chasseurs de l'agha, poussant leur gibier à découvert en plaine, sont par suite forcés de le chasser au galop ; mais en forêt, c'est le contraire. On employait un chien donnant une petite poussée, mais n'ayant pas l'esprit de suite, autrement dit de mauvais petits chiens courants (souvent métis chien courant et chien d'arrêt) ; aussi, comme ils étaient peu soignés, avaient le poil hirsute, hurepé, huré, ils furent dits *hourets,* et la chasse qu'ils ne faisaient que préparer « *houraillis* ou houraillement ». Le dernier qui a eu lieu chez nous a été fait sous Charles X, dans la forêt de Compiègne, en l'honneur du roi et de la reine de Naples, le 26 mai 1830.

« Une large brèche, écrit M. Clary *(S. II. C. F.,* décembre 1907, p. 205) est réservée au moment du dressage des toiles, brèche vers laquelle convergent les battues successives à l'aide desquelles on concentre pendant les quelques jours qui précèdent *la chasse,* les cerfs et les biches qui se trouvent dans cette partie de la forêt. » L'enceinte est *barrée* une ou deux fois suivant ses dimensions.

La figure tracée par le comte Clary explique on ne peut plus clairement ce que c'est que « *fermer* et *barrer* l'enceinte » au sens propre (p. 294), deux expressions qui se retrouvent dans le vocabulaire du valet de limier.

Autrefois on aurait appelé *chasses* les battues dans l'entonnoir aboutissant à la *brèche* ou entrée de l'enceinte (ou parc), et ce que le comte Clary appelle la chasse, n'était jadis que la mise à mort, le massacre, la tuerie à l'arc ou à

---

(1) De *capere,* contenir, terme d'où vient déjà la *cape* du veneur.

l'épieu, à pied ou à cheval ; c'était proprement *l'attaque (ad tasca*, ce qui se fixe) au javelot.

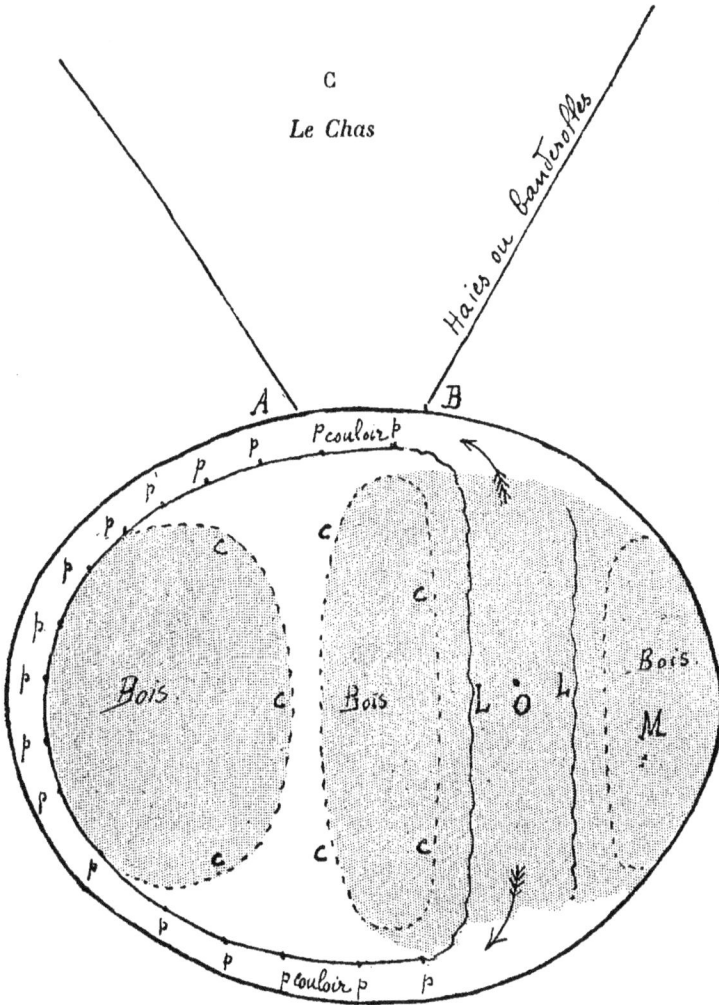

C

Le Chas

Haies ou Banderolles

A B

P couloir P

p p p p

c c c c

Bois

Bois

L O L

Bois

M

P couloir P

Battue allemande

A B. — Partie où, après l'entrée des animaux, on ferme l'enceinte.
C. — Le Chas.
L L. — Talus servant à barrer l'enceinte.
p p p p. — Ligne des postes des tireurs.
c c c c. — Ceinture de panneaux en toile.

Le gibier, d'abord concentré en M, est repoussé par une nouvelle battue et vient vers le poste O, d'où il s'échappe vers les couloirs devant la ligne des postes.

Un nombre considérable de termes de vieux français signifiant chasse sont cités dans Godefroy et La Curne de Sainte-Palaye ; tous ont la racine *cas* ou *chas ;* citons simplement chaisse en Bourgogne, chasse et chace en France et en Normandie, cache en Picardie.

Une quantité non moins considérable de termes *bas-latins* y correspond *(chacea.. .., cassia, chassia)*, tous traduits *venatus* par Du Cange, qui les a trouvés dans les capitulaires et chartes entre les x° et xiii° siècles.

Comme termes latins, outre *cascus* déjà cité, il y en a un fort typique, c'est *cassis,* la poche du filet de chasse romain, vocable donné par Sylvius comme étymologie de *chacea,* idée absolument d'accord avec la théorie de Peigné-Delacourt.

Ces termes *cassis, chacea, cassia* et *chassum* sont regardés par Ducange comme venant, les premiers de *capsa,* couvercle, réceptacle, moule, filet, et le dernier de *capsum,* espèce de poche de filet, dérivant eux-mêmes de *kampsa,* même sens en grec.

En résumé, la chasse, originellement, fut simplement la *poursuite* du gibier (en le coinçant vers un enclos pour l'y capturer à volonté), comme l'indique bien l'expression *cachiam venationis,* qui se trouve dans une charte de 1231, année de la nomination du *premier maître-veneur* Geffroy, sous Louis IX.

On chasse la venaison, on la capte ensuite.

Note p. IX, 37° ligne. — Elle a été cependant manuscrite pour la première fois par Saint-Simon en 1700 dans ses Mémoires ; elle fut fort peu usitée avant la Révolution. D'après son testament, ses Mémoires ne devaient paraître que cinquante ans après sa mort survenue en 1755, soit en 1805 ; toutefois, la première édition ne parut qu'en 1829. (Voir t. V, chap. XXXIX, éd. 1829, p. 165.) NOIRMONT a indiqué faussement t. III dans son *Histoire de la Chasse,* t. I., p. 216, Note I.

Grande et Petite Vénerie

Deuxième Partie

Réglementation - Législation

Doctrine - Jurisprudence

BIBLIOTHÈQUE NATIONALE IMPRIMÉS

Chapitre I

Définition. — La loi n'a pas défini la chasse à courre. Elle se contente, dans l'art. 9 de la loi du 3 mai 1844, de dire que le permis donne à celui qui l'a obtenu le droit de chasser soit à tir, soit à courre, à cor et à cris, supposant que la partie de chacun de ces termes est bien connue, et qu'il est inutile de l'expliquer.

Il y a là une lacune que les travaux préparatoires de la loi ne sont pas venus combler. On a dit, il est vrai, en 1843, devant la Chambre des Pairs, que « chasser à courre, c'était l'acte de poursuivre le gibier à cheval, un fouet à la main, en excitant les chiens ». Mais cette explication est trop incomplète et, partant, trop inexacte pour constituer une définition. Il n'est pas indispensable, en effet, que les chasseurs soient à cheval et soient munis d'un fouet, pour qu'il y ait chasse à courre. De plus, l'usage du fusil ne se trouve pas, comme les termes employés semblent l'impliquer, forcément exclu de ce genre de chasse.

Aussi, à défaut de définition légale, préférons-nous celle qui a été donnée par les Tribunaux, et qui est la suivante :

« *La chasse à courre se pratique à l'aide de chiens courants, qui, après avoir levé un gibier, le suivent à la piste en donnant de la voix et l'obligent, après un temps plus ou moins long, à leur tenir tête.* »

La recherche et la poursuite du gibier à l'aide de chiens courants, les chasseurs ne devant intervenir que pour diriger la poursuite et pour donner le coup de grâce à la bête sur ses fins, telles sont les vraies caractéristiques de la chasse à courre.

Différences avec la chasse à tir. — La meilleure façon de montrer en quoi légalement consiste la chasse à courre est, d'ailleurs, d'indiquer les principales différences qui existent entre ce mode de chasse et la chasse à tir :

1° La chasse à tir se pratique à l'aide de chiens d'arrêt, de chiens courants, ou même sans chiens. La chasse à courre ne peut se pratiquer qu'avec des chiens courants.

2° L'instrument de la chasse à tir est le fusil, à l'aide duquel le chasseur abat le gibier. Dans la chasse à courre, il n'est fait qu'exceptionnellement usage du fusil.

3° Les quadrupèdes et les oiseaux peuvent être chassés à tir. Les quadrupèdes seuls sont susceptibles d'être chassés à courre.

4° La chasse à tir est pratiquée le plus souvent par des personnes isolées, tandis que la chasse à courre suppose généralement la réunion de nombreuses personnes.

Intérêt de la distinction. — Il y a intérêt à distinguer la chasse à courre de la chasse à tir, à divers points de vue.

Les arrêtés préfectoraux, qui fixent l'ouverture et la fermeture de la chasse, n'indiquent jamais la même date de fermeture pour les deux sortes de chasses. Alors que la chasse à tir est close dans le courant du mois de janvier, la chasse à courre continue à être autorisée jusqu'à la fin d'avril.

Presque partout, des arrêtés préfectoraux permanents interdisent la chasse à tir en temps de neige. Cette interdiction, fort souvent, ne s'étend pas à la chasse à courre, qui demeure licite, même lorsque la campagne est couverte de neige.

Sur certaines propriétés, notamment dans les forêts domaniales, la chasse à courre et la chasse à tir sont l'objet de locations différentes, et les responsabilités auxquelles peut donner lieu l'exercice de ces droits sont forcément distinctes.

Historique. — Bien que la chasse soit aussi ancienne que l'homme, il n'apparaît pas qu'à l'origine on ait pratiqué la chasse à courre.

Les ouvrages très nombreux que nous possédons sur la chasse dans l'antiquité nous montrent qu'en Egypte et en Assyrie, aussi bien qu'en Grèce et à Rome, la capture du gibier s'opérait non pas en le poursuivant, mais en se servant de pièges variés : filets, claies, palissades, dans lesquels les chiens le rabattaient. C'était le piégeage bien plutôt que la chasse.

Au contraire, chez les Gaulois et les Francs, nos aïeux, nous trouvons la véritable chasse à courre, celle qui consiste à lancer les chiens sur la trace de l'animal que l'on veut prendre et à le capturer lorsqu'il est épuisé. Pour satisfaire leur passion de la chasse, on prétend que les Francs réservèrent de vastes espaces plantés d'arbres, où le gibier pouvait librement se reproduire, et où eux seuls avaient le droit de chasse. Le mot *forêt* viendrait d'un mot germain qui exprime la défense de chasser.

Sous les Mérovingiens, la chasse à courre était déjà en grand honneur. Mais c'est surtout sous la féodalité que se développa le goût de cette distraction, qui devint un privilège de la noblesse. Le XIIIᵉ et le XIVᵉ siècles marquent l'apogée de la grande chasse, qui est alors étudiée avec grand soin et au sujet de laquelle on écrit maints ouvrages didactiques, encore aujourd'hui consultés avec fruit.

Cette vogue a, d'ailleurs, duré pendant tout l'ancien régime ; car la chasse fut, sous la monarchie, autre chose qu'un passe-temps ou un exercice d'hygiène, ce fut une véritable institution sociale, qui marquait avec éclat la condition des personnes. Le droit de chasse était un attribut de la souveraineté. Il appartenait au Roi seul qui, par faveur spéciale, en concédait l'exercice aux nobles, mais l'interdisait formellement à tous autres.

Et c'est pourquoi, lorsque, dans la nuit fameuse du 4 août, les députés de la noblesse vinrent renoncer à leurs droits féodaux, ils n'eurent garde d'oublier, parmi ces droits, le droit de chasse, qui disparut en même temps que le cens et la corvée.

Sous l'ancien régime, la chasse à courre, la « chasse noble », avait été la seule qui fut pratiquée. La chasse à tir, en effet, n'existait pour ainsi dire pas et était abandonnée à la domesticité et aux braconniers. Depuis la Révolution, cette sorte de chasse a pris, au contraire, un grand développement.

Il ne s'ensuit pas pour cela que la chasse à courre ait disparu. Elle s'est simplement modifiée, démocratisée, de telle sorte que si, en fait, elle est encore le privilège d'un petit nombre, elle peut, en droit, être aujourd'hui pratiquée par tous, sans distinction de race ou d'origine.

Législation. — Parmi les textes qui ont, avant la loi actuellement en vigueur, traité de la chasse à courre, il convient d'examiner très succinctement le Droit romain, les règlements qui furent en usage avant 1789, et enfin la législation qui a été suivie depuis 1789 jusqu'à 1844.

Droit romain. — Les Romains, nous l'avons indiqué, ne pratiquaient pas la chasse à courre. Ils ont néanmoins établi, en ce qui concerne la propriété du gibier, quelques règles qui sont utiles à rappeler, car elles ont été longtemps appliquées dans l'ancien Droit, et elles sont souvent invoquées lorsqu'il s'agit de trancher la question si épineuse de savoir à qui appartient la pièce de gibier réclamée en même temps par deux chasseurs.

Les Romains n'avaient pas cru devoir réglementer la chasse. Pour eux, le droit de tuer les bêtes sauvages *(feræ bestiæ)* était un droit naturel. On devenait propriétaire du gibier, comme des autres choses n'appartenant à personne, par l'occupation. Il n'y avait pas à rechercher si la capture avait eu lieu sur le terrain du chasseur ou sur celui d'autrui ; les animaux sauvages, en effet, n'étaient pas considérés comme un produit du fonds. Le propriétaire, sur le terrain duquel le gibier avait été capturé, avait seulement contre le chasseur qui s'était introduit chez lui une action en dommages-intérêts.

Quant aux animaux blessés, le Droit romain n'admettait pas qu'ils fussent la propriété du chasseur. Pour que celui-ci y ait droit, il fallait qu'il les eût véritablement en sa possession.

Enfin, les animaux sauvages, dont le chasseur s'était emparé, cessaient d'être à lui s'ils venaient à recouvrer définitivement la liberté par la fuite.

Avant 1789. — Chez nous, le plus ancien document législatif relatif à la chasse à courre est une ordonnance rendue, en 1318, par Philippe le Long ; cette ordonnance réserve expressément aux nobles la chasse aux grosses bêtes.

Toutes les ordonnances royales qui suivirent celle-ci ont, d'ailleurs, eu pour but exclusif d'indiquer les personnes à qui appartenait le droit de chasse.

« Aucune personne non noble de notre royaume, dit une ordonnance de Charles VI, de janvier 1396, s'il n'est à ce privilégié, ou s'il n'a avec ou expresse commission à ce, de par personne qui la lui puisse donner, ou s'il n'est personne d'église, ou s'il n'est bourgeois vivant de ses possessions ou rentes, se enhardie de chasser, ni tendre grosses bêtes, ni oiseaux, ni d'avoir, pour ce faire, chiens, furets, cordes, etc. »

Les mêmes défenses sont reproduites par François I", en 1515, et par Henri IV, qui, étant grand chasseur, ne rendit pas moins de quatre ordonnances sur cette matière : en 1600, en 1601, en 1603 et en 1607.

Mais l'ordonnance qui est demeurée le plus longtemps en vigueur, et qui, par conséquent, est la plus digne d'attention, est celle de 1669, rendue sous le règne de Louis XIV. Voici en quels termes le Roi, qui considérait la chasse comme son apanage, en accordait la jouissance à certains privilégiés :

« Permission à tous seigneurs, gentilshommes et nobles de chasser noble ment à force de chiens et oiseaux dans leurs forêts, buissons, garennes et plaines, pourvu qu'ils soient éloignés d'une lieue de nos plaisirs, même aux chevreuils et bêtes noires, dans la distance de trois lieues.

« Défense aux marchands, artisans, bourgeois, paysans et roturiers de chasser en quelque lieu, sorte et manière, et sur quelque gibier de poil et de plume. »

La sanction de cette défense était une peine de 100 livres d'amende pour la première contravention, de 200 livres pour la seconde, de trois heures d'exposition au poteau et de l'expulsion du ressort de la maîtrise pendant trois années, en cas de nouvelles infractions.

L'ordonnance de 1669 visait bien la chasse à courre et la chasse aux oiseaux (faucons, gerfauts, autours, éperviers), les seules qui fussent alors pratiquées, mais elle se bornait à indiquer les personnes auxquelles ces chasses étaient réservées, sans énumérer les règles qui devaient être suivies, sans envisager les contestations qui pourraient surgir entre chasseurs et propriétaires riverains. Aussi, lorsque surgissait une question de propriété de gibier réclamé par deux chasseurs, fallait-il, pour la trancher, s'en référer au Droit romain.

De 1789 à 1844. — Le droit de chasse, tel qu'il existait sous l'ancien régime, ayant été aboli dans la nuit du 4 août, il devint bientôt nécessaire de réglementer la police de la chasse. C'est dans ce but que fut promulguée la loi du 30 avril 1790, qui contenait certains principes nouveaux, dont on devait retrouver la trace dans la législation ultérieure. De ce nombre sont : l'interdiction de chasser sur le terrain d'autrui, et la fermeture de la chasse dans la période comprise entre le printemps et la rentrée des moissons.

Malheureusement, la loi de 1790, par une sorte de réaction contre l'excessive rigueur de l'ancien Droit, n'avait édicté contre les braconniers que des peines insignifiantes, ce qui rendit les nouvelles dispositions à peu près illusoires.

La chasse à courre n'était pas nominativement désignée parmi les modes de chasse réglementés par la loi. On ne doit pas en conclure qu'elle fût interdite, puisque la chasse aux chiens courants continuait à être permise; mais, en fait, elle était rendue impossible par la suppression du droit de suite résultant de la défense absolue de chasser sur le terrain d'autrui.

La loi de 1790, qui est demeurée en vigueur jusqu'en 1844, a été complétée par diverses dispositions législatives.

Le décret du 12 septembre 1790, qui visait les chasses du Roi, n'a été appliqué que pendant bien peu de temps.

Le décret du 11 juillet 1810, qui obligeait les chasseurs à se munir d'un port d'arme, a été l'origine du permis de chasse.

Enfin, le règlement du 20 août 1814, modifié par celui du 16 octobre 1830, s'est spécialement occupé des chasses dans les forêts et bois du domaine de l'État.

Ce règlement contient un titre spécialement consacré à la chasse à courre. La chasse à tir doit être close le 1ᵉʳ mars, tandis que la chasse à courre peut se prolonger jusqu'au 15 mars. Il ne peut être chassé à courre dans les forêts de l'Etat, dit l'art. 1ᵉʳ du titre II, qu'en vertu de permissions accordées par le Grand-Veneur, « de préférence aux individus que leur goût et leur fortune peuvent mettre à même d'avoir équipage, et de contribuer à la destruction des loups, des renards et des blaireaux ».

En 1830, la charge de Grand-Veneur ayant été supprimée, le droit d'accorder les permissions de chasser à courre passa à l'Administration des Forêts. Bien que ces permissions ne fussent généralement accordées que contre espèces, les lois du 21 avril 1831 et du 25 avril 1833 prescrivirent la mise en adjudication du droit de chasse dans les forêts de l'Etat.

Depuis 1844. — La loi sur la chasse, encore actuellement en vigueur, et qui, par la généralité de ses termes, englobe la chasse à tir et la chasse à courre, est la loi du 3 mai 1844. Nous n'avons pas à l'analyser en ce moment, puisque c'est elle qui va être la base de cette étude. Nous nous contenterons d'indiquer les autres dispositions légales qui sont venues depuis lors modifier ou compléter cette loi organique, et principalement celles qui ont trait à la chasse à courre.

Parmi les lois modificatives de la loi de 1844, nous citerons :

1° La loi du 22 janvier 1874, modifiant les art. 3 et 9 ;

2° La loi du 16 février 1898, modifiant l'art. 3.

Parmi les lois ou règlements qui sont venus ajouter quelque chose à la législation primitive, il convient de signaler :

1° L'ordonnance du 20 juin 1845, concernant l'adjudication du droit de chasse dans les forêts domaniales ;

2° La loi du 2 août 1882 sur la destruction des loups ;

3° La loi du 18 juillet 1889 sur le Code Rural ;

4° La loi du 19 avril 1901, relative aux dégâts causés aux récoltes par le gibier ;

5° La loi du 31 mars 1903, modifiant les primes pour la destruction des loups ;

6° La loi du 30 décembre 1903 sur la destruction des sangliers dans les forêts domaniales.

Chapitre II

La chasse à courre, comme tous les autres modes de chasse, est réglementée par la loi du 3 mai 1844. Elle n'est soumise à aucune législation spéciale ; cependant, l'exercice de ce droit soulève un grand nombre de questions au point de vue civil, pénal et administratif.

La loi de 1844, dont nous donnons le texte, n'ayant apporté que fort peu d'éléments à la solution de ces différents points, nous aurons à les rechercher dans les différentes décisions rendues par les Cours et Tribunaux.

LOI du 3 mai **1844** sur la police de la chasse, avec les modifications apportées par la loi du 22 janvier **1874**

SECTION 1

Article premier. — Nul ne pourra chasser, sauf les exceptions ci-après, si la chasse n'est pas ouverte, et s'il n'a pas été délivré un permis de chasse par l'autorité compétente. Nul n'aura la faculté de chasser sur la propriété d'autrui sans le consentement du propriétaire ou de ses ayants droit.

Art. 2. — Le propriétaire ou possesseur peut chasser ou faire chasser en tout temps sans permis de chasse, dans ses possessions attenant à une habitation et entourées d'une clôture continue faisant obstacle à toute communication avec les héritages voisins.

---

(1) Voir *Lois et Sports*, juillet 1905, p. 17. G. Morand : *Législation de la chasse à courre.* — *Lois et Sports*, 1906, I, 132. E. Christophe : *La Chasse à courre. Législation. Jurisprudence.* — *Lois et Sports*, 1907, II, 121. P. Chatin : *La Chasse à courre devant la loi.* — *Lois et Sports*, 1908, II, 94. P. Chatin : *La Chasse à courre et la Jurisprudence.*

Art. 3. — Les préfets détermineront par des arrêtes publiés au moins dix jours à l'avance les époques des ouvertures et celles des clôtures des chasses, soit à courre, à cor et à cris, dans chaque département. (Loi 22 janvier 1874.)

Art. 4. — Dans chaque département, il est interdit de mettre en vente, de vendre, d'acheter, de transporter et colporter du gibier pendant le temps où la chasse n'y est pas permise. En cas d'infraction à cette disposition, le gibier sera saisi et immédiatement livré à l'établissement de bienfaisance le plus voisin, en vertu, soit d'une ordonnance du juge de paix, si la saisie a eu lieu au chef-lieu de canton, soit d'une autorisation du maire si le juge de paix est absent, ou si la saisie a été faite dans une commune autre que celle du chef-lieu. Cette ordonnance ou cette autorisation sera délivrée sur la requête des agents ou gardes qui auront opéré la saisie, ou sur la présentation du procès-verbal régulièrement dressé.

La recherche du gibier ne pourra être faite à domicile que chez les aubergistes, chez les marchands de comestibles et dans les lieux ouverts au public.

Il est interdit de prendre ou de détruire, sur le terrain d'autrui, des œufs ou des couvées de faisans, de perdrix et de cailles.

Art. 5. — Les permis de chasse seront délivrés, sur l'avis du maire et du sous-préfet, par le préfet du département dans lequel celui qui en fera la demande aura sa résidence ou son domicile.

La délivrance des permis de chasse donnera lieu au payement d'un droit de quinze francs (18 fr.) au profit de l'Etat, et de dix francs (10 fr.) au profit de la commune dont le maire aura donné l'avis énoncé au paragraphe précédent.

Les permis de chasse seront personnels ; ils seront valables pour tout le territoire de la République et pour un an seulement.

Art. 6. — Le préfet pourra refuser le permis de chasse :

1° A tout individu majeur qui ne sera point personnellement inscrit, ou dont le père et la mère ne serait pas inscrit au rôle des contributions ;

2° A tout individu qui, par une condamnation judiciaire, a été privé de l'un ou de plusieurs des droits énumérés dans l'art. 42 du Code Pénal, autres que le droit de port d'armes ;

3° A tout condamné à un emprisonnement de plus de 6 mois, pour rébellion ou violence envers les agents de l'autorité publique ;

4° A tout condamné pour délit d'association illicite, de fabrication, débit, distribution de poudre, armes ou autres munitions de guerre ; pour menaces écrites ou menaces verbales, avec ordre ou sous condition ; pour entraves à la circulation des grains, dévastations d'arbres ou de récoltes sur pied de plants venus naturellement ou faits de main d'homme ;

5° A ceux qui auront été condamnés pour vagabondage, mendicité, vol, escroquerie ou abus de confiance.

La faculté de refuser le permis de chasse aux condamnés dont il est question dans les §§ 3, 4 et 5, cessera 5 ans après l'expiration de la peine.

Art. 7. — Le permis de chasse ne sera pas délivré :

1° Aux mineurs qui n'auront pas 16 ans accomplis ;

2° Aux mineurs de 16 à 21 ans, à moins que le permis ne soit demandé pour eux par leur père, mère, tuteur ou curateur porté au rôle des contributions ;

3° Aux interdits ;

4° Aux gardes champêtres ou forestiers des communes et établissements publics, ainsi qu'aux gardes forestiers de l'Etat et gardes-pêche.

Art. 8. — Le permis de chasse ne sera pas accordé :

1° A ceux qui, par suite de condamnation, sont privés du droit de port d'armes ;

2° A ceux qui n'auront pas exécuté les condamnations prononcées contre eux pour l'un des délits prévus par la présente loi ;

3° A tout condamné placé sous la surveillance de la haute police.

Art. 9. — Dans le temps où la chasse est ouverte, le permis donne, à celui qui l'a obtenu, le droit de chasser de jour, soit à tir, soit à courre, à cor et à cris, suivant les distinctions établies par les arrêtés préfectoraux, sur ses propres terres, et sur les terres d'autrui avec l'assentiment de ceux qui ont le droit de chasse; tous les autres moyens de chasse à l'exception des furets et des bourses destinés à prendre les lapins sont formellement prohibés.

Néanmoins, les préfets des départements, sur l'avis des Conseils généraux, prendront des arrêtés pour déterminer : 1° l'époque de la chasse des oiseaux de passage, autres que la caille, la nomenclature des oiseaux, et les modes et procédés de chaque classe pour les diverses espèces ; 2° le temps pendant lequel il sera permis de chasser le gibier d'eau dans les marais, sur les étangs, fleuves et rivières ; 3° les espèces d'animaux malfaisants ou nuisibles que le propriétaire, possesseur ou fermier, pourra, en tout temps, détruire sur ses terres et les conditions de l'exercice de ce droit, sans préjudice du droit, appartenant au propriétaire ou fermier, de repousser et détruire, même avec des armes à feu, les bêtes fauves qui porteraient dommage à ses propriétés. Ils pourront prendre également des arrêtés : 1° pour prévenir la destruction des oiseaux, ou favoriser le repeuplement ; 2° pour autoriser l'emploi des chiens lévriers pour la destruction des animaux malfaisants ou nuisibles ; 3° pour interdire la chasse pendant les temps de neige. (Loi 22 janvier 1874)

Art. 10. — Des ordonnances détermineront la gratification qui sera accordée aux gardes et gendarmes rédacteurs des procès-verbaux ayant pour objet de constater les délits.

SECTION II. — *Des peines*

Art. 11. — Seront punis d'une amende de 16 à 100 francs :

1° Ceux qui auront chassé sans permis de chasse ;

2° Ceux qui auront chassé sur le terrain d'autrui sans le consentement du propriétaire.

L'amende *pourra* être portée au double si le délit a été commis sur des terres non dépouillées de leurs fruits, ou s'il a été commis sur un terrain entouré d'une clôture continue faisant obstacle à toute communication avec les héritages voisins, mais non attenant à une habitation. Pourra ne pas être considéré comme délit de chasse le fait du passage de chiens courants sur l'héritage d'autrui, lorsque ces chiens seront à la suite d'un gibier lancé sur la propriété de leurs maîtres, sauf l'action civile, s'il y a lieu en cas de dommage ;

3° Ceux qui auront contrevenu aux arrêtés des préfets concernant les oiseaux de passage, le gibier d'eau, la chasse en temps de neige, l'emploi de chiens lévriers, ou aux arrêtés concernant la destruction des oiseaux et celle des animaux nuisibles ou malfaisants ;

4° Ceux qui auront pris ou détruit, sur le terrain d'autrui, des œufs ou couvées de faisans, perdrix ou cailles ;

5° Les fermiers de la chasse, soit dans les bois soumis au régime forestier, soit sur les propriétés dont la chasse est louée au profit des communes ou établissements publics, qui auront contrevenu aux clauses et conditions de leurs cahiers de charges relatives à la chasse.

Art. 12. — Seront punis d'une amende de 50 à 200 francs et pourront, en outre, l'être d'un emprisonnement de 6 jours à 2 mois :

1° Ceux qui auront chassé en temps prohibé ;

2° Ceux qui auront chassé pendant la nuit ou à l'aide d'engins et d'instruments prohibés, ou par d'autres moyens que ceux qui sont autorisés par l'art. 9 ;

3° Ceux qui seront détenteurs ou ceux qui seront trouvés munis ou porteurs hors de leur domicile de filets, engins ou autres instruments prohibés ;

4° Ceux qui, en temps où la chasse est prohibée, auront mis en vente, vendu, acheté, transporté ou colporté du gibier ;

5° Ceux qui auront employé des drogues ou appâts qui sont de nature à enivrer le gibier ou à le détruire ;

6° Ceux qui auront chassé avec appeaux, appelants ou chanterelles.

Les peines déterminées par le présent article pourront être portées au double contre ceux qui chassent pendant la nuit, sur le terrain d'autrui et par l'un des moyens spécifiés au § 2, si les chasseurs étaient munis d'une arme apparente ou cachée.

Les peines déterminées par l'art. 11 et par le présent article seront toujours portées au maximum lorsque les délits auront été commis par les gardes champêtres ou forestiers de communes, ainsi que par les gardes forestiers de l'État et des établissements publics.

Art. 13. — Celui qui aura chassé sur le terrain d'autrui sans son consentement, si ce terrain est attenant à une maison habitée ou servant d'habitation, et s'il est entouré d'une clôture continue faisant obstacle à toute communication avec les héritages voisins, sera puni d'une amende de 50 à 300 francs, et pourra l'être d'un emprisonnement de 6 jours à 3 mois. — Si le délit a été commis pendant la nuit, le délinquant sera puni d'une amende de 100 francs à 1.000 francs et pourra l'être d'un emprisonnement de 3 mois à 2 ans, sans préjudice, dans l'un et l'autre cas, s'il y a lieu, de plus fortes peines prononcées par le Code Pénal.

Art. 14. — Les peines déterminées par les trois articles qui précèdent pourront être portées au double si le délinquant était en état de récidive et s'il était déguisé ou masqué, s'il a pris un faux nom, s'il a usé de violences envers les personnes ou s'il a fait des menaces, sans préjudice, s'il y a lieu, de peines plus fortes prononcées par la loi. Lorsqu'il y aura récidive, dans les cas prévus en l'art. 11, la peine de l'emprisonnement de 6 jours à 3 mois pourra être appliquée si le délinquant n'a pas satisfait aux condamnations précédentes.

Art. 15. — Il y a récidive quand, dans les douze mois qui ont précédé l'infraction, le délinquant a été condamné en vertu de la présente loi.

Art. 16. — Tout jugement de condamnation prononcera la confiscation des filets, engins et autres instruments de chasse. Il ordonnera, en outre, la destruction des instruments de chasse prohibés. Il prononcera également la confiscation des armes, excepté dans le cas où le délit aura été commis par un individu muni d'un permis de chasse, dans le temps où la chasse est autorisée. Si les armes, filets, engins ou autres instruments de chasse n'ont pas été saisis, le délinquant sera condamné à les représenter ou à en payer la valeur, suivant la fixation qui en sera faite par le jugement, sans qu'elle puisse être au-dessous de 50 francs.

Les armes, engins et autres instruments de chasse abandonnés par les délinquants restés inconnus seront saisis et déposés au greffe du Tribunal compétent. La confiscation et, s'il y a lieu, la destruction, en seront ordonnées sur le vu du procès-verbal. Dans tous les cas, la quotité des dommages-intérêts est laissée à l'appréciation des Tribunaux.

Art. 17. — En cas de conviction de plusieurs délits prévus par la présente loi, par le Code Pénal ordinaire ou par les lois spéciales, la peine la plus forte sera seule prononcée. Les peines encourues pour des faits postérieurs à la déclaration du procès-verbal de contravention pourront être cumulées s'il y a lieu, sans préjudice des peines de la récidive.

Art. 18. — En cas de condamnation pour délits prévus par la présente loi, les Tribunaux pourront priver le délinquant du droit d'obtenir un permis de chasse pour un temps qui n'excédera pas cinq ans.

Art. 19. — La gratification mentionnée en l'art. 10 sera prélevée sur le produit des amendes, le surplus desdites amendes sera attribué aux communes sur le territoire desquelles les infractions auront été commises.

Art. 20. — L'art. 463 du Code Pénal ne sera pas applicable aux délits prévus par la présente loi.

SECTION III. — *De la poursuite et du jugement*

Art. 21. — Les délits prévus par la présente loi seront prouvés soit par procès-verbaux ou rapports, soit par témoins à défaut de rapports et procès-verbaux ou à leur appui.

Art. 22. — Les procès-verbaux des maires et adjoints, commissaires de police, officier, maréchal des logis ou brigadier de gendarmerie, gendarmes, gardes forestiers, gardes-pêche, gardes champêtres ou gardes assermentés des particuliers feront loi jusqu'à preuve contraire.

Art. 23. — Les procès-verbaux des employés des Contributions Indirectes et des actions feront également foi jusqu'à preuve contraire, lorsque dans la limite de leurs attributions respectives ces agents rechercheront et constateront les délits prévus par le § 1er de l'art. 4.

Art. 24. — Dans les vingt-quatre heures du délit, les procès-verbaux des gardes seront, à peine de nullité, affirmés par les rédacteurs devant le juge de paix ou l'un de ses suppléants ou devant le maire et l'adjoint, soit de la commune de leur résidence, soit de celle où le délit aura été commis.

Art. 25. — Les délinquants ne pourront être saisis ni désarmés ; néanmoins, s'ils sont déguisés ou masqués, s'ils refusent de faire connaître leurs noms, ou s'ils n'ont pas de domicile connu, ils seront conduits immédiatement devant le maire ou le juge de paix, lequel s'assurera de leur individualité.

Art. 26. — Tous les délits prévus par la présente loi seront poursuivis d'office par le Ministère public sans préjudice du droit conféré aux parties lésées par l'art. 182 du Code d'Instruction criminelle. Néanmoins, dans le cas de chasse sur le terrain d'autrui sans le consentement du propriétaire, la poursuite d'office ne pourra être exercée par le Ministère public sans une plainte de la partie intéressée qu'autant que le délit aura été commis dans un terrain clos, suivant les termes de l'art. 2, et attenant à une habitation, ou sur des terres non encore dépouillées de leurs fruits.

Art. 27. — Ceux qui auront commis conjointement les délits de chasse seront condamnés solidairement aux amendes, dommages-intérêts et frais.

Art. 28. — Le père, la mère, le tuteur, les maîtres et commettants sont civilement responsables des délits de chasse commis par leurs enfants mineurs non mariés, pupilles demeurant avec eux, domestiques ou préposés, sauf tout recours de droit.

Cette responsabilité sera réglée conformément à l'art. 1389 du Code Civil et ne s'appliquera qu'aux dommages-intérêts et frais, sans pouvoir toutefois donner lieu à la contrainte par corps.

Art. 29. — Toute action relative aux délits prévus par la présente loi sera prescrite par le laps de trois mois, à compter des jours du délit.

Animaux susceptibles d'être chassés à courre

La chasse à courre consiste à faire poursuivre le gibier par les chiens. MM. Gillon et Villepin, n° 189, Dalloz, n° 187, disent que la chasse à courre ne peut avoir lieu pour le gibier à plumes, et notamment pour les cailles. Giraudeau, Lelièvre et G. Soudée ne peuvent admettre cette restriction apportée à l'exercice de la chasse.

Cette querelle d'auteurs semble sans intérêt. En général, on ne chasse à courre que les quadrupèdes, cependant certains chasseurs du Midi profitent de ce que la chasse à courre reste ouverte plus longtemps que la chasse à tir, pour chasser à courre le gibier à plumes. Ils n'encourent de ce fait aucun délit, lorsque les arrêtés préfectoraux n'indiquent aucune interdiction de ce genre.

Les animaux susceptibles d'être chassés à courre sont évidemment les quadrupèdes seuls, c'est-à-dire :

Les bêtes fauves proprement dites : cerfs-daims, chevreuils;

Les bêtes noires : sangliers;

Les bêtes rousses ou carnassiers : loups, renards,

Et, parmi les autres animaux de chasse, le lièvre et le chevreuil.

Cependant, rien n'empêche de chasser également au forcé d'autres quadrupèdes tels que : le blaireau, la loutre, le lapin même, qu'on peut poursuivre avec des chiens courants, après avoir bouché l'ouverture des terriers.

Mais il nous semble impossible de considérer comme une sorte de chasse à courre la poursuite du gibier à plumes, telle qu'elle se pratique dans quelques localités du Midi.

En effet, comme le dit fort bien Fuzier-Herman, l'expression de chasse à courre a son sens parfaitement déterminé, dans le langage de la vénerie comme dans le langage usuel; elle s'applique uniquement à la chasse pratiquée au moyen de chiens qui suivent l'animal, et le prennent lorsqu'il est à bout de forces. La chasse du gibier à plumes à la course constitue, à notre avis, un mode de chasse prohibé. (Fuzier-Herman, *verbo Chasse*, p. 234, n° 909.)

Faits de chasse. — Chasser, de *captare*, s'emparer de.

Le législateur n'a pas défini *le fait de chasse*; il a laissé aux Cours et

Tribunaux un pouvoir d'appréciation souverain pour décider quand il y avait réellement *fait de chasse.*

En règle générale, on peut considérer comme *acte de chasse tout moyen de s'emparer d'un animal sauvage.* Rechercher, poursuivre et s'emparer d'un animal sauvage vivant sur la terre ou dans l'air constituent des *faits de chasse.*

« En disposant dans son art. 1ᵉʳ que nul ne pourra chasser sans l'accomplissement des conditions qu'elle détermine, et en prononçant par les articles subséquents les peines applicables aux délinquants, la loi du 3 mai 1844 ne limite, par aucune restriction, la généralité de sa prohibition : elle comprend tous les actes ou faits de chasse, de quelque manière et par quelque procédé qu'ils soient exécutés. » (Cassation, 6 juillet 1854, D. P., 54, I, 305.)

On peut donc affirmer *qu'il y a fait de chasse* dès que l'on se livre à la *recherche* ou à la *poursuite* de tout animal sauvage ou de tout oiseau sauvage, quels que soient les moyens et les procédés employés. Mais il est *nécessaire* que *l'animal* soit *sauvage* — on entend par animaux sauvages tous ceux que ni la Nature ni l'habitude n'ont façonnés au joug ou à la société de l'homme — et qu'*il existe un fait positif de chasse,* et non de simples présomptions.

Il est bon de rappeler ici ce principe de droit qui explique et justifie bien des acquittements : *le doute doit toujours s'interpréter en faveur de l'accusé.*

Attitude de chasse (1). — L'attitude de chasse constitue tantôt un fait de chasse, tantôt un acte préparatoire de chasse. Le plus souvent, on chasse à l'aide d'armes à feu, et le fait de *tirer sur un animal sauvage* constitue évidemment un *acte de chasse.* Mais il y aurait également *acte de chasse* de la part de l'individu *poursuivant un gibier avec des pierres* ou *avec un bâton,* s'il existait une *réelle intention* ou une *possibilité de s'emparer* du gibier. *On ne saurait,* assurément, *regarder comme un acte de chasse* sérieux le fait de *lancer une pierre* ou *un bâton à un animal sauvage.*

La *recherche de l'animal* avec des chiens ou des armes, l'*appui donné à la meute* sont des *faits de chasse.* (Dijon, 28 novembre 1845, P., 48, IV, 13.)

Les personnes qui suivent à cheval une chasse dirigée par une autre personne ne font pas *acte de chasse,* encore bien qu'elles aient des armes ou des trompes, s'il n'est pas démontré qu'elles en ont fait usage, *s'il n'existe pas un fait réel de chasse.* (Baugé, 21 mars 1881 ; confirmé par la Cour d'Angers, 2 mai 1881. — *Gazette des Tribunaux,* 29 mai 1881.) Mais prouver qu'elles n'ont pas, durant toute la chasse, *appuyé les chiens* ou *donné un renseignement au piqueur* me semble bien difficile.

Cela suffirait pour constituer un acte de chasse.

Le fait de *porter le bouton* de l'équipage *ne saurait constituer un acte de chasse.*

Commet, au contraire, un *acte de chasse* l'individu qui, non muni d'un permis de chasse, a été surpris au moment où il *mettait les chiens des chasseurs sur la piste d'un animal sauvage* (un lièvre) par eux égaré.

En dirigeant lui-même les chiens sur la piste du gibier, il a fait *acte personnel de chasse.* (Tribunal Correctionnel de Libourne, 14 février 1899, *Pandectes,* 99, II, p. 255.)

Le *piqueur* est l'âme de la chasse à courre, il y joue un rôle prépondérant :

_____

(1) *Lois et Sports,* 1907, p. 92.

c'est lui qui *prépare le pied, visite le bois, dirige la chasse, ordonne de lâcher les chiens, de les faire rompre et de les lancer* sur une autre bête. Il ne quitte pas ses chiens de toute la chasse, les *excitant* sans cesse *de la voix et du cor*, et *relevant leurs défauts*. Le piquèur fait donc acte de chasse. (Orléans, 12 mai 1846 ; Cassation, 18 juillet 1846 ; Bordeaux, 4 février 1848 ; Baugé, 21 mars 1881 ; Angers, 2 mai 1881 ; Romorantin, 29 mai 1885 ; Cour d'Orléans, 11 août 1885.)

Le valet de chiens qui se borne à soigner les chiens, à les coupler, à les découpler, sur les ordres qu'il reçoit, *ne fait pas acte de chasse.* (Giraudeau, n° 91 ; Lavallée et Bertrand, p. 36.) Mais il *fait acte de chasse, s'il contribue à la poursuite* d'un animal en vue de l'appréhender. (Cour d'Orléans, 11 août 1885.)

Le valet de limier qui *fait le bois,* qui *recherche* et *suit les pistes* des animaux à l'aide d'un chien *limier* en vue de les chasser ultérieurement, *fait acte de chasse.*

Quête à trait de limier. — *Le piqueur* ou *l'individu qui fait le bois (le valet de limier),* qui *recherche et suit les pistes* d'animaux sauvages à l'aide d'un *chien limier* tenu en laisse, en vue de les chasser ultérieurement, fait un *acte de chasse.*

Plusieurs Cours d'Appel ont cependant décidé que la quête à trait de limier ne constituait pas un fait de chasse, cette quête n'ayant pas pour but la poursuite et la prise du gibier. (Dijon, 19 novembre 1862, D. P., 63, II, 173. — Bourges, 9 juin 1877.)

La Cour de Dijon soutenait que l'intention de chasser n'était pas suffisamment démontrée ; que les individus conduisant les limiers pouvaient n'avoir d'autre but que leur dressage, leur essai, ou même simplement la recherche du gibier ; qu'eussent-ils même l'intention de chasser au moment où ils furent pris, ils pouvaient changer d'avis et y renoncer.

Le 4 janvier 1878, la Cour de Cassation s'est nettement prononcée en sens contraire. D'après elle, *la quête du gibier à trait de limier,* ou par des chiens courants, *constitue,* indépendamment de toute poursuite ultérieure, un *acte de chasse,* l'acte initial, le début de la chasse. (Cassation, 4 janvier 1878, D. P., 78, I, 334.) La Cour d'Orléans adopta ces principes. (Cour d'Orléans, 20 mai 1878, D. P., 78, V, p. 91.)

Plus récemment, le 13 juillet 1899, la Cour suprême déclarait que *la quête au gibier, à l'aide d'un limier,* ne constituait pas un simple acte préparatoire des opérations de la chasse, mais l'*acte initial et le début nécessaire.*

En conséquence, alors même que cette quête n'est suivie ni de la capture ni de la poursuite du gibier, elle porte directement atteinte aux intérêts du tiers sur le terrain duquel on chasse sans droit. (Cassation, 13 juillet 1899, le *Droit,* 16 décembre 1899.)

Le valet de chiens doit avoir en mains la meute ou partie de la meute qui lui est confiée ; il ne doit lâcher ses chiens que sur un ordre du maître de chasse ou du piqueur ; il est tenu de réunir et de retrouver ou de lancer ses chiens suivant les ordres qu'il reçoit.

D'après la circulaire ministérielle du 22 juin 1851, les valets de chiens et les autres auxiliaires de la chasse à courre ne doivent pas être armés.

Il est bien certain que s'ils portaient une arme devant servir à l'hallali, on ne saurait trouver dans ce fait un acte de chasse.

Nous aurons l'occasion de revenir sur ces points, lorsque nous examinerons si les invités qui suivent à cheval une chasse à courre, si les auxiliaires dont se sert le maître de l'équipage sont astreints à l'obligation du permis.

D'après P. Chatin *(La Chasse à courre, législation et jurisprudence.* — Voir également *Revue du Tourisme et des Sports,* 1908, II, 96), *font acte de chasse :*

— *Le maître d'équipage.* (La Cour de Dijon a cependant décidé que : ne commettait pas un acte de chasse le propriétaire qui consent à laisser chasser sur ses terres en temps prohibé, prête ses équipages de chasse, et assiste à la chasse en curieux. (Dijon, 28 novembre 1845, D. P., 46, II, 3.) Nous ne sommes pas du tout de cet avis.

— *Le veneur,* qui décide au rendez-vous, d'après le rapport des piqueurs, l'animal qui sera lancé. (Voir actes préparatoires.)

— *Ceux qui vont,* avec quelques chiens, *fouler l'enceinte* pour le débucher.

— *Ceux qui,* entourant l'enceinte, *sonnent la tête,* lorsqu'ils ont vu l'animal sauter.

— *Ceux qui font découpler les relais.*

— *Ceux qui rompent les chiens* pour les ramener sur la voie.

— *Ceux qui font des brisées* pour retrouver les changes.

— *Ceux qui prennent les devants ou les derrières* avec les chiens.

— *Ceux qui font amener ou changer les relais.*

— *Celui qui sert la bête à l'hallali.*

La personne appelée dans une chasse à courre à servir la bête au moment de l'hallali, soit au couteau de chasse, soit à la carabine, *fait évidemment acte de chasse.* (J. Levallée, *La Chasse à courre,* p. 8.)

Curée. — Au contraire, on ne doit pas considérer comme participant à la chasse *celui qui défait la bête pour la donner aux chiens,* la chasse se trouvant terminée par la prise de l'animal.

Découpler les chiens sur la piste d'un animal remis ou non. — les appuyer, soit qu'il s'agisse d'attaquer une bête détournée, soit qu'il s'agisse de lancer à la billebande. — fouler l'enceinte en excitant les chiens de la voix. — découpler un relais et le guider sur la voie de la bête de chasse. — relever un défaut. — ramener la meute à la bonne voie, *sont évidemment des actes de chasse.*

Fait acte de chasse l'individu qui, voyant son chien lever un lièvre et le poursuivre vigoureusement et de près, *attend cet animal* et le *frappe de plusieurs coups de manche de fouet.* (Paris, 15 novembre 1902, D., 1903, II, 232.)

Fait acte de chasse l'individu qui *parcourt la campagne,* même sans armes, accompagné d'un *chien qu'il excite* de la voix et du geste. (Rouen, 10 avril 1845, D., 45, IV, 73. — Cassation, 17 février 1853, S., 53, I, 669. — Cassation, 6 juillet 1854, D., 54, I, 305. — Dijon, 4 juillet 1858, D., 59, II, 83. — Nîmes, 24 mai 1883, S., II, 88. — Paris, 19 mai 1885, *Gazette du Palais,* 89, I, supp., 11.)

Il faut, déclare le Tribunal d'Orange, que le propriétaire du chien ait excité cet animal ou n'ait rien fait pour le rappeler. (Tribunal d'Orange, 23 mars 1893, D. P., 93, 325.)

Si des chiens courants conduits non couplés quêtent ou lancent un animal, sans que la personne qui les accompagne ne les rappelle ou ne fasse aucun effort pour les retenir ou pour les rompre, *le fait de chasse est incontestable.* (Rouen, 17 juin 1831, D., 40, II, 913.)

Il en est ainsi, à plus forte raison, si le maître de chiens ou celui qui les accompagne, les a découplés sur la lisière d'un bois, les a excités et appuyés —

quand bien même celui-ci serait porteur d'un engin inoffensif — (en l'espèce un fusil dont les canons étaient en bois). (Cassation, 17 février 1853, D., 53, V, 74.)

Ne constitue pas un acte de chasse (délit sur le terrain d'autrui) le fait de se tenir sur la lisière de ce terrain en rappelant un chien qui s'y est engagé. (Cassation Criminelle, 4 mars 1905. — Caen 1905, 271.)

Il en est autrement si le chasseur *laissait chasser ses chiens* et ne faisait aucun effort sérieux soit pour les rappeler, soit pour les rompre. (Tribunal Correctionnel de Bourg, 1ᵉʳ avril 1903, la *Loi*, 14 avril 1903.)

Le dressage d'un chien à la chasse au bois (ou en plaine) *constitue un fait de chasse,* ce chien fût-il tenu en laisse. (Cassation, 17 février 1853, S., 53, I, 669.— Nîmes, 24 mai 1883, S., 83, II, 88. — En sens contraire, Dijon, 19 novembre 1862, D. P., 63, II, 173.)

Cette jurisprudence est également contredite par une décision du Tribunal de Compiègne qui décide que *la recherche du gibier* ne constitue un *fait de chasse* que *si le chasseur a réellement l'intention de s'emparer de ce gibier,* que si la *possibilité,* par son chien, *de l'atteindre existe.*

En conséquence, *ne fait pas acte de chasse* l'individu qui, en se promenant *avant l'ouverture* de la chasse, se borne à *rechercher* pour lui-même *les endroits giboyeux.* (Compiègne, 24 février 1885, R. F., t. II, n° 115.)

Le Tribunal de Ruffec, en 1906, a repris la jurisprudence de la Cour suprême, et déclare *qu'il y avait délit de chasse* dans le simple fait de se livrer à la *recherche du gibier sans intention d'appropriation,* par exemple, dans le but de *faire quêter un chien* pour réveiller ses instincts ou pour *satisfaire une curiosité* naturelle du chasseur en explorant le terrain, pour *découvrir les endroits les plus giboyeux.* (Tribunal Correctionnel de Ruffec, 11 octobre 1906, *Gazette du Palais,* 25 octobre 1906.)

Cette jurisprudence s'applique, sans distinction, aux chiens courants et aux chiens d'arrêt.

Le fait *d'essayer des chiens courants* constitue un *acte de chasse,* bien qu'il n'ait qu'un seul but, l'essai des chiens. (Colmar, 28 mars 1867.)

Dans l'espèce que nous signalons, la poursuite avait eu lieu dans une forêt dans laquelle le prévenu avait droit de chasse. Le Tribunal de Colmar a appuyé sa décision sur ce fait que : « Il aurait pu arriver que les chiens courants forçassent le gibier qu'ils poursuivaient. »

En thèse générale, *fait acte de chasse celui qui fait* ou *laisse* volontairement *chasser ses chiens* (d'arrêt ou courants).

La chasse aux chiens courants comprend l'ensemble des opérations qui commencent par la *recherche* d'un animal sauvage pour aboutir à sa *capture.* Chacune d'elles constitue un *fait de chasse.* (Criminelle Cassation, 4 janvier 1878, D. P., 78, I, 334.)

Fait acte de chasse celui qui, même non armé, suit un *chien* courant lui appartenant, *recherchant et fouillant les haies et buissons.* (Nîmes, 29 janvier 1880, D. P., 82, V, 72.)

Divagation de chiens (1). — *La divagation des chiens,* sur laquelle nous reviendrons d'une façon plus complète, est susceptible de constituer un *fait de chasse* si elle est *volontaire*.

Lorsque la divagation a lieu en l'absence ou à l'insu du maître des chiens, la question est controversée.

Les uns considèrent toute recherche ou poursuite du gibier, par un chien courant ou autre, comme un fait de chasse dont le propriétaire du chien est toujours responsable.

D'autres n'admettent cette responsabilité que si la poursuite a été faite par un chien de chasse.

La jurisprudence, elle, décide d'une façon à peu près générale qu'une *participation directe ou indirecte* aux faits de chasse est toujours *indispensable* pour établir les responsabilités du maître des chiens. Il faut un acte de volonté ou de négligence coupable de la part de celui-ci. (Criminelle Cassation, 20 novembre 1845, D. P., 46, I, 26. — Nancy, 11 février 1846, D. P., 46, II, 52. — Besançon, 7 janvier 1866, *Recueil de Besançon*, 66.)

Il n'y a pas de fait de chasse de la part du maître des chiens courants qui ont chassé un chevreuil dans une forêt *si la participation du maître des chiens n'est pas établie.* Il ne peut y avoir lieu qu'à une action en dommages-intérêts. (Saint-Dié, 4 août 1862, R. F., t. I, n° 206.)

La solution est la même si les *chiens* ont *abandonné leurs maîtres,* s'ils se sont *échappés du chenil.* (Douai, 10 décembre 1861, R. F., t. II, n° 268. — Bourges, 9 juin 1882, la *Loi,* 9 juillet 1882. — Bourges, 21 février 1884, D. P., 84, II, 64.)

Aucun fait de chasse n'est imputable à l'individu chassant le renard, en vertu d'une autorisation régulière et pendant la fermeture de la chasse, quand quelques-uns de ses *chiens, à son insu, lancent un chevreuil et le forcent.* (Vitry-le-François, 4 mai 1867, D. P., 67, V, 62.)

Il est bien certain qu'un Tribunal trouverait les éléments et la base d'une condamnation si le *défaut de surveillance* était de chaque jour. Cette *négligence coupable* pourrait équivaloir à la *volonté de laisser chasser les chiens.*

Les Tribunaux, il ne faut pas l'oublier, ont sur tous ces points un pouvoir souverain d'appréciation.

Actes préparatoires de chasse. — *Les actes préparatoires* de la chasse sont ceux qui ont pour but de *la faciliter.*

En général, les *actes préparatoires* ne sont *pas suffisants* pour constituer le *délit de chasse.* Il faut, en effet, que le juge constate qu'il y a un *fait réel de chasse.*

Les actes préparatoires de la chasse, alors que celle-ci n'est pas commencée, ne tombent pas sous la loi pénale. (Angers, 28 février 1908, *Gazette des Tribunaux,* 11 mars 1908.)

Dans la *chasse à courre,* on trouvera, surtout, *l'acte préparatoire* dans le fait de *rechercher* et de *suivre avec un chien* tenu en laisse par son piqueur *la piste*

---

(1) *Lois et Sports,* septembre 1905, p. 76 ; 1907, III, 172 ; 1908, 8. — *Revue du Tourisme et des Sports,* avril 1909, II, 142. — *Les chiens errants.* — *La divagation des chiens.* — *Législation et jurisdence,* E. CHRISTOPHE.

du cerf, du sanglier ou de l'animal qu'on désire chasser ultérieurement. Nous avons examiné plus haut si le fait de chasse commençait au moment de la quête à trait de limier, ou si, au contraire, il ne commençait qu'au moment où la meute était lancée à la poursuite de l'animal.

Nous avons indiqué que la Cour de Cassation (4 janvier 1878 et 13 juillet 1899) considérait la *quête à trait de limier* au même titre que celle par chiens courants, comme *un fait de chasse.*

Nous ne reviendrons donc pas sur cette question. (*Lois et Sports,* 1905, juillet, p. 17.)

Celui qui à l'assemblée reçoit le rapport des hommes ayant fait le bois et qui décide quel animal on doit attaquer ferait, d'après Lavallée, acte de chasse. Je ne saurais partager cet avis et je considérerais plutôt ce fait comme un simple acte préparatoire de la chasse à courre.

Il n'y a pas *délit à préparer un affût,* pendant *la nuit,* pour le lendemain matin.

Le fait de *placer des banderoles* la nuit pour une chasse qui doit avoir lieu de jour *ne constitue pas* un *fait de chasse.*

Nous aurons également l'occasion de revenir sur la question des banderoles lorsque nous étudierons les engins prohibés.

Aucun délit ne saurait être imputé au piqueur qui ramasse et emporte des fumées ou des laissées (Girandeau, n° 92).

Chapitre III

Propriété du Droit de Chasse. — I. Le Propriétaire. — II. L'Usufruitier. — III. Le Cessionnaire ou le Locataire

Propriété du Droit de Chasse

A qui appartient le droit de chasse ?

Nous avons vu qu'autrefois c'était un exercice exclusivement réservé au plaisir du Roi, qui voulait bien, par faveur, en permettre l'usage aux nobles. Mais depuis la Révolution, il n'en est plus ainsi, et du domaine du Roi le droit de chasse est passé dans celui des particuliers. Il est maintenant considéré, suivant l'opinion de la Cour de Cassation, comme un droit d'une nature spéciale, inhérent au droit de propriété. (Cassation, 4 juillet 1845, *Bulletin* 219 ; 5 avril 1868, *Bulletin* 91.) En édictant dans l'art. 1ᵉʳ de la loi du 3 mai 1844 que « nul n'aura la faculté de chasser sur la propriété d'autrui sans le consentement du propriétaire ou de ses ayants droit », le législateur moderne a montré qu'il voyait dans le droit de chasse un attribut de la propriété.

Le droit de chasse appartient donc en premier lieu au propriétaire du terrain sur lequel se trouve le gibier.

Mais si la propriété est démembrée, si l'usufruit appartient à une personne et la nue propriété à une autre, le droit de chasse suivra le sort des autres avantages qui résultent de la propriété, il sera l'apanage de l'usufruitier.

Enfin, le propriétaire, qui a le droit de céder, moyennant un prix déterminé, la jouissance de sa terre, pourra, on le conçoit, céder un des éléments de cette jouissance, la chasse.

La chasse peut donc appartenir :

1° Au propriétaire ;
2° A l'usufruitier ;
3° Au cessionnaire ou locataire.

I. — Le Propriétaire

Du fait que l'on devient propriétaire d'un terrain, on acquiert immédiatement le droit de chasse sur ce terrain. Les baux qui auraient pu être concédés par le précédent propriétaire tombent aussitôt que la propriété a changé de titulaire.

Mais s'il s'agit d'une simple permission, on admet un tempérament à cette règle en décidant que la permission subsiste jusqu'au moment où elle a été révoquée par le nouveau propriétaire. (Cassation, 30 novembre 1860, cité par LAJOYE, *Chasse à tir et Chasse à courre*, p. 163.)

Quand le fonds a plusieurs propriétaires, tous peuvent également chasser, alors même qu'ils auraient des droits inégaux dans la copropriété. (Cassation, 19 juin 1875, D. P., 77, 1, 237.)

Toutefois, l'un des propriétaires indivis ne pourrait disposer de son droit de chasse sans l'agrément des autres communistes. (Rouen, 21 février 1862, Sirey, 62, II, 468. — Cassation, 18 novembre 1875, D. P., 75, 1, 328. — Tribunal d'Epernay, 20 décembre 1884, *Gazette du Palais*, 85, 1, 690. — *Pandectes françaises*, v° *Chasse*, n° 510.)

Si le propriétaire vient à louer son fonds et qu'aucune clause du bail n'indique à qui appartient le droit de chasse, la question se pose de savoir qui, du propriétaire ou du fermier, doit être préféré. On n'est pas d'accord sur la solution de ce grave problème, qui a donné naissance à quatre systèmes différents conférant le droit de chasse soit au fermier, soit au propriétaire, soit à tous les deux conjointement, soit enfin à l'un ou à l'autre, suivant les circonstances. Nous n'entrerons pas dans l'examen des divers arguments qui ont été invoqués en faveur de chacune de ces opinions, attendu que cette controverse, qui divise encore les auteurs, est nettement tranchée par la jurisprudence et n'offre plus, par conséquent, d'intérêt pratique. Il est admis aujourd'hui par les Tribunaux d'une façon unanime que le fermier, à moins d'une clause spéciale insérée dans son bail, n'a pas le droit de chasse, qui demeure le privilège du propriétaire. (Cassation, 4 juillet 1845, D. P., 45, 1, 351. — Riom, 21 décembre 1864, D. P, 65, II, 24. — Cassation, 5 avril 1866, D. P., 66, I, 411. — Caen, 6 décembre 1871, D. P., 72, V, 68.)

La loi a sanctionné cette interprétation de la jurisprudence en ce qui concerne un genre de louage, le bail à *colonat partiaire*. La loi du 18 juillet 1889, qui forme le titre IV du Code Rural, porte, en effet, dans son art. 5, § 2, que « les droits de chasse et de pêche restent au propriétaire ».

Il convient cependant d'admettre une exception à la règle d'après laquelle le propriétaire conserve le droit de chasse sur les terres qu'il a affermées : c'est dans le cas où le terrain loué forme la dépendance de la maison d'habitation du fermier. (Rouen, 22 mars 1861, Sirey, 61, II, 406.)

On reconnaît également la faculté de chasser au locataire d'une maison de campagne et d'un jardin, d'un château et d'un parc. (Dalloz, *Dictionnaire pratique de Droit*, 1909, v° *Chasse* n° 27.)

Au propriétaire véritable on peut assimiler, quant au droit de chasse, celui qui se croit propriétaire tout en ne l'étant pas, celui qu'on appelle le possesseur de bonne foi. D'après l'art. 549 du Code Civil, le possesseur de bonne foi fait les fruits siens. Bien que le gibier ne soit pas, à proprement parler, un fruit, le droit de chasser est tout à fait analogue au droit de percevoir les fruits ; aussi paraît-il logique d'accorder au possesseur de bonne foi le droit de chasse.

II. — L'Usufruitier

D'après l'art. 578 du Code Civil, l'usufruitier a le droit de « jouir des choses dont un autre a la propriété comme le propriétaire lui-même ». Comme la jouissance du propriétaire comporte le droit de chasser, il s'ensuit que l'usufruitier est investi, lui aussi, de ce droit. (Rouen, 22 janvier 1865, *Recueil de Rouen*, 65. — Giraudeau, Lelièvre et Soudée, p. 33. — Dalloz, *Répertoire*, v° *Chasse*, n° 58.)

Le nu-propriétaire n'a pas le droit de chasse sur le fonds dont l'usufruit appartient à un autre ; mais s'il s'avise de chasser, commet-il un délit ?

Question fort controversée au même titre que celle de savoir si celui qui a loué son droit de chasse et qui tient à chasser sur l'héritage loué est passible de poursuites, et que nous résoudrons l'une comme l'autre par la négative.

A l'usufruit on assimilait généralement autrefois l'emphytéose, qui donne à son bénéficiaire des droits plus étendus encore que ceux de l'usufruitier. (GIRAUDEAU, LELIÈVRE et SOUDÉE, p. 33.) Mais depuis la loi du 25 juin 1902 sur le Code Rural (titre V), la question ne se pose même plus, puisqu'il est dit, dans l'art. 12, que l'emphytéote a seul les droits de chasse et de pêche.

Il n'en saurait être de même de l'antichrèse, ce contrat d'après lequel un créancier est mis en possession d'un immeuble et en perçoit les fruits, en les imputant sur les intérêts et le capital de sa créance. Le gibier n'est pas un fruit ; aussi, à défaut d'un texte formel, paraît-il impossible de dépouiller le propriétaire de son droit de chasse au profit de l'antichrésiste.

Une solution semblable s'impose pour l'usage, qui est un usufruit limité aux besoins de l'usager. La loi ne donne pas à l'usager — ce qu'elle fait pour l'usufruitier — le droit de jouir du fonds comme le propriétaire. On s'accorde donc à lui refuser le droit de chasse. (GIRAUDEAU, LELIÈVRE et SOUDÉE, p. 33. — DALLOZ, *Répertoire*, v° *Chasse*, n° 61. — AUBRY et RAU, titre II, 5° édition, p. 362.)

La Cour de Cassation a récemment appliqué ces principes en décidant, au Rapport de M. le conseiller Laurent-Athalin, que le droit de chasse n'appartient pas à celui qui, après avoir vendu un fonds, en a conservé la possession purement précaire, pouvant cesser d'un moment à l'autre par la volonté de l'acheteur. (Cassation, 8 mars 1907, *Revue du Tourisme et des Sports,* 1907, III, 71.)

III. — Le cessionnaire ou le locataire

Le droit de chasse peut enfin appartenir à celui auquel il a été cédé ou loué par son légitime propriétaire. Il se conçoit, en effet, que le propriétaire ne soit pas obligé d'exercer personnellement son droit et qu'il lui soit permis d'en disposer au profit d'autrui.

Il ne faut pas confondre la cession ou le bail de chasse avec la permission ou avec l'invitation.

La permission de chasse est l'autorisation accordée à un tiers par le propriétaire de chasser sur ses terres. Simple tolérance, elle est généralement gratuite et peut être révoquée à volonté. Il n'en est pas de même de la cession et du bail, qui comportent d'ordinaire un prix et qui ne peuvent être annulés avant d'être arrivés à expiration. Celui qui a donné une permission de chasse continue à avoir le droit de chasse : il peut, soit en profiter personnellement, soit en disposer au profit d'autres personnes. Au contraire, le propriétaire qui a cédé ou loué sa chasse n'y a plus aucun droit. Le locataire peut poursuivre ceux qui chassent sur le terrain loué ; le simple permissionnaire ne le peut pas.

Quant à *l'invitation de chasse,* c'est une permission concédée pour un temps déterminé, dont on ne peut user qu'en compagnie du propriétaire.

Cession. — La cession du droit de chasse peut être consentie gratuitement ou moyennant un prix, payable en une seule fois ou par annuités. Elle est valable, qu'elle émane du propriétaire ou du simple usufruitier, avec cette restriction cependant qu'en ce qui concerne ce dernier, le droit de chasse cédé suit le sort de l'usufruit et prend fin avec lui.

La cession doit être temporaire. Si elle était consentie à perpétuité, il y aurait là, suivant les auteurs et la jurisprudence, une servitude personnelle prohibée par l'art. 586 du Code Civil (Cassation, 28 mai 1873, D. P., 73, l, 365. — Demolombe, *Servitudes,* n° 686. — Giraudeau, Lelièvre et Soudée, p. 23.)

Toutefois, la jurisprudence de la Cour de Cassation n'applique pas cette règle d'une manière absolue. Si la cession était consentie au profit du propriétaire d'un fonds, pour lui et les acquéreurs successifs de ce fonds, elle engendrerait une véritable servitude réelle, et serait par conséquent valable. Elle serait encore régulière si elle intéressait une collectivité, comme les habitants d'une commune. (Cassation, 4 janvier 1860, D. P., 60, I, 14. — Cassation, 13 décembre 1869, D. P.,71, I, 49. — Cassation, 9 janvier 1891, D. P., 91, I, 89.)

Bail de chasse. — Le bail de chasse est infiniment plus fréquent que la cession et mérite de plus amples développements.

On peut diviser les baux de chasse en deux catégories : ceux qui sont consentis par les particuliers et ceux qui portent sur des fonds appartenant à l'Etat, aux communes et aux établissements publics. Ces derniers baux ont un intérêt particulier pour la chasse à courre, qui s'exerce principalement dans les grandes forêts domaniales.

Une division à peu près analogue doit être faite en ce qui concerne les locataires de chasse, qui sont soit des particuliers, soit des collectivités, des communautés ou Sociétés de chasseurs.

Locations ordinaires. — Les locations de chasse consenties par les particuliers sont soumises aux règles ordinaires des baux d'immeubles.

Pour pouvoir louer une chasse, il faut en avoir la capacité juridique, et les principes du Droit civil relatifs à la majorité, au mariage, à l'interdiction, trouvent tout naturellement ici leur application.

Comme nous l'avons dit plus haut, le bailleur doit être, soit le propriétaire, soit l'usufruitier, soit le possesseur de bonne foi, soit l'emphytéote du fonds sur lequel la chasse est louée.

La durée du bail est fixée par la convention ou par l'usage des lieux.

Si elle est indiquée dans le bail, elle ne peut dépasser 99 ans, conformément au décret du 15 décembre 1790.

L'usufruitier ne peut, d'après l'art. 595 du Code Civil, faire de baux supérieurs à 9 années. Ceux qu'il consentirait 3 ans avant l'expiration du bail seraient nuls, à moins que leur exécution n'ait commencé avant la fin de l'usufruit (art. 1429 et 1430 du Code Civil). Les règles relatives aux baux d'immeubles sont également applicables aux baux de chasse.

Lorsque la durée du bail n'est pas fixée dans la convention, l'usage veut qu'il soit présumé consenti pour une année de chasse (Tribunal Civil de la Seine, 18 juin 1897, *Droit,* du 9 juillet 1897). Cette année de chasse doit, d'après M. Bonnefoy (*Traité des Locations de chasse,* publication *Lois et Sports,* p. 46), s'entendre d'une période de 365 jours, et non de l'espace de temps qui doit s'écouler de la formation du contrat à la fermeture de la chasse.

Il faut qu'il y ait un prix fixé pour la location. Si le loyer n'était pas sérieux, il y aurait simple permission de chasse (Tribunal Correctionnel de Douai, 23 janvier 1905, *Recueil de Douai,* 1905, 306).

Le propriétaire peut louer la chasse avec le terrain ou louer séparément le terrain et la chasse. Il peut même louer séparément la chasse à tir et la chasse à courre. Mais, dans ce cas, il sera bon de stipuler quels sont les animaux susceptibles d'être chassés à tir et à courre. Si, en effet, comme nous l'avons vu dans le chapitre précédent, le gibier à plume : faisans, cailles, perdrix, etc., peut seulement être chassé à tir, le gibier à poil : cerfs, chevreuils, sangliers, etc., peut être chassé aussi bien à courre qu'à tir.

Le propriétaire qui a loué sa chasse perd désormais son droit de chasser, à moins qu'il n'ait formulé une réserve à ce sujet, dans le bail. Mais s'il chasse néanmoins sur ce terrain, malgré la défense du locataire, commet-il un délit de chasse, ou n'est-il passible que d'une réparation civile? Certains auteurs (LEBLOND, *Code de la chasse et de la louveterie,* 1878, n° 203. — LAJOYE, *Chasse à tir, chasse à courre,* p. 163), et certains Tribunaux (Colmar, 1er octobre 1867, SIREY, 68, II, 249) ont admis que le locataire était en droit d'assigner dans ce cas son propriétaire en police correctionnelle, pour avoir chassé sur le terrain d'autrui ; mais c'est l'opinion contraire qui a triomphé en jurisprudence, et nous admettrons avec la majorité des Tribunaux que le locataire n'a contre son bailleur qu'une action en dommages-intérêts (Paris, 12 février 1884, D. P., 85, V, 58. — Langres, 30 décembre 1885, cité par LAJOYE, p. 163. — Paris, 16 juillet 1886, *France judiciaire,* 1886, II, 486. — Tribunal Correctionnel de Lille, 16 novembre 1889, *Gazette du Palais,* 1890, I, 19. — Tribunal Correctionnel d'Etampes, 11 avril 1900, *Gazette du Palais,* 1900, I, 709).

A moins de clause contraire, le locataire a le droit de sous-louer la chasse, sans avoir à solliciter l'autorisation du propriétaire. C'est là une application de l'art. 1717 du Code Civil.

L'interdiction de sous-louer n'empêche pas le locataire d'accorder des permissions gratuites et d'inviter des amis à chasser avec lui. Pour que le droit de donner des permissions de chasse puisse être considéré comme refusé, il faudrait une interdiction très générale, comme, par exemple, celle de céder ou de rétrocéder le droit de chasse (Cassation, 16 juin 1848, SIREY, 48, I, 635).

Les formes du bail de chasse sont les mêmes que celles des autres baux. Le bail peut donc être verbal ou écrit. Dans la pratique, il est presque toujours constaté par écrit.

Le bail écrit est rédigé sous la forme authentique ou seing privé; mais il est rare qu'on ait recours au ministère d'un notaire pour établir les conditions d'une semblable convention.

Le bail sous seing privé doit être rédigé sur papier timbré, en autant d'exemplaires que de parties intéressées, et doit porter la signature de chacune d'elles.

Comme les autres baux, il est soumis, sous peine d'une amende, à la formalité de l'enregistrement, qui doit être accomplie dans les 3 mois de sa date (Loi du 22 frimaire an VII, art. 22). Le droit perçu est de 0 fr. 20 0/0 sur le prix cumulé des loyers, plus le double décime et demi par franc, c'est-à-dire 25 0/0 en plus.

En dehors de l'amende qu'il est bon d'éviter, le locataire a un intérêt certain à faire sans retard enregistrer son bail. En effet, par l'enregistrement, le bail acquiert date certaine, et si le propriétaire avait successivement loué la chasse à deux personnes, ce serait celle qui a la première fait enregistrer son bail qui devrait être considérée comme véritable locataire. (Cassation, 17 juin 1899, D. P., 1900, V, 87.)

Dans le cas où l'enregistrement aurait eu lieu le même jour, la préférence devrait être accordée au locataire qui aurait le premier usé de son droit de chasse. (Douai, 3 août 1870, SIREY, 70, II, 273.)

Mais le défaut d'enregistrement ne peut empêcher la poursuite des délits de chasse, et c'est en vain que le prévenu actionné à la requête d'un locataire de chasse se prévaudrait de ce que le bail n'a pas de date certaine. (Cassation, 13 décembre 1855, SIREY, 56, 1, 185. — Angers, 27 janvier 1873, SIREY, 73, II, 178. — Rouen, 22 février 1878, SIREY, 79, 11, 260. — Rennes, 1ᵉʳ mai 1878, SIREY, 79, II, 177.)

Le locataire qui se voit opposer un autre bail enregistré avant le sien n'est pas seulement exposé à n'avoir aucun droit sur la chasse qu'il croit avoir louée, il risque encore si, de la meilleure foi du monde, il a chassé sur le terrain, d'être poursuivi pour délit de chasse. (Cassation, 17 juin 1899, *Bulletin Criminel*, n° 163. — Cassation, 22 décembre 1899, *Bulletin Criminel*, n° 379. — BONNEFOY, *loc. cit.*, p. 19.)

Il va sans dire que le propriétaire qui aurait l'imprudence ou la mauvaise foi de louer successivement la même chasse à deux personnes s'exposerait à payer au locataire évincé des dommages-intérêts. (Douai, 3 août 1870, cité par LECOUFFE, *Code manuel du Chasseur*, p. 79.)

Les baux de chasse d'une durée supérieure à 18 ans doivent être transcrits au Bureau des hypothèques, conformément à la loi du 23 mars 1855.

Même enregistré, le bail de chasse est inopposable à l'acquéreur du fonds, qui n'est pas tenu de le respecter. Telle est, du moins, l'opinion dominante en jurisprudence. Les Tribunaux estiment, en effet, que la règle de l'art. 1743 du Code Civil, qui permet au locataire dont le bail est enregistré de l'opposer à l'acquéreur d'un immeuble, doit être restreinte aux baux de maisons et de biens ruraux et ne peut s'appliquer aux locations de chasse. (Cassation, 10 mai 1884, SIREY, 86, I, 186. — Douai, 10 février 1890, SIREY, 92, II, 113.)

Locations de chasse dans les propriétés de l'Etat, des communes et des établissements publics. — Nous avons indiqué, en passant en revue, au commencement de cette étude, la législation relative à la chasse à courre, que, pendant bien longtemps, la chasse dans les forêts de l'Etat avait été interdite aux particuliers.

Ce n'est que depuis la loi du 21 avril 1839 que l'Etat a mis régulièrement en adjudication le droit de chasse dans toutes ses forêts.

La forme de ces adjudications a été déterminée par l'ordonnance du 12 juillet 1845, qui est encore en vigueur à l'heure actuelle. On y trouve, ainsi que dans les cahiers de charges établis par l'Administration des Forêts, une véritable réglementation de la chasse à courre. Ce genre de location présente donc un bien autre intérêt pour notre sujet que les locations ordinaires, qui sont le plus souvent relatives à la chasse à tir.

L'affermage du droit de chasse dans les forêts de l'Etat se fait par voie d'adjudication. Il y est procédé, dans chaque département, par le Préfet ou le Sous-Préfet, à la diligence du Conservateur des Forêts et en présence du Directeur des Domaines.

L'ordonnance de 1845 prévoit trois modes d'affermage du droit de chasse : l'adjudication aux enchères et à l'extinction des feux, telle qu'elle est réglementée par les art. 705 et 706 du Code de Procédure civile ; l'adjudication sur baisse de mise à prix ; enfin, la soumission sous pli cacheté, telle qu'elle se pratique dans les services administratifs.

Mais, dans le cas où l'adjudication avec concurrence et publicité, qui est la règle dans tous les traités passés par l'Etat, n'a pas produit de résultat, il est, exceptionnellement, permis de traiter de gré à gré. Dans ce cas, des permissions annuelles, ou *licences,* peuvent être accordées par l'Administration des Forêts.

L'adjudication est précédée de la publication d'un cahier des charges, approuvé par le Directeur des Forêts et par le Ministre de l'Agriculture, qui est mis à la disposition de tous ceux qui ont l'intention de prendre part à l'adjudication.

Il est dressé autant de cahiers de charges qu'il y a de forêts où la chasse doit être adjugée. Tout naturellement, le nombre et l'étendue des lots et aussi les mises à prix varient suivant la disposition, la superficie, la richesse en gibier des forêts. Mais tous les cahiers des charges renferment un certain nombre de clauses empruntées à un cahier des charges type qui a été établi par le Conseil des Forêts le 29 juin 1889, et qui a subi en 1899 quelques modifications.

En raison de la généralité des conditions imposées aux adjudicataires par le cahier des charges type, il est utile d'en faire connaître les principales clauses, qui forment, pour ceux qui chassent dans les forêts de l'Etat, — et la plupart des chasseurs à courre sont dans ce cas, — une véritable loi.

Le bail est fait pour 9 ans. Mais le point de départ de ces 9 années n'est pas le même, suivant qu'il s'agit de chasse à tir ou de chasse à courre. La chasse à tir part du 1ᵉʳ mars, tandis que la chasse à courre part du 1ᵉʳ mai. Ces différences sont dues à ce que, comme nous l'avons indiqué, la chasse à courre se prolonge toujours après la fermeture de la chasse à tir.

Le droit de chasse à tir et celui de chasse à courre peuvent être adjugés séparément et à des personnes différentes dans une même forêt. Mais, afin d'éviter un conflit qui ne manquerait pas de surgir entre les chasseurs, on stipule que celui qui a loué la chasse à courre n'a droit qu'au grand gibier, c'est-à-dire aux cerfs, biches, daims, chevreuils, loups et sangliers.

Lorsque la chasse à courre a été divisée en plusieurs lots, un adjudicataire peut, en en faisant la demande séance tenante, demander que les lots adjugés soient remis en adjudication en bloc aux enchères. Cette faculté de réunion n'est possible que pour la chasse à courre. Les adjudications des divers lots de chasse à tir sont définitives.

Les adjudicataires sont tenus, dans les cinq jours de l'adjudication, de fournir une caution solvable et un certificateur de caution qui s'engagent solidairement avec lui.

Chaque adjudicataire peut s'adjoindre des cofermiers dont le nombre varie suivant l'étendue des lots adjugés.

Il a, en outre, le droit de se faire accompagner à la chasse par des invités dont le nombre est limité à trois.

Comme tout locataire, l'adjudicataire de chasse dans les forêts de l'Etat a la faculté de sous-louer, mais il lui faut pour cela faire une déclaration à l'Administration des Forêts, et cette substitution n'empêche pas qu'il demeure responsable envers l'Etat du prix de la location.

Les fermiers de chasse sont responsables des dégâts commis par le gibier, dans le cas où l'Etat serait actionné en dommages-intérêts par les propriétaires riverains.

Ils ont, depuis 1854, le droit d'avoir des surveillants affectés à la garde des forêts affermées. Leur nomination est subordonnée à l'agrément de l'Administration des Forêts, qui demeure libre de retirer à volonté son autorisation. En outre, ces surveillants ne peuvent que signaler aux gardes forestiers les délits dont ils sont témoins ; ils n'ont pas qualité pour dresser des procès-verbaux.

Bien que conclus sous la forme particulière aux marchés administratifs, les baux de chasse consentis par l'Etat sont assimilables aux locations ordinaires et soumis aux règles du Droit civil que nous avons sommairement énumérées plus haut.

Le cahier des charges rédigé par l'Administration n'est autre chose qu'une convention écrite qui doit, comme toutes les conventions, faire la loi des parties.

Ce principe comporte un certain nombre de conséquences.

La principale est que l'Autorité judiciaire est seule compétente pour connaître des contestations qui peuvent surgir entre l'Administration et l'adjudicataire, notamment pour déterminer le sens et la portée des droits qui résultent de la convention au regard des parties contractantes. (Conseil d'Etat, 13 juin 1890, Sirey, 92, III, 112. — Tribunal des Conflits, 21 mai 1891, Sirey, 93, III, 41. — Tribunal des Conflits, 23 décembre 1905, *Lois et Sports,* 1906, II, 140.)

L'Etat est donc responsable, comme le serait un simple particulier, de la privation totale ou partielle de jouissance du droit de chasse, quel que soit le caractère des faits qui ont occasionné cette privation. Tel serait le cas de manœuvres et de tirs exécutés par la garnison d'une ville voisine dans une forêt louée pour la chasse. (Cassation, 23 juin 1887, Sirey, 88, I, 358.)

Mais le trouble de jouissance peut résulter d'arrêtés pris par les préfets conformément aux lois administratives. Ces arrêtés doivent-ils être considérés comme des actes de la puissance publique s'imposant à tous, aux adjudicataires comme aux autres, ou bien faut-il décider que l'Etat ne peut se soustraire à l'exécution de ses engagements, en s'abritant derrière son pouvoir réglementaire ?

La question est des plus complexes et des plus controversées. Elle s'est posée notamment à propos des battues qui peuvent être ordonnées par les préfets, en vertu de l'arrêté du 19 pluviôse an V, pour la destruction des loups, renards, blaireaux et autres animaux nuisibles.

Parmi les animaux nuisibles, la jurisprudence de la Cour de Cassation a rangé le sanglier lorsqu'il est en surabondance. (Cassation, 18 janvier 1879, Sirey, 79, I, 137. — Cassation, 21 janvier 1864, Sirey, 64, I, 299.) Les préfets peuvent donc, en vertu de l'arrêté de pluviôse an V, ordonner des battues aux sangliers. Mais comme, d'autre part, dans les cahiers des charges rédigés par l'Administration des Forêts, le sanglier figure parmi les animaux que peut chasser l'adjudicataire des forêts, on a été amené à se demander si l'Etat ne manquait pas à ses engagements en faisant détruire radicalement un gibier qu'il avait pour ainsi dire garanti à ceux qui afferment ses chasses.

La Cour de Cassation, dans un arrêt de la Chambre Civile du 7 novembre 1905 (*Gazette des Tribunaux* du 23 novembre), cassant un arrêt de la Cour de Rennes du 20 juillet 1903, a dit que « l'Autorité judiciaire ne pouvait considérer comme un trouble contractuel l'exécution d'un arrêté pris en confirmation d'une loi de police et de sûreté, soumis comme tel au recours administratif, et constituant un acte de la puissance publique, à l'exercice de laquelle il ne peut être ni dérogé, ni renoncé ».

Malgré cette indication, la Cour d'Angers, devant laquelle l'affaire avait été renvoyée, n'en a pas moins décidé que le fait pour l'Administration des Forêts d'avoir sollicité un arrêté du préfet ordonnant une battue constituait un manquement aux stipulations du cahier des charges et rendait l'Etat passible de dommages-intérêts. (Angers, 28 novembre 1906, *Revue du Tourisme et des Sports*, 1907, III, 65. — Voir aussi même Revue, 1907, II, 130, l'article de M. Gabriel Soudée sur les *Locations de chasse dans les forêts domaniales.)*

S'il s'agissait d'arrêtés pris par le Préfet en vertu de la loi de 1844, les adjudicataires ne seraient certainement pas en droit d'invoquer un trouble de jouissance, car ils ont dû prévoir les arrêtés réglementant le droit de chasse. Il en serait ainsi, par exemple, d'un arrêté interdisant la chasse au chevreuil. (Tribunal de Mâcon, 24 novembre 1904, *Gazette des Tribunaux*, 9 mars 1905.)

Le domaine public de l'Etat, qui est composé des routes, rues et places, des fleuves, rivières et canaux, du rivage de la mer, etc., n'est pas, comme le domaine privé, susceptible d'être affermé quant au droit de chasse. La chasse, en effet, y est permise à toute personne munie d'un permis. Or, comme les forêts dont les chasses sont louées sont bordées ou traversées par des routes, on peut se demander si les adjudicataires sont en droit de s'opposer à ce que des chasseurs tuent le gibier qui vient à passer sur ces routes.

Pour les routes qui bordent les forêts, on s'accorde à reconnaître que, malgré le désagrément que cela peut avoir pour les fermiers de la chasse, il n'est pas possible de s'opposer à ce que l'on y chasse librement.

Mais, pour celles qui les traversent, il y a controverse. D'après certains auteurs (Giraudeau, Lelièvre et Soudée, n° 246 ; — Lecouffe, p. 67), ces chemins, étant une dépendance des forêts, doivent toujours être compris dans la location de chasse. « Ce serait vraiment trop commode, écrit M. Lecouffe, si le premier venu, nanti d'un permis de chasse, pouvait se poster sur une route pour tirer au passage le gibier rabattu par les traqueurs. Et cela sans bourse délier, au grand détriment de ceux qui, moyennant la forte somme, se sont rendus locataires ou adjudicataires du droit de chasse. »

Malgré la justesse de ces observations, il paraît difficile, au point de vue strict du droit, d'interdire la chasse sur les routes nationales, départementales ou vicinales qui traversent les forêts, puisque ces routes font partie du domaine public de l'Etat, des départements ou des communes. Tout au plus doit-on, comme le propose M. Bonnefoy *(Traité des locations de chasse*, p. 54), restreindre le droit de chasse aux chemins publics et décider, pour les chemins forestiers ou de desserte établis pour la traite des bois, qu'ils ne font qu'un avec la forêt et sont compris dans la location.

Les communes peuvent, comme l'Etat, affermer le droit de chasse sur leurs propriétés. Conformément à la loi du 18 juillet 1837 et à la loi du 5 avril 1884, les conditions de ces locations sont fixées par les Conseils municipaux. La location se fait soit de gré à gré, par bail notarié ou sous seing privé, signé par le Maire ; soit par adjudication publique, conformément à un cahier de charges.

Rien ne s'oppose à ce que les communes, lorsqu'elles ont obtenu l'assentiment de tous les propriétaires, louent le droit de chasse sur l'étendue de leur territoire. La *communalisation des chasses* — comme on l'a appelée — est parfaitement légale, et l'affermage du droit de chasse se fait, dans ce cas, exactement comme lorsqu'il s'agit de biens communaux. Mais il est indispensable que tous les propriétaires aient donné leur adhésion. Sans cela, le locataire du droit de chasse s'exposerait à se voir dresser procès-verbal si, même de bonne foi, il chassait sur le terrain d'un non-adhérent.

Le droit de chasse sur les propriétés des établissements publics, hospices ou autres, est également susceptible d'être affermé. Les baux sont passés par les Commissions administratives et ne peuvent excéder 18 ans. Ils sont faits par adjudication ou de gré à gré.

Sociétés de Chasse. — Nous avons envisagé jusqu'ici l'hypothèse où un particulier, l'Etat, une commune ou un établissement public louaient le droit de chasse à une seule personne. Mais il peut se faire -- et le cas est très fréquent, surtout pour la chasse à courre – que le bail soit consenti au profit d'une Société de chasse.

Quel est exactement le caractère de la convention par laquelle plusieurs chasseurs s'entendent pour l'exploitation, la mise en commun et la garde de leurs droits de chasse?

Beaucoup d'auteurs et diverses décisions de jurisprudence ont vu là des Sociétés civiles régies par les art. 1832 et suivants du Code Civil, et en ont tiré cette conséquence qu'elles formaient des personnalités juridiques pouvant agir en justice par l'organe de leurs Conseils d'administration, de leurs présidents. (Cassation, 18 novembre 1865, SIREY, 66, I, 415. — Orléans, 19 novembre 1887, le *Droit* du 27 novembre. — GIRAUDEAU, LELIÈVRE et SOUDÉE, p. 27. — CHENU, *Chasses et Procès*, p. 90. — LECOUFFE, p. 81.)

Mais nous devons dire que cette solution est vivement contestée par d'autres auteurs qui considèrent que les Sociétés civiles n'ont pas une personnalité civile distincte de celle de chacun des associés. (LAURENT, *Droit Civil*, t. XXVI, n° 150. — GUILLOUARD, *Contrat de Société*, n° 68. — BAUDRY-LACANTINERIE et WAHL, *Société, prêt, dépôt*, n° 568. — Lyon-Caen, Note sous Cassation, 25 mai 1887, SIREY, 88, I, 161.) Conformément à cette doctrine, il a été jugé que le Président d'une Société de chasse ne pouvait agir en justice pour la répression d'un délit de chasse. (Tribunal de Langres, 9 novembre 1887, SIREY, 88, II, 119. — Douai, 25 janvier 1899, SIREY, *Jurisprudence du XIXe siècle*, t. XX, II, 139.)

Même si l'on admet que la Société de chasse forme une personnalité morale, il est nécessaire que l'existence régulière de la Société soit établie, et que les statuts donnent au Président ou à tout autre le droit de représenter la Société en justice. (Douai, 5 juillet 1906, *Lois et Sports*, 1906, II, 379.)

Si les statuts ne confèrent la gérance à aucun des associés, il faut l'assentiment de tous pour prendre certaines mesures d'intérêt commun, notamment pour révoquer un garde. (Caen, 21 février 1906, *Revue du Tourisme et des Sports,* 1907, III, 175.)

En principe, les membres d'une Société de chasse peuvent se substituer d'autres sociétaires. Mais nous avons vu que, dans les cahiers de charges relatifs aux chasses dans les forêts de l'Etat, il est prévu que le fermier doit en faire la déclaration à l'Administration des Forêts.

Cette substitution, valable vis-à-vis du bailleur, ne l'est pas toujours vis-à-vis des autres membres de la Société. La convention intervenue entre plusieurs personnes pour la jouissance en commun d'une chasse rentre, par sa nature, dans la catégorie de celles qui sont consenties en raison de la personne, *intuitu personæ*, disaient les jurisconsultes romains. Sans l'assentiment de tous, un des chasseurs ne peut donc céder son droit à une autre personne. (Cassation, 24 avril 1876, SIREY, 77, I, 6. — CHENU, p. 90. — LAJOYE, p. 176.)

En cas de dissentiment grave entre les membres de la Société, la dissolution pourrait être, conformément à l'art. 1871 du Code Civil, demandée aux Tribunaux.

Si les chasseurs désirent que leur Société ait, sans le moindre doute possible, la capacité juridique que certains lui refusent, ils n'ont qu'à former une Association sous le régime de la loi du 1" juillet 1901, en faisant une déclaration à la Préfecture ou à la Sous-Préfecture, et en déposant leurs statuts. La capacité conférée aux Associations déclarées est bien suffisante pour le but que poursuivent les chasseurs, puisque ces Associations peuvent, d'après la loi de 1901, ester en justice, administrer le produit de leurs cotisations et acquérir les immeubles et locaux nécessaires aux besoins sociaux.

Chapitre IV

Ouverture et fermeture de la Chasse à Courre. — Temps de Neige. — Nuit
Permis de chasse. Personnes astreintes au permis. — Chasse sur autrui. — Engins prohibés
Grand-Duc. — Destruction des Bêtes fauves et des Animaux nuisibles

---

Conditions d'exercice du droit de chasse. — Nul ne peut chasser sans
être muni d'un permis de chasse, sans que la chasse soit ouverte, sans avoir
le consentement du propriétaire du terrain sur lequel il chasse, sans se conformer aux modes de chasse autorisés par la loi.

***

Pouvoirs des préfets. — Les préfets (art. 3 de la loi) déterminent par des
arrêtés publics, au moins 10 jours à l'avance, les époques des ouvertures et
celles des clôtures des chasses, soit à tir, soit à courre, à cor et à cri, dans
chaque département.

Exceptionnellement, pour des raisons majeures, les préfets peuvent
modifier par des arrêtés publics, 5 jours à l'avance, les dates d'ouverture et de
fermeture précédemment fixées. (Voir *Journal Officiel,* 18 novembre 1886.)

En réalité, ce ne sont pas les préfets qui fixent les dates d'ouverture et
de fermeture de la chasse dans leurs départements. Tout le monde sait qu'une
circulaire ministérielle (22 juillet 1863) a classé en trois zones les départements
français : le Nord, le Centre et le Midi, et que chaque année les préfets, après
avis des Conseils généraux, adressent au Ministre de l'Intérieur un Rapport sur
l'état des récoltes dans leurs départements. Le Ministre fixe alors une date
unique pour les départements d'une même zone, et les préfets prennent seulement leurs arrêtés, qui sont publiés et affichés dans chaque commune.

***

Ouverture et clôture de la chasse à courre. — Avant la loi du
22 janvier 1874, modifiant celle du 3 mai 1844, la question de savoir si les préfets
pouvaient fixer des époques différentes pour l'ouverture et la clôture de la chasse
à tir et pour celles de la chasse à courre, à cor et à cri était controversée. Une
circulaire du Ministre de l'Intérieur, en date du 9 février 1854, les y autorisa,
sous la condition qu'un avis favorable aurait été émis par le Conseil général.
Cette pratique purement administrative subsista pendant assez longtemps sans
donner lieu à des contestations judiciaires. Mais, en 1870-71, certains préfets des
départements occupés par les troupes allemandes prirent des arrêtés ouvrant la
chasse, mais interdisant la chasse à tir. La question de la légalité de ces arrêtés
fut alors posée devant les Tribunaux. La Cour de Cassation, le 16 mars 1872,
décida : *que les arrêtés préfectoraux sur la chasse ne pouvaient pas défendre l'emploi*

d'armes à feu, c'est-à-dire la chasse à tir, tout en autorisant la chasse à courre, à cor et à cri. (Crim., Cass., 16 mars 1872, D. P., 72, I, 148, 149.)

A la suite de cet arrêt, les préfets furent invités à se conformer à la jurisprudence de la Cour suprême.

Les plaintes arrivèrent nombreuses. M. Roger, député, les résuma ainsi dans un Rapport soumis à la Chambre en 1874.

« La chasse à courre, à cor et à cri peut être prolongée sans péril pour le gibier, alors que la chasse à tir est interdite. La chasse à courre est utile pour l'approvisionnement des chevaux de remonte de la cavalerie légère, aussi bien que pour la formation de cavaliers éprouvés. Le prix du droit de chasse, dans les forêts domaniales, s'élève en raison directe de la possibilité de chasser à courre et à cri, alors que la chasse à tir est fermée. »

Toutes ces raisons amenèrent le Gouvernement à présenter un projet de modification aux art. 3 et 9 de la loi de 1844. Aujourd'hui, les préfets déterminent, par des arrêtés publics, au moins 10 jours à l'avance, les époques des ouvertures et celles des clôtures des chasses, soit à tir, soit à courre, dans chaque département.

La loi du 24 janvier 1874 et la circulaire du Ministre de l'Intérieur, en date du 30 janvier 1874, ne laissent plus de doute à cet égard.

Généralement, la fermeture de la chasse à courre est fixée au 31 mars ; dans certains départements, elle est retardée jusqu'à fin avril.

En 1907, le Congrès international de la Chasse, dans sa séance de clôture, le 18 mai, admettait le vœu suivant :

« Que la fermeture de la chasse à courre ait lieu le 31 mars, sauf pour les animaux nuisibles (sangliers et cerfs), qui pourraient être chassés à courre après cette date. »

Terminons sur ce point en ajoutant que le tout dépend des avis émis par les Conseils généraux.

***

Pouvoirs des maires. — Les maires ne peuvent ni déterminer l'ouverture et la fermeture de la chasse, ni modifier les arrêtés pris par les préfets, mais ils ont le droit de restreindre, en quelque sorte, l'exercice de la chasse en prenant des arrêtés, soit dans l'intérêt de la sûreté des campagnes (loi des 28 septembre et 6 octobre 1791), soit dans l'intérêt de la sûreté de passage dans les rues, quais, places et voies publiques, soit en vue de prévenir des accidents, par application de l'art. 97, § 1 et 6, de la loi du 5 avril 1884.

L'infraction à ces arrêtés municipaux constituerait une simple contravention de police punie par l'art. 471, § 15, du C. P., et non un délit de chasse.

***

Exceptions. — Ne sont pas soumis aux règles générales, en matière de chasse, et notamment à la défense de chasser en temps prohibé, les actes accomplis dans un intérêt particulier, en vertu du *droit de destruction,* par le propriétaire, possesseur ou fermier, soit des animaux malfaisants ou nuisibles déclarés tels par le préfet, soit des bêtes fauves qui portent dommage à ses propriétés.

Il en est de même des actes opérés, dans un intérêt général, en vertu des règles édictées, soit par les règlements sur la louveterie.

En dehors de ces exceptions, l'interdiction de chasser avant l'ouverture ou après la clôture est générale ; elle s'applique à tous les modes de chasses.

**

Permis de chasse. — Le permis est exigé pour toute espèce et tout mode de chasse. Un permis est nécessaire pour la chasse à courre, même sans armes (circul. 22 juillet 1851), pour la chasse au lièvre, avec chiens, même sans armes. (Rouen, 10 avril 1845, D. P., 45, V, 73.)

Les permis sont personnels, valables pour un an, à dater du jour de leur délivrance par le préfet ou le sous-préfet. Ce point a une certaine importance. En effet, celui qui serait surpris chassant avant d'avoir reçu son permis devrait être relaxé des poursuites s'il justifiait qu'au jour du procès-verbal, le permis lui avait été accordé.

Il n'est pas nécessaire, en effet, que le chasseur soit porteur du permis au moment où il chasse ; il suffit qu'il justifie devant les gendarmes ou le Procureur de la République qu'il avait obtenu un permis avant le moment où il a été trouvé en action de chasse. (Tribunal Correctionnel de Lyon, 29 octobre 1885.)

La loi se bornant à dire que nul ne pourra chasser s'il ne lui a pas été délivré un permis, il est clair que l'on n'est pas obligé d'être porteur de son permis, et que tout chasseur poursuivi devra être relaxé des poursuites sans dépens s'il justifie qu'au jour du procès-verbal, le permis avait été délivré. (Cass., 19 février 1813; Metz, 28 octobre 1820.)

Il s'agissait alors du port d'armes, permis de port d'armes, qui n'était exigé que pour la chasse avec armes. Aujourd'hui, le *permis de chasse* a remplacé le permis de port d'armes, et il est exigé pour tous les modes de chasse, quels que soient les moyens et procédés employés. (Douai, 25 novembre 1844. — Caen, 5 mai 1845. — Orléans, 10 mai 1846. — Montpellier, 12 octobre 1846, D., 47, II, 679.)

Il appartient au prévenu, et non au Ministère public, d'établir que le permis avait été délivré avant la constatation du délit.

Rien ne peut remplacer le permis, ni le certificat attestant qu'une demande a été faite à l'autorité (Cass., 16 mars 1844), ni la quittance du percepteur constatant le paiement des droits. (Cass., 24 décembre 1819, 11 février 1820, 7 mars 1823. — Grenoble, 26 novembre 1823. — Cass., 7 mars 1832; 20 avril 1837.)

Tout le monde connaît comment il faut s'y prendre pour obtenir un permis, la valeur et la durée du permis, les personnes à qui le permis *peut* être refusé, les personnes à qui le permis *doit* être refusé. (Art. 5, 6, 7 et 8 de la loi sur la chasse.)

Ces points ne présentent aucune difficulté.

**

Permis perdu. — Si le permis de chasse a été détruit ou égaré, peut-on en obtenir un duplicata ? (Voir *Lois et Sports*, 1906, p. 42.)

Autrefois, d'après une circulaire du Ministre de l'Intérieur, en date du 22 juillet 1851, le chasseur qui avait perdu son permis ne pouvait y substituer un certificat émanant du préfet. Il ne devait se livrer à l'exercice de la chasse qu'après avoir obtenu un second permis. Le permis de chasse, comme toute pièce de nature à servir, si elle tombe entre les mains des tiers, à frauder le Trésor, ne pouvait en principe faire l'objet de la délivrance d'un duplicata. Cette règle ne souffrait que de bien rares exceptions. Par exemple, si un permis avait été établi, mais qu'avant sa délivrance à l'intéressé il avait été perdu, soit par les bureaux de la Préfecture, soit par le maire, soit par la Poste, etc., un duplicata pouvait être délivré gratuitement sur le vu du certificat du maire constatant que le premier permis n'avait pas été remis à l'impétrant. (Circulaire du Ministre de l'Intérieur, 22 juillet 1851.)

Sauf ce cas, où il n'y avait pas eu faute de l'intéressé, il n'était jamais délivré de nouveau permis que moyennant paiement d'une nouvelle somme de 28 francs.

Certains auteurs, tels que MM. Gillon et Villepin, admettaient encore d'autres exceptions : si un chasseur établissait que son permis avait été détruit par un événement de force majeure, si le permis se trouvait pour une cause quelconque hors d'usage. Dans ces deux cas, le titulaire pouvait se faire délivrer un duplicata sans payer de nouveaux droits. (Décision du Ministère des Finances, 7 décembre 1826.)

Le 6 décembre 1865, le Ministère de l'Intérieur décidait, par une circulaire, que les percepteurs étaient autorisés à délivrer des duplicata de quittances des droits de permis de chasse, sur une autorisation du préfet ou du sous-préfet, contenant l'indication des circonstances dans lesquelles la quittance avait été perdue. Les Préfectures et Sous-Préfectures devaient prendre note de ces autorisations, afin d'être mises en garde contre les doubles délivrances de permis.

Aujourd'hui, toutes ces difficultés ont disparu : il est bien établi que le chasseur qui a perdu son permis peut sans crainte continuer à chasser, sans avoir besoin de s'en faire délivrer un nouveau La jurisprudence et les circulaires ministérielles sont d'accord sur ce point. *La loi exige la délivrance du permis, mais non qu'on en soit porteur.* Le 21 janvier 1868, la Cour de Lyon décidait « *que le chasseur n'était point obligé d'être muni de son permis; qu'il suffisait qu'il puisse justifier de cette délivrance* ». Plus tard, deux circulaires du Ministère de l'Intérieur, l'une en date du 5 août 1887, l'autre plus récente, en date du 27 juillet 1892, résumaient la jurisprudence et décidaient que « celui qui avait perdu son permis pouvait continuer à chasser, à charge d'établir qu'il était bien titulaire d'un permis perdu ».

Cette preuve est très facile à faire. Elle peut résulter notamment des listes de permis existant, soit à la Préfecture, soit à la Sous-Préfecture, soit à la Gendarmerie, soit même parfois à la Mairie. (Voir à ce sujet : *Dictionnaire d'Administration*, de Maurice BLOCK.)

La recherche sera encore simplifiée si le chasseur a eu la précaution de prendre le numéro de son permis.

Le duplicata de la quittance délivrée par le percepteur, pas plus que l'avis de délivrance du permis, ne sauraient servir de preuve de cette délivrance.

Au cas où, ignorant ses droits, un chasseur se serait fait délivrer un second permis, il ne pourrait obtenir le remboursement des 28 francs payés par lui une seconde fois, quand bien même il aurait retrouvé son premier permis. Le Trésor ne décaisse jamais. (Voir *Lois et Sports*, 1906, p. 44.)

Au Congrès de la Chasse de 1907, j'avais repris cette thèse et fait voter par l'Assemblée le projet de résolution suivant :

« En cas de perte du permis de chasse (le permis, comme toutes les pièces de nature à servir, si elles tombent entre les mains des tiers, à frauder le Trésor, ne pouvant en principe faire l'objet d'un duplicata), le titulaire pourra continuer à chasser, à charge pour lui d'établir qu'il était bien titulaire d'un permis perdu.

« Cette preuve sera faite par un certificat émanant du préfet ou du sous-préfet signataires du permis perdu. Ce certificat sera donné sur le vu du duplicata de la quittance des frais de permis, délivré par le percepteur après vérification sur la liste des permis existant à la Préfecture ou à la Sous-Préfecture.

« *Cette indication figurera au dos du permis de chasse*, et remplacera celle qui y figure actuellement, contre tout droit et toute équité : « Le chasseur « qui a perdu son permis ne doit se livrer à l'exercice de la chasse qu'après en « avoir obtenu un second et en avoir acquitté le prix. »

Chasseurs, ne vous y laissez point prendre.

**

Personnes astreintes au permis. — Tous ceux qui font acte de chasse doivent être porteurs de permis.

Piqueur. — Le piqueur doit être personnellement pourvu d'un permis, alors même qu'il se borne à diriger ou appuyer les chiens de son maître, sans être porteur d'un fusil. (Orléans, 12 mai 1846. — Crim., Cass., 18 juillet 1846. — Tribunal Correctionnel de Bordeaux, 4 février 1848. — Orléans, 11 avril 1885.)

Valets de chiens. — Les valets de chiens ne sont pas astreints à être munis d'un permis (Orléans, 11 août 1885), si le chasseur qu'ils assistent en a un. (Cass., 2 janvier 1880. — Chambéry, 17 novembre 1881, D. P., 82, V, 76.)

A défaut de permis du maître des valets de chiens, ceux-ci seraient condamnés soit comme auteurs, soit comme complices du délit imputable aux chasseurs.

Les auxiliaires de la chasse ne sont dispensés du permis qu'autant qu'ils remplissent un rôle purement accessoire. (Chambéry, 3 février 1883, D. P., 83, V, 60, 61. — Romorantin, 29 mai 1885. — Cour d'Orléans, 11 août 1885.)

Tribunal Correctionnel de Romorantin, 29 mai 1885
Confirmation par adoption de motifs. Cour d'Orléans, 11 août 1885

Attendu que Relhac et Milliers, valets de chiens, sont poursuivis pour avoir, le 2 mai 1885, *chassé sans permis* sur le territoire des communes de.....

Attendu que la prévention se fonde sur deux procès-verbaux.....; qu'il résulte desdits procès-verbaux que Relhac et Milliers ont lancé les chiens qu'ils tenaient, à un ordre donné par les piqueurs ; qu'ils ont appuyé la meute et contribué à la prise du sanglier ;

Attendu qu'il est à noter que les gendarmes ont dit que les valets de chiens jouaient un rôle analogue à celui des piqueurs..... ;

Attendu que, dans l'espèce, il ne s'agit pas de savoir si les prévenus ont fait acte de chasse, ce qui est constant, puisque l'acte de chasse consiste dans le fait de poursuivre un animal en vue de l'appréhender, mais bien s'ils étaient tenus d'avoir un permis ;

Attendu, en effet, que le *traqueur* fait un acte de chasse, et qu'il n'est cependant pas obligé d'avoir un permis si le chasseur en a un ; qu'il est de jurisprudence constante que l'auxiliaire d'un chasseur muni d'un permis est dispensé de l'obligation du permis, lorsqu'il remplit un rôle accessoire ;

Attendu, en effet, qu'il est constant que l'équipage de chasse à courre, composé d'une meute de 80 chiens, avait à sa tête des maîtres de chasse et des piqueurs, qui tous avaient des permis de chasse ;

Attendu qu'il est encore établi que, le 2 mars, date des procès-verbaux, les maîtres de chasse, ainsi que de nombreux piqueurs, dirigeaient la chasse et donnaient des ordres en vue de forcer le sanglier;

Attendu, il est vrai, qu'il est de jurisprudence que le piqueur doit être tenu d'avoir un permis de chasse, bien qu'il ne soit qu'un auxiliaire, contrairement à ce qui est décidé pour le traqueur ; mais que cette anomalie, qui n'est qu'apparente dans la jurisprudence, résulte de la nature même des choses ; que le maître de chasse, en effet, bien que présent à la chasse, y assiste généralement plutôt comme amateur que comme acteur ; qu'il se décharge sur ses piqueurs du soin de diriger la chasse, de faire rompre les chiens et de les lancer plutôt sur une piste que sur une autre ; d'où la nécessité pour ces derniers d'être munis d'un permis de chasse ;

Attendu que, dans l'espèce, pour décider si les valets de chiens doivent avoir un permis de chasse, il est nécessaire d'établir quel est, dans la chasse à courre, le rôle qui incombe aux piqueurs et celui qui appartient aux valets de chiens ;

Attendu que le piqueur est l'âme de la chasse à courre ; qu'il y joue un rôle prépondérant ; que c'est lui qui prépare le pied, visite le bois, dirige la chasse, ordonne de lâcher les chiens, de les faire rompre et de les lancer sur une autre bête ;

Attendu que le valet de chiens remplit des fonctions plus subjectives ; qu'il doit, d'abord, avoir en mains la meute ou la partie de meute qui lui est confiée ; qu'il ne doit lâcher ses chiens que sur un ordre du maître de chasse ou du piqueur ; qu'il est tenu de réunir et de retrouver, de rompre ou de lancer ses chiens, suivant les ordres qu'il reçoit ;

Attendu, en un mot, que les piqueurs commandent aux valets de chiens, qui sont tenus de leur obéir..... ; qu'ils ne sont pas soumis à l'obligation d'avoir un permis.

Par ces motifs, acquitte.

Invités. — *Curieux.* — Les personnes qui suivent la chasse à courre doivent-elle être munies d'un permis ?

La négation est admise, mais à condition qu'on ne fasse pas usage d'une arme, ni même de trompes de chasse, car le fait d'appuyer et d'exciter les chiens à son de trompe constitue un fait de chasse. (Tribunal de Baugé, 21 mars 1881. — Angers, 2 mai 1881. — Cass., 29 juillet 1881.) — Voir également au chapitre *Faits de Chasse.*

* * *

Exceptions. — *Terrains clos attenant à une habitation.* — On peut chasser en tout temps et sans permis dans les possessions attenantes à son habitation et entourées d'une clôture continue faisant obstacle à toute communication avec les héritages voisins.

Habitation. — Un bâtiment, quelle que soit son importance, ne peut être considéré comme habitation, au sens de l'art. 2 de la loi du 3 mai 1844, qu'autant qu'il est destiné à l'habitation, s'il n'est pas actuellement habité. (Cass., 3 mai 1845, D. P., 45, 1, 303. — Carpentras, 14 novembre 1901. — *J. Parq.*, 1902, II, 13.)

Une cabane en feuillage ou en pierres, qui sert de *poste* aux chasseurs pour épier le gibier, ne saurait être considérée comme habitation. (Crim., Cass., 20 juillet 1883, D. P., 84, I, 96. — *Lois et Sports*, 1906, p. 185.)

Clôtures. — En ce qui concerne la clôture, le législateur a laissé aux Tribunaux le soin de définir ce qu'il fallait entendre par clôture.

Ont été considérés comme clôtures suffisantes : un mur construit en pierres sèches ayant 1 mètre à 1 m. 50 de hauteur, une haie vive, une palissade, des pieux, piquets, claires-voies, des fils de fer, ronces, disposés sur 4 rangs, espacés de 30 à 35 cent., soutenus par des piquets suffisamment rapprochés et formant dans leur ensemble une barrière de 1 m. 20 de hauteur, pourvu que ces fils soient fortement tendus et qu'il soit impossible de se faire un passage en les écartant simplement.

Les clôtures de fils à ronces ou de grillages en fils de fer ne sont pas des clôtures suffisantes. (Tribunal Correctionnel de Mont-de-Marsan, 7 décembre 1887.)

Il importe peu qu'une clôture en liteaux, entourant un terrain attenant à une habitation, ait subi par endroits quelque fléchissement et présente des trous, alors qu'elle n'a pas de solution de continuité et qu'il faut réellement la franchir (plus ou moins aisément) pour accéder à l'enclos. (Montpellier, 30 octobre 1903, *Moniteur du Midi*, 15 novembre 1908.)

Un terrain attenant à une habitation, entouré de murs, d'une haie vive et d'une barrière en bois, constitue un enclos, bien que le chemin privé qui traverse cette propriété soit fermé par une barrière mobile d'un côté et seulement par *une chaîne* de l'autre. (Tribunal de Narbonne, 7 décembre 1905, *Lois et Sports*, 1906, p. 185.)

***

Routes et Chemins. — *Chemins publics.* — Lors de la discussion de l'art. 2 de la loi de 1844, la Commission avait proposé à la Chambre un amendement ainsi conçu : « Les routes et chemins traversant les propriétés ne seront pas considérés comme faisant cesser la continuité de la clôture. » Cet amendement, après discussion, fut abandonné, et aujourd'hui il est bien établi qu'on ne doit pas considérer un fonds séparé par une route ou un chemin *publics* comme un clos attenant à une habitation.

Chemins privés. — *Chemins d'exploitation.* — La doctrine et la jurisprudence sont d'un tout autre avis en ce qui concerne les *chemins privés,* qui peuvent traverser un fonds. (Voir en ce sens LEBLOND, n° 42. — GIRAUDEAU, n° 294, et un arrêt de la Cour de Douai, en date du 9 novembre 1847 (D., 47, IV, 75) décidant que même un chemin d'exploitation servant, *par tolérance,* de passage au public, ne cesse pas d'être un chemin privé et, par suite, ne met pas obstacle à l'immunité de l'art. 2.)

Cours d'eau. — Un cours d'eau non navigable ni flottable seul peut être considéré comme une clôture, mais non un cours d'eau navigable. (Cour de Rouen, 22 mars 1880.)

Le propriétaire d'un terrain clos attenant à une habitation est en droit de chasser sur ce terrain, même à l'aide de moyens de chasse interdits par la loi. (Aix, 19 avril 1907. — Cassation, Ch. Crim., 5 juillet 1907.) — Voir sur cette question le très intéressant Rapport de M. le conseiller Athalin publié dans *Lois et Sports*, 1907, p. 201 et suivantes.

Chemin de fer. — Un chemin de fer est-il un terrain clos dans lequel on puisse chasser en tout temps? La Cour de Rouen (7 avril 1859) a répondu négativement : « Attendu que l'autorisation de chasser sans permis de chasse accordée par l'art. 2 de la loi du 3 mai 1844, n'a été motivée que sur le respect dû au domicile du citoyen....... qu'on leur a permis de chasser dans leur domicile et possessions attenantes, afin de ne pas permettre des investigations, qui auraient porté atteinte à la liberté dont on doit jouir chez soi : mais qu'il est impossible d'assimiler un chemin de fer, clos à la vérité dans tout son parcours, et sur lequel même se rencontrent, aux stations, quelques habitations, à la dépendance d'un domicile ; qu'un chemin de fer est une voie publique sur laquelle tout espèce de délit peut être constaté, sans porter atteinte à la liberté du domicile... ..... (Rec. de Rouen, 1859, p. 272).

***

Chasse en temps de neige. — Le législateur a donné aux préfets le pouvoir d'interdire la chasse en temps de neige. Si la chasse n'a pas été interdite, elle est licite.

Les préfets peuvent interdire la chasse de certaines espèces de gibier. Si la prohibition portée par un arrêté était générale, elle devrait s'appliquer à tout le gibier, sans exception. (Douai, 10 mai 1853, D., 53, II, 226.)

Les préfets peuvent, au contraire, distinguer entre la chasse à tir et la chasse à courre et interdire seulement l'une ou l'autre. (Rouen, 26 février 1880, le *Droit,* 14 avril 1880.)

L'arrêté peut être permanent, il n'a pas besoin d'être renouvelé chaque année. (Cass., 26 juin 1846, SIREY, 46, 1, 855), à moins que la durée de l'interdiction n'ait été limitée par une disposition expresse. (Besançon, 27 janvier 1847. — Riom, 10 février 1847, D., 47, IV, 74. — Caen, 29 novembre 1847, D., 47, I, 367.)

Un arrêté préfectoral ne saurait, sans excès de pouvoir, interdire la chasse d'une manière absolue, depuis telle époque jusqu'à telle autre, à raison de la neige. (Tribunal de Gap, 8 avril 1845.)

Le préfet peut dire que la prohibition ne s'appliquera qu'en temps où la neige permettrait de suivre la trace du gibier. (Cass., 4 mai 1848, D., 49, I, 22.)

Toutefois, c'est aux Tribunaux et non aux préfets de reconnaître et déclarer, d'après les circonstances, si le temps dans lequel a eu lieu un fait de chasse était ou non un temps de neige.

Les préfets ne sauraient spécifier à l'avance, dans leurs arrêtés, ce qui devrait être considéré comme terre couverte de neige. (Douai, 10 mai 1853, D., 53, II, 216.)

Il n'y aurait pas chasse en temps de neige, bien qu'il existe de place en place quelques empreintes de neige sur la terre, si le sol n'est pas recouvert de manière à permettre de poursuivre utilement le gibier. (Rouen, 22 mars 1880, D. P., 82, V, 74.)

La jurisprudence décide généralement que le temps de neige est celui où la terre est couverte de neige, de telle façon qu'on puisse suivre sans interruption, sur la neige, la trace d'un gibier, lorsque la terre est suffisamment couverte de neige pour permettre de découvrir à son aise la piste du gibier. (Tribunal Correctionnel de Caen, 27 janvier 1908.)

Il est bien certain que si l'arrêté autorise la chasse, en temps de neige, avec des chiens courants, cette exception ne peut s'appliquer qu'à la chasse en forêt.

L'arrêté qui, au contraire, interdit la chasse en temps de neige, soit au bois, soit en plaine, comprend dans la généralité de cette expression toutes les terres, quelle que soit la nature de leur culture, et notamment les prairies, alors surtout qu'une autre disposition n'autorise la chasse, par exception, que sur le territoire des communes du littoral. (Rouen, 6 février 1845 ; 3 avril 1845, D., 45, IV, 80.)

Les préfets peuvent interdire la destruction des animaux malfaisants et nuisibles en temps de neige. (Cass., 30 juillet 1852, D. P., 1852, V, 85.)

***

Chasse la nuit. — Il est interdit de chasser la nuit. Qu'est-ce que la nuit ?

« Question de fait, laissée à l'appréciation des Tribunaux », dit le Rapporteur de la Commission. Et ils s'en sont donné de l'appréciation, les Tribunaux !

Dans la détermination du point de savoir, en matière de chasse, à quelle heure le soleil se couche, les Tribunaux ont toujours admis une certaine tolérance pour les faits de chasse commis entre l'heure exacte du coucher du soleil et celle où le crépuscule dure encore. (Caen, 2 décembre 1903, *Recueil de Caen*, 1904, p. 82.)

En matière de chasse, la nuit est une circonstance de fait; elle s'étend du moment où s'achève le crépuscule du soir à celui où commence le crépuscule du matin. Il n'y a pas chasse de nuit 50 minutes avant le lever du soleil, alors surtout qu'il résulte du procès-verbal lui-même que les gendarmes ont pu, à une certaine distance, faire des constatations très précises, qui établissent qu'à ce moment le crépuscule du matin était commencé depuis un certain temps. (Angers, 28 février 1908, *Lois et Sports*, 1908, p. 111.)

Il a été décidé par la Cour de Dijon que le jour doit s'entendre entre le lever et le coucher du soleil, et que la nuit comprend, par suite, tout le temps qui va du coucher du soleil à son lever. La Cour de Dijon a cru devoir appuyer sa décision sur d'anciens arrêts; elle a appliqué à la chasse, par analogie, l'art. 1037 du Code de Procédure civile relatif à la signification des actes par huissiers. (Dijon, 11 novembre 1846. — Cass., 12 février, 23 juillet 1813; 4 juillet 1823.)

On peut chasser aussi longtemps qu'il fait clair, déclare la Cour de Douai. (Cour de Douai, 9 novembre 1847, D. P., 47, IV, 70.) Il n'y a pas de délit de chasse de nuit lorsque la chasse n'est pas commencée et que les chasseurs n'en sont qu'aux actes préparatoires. (Angers, 28 février 1908, *Lois et Sports,* 1908, III.)

Le mot jour, dit la Cour, doit s'entendre même du temps où le jour n'est pas entier, mais où la nuit proprement dite n'existe pas encore. Le jour part de l'instant où l'aurore commence et ne finit qu'aux dernières lueurs du crépuscule.

Il ne faut pas s'attacher aux heures fixées par l'art. 1037 du Code de Procédure civile, déclare la Cour de Paris. (Paris, 27 novembre 1856, *Gazette des Tribunaux,* 28 novembre.)

Le commencement de la nuit est marqué seulement par la fin du crépuscule vrai, c'est-à-dire de l'espace de temps pendant lequel le soleil, placé à moins de 18° au-dessous de notre horizon, l'éclaire encore plus ou moins de ses rayons réfractés, crépuscule qui dure jusqu'à la nuit noire. (Lyon, 24 janvier 1861, D., 1861, II, 214.)

Quelle science !

Par le mot *nuit*, la loi a entendu spécifier le moment où l'œil humain ne peut discerner les objets, et durant le crépuscule, ceux-ci étant encore sous l'influence de la lumière solaire, l'on ne saurait dire que la nuit est venue et que l'heure délictueuse a sonné. (Tribunal Correctionnel de Gien, 30 novembre 1898, *Gazette du Palais,* 1899, I, 46.)

Le Tribunal Civil du Blanc avait, le 13 novembre 1902, condamné un chasseur qui s'était emparé, la nuit, d'un cerf qu'il avait chassé toute la journée. La Cour de Bourges cassa le jugement et décida que lorsqu'un cerf poursuivi par des chasseurs était sur ses fins avant la nuit, il doit être assimilé à une bête mortellement blessée; et les chasseurs qui s'en emparent, une fois la nuit tombée, ne commettent pas le délit prévu et puni par l'art. 12 de la loi du 3 mai 1844. *(Lois et Sports,* juillet 1905, p. 51. — Bourges, 8 janvier 1903.)

En résumé, comme le dit fort spirituellement M. le premier Président Cunisset-Carnot, dans un article : « Qu'est-ce que la nuit ? », publié dans *Lois et Sports,* 1905, décembre, p. 8 :

« Sur ce point, c'est un amoncellement formidable de jurisprudence incohérente et contradictoire, où aucun courant ne se dessine, où l'on ne peut trouver une seule décision de principe ! Le crépuscule est mis à toutes les sauces par toutes les juridictions ; il est astronomique, naturel, ordinaire, civil..... ; mais quant à être quelque chose de fixe et de déterminé, c'est une autre affaire....

« La façon de sortir de ces difficultés me paraît cependant assez simple. Sans modifier la loi de 1844, qui semble un monument sacré, une espèce d'autel des aïeux, que nul doigt ne peut effleurer sans sacrilège, il suffirait que les préfets, dans leurs arrêtés annuels sur la chasse, résolussent la question de la durée de la nuit légale, comme les Administrations le font pour les heures d'ouverture des Musées ou Bibliothèques en hiver et en été, en disant entre quelles heures on pourra chasser................................ »

C'est peut-être un moyen, mais je crois bien que certains Tribunaux revendiqueraient encore leur pouvoir souverain d'interprétation ! La Cour de Douai l'a bien fait en 1853, en ce qui concerne la neige.

Je préfère la solution de ce Tribunal qui, il y a peu de temps, statuait en ces termes :

Attendu que le garde reconnaît, dans un procès-verbal, que B..., poursuivi pour avoir chassé, pendant la nuit, a tué la caille sur laquelle il l'a vu tirer; que, pour l'avoir tuée, il fallait qu'il fît encore assez clair pour pouvoir la bien viser, que la nuit n'était donc pas venue..... acquitte. »

Il existe des Juges qui prétendent que c'est peut-être par hasard que la caille a été tuée !

Lorsqu'il s'agit de destruction d'animaux malfaisants et nuisibles, cette destruction pouvant avoir lieu en tout temps, même la nuit, il n'y a pas de délit. (Cassation, 9 août 1877, D. P., 1878, I, 140. — Amiens, 29 décembre 1880, D. P., 1882, V, 52. — Marseille, 3 novembre 1898, la *Loi,* 1" décembre 1898.)

***

Chasse sur autrui. — La première chose à examiner par le Juge est celle de savoir si l'acte incriminé a le caractère *d'un fait de chasse.* (Voir au chap. II, *Faits de chasse.)*

Autorisation. — L'autorisation de chasse sur le terrain d'autrui doit émaner du propriétaire ou de ses ayants droits.

Elle peut être *temporaire,* à *titre gratuit* ou à *titre onéreux.*

Nous ne nous occuperons ici que de la cession à *titre gratuit,* celle à titre onéreux ayant été examinée dans le chapitre des *Locations de chasse.*

Permission de chasse. — Propriétaire du fonds. — Preneur ou fermier du fonds. — Locataire ou adjudicataire de la chasse. — La permission de chasse est gratuite et révocable. Elle ne peut être donnée que par le propriétaire du fonds, s'il n'a pas, antérieurement, concédé son droit de chasse ; par le preneur ou fermier du fonds, si son bail lui reconnaît le droit de chasse ; par le locataire ou l'adjudicataire de la chasse, si son bail ne lui refuse pas ce droit.

Les permissions de chasse délivrées à titre gratuit sont *présumées personnelles et incessibles.*

Pour chasser sur autrui, le consentement du propriétaire est toujours nécessaire.

Mineur, interdit. — Si la propriété appartient à un mineur ou à un interdit, l'autorisation doit être donnée par le tuteur.

Femme non séparée de biens. — Si elle appartient à une femme, non séparée de biens, son mari agit pour elle.

Forme du consentement. — La loi n'a pas déterminé la forme du consentement : les juges peuvent donc admettre toute espèce de preuve, soit écrite, soit testimoniale. (Cass., 3 mars 1854, D., 54, I, 162.)

Les Tribunaux ont sur ce point un pouvoir d'appréciation qui échappe à la censure de la Cour de Cassation. (Cass., 12 juin 1846, D., 1846, IV, 64.)

Forme du consentement. — L'autorisation doit être *précise :* si elle est *générale,* le chasseur peut chasser partout sans délit ; si elle est *restreinte* à certaines pièces de terre désignées, le chasseur commettrait un délit s'il chassait sur d'autres propriétés. (Paris, 7 décembre 1844, D., 1844, IV, 81. — Falaise, 19 décembre 1879, *Revue de Caen,* 1880, p. 20.)

Révocation du consentement tacite. — Nous avons dit plus haut que le consentement pouvait être *tacite.* En conséquence, si un propriétaire ou locataire de chasse laissait chasser quelqu'un sur ses terres, à son vu et su, il ne serait pas recevable à poursuivre pour un nouveau fait de chasse qui se produirait, tant qu'il n'aurait pas manifesté au chasseur son intention de lui interdire dorénavant la chasse. (Yvetot, 17 décembre 1867, *Recueil de Rouen,* 1867, p. 309 à 312.)

Le consentement d'un propriétaire, relativement à la faculté de chasser sur son terrain, peut être tacite : il continue à produire son effet au profit de la personne autorisée, tant que le propriétaire n'a pas manifesté son intention contraire. (Meaux, 24 septembre 1875, R. F., t. VI, n° 133. — Compiègne, 26 décembre 1882, D. P., 1883, V, 57. — Paris, 20 février 1904, *Gazette des Tribunaux,* 22 avril 1904.)

L'autorisation de chasse accordée par lettre ne peut être rétractée que par la volonté contraire du propriétaire du droit de chasse, manifestée d'une façon formelle et indubitable.

Cette volonté ne résulte pas suffisamment du fait que trois procès-verbaux ont été dressés par un garde particulier, alors qu'ils n'ont pas été suivis d'assignation par le propriétaire. (Paris, 8 novembre 1907, *Gazette des Tribunaux,* 22 novembre 1907.)

L'autorisation ne s'éteint pas de plein droit à la mort du propriétaire, mais profite au permissionnaire, tant qu'elle n'est pas révoquée par les héritiers du propriétaire. (Crim., rej., 30 novembre 1860, D. P., 1861, I, 500.)

Le propriétaire qui a toléré pendant un certain temps qu'on chassât sur son fonds, et qui n'a formulé aucune défense générale ni spéciale à ce sujet, doit être considéré comme ayant donné un consentement général tacite de chasser sur sa propriété. (Tribunal Correctionnel de Barbézieux, 30 octobre 1899, *Recueil de Bordeaux,* 1900, II, 7.)

Le propriétaire qui, après avoir toléré pendant un certain temps qu'on chassât sur son fonds, veut faire cesser cet état de choses, doit exprimer son intention à cet égard et la porter à la connaissance du public, soit par la voie des journaux, soit par l'apposition de poteaux indicateurs portant défense de chasser. (Tribunal Correctionnel de Béziers, 31 octobre 1906, *Moniteur du Midi*, 10 février 1907.)

La présomption de consentement de la part du locataire de chasse peut être tirée du fait que les poteaux placés par son ordre au début de son bail, pour indiquer la réserve de la chasse, n'ayant subsisté que peu de temps, n'ont pas été replacés, et que, sauf un temps d'arrêt très court (15 jours), après comme avant leur pose, les chasseurs du pays ont continué de chasser librement, sans que ledit locataire, qui ne l'ignorait pas, s'y soit opposé. (Douai, 8 mars 1905, D., 1907, II, 110.)

Il n'existe, toutefois, aucune disposition de loi imposant à un propriétaire qui cède son droit de chasse sur ses terres, ou au concessionnaire de ce droit, l'obligation de signifier le bail intervenu entre eux aux chasseurs de la région, habitant ou non la commune, et de leur notifier une interdiction de chasse. (Amiens (Corr.), 5 avril 1906, le *Droit*, 5 mai 1906. — Nancy, 22 mars 1905, la *Loi*, 1ᵉʳ avril 1905.)

La Cour de Cassation nous semble trancher la question d'une manière définitive. Celui qui est investi sans restriction ni réserve, par l'effet d'un bail enregistré, de la plénitude du droit de chasse ne peut voir son droit amoindri par une permission tacite que le propriétaire aurait donnée antérieurement aux habitants du pays, et le locataire, entièrement étranger à cette tolérance, n'a, par suite, à la rétracter en aucune façon pour être recevable à exercer des poursuites.

Les habitants en question qui ont bénéficié de cette permission tacite ne sauraient, s'ils ont continué à chasser, invoquer l'erreur invincible comme excuse, l'impossibilité absolue d'éviter de commettre l'infraction ne résultant pas de ces circonstances. (Cass., Crim., 24 janvier 1908, *Gazette du Palais*, 14 mars 1909.)

Le propriétaire qui chasserait sur un terrain dont il a loué la chasse à une autre personne ne commet point le délit de chasse sur le terrain d'autrui, sans le consentement du propriétaire ; il s'exposerait seulement à une réclamation fondée sur l'art. 1184 du Code Civil pour violation de son contrat. (Tribunal Correctionnel d'Etampes, 11 avril 1900, *Gazette du Palais*, 1900, I, 708.)

Lorsque, par deux baux successifs ayant date certaine, un propriétaire a loué à une première personne la chasse sur son terrain, en stipulant que le preneur ne pourrait pas tirer les cerfs ni les biches, et à une seconde le droit exclusif de chasser à courre les cerfs et les biches, le fait par le premier preneur ou par son invité de tirer une biche ne constitue pas le délit de chasse sur le terrain d'autrui au préjudice du second : il y a là une infraction à des conventions particulières, susceptible de dommages-intérêts. (Rouen, 26 mai 1900, *Gazette du Palais*, 1900, II, 143.)

La justification du consentement anéantit immédiatement les poursuites.

Le consentement peut être *verbal* ou *écrit*, donné par acte notarié ou par sous-seing privé. Dans ce dernier cas, comme tout contrat unilatéral, cet acte n'a pas besoin d'être rédigé en plusieurs exemplaires.

Preuve. — Le prévenu est toujours obligé de justifier de l'obtention du consentement antérieur à l'acte de chasse qui lui est reproché. (Cass., Crim., 2 janvier 1862, D. P., 1862, I, 400.)

Il peut justifier de ce consentement par tous les modes de preuve du droit commun, par la preuve testimoniale. (Douai, 25 novembre 1844, D. P., 1845, IV, 81.)

Il peut déférer le serment au poursuivant sur le point de savoir si le consentement avait été donné par le propriétaire ou son ayant droit.

Le poursuivant peut également déférer le serment au prévenu.

L'application des pénalités édictées par l'art. 11, § 2, de la loi du 3 mai 1844 est subordonné à la constatation du défaut de consentement du propriétaire, l'absence de ce consentement constituant l'un des éléments essentiels du délit. (Cass., Crim., 28 novembre 1903, *Gazette du Palais*, 1904, I, 147.)

Ne commet aucun délit celui qui chasse sur un terrain au mépris du droit exclusif du locataire de la chasse, mais avec l'autorisation du propriétaire. (Tribunal Correctionnel de Rambouillet, 9 juillet 1903, *Gazette du Palais*, 1903, II, 216.)

Réciprocité. — Deux voisins peuvent s'entendre pour se laisser chasser librement sur leurs propriétés. Ils devront se prévenir pour faire cesser cette autorisation. Un échange de cette sorte ne constitue pas, pour l'une ou pour l'autre partie échangiste, l'abandon des droits qu'elle a sur ses ses propres terres au point de vue de la chasse. (Paris, 26 mai 1906, la *Loi*, 16 juin 1906.)

Un seul des propriétaires indivis ou des communistes a le droit de chasser sur la totalité des biens indivis. (Cass., 19 juin 1875.)

***

D'une manière générale, tout ce qui constitue *un fait de chasse*, comme nous l'avons indiqué dans le chap. II, si l'on agit sans l'autorisation du propriétaire sur son terrain, sera un délit puni par l'art. 11 de la loi du 3 mai 1844.

Mais il n'y aurait pas délit de chasse sur le terrain d'autrui : — Si le chasseur ne pénétrait sur ce terrain que pour y relever une pièce de gibier qui y serait tombée, soit tuée, soit mortellement blessée. (Amiens, 17 février 1842, S., 1842, II, 104. — Limoges, 5 février 1848, S., 1848, II, 152. — Rouen, 25 décembre 1879, *Recueil de Rouen*, 1880, 32. — Loudun, 13 mai 1881.)

— Si les chiens pénètrent seuls sur ce terrain. (Paris, 2 décembre 1854, D., 1855, II, 140.)

— Il y aurait délit si le gibier n'était que légèrement blessé. (Cass., 22 août 1866, D., 1868, I, 509. — Cass., 28 août 1868, D., 1868, I. 509. — Cass., 23 juillet 1869, SIRAY, 1870, I, 94. — Limoges, 31 mars 1870, D., 1870, II, 109.)

Le fait d'entrer sur le terrain d'autrui pour y tirer un sanglier ne peut être excusé par le motif que la bête était aux abois et dangereuse pour les chiens qui l'entouraient et la coiffaient. — Le danger couru par les chiens étant, dit la Cour, une éventualité fréquente de la chasse au sanglier. (Bourges, 9 juin 1877, R. F., 1876-1877, p. 349.)

Le Tribunal des Andelys, en 1900, ne fait que confirmer cette décision. — Ne commet pas un délit de chasse, dit-il, le piqueur d'un lieutenant de louveterie qui pénètre à la suite des chiens de la meute sur le terrain d'autrui pour y achever d'un coup de fusil un sanglier qui, avant d'y pénétrer, avait été gravement blessé, était tenu au ferme par les chiens, coiffé, aux abois, et ne pouvait plus échapper aux poursuites. (Les Andelys, 8 février 1900, la *Loi*, 9 mars 1900.)

Le fait de tirer mortellement sur un animal mort ou mortellement atteint ne constitue pas un fait de chasse sur le terrain d'autrui. (Amiens, 4 août 1905, *Gazette du Palais*, 1905, II, 412.)

Gibier sur ses fins. — Il faut assimiler le gibier sur ses fins au gibier mortellement blessé et décider que le chasseur qui entre avec ses chiens sur le terrain d'autrui pour s'approprier l'animal que la fatigue a mis en réalité en son pouvoir ne commet pas un délit de chasse.

(Toutes les questions se rattachant principalement à la chasse à courre seront examinées à nouveau, et plus complétement, lorsque nous étudierons *le Droit de suite.)*

Terres ensemencées. — Lors même qu'on aurait l'autorisation générale du propriétaire, et qu'on pourrait ainsi chasser, sans délit, sur les terres non dépouillées de leurs fruits, on pourrait néanmoins, si l'on passait sans le consentement du fermier sur des terrains préparés ou ensemencés, être passible d'une amende. *(Contravention de simple police.)* — (Cassation, 4 juillet 1845, D., 1845, 1, 351. — Cassation, 6 juillet 1876, D., 1877, I, 141. — Cassation, 2 avril 1881, D., 1881, I, 279.)

Invitation de chasse. — L'invitation de chasse est, en principe, soumise aux mêmes règles que la permission de chasse.

***

Engins prohibés. — On appelle engins prohibés les instruments qui, *matériellement et directement*, suffisent par eux-mêmes à saisir, à prendre ou à tuer le gibier.

Il ne faut pas confondre *les engins prohibés* et *les moyens prohibés*.

La détention des premiers constitue un délit, indépendamment de tout emploi. Les moyens prohibés, au contraire, ne donnent plus lieu à poursuite que s'il en est fait usage.

En dehors des engins et des moyens de chasse, il y a aussi les accessoires de chasse. (Miroirs, appeaux, appelants. ...)

La défense de faire usage d'engins ou de moyens de chasse prohibés est générale, en ce sens qu'elle reçoit son application, quel que soit *le but* de la chasse (repeuplement ou non).

Exception est faite pour la destruction des animaux malfaisants ou nuisibles (art. 9, § 3, loi de 1844), et pour la destruction des bêtes fauves, dans le cas de légitime défense.

Nous reviendrons sur cette question un peu plus loin.

Dans ce cas, les engins prohibés cessent de l'être quand ils sont autorisés dans les limites de l'art. 9 de la loi sur la chasse.

Engins prohibés. — Les *collets*, les *filets*, les *lacets*, *raquettes* et les *trébuchets* sont des engins prohibés.

Le décret du 2 nivôse an XIV interdit l'usage et le port des *fusils et pistolets à vent*.

L'ordonnance du 23 février 1837 a prohibé les *pistolets de poche*.

Nous n'indiquons ces interdictions qu'à titre documentaire, sans nous inquiéter de savoir si le chasseur, qui aurait l'originalité de se servir de ces armes, pourrait se trouver en contravention.

Evidemment, oui !

En ce qui concerne les *poignards* et *couteaux,* le fait de chasse à l'aide de ces instruments ou d'autres semblables tomberait, dit BERRIAT, p. 88, sous l'application de l'art. 12 de la loi de 1844, comme délit de chasse à l'aide d'instruments prohibés.

C'est être trop affirmatif; il nous semble, au contraire, que l'emploi de ces armes est à peu près le seul moyen de mettre fin à la chasse à courre. Il est tout à fait licite de servir l'animal de chasse, soit au couteau, soit au pistolet, soit à la carabine.

Les *panneaux* sont des engins prohibés (Instruction du Ministre de l'Intérieur, 20 mai 1844); peu importe s'ils servent à prendre du gibier vivant pour repeupler un parc.

Il y a délit de chasse avec engin prohibé dans le fait de tendre un piège dit *traquenard*. (Paris, 18 mai 1865, R. F., t. III, n° 447.)

Les *maisonnettes à lièvre,* ayant à leur base une ouverture par laquelle le lièvre s'introduit et à l'intérieur une trappe qui se ferme sur lui, sont des engins prohibés.

Les *banderoles* placées par un chasseur le matin ou la nuit, sur les limites de sa propriété, pour empêcher le gibier qui y est entré la nuit d'en sortir, ne sont ni des moyens de chasse défendus, ni des engins prohibés. (Paris, 31 mars 1865, D., 1866, II, 81. — Cass., 16 juin 1866, D., 1866, I, 365. — Paris, 4 mars 1869.)

Nous ne pouvons mieux faire que d'indiquer ici à ceux que la question de la légalité des banderoles intéressent un article fort documenté de M' BAUDOUIN, avocat à la Cour d'Appel de Paris : « Dommages causés aux récoltes par le gros gibier. — Droit de défense accordé aux cultivateurs. — Légalité de l'emploi des banderoles. » (*Revue du Tourisme et des Sports,* 1907, II, p. 384 et suivantes.)

L'usage des parcs à *trappes* dites *américaines,* dans l'intérieur desquels le gibier, même non malfaisant, est attiré au moyen d'appâts et reste vivant, forcément prisonnier à la disposition de celui qui a tendu l'engin, constitue le délit prévu et puni par l'art. 9 de la loi du 3 mai 1844. (Amiens, 25 juin 1903, *Recueil d'Amiens,* 1903, p. 172.)

Dans la chasse à *la lanterne,* la lanterne n'est pas un simple accessoire de la chasse, mais joue un rôle principal en fascinant le gibier, en le privant de son moyen naturel de protection qui est la fuite et en procurant sa capture.

La lanterne constitue donc un engin ou instrument prohibé. (Orléans, 9 mars 1907, *Lois et Sports,* 1907, p. 189.)

Tout récemment, le 2 novembre 1908, le Tribunal de Compiègne vient de trancher la question de *la légalité de la chasse au faucon* dans le sens de la négative. (Voir au chapitre « Fauconnerie » et *Lois et Sports,* 1909, p. 11. — *Revue du Tourisme et des Sports,* décembre 1908, II, 368.)

***

Destruction des bêtes fauves et des animaux nuisibles. — Le propriétaire possesseur ou fermier peut, *en tout temps et indépendamment de tout dommage,* détruire *sur ses terres* (cette expression doit être entendue dans un sens très large — sur les propriétés de toute nature, chargées ou non de récoltes, closes ou non, en friche ou cultivées, en plaine ou au bois......) les animaux malfaisants ou nuisibles, déclarés tels par le préfet, en se conformant, tant qu'à l'exercice de ce droit, aux conditions déterminées par ce fonctionnaire.

Le propriétaire ou fermier est autorisé à repousser ou détruire, même avec des armes à feu, les bêtes fauves qui porteraient dommage *à ses propriétés* (ici le législateur emploie le mot *propriétés,* qui est très large et doit s'appliquer à toute propriété immobilière ou mobilière, et spécialement au bétail et à la volaille. — Caen, 28 juin 1878, D. P., 1880, II, 73), alors même qu'elles ne seraient point classées par l'Autorité administrative parmi les animaux nuisibles.

La destruction ne peut évidemment pas s'exercer sur le *terrain d'autrui.*

L'art. 9 de la loi du 3 mai 1844 enjoint aux préfets l'ordre de prendre, après avis des Conseils généraux, un arrêté déterminant :

1° Les animaux malfaisants ou nuisibles ;

2° Les conditions d'exercice de ce droit.

Pour savoir si un animal doit être réputé malfaisant et nuisible, il faut se reporter à l'énumération comprise dans l'arrêté préfectoral.

Les préfets peuvent encourager, par la promesse de primes, la destruction des animaux nuisibles. (Circulaire du Ministre de l'Intérieur, 20 mai 1862.)

Parmi les quadrupèdes, les préfets déclarent d'ordinaire animaux malfaisants ou nuisibles : la belette, le blaireau, le chat sauvage, la fouine, le furet, l'hermine, le lapin, le loir, le loup, la loutre, la martre, le putois, le renard et le sanglier.

En ce qui concerne les oiseaux : l'aigle, l'autour, le balbusard, le bec-croisé, la bondrée, le busard, la buse, le chat-huant, le choucas, la chouette, la circaète, le corbeau, la corneille, le duc, l'épervier, le faucon, le geai, le gypaète, le hibou, le jean-le-blanc, le milan, la phène, la pie, la pie-grièche, le pigeon, le pygargue, le saint-martin, la sous-buse, le vautour.....

Les préfets, s'ils ont le droit de déterminer quels sont les animaux malfaisants ou nuisibles, n'ont jamais celui de classer les *bêtes fauves.*

Les animaux malfaisants ou nuisibles peuvent être détruits, qu'ils causent ou non un dommage.

L'art. 9 de la loi du 3 mai 1844, en permettant aux propriétaires, possesseurs ou fermiers, de détruire en tout temps, sur leur fonds, les animaux malfaisants ou nuisibles, n'entend nullement leur permettre d'y chasser, sans permis, à toute époque. (Caen, 11 avril 1877, D. P., 1878, I, 140.)

Les propriétaires, possesseurs ou fermiers, ne sont pas tenus de détruire par eux-mêmes les animaux malfaisants ou nuisibles : ils peuvent y employer leurs enfants, leurs domestiques, leurs ouvriers, ou se faire aider par leurs amis et voisins. (Angers, 19 mars 1859, SIREY, 1859, II, 667. — Paris, 14 février 1866. — Cassation, 8 décembre 1875, D., 1876, II, 169. — Circulaire du Ministre de l'Intérieur, 22 juillet 1851.)

Cette circulaire refuse le droit de destruction aux adjudicataires de chasse dans les bois soumis au régime forestier, mais ils peuvent toujours l'obtenir par voie de délégation ou de substitution.

Le droit de destruction des animaux malfaisants ou nuisibles doit être refusé au locataire de la chasse. C'est, en effet, l'intérêt agricole seul qui a motivé la disposition législative de l'art. 9 de la loi de 1844. Cet intérêt n'existe certainement pas, en ce qui concerne les adjudicataires d'un droit de chasse.

A l'égard des chasseurs, les animaux malfaisants ou nuisibles sont du gibier.

La destruction des animaux nuisibles par les *tiers,* sans délégation, constitue un véritable acte de chasse. (Seine, 2 février 1861.)

Les locataires de chasse et leurs invités doivent être considérés comme des *tiers* et ne peuvent se livrer à la destruction des animaux malfaisants ou nuisibles, sauf dans le cas de battue régulièrement autorisée.

Les dispositions de l'art. 9 de la loi de 1844 et les arrêtés préfectoraux pris en conformité de cette loi ont, en effet, uniquement pour but l'intérêt agricole et la protection des récoltes. Cet intérêt demeure absolument étranger aux locataires du droit de chasse. (Lyon, 13 mai 1903, *Moniteur de Lyon*, 12 juin 1803.)

Les propriétaires, possesseurs ou fermiers, peuvent déléguer à des tiers le droit de détruire, sur leurs terres, les animaux déclarés malfaisants ou nuisibles par arrêté préfectoral. (Orléans, 15 mai 1851, D. P., 1852, II, 292. — Caen, 23 mars 1865.—Rouen, 22 juin 1865. — Paris, 14 février 1866. — Lyon, 30 juillet 1866. — Angers, 24 février 1879. — Amiens, 29 décembre 1880.)

Cette délégation, dit VILLEQUEZ (t. II, p. 95), est même présumée à l'égard de certaines personnes (père, mari, enfant, domestiques et gardes).

Si l'arrêté préfectoral ne l'interdit pas, le propriétaire a le droit de recourir à des auxiliaires.

Si l'art. 9 de la loi de 1844 confère aux préfets le pouvoir de déterminer les conditions d'exercice du droit de destruction des animaux déclarés par eux malfaisants ou nuisibles, il existe toutefois certaines règles qu'ils ne peuvent enfreindre.

Ils ne peuvent, par exemple, limiter à une époque précise le droit de destruction accordé, *en tout temps*, par la loi. La jurisprudence, sur ce point, est générale.

La destruction peut avoir lieu *de jour* et *de nuit*. (Cassation, 11 avril 1877, D. P., 1878, II, 182. — Amiens, 29 décembre 1880, D. P., 1882, V, 62.)

Elle ne peut avoir lieu *en temps de neige*.

La Cour de Cassation a cependant décidé que l'art. 9, § 3, de la loi de 1844, soumet l'exercice du droit de destruction des animaux nuisibles aux conditions déterminées par le pouvoir réglementaire du préfet.

Que, spécialement, l'arrêté préfectoral qui interdit aux porteurs de permis de chasse de se servir de chiens courants pour la destruction, en temps prohibé, des animaux malfaisants ou nuisibles, est applicable au cas d'emploi de ces chiens sur des terres couvertes de neige, même après que la chasse a été déclarée ouverte ; si un second arrêté préfectoral, maintenant d'ailleurs le premier, a suspendu d'une manière absolue l'exercice du droit de chasse en temps de neige ; c'est là un temps prohibé dans le sens du premier arrêté. (Cass., crim., rej., 30 juillet 1852, D. P., 1852, V, 85. — Caen, 11 avril 1877. — Cass., 9 août 1877, D., 1878, I, 140.)

L'exercice du droit de destruction des animaux malfaisants ou nuisibles n'est pas subordonné à la nécessité du permis de chasse. (Instruction du Ministre de l'Intérieur, 20 mai 1844. — Circulaire du Ministre de l'Intérieur, 22 juin 1851. -- Orléans, 15 mai 1851, D. P., 1852, II, 292. — Paris, 14 février 1866, R. F., t. III, n° 470. — Amiens, 29 décembre 1880, D. P., 1882, V, 62.)

Les préfets ne sauraient, en conséquence, subordonner le droit de destruction à l'obtention d'un permis, pas plus qu'à une autorisation de leur part.

Les préfets ont le droit de régler les *modes, moyens* et *engins* susceptibles d'être employés pour la destruction des animaux malfaisants et nuisibles.

Ils peuvent autoriser *les chiens*.

A raison de son caractère destructif, l'art. 9 de la loi de 1844 interdit d'une manière absolue *la chasse aux chiens lévriers,* qu'ils soient de pure race, croisés ou dérivés. (Nancy, 18 décembre 1844. — Douai, 19 janvier 1846, D. P., 1846, II, 60.)

Exceptionnellement, les préfets peuvent autoriser l'emploi des *lévriers* pour la destruction des animaux malfaisants ou nuisibles. Ils doivent, dans ce cas, régler les conditions d'exercice de cette destruction. (Instruction du Ministre de l'Intérieur, 20 mai 1844.)

Les préfets pourraient donc, à notre avis, autoriser *la chasse au faucon,* si un arrêté préfectoral autorisait l'emploi du faucon pour la destruction des animaux malfaisants ou nuisibles ; les Tribunaux ne pourraient que s'incliner devant cette autorisation, à la condition, toutefois, que la destruction soit faite par les propriétaires, possesseurs ou fermiers, ou leurs ayants droits.

Les préfets peuvent permettre l'usage *d'armes à feu (fusil),* mais ils doivent le faire avec discernement, de façon à éviter les abus. (Circulaire du Ministre de l'Intérieur, 22 juillet 1851.)

Si un arrêté préfectoral, autorisant en tout temps la destruction des animaux malfaisants ou nuisibles, énumère certains engins de destruction qui peuvent être employés en en interdisant d'autres, *l'emploi du fusil* est licite si l'arrêté ne s'est point expliqué à son sujet. (Cass., crim., 16 janvier 1903, *Gazette du Palais,* 1903, I, 283.)

· Les propriétaires ou fermiers peuvent être autorisés à faire des *battues.*

Dans les forêts domaniales, l'art. 23 du cahier des charges permet aux adjudicataires de la chasse de procéder, en temps prohibé, à la chasse et à la destruction des animaux dangereux, malfaisants ou nuisibles, par tous les moyens autorisés par le préfet, ou par des *chasses* et *battues* pratiquées conformément à l'arrêté du 19 pluviôse an V.

Bêtes fauves. — Les observations que nous avons faites relativement à la destruction des animaux malfaisants ou nuisibles peuvent généralement s'appliquer à la destruction des *bêtes fauves.*

On appelle *bêtes fauves* « tous les animaux sauvages qui vivent principalement dans les bois et qui portent ou peuvent porter dommage aux personnes, ainsi qu'aux récoltes et aux propriétés. » (GIRAUDEAU.)

D'après la jurisprudence, l'expression *bêtes fauves* doit être entendue dans son acception normale et habituelle, c'est-à-dire avec la signification que lui donnent les ouvrages de vénerie et les anciennes ordonnances. (Cass., 3 janvier 1883, D. P., 1883, V, 55.)

Dans le langage de l'ancienne vénerie, on distingue trois sortes de bêtes :

1° *Les bêtes fauves proprement dites : cerfs, daims, chevreuils, chamois,* ainsi que leurs femelles et leurs faons;

2° *Les bêtes noires : sangliers, laies, marcassins ;*

3° *Les bêtes rousses ou carnassiers : loups, renards, blaireaux, fouines, putois, martres.*

Tous ces animaux sont compris dans l'expression de *bêtes fauves.*

La destruction des bêtes fauves peut s'exercer *en tout temps, la nuit,* en *temps de neige, sans permis,* et même *avec des armes à feu.*

Dès qu'un animal a, par sa nature, le caractère de *bête fauve,* — dès qu'il porte dommage à une propriété, le propriétaire ou fermier a le droit de le tuer, de quelque manière que ce soit, — *à l'affût, en embuscade* (Metz, 28 novembre 1867,

D. P., 1868, II, 123) ; *à l'aide de chiens courants,* en le *chassant à courre* (Poitiers, 19 janvier 1883, D. P., 1883, II, 45. — Crim., Cass., rej., 28 avril 1883, D. P., 1883, V, 53), ou en organisant des *battues* (Caen, 8 décembre 1875, D. P., 1876, II, 169. — Caen, 26 juin 1878, D. P., 1880, II, 73. — Crim., Cass., 29 décembre 1883, D. P., 1884, I, 96).

On peut, évidemment, prendre part à ces destructions sans être porteur de *permis de chasse.* (Caen, 8 décembre 1875, cité plus haut.)

Une question très importante se pose : Les propriétaires, possesseurs ou fermiers ont-ils le droit de détruire les bêtes fauves lorsqu'ils courent simplement un danger imminent ?

Il semblerait résulter d'une certaine jurisprudence que cette destruction ne doive s'exercer qu'en cas de *danger actuel.* (Cass., 29 avril 1858, D. P., 1858, I, 289. — Rouen, 16 février 1864, D. P., 1864, II, 154.)

Le droit de destruction des bêtes fauves n'est, en effet, que l'exercice d'une faculté naturelle, d'une défense légitime que les circonstances doivent rendre nécessaire actuellement et dans le moment même où l'on est obligé de repousser la force par la force. (Cass., 13 avril 1865, D. P., 1865, I, 196.)

Un propriétaire peut, pour ce motif, détruire ou repousser un chevreuil trouvé dans ses récoltes, où il causait déjà un dommage réel. (Orléans, 25 juillet 1861, D. P., 1861, II, 172.)

En ce qui me concerne, je considère que le droit de destruction des bêtes fauves peut s'exercer dès qu'il y a danger ou dommage imminent. Cette opinion est aujourd'hui généralement admise et, on peut le dire, définitivement établie. En effet, les dispositions de l'art. 9, § 3, ont pour base le droit naturel de légitime défense.

S'il fallait attendre, pour être admis à se défendre contre les bêtes fauves, que les champs fussent ravagés, que les animaux fussent enlevés ou égorgés, la loi ne serait qu'illusoire quant à son bénéfice.

Cette interprétation fort juste est celle admise par la législation antérieure à 1844, et il n'est pas à supposer que le législateur de 1844 ait voulu restreindre ce droit de légitime défense au cas seulement où les bêtes fauves portent un dommage actuel. Il suffit donc que le dommage soit imminent.

Le droit de défendre sa propriété est si naturel ; il est si naturel aussi d'empêcher le mal plutôt que de le laisser s'accomplir, qu'il faudrait un texte formel pour enlever ainsi le droit de se prémunir contre le danger. (Paris, 30 avril 1881, *Droit* du 4 mai 1881.)

Le 2 juin 1875, le Tribunal de Mamers acquittait plusieurs riverains de la forêt de Perseigne qui avaient établi des *silos* pour prendre les sangliers qui dévastaient leurs récoltes. Voir également en ce sens : CHAMPIONNIÈRE, p. 71. — GIRAUDEAU, n° 709. — JULLEMIER, t. II, p. 106. — LEBLOND, n° 157. — DE NEYREMAUD, p. 58.' — VILLEQUEZ, t. II, p. 69. — Tribunal de Vassy, 19 juillet 1882, D. P., 1882, V, 66. — Rennes, 18 juillet 1887, D. P., 1888, 2.

Le droit de destruction a pu également s'exercer légalement :

— A l'égard d'un cerf stationnant depuis un certain temps dans des prairies où sa présence prolongée rendait imminente la réitération du dommage auquel était journellement exposé, par suite de l'invasion de ces animaux, cette nature de propriété. (Crim., rej., 14 avril 1848, D. P., 1848, I, 135.)

— A l'égard de sangliers dont la seule présence constitue un danger continuel et imminent pour les propriétés. (Metz, 28 novembre 1867, D. P., 1868, II, 123. — Caen, 8 décembre 1875, D. P., 1876, II, 169.)

— A l'égard de renards ayant commis des déprédations sur une commune. (Caen, 26 juin 1878, D. P., 1880, 11, 73.)

— A l'égard d'un cerf chassé dans une forêt qui, se dérobant à la poursuite de chasseurs, se précipite dans la cour d'une ferme voisine, où il pouvait porter atteinte à la propriété et aux personnes de la maison. (Rouen, 25 février 1875, D. P., 1876, II, 169.)

Jugé également :

Que la présence prolongée de bêtes fauves sur une propriété ou dans son voisinage peut être considérée comme un dommage actuel ou imminent. (Crim., Cass., 29 décembre 1883, D. P., 1884, I, 96.)

— Que la présence de loups dans un canton peut être considérée comme un danger actuel et imminent.

En conséquence, il n'y a pas délit, de la part d'un maître d'équipage et de ses auxiliaires qui, sur les instances des propriétaires d'une forêt, y détruisent, au moyen de *chasses à courre,* plusieurs jeunes loups. (Poitiers, 19 janvier 1883, D. P., 1883, II, 45.) — Sur pourvoi, rejet. (Crim., Cass., 28 avril 1883, D. P., 1883, V, 53. — Rennes, 15 décembre 1880, R. F., t. IX, n° 56.)

Terrain sur lequel peut s'exercer le droit de destruction. — Les Tribunaux ont, sur ce point, un pouvoir souverain d'appréciation.

La Cour d'Orléans décide que les propriétaires ne peuvent exercer leur droit de destruction que sur leurs terres. (Orléans, 28 octobre 1858, D. P., 1859, II, 9.)

La Cour de Rennes, plus récemment, décidait que le propriétaire ou fermier qui se livre à la destruction des bêtes fauves, en temps prohibé, à l'aide de fusils et de chiens, soit sur ses terres, *soit dans une forêt voisine,* n'accomplit qu'un acte de légitime défense qui lui est reconnu par la loi de 1844, art. 9. (Rennes, 18 juillet 1887, déjà cité.)

De nombreux auteurs cynégétiques, tels que Championnière, Duvergier, Giraudeau, Leblond et de Neyremaud, sont d'avis que l'on peut s'embusquer sur le terrain d'autrui, à proximité de son bien, pour surveiller l'arrivée des bêtes fauves, les repousser et les détruire.

Certains ajoutent même qu'on peut poursuivre sur le terrain d'autrui les bêtes fauves que l'on a attaquées sur son propre terrain et dont on a perdu la piste.

Nous estimons, au contraire, que cette poursuite ne saurait être tolérée contrairement à la volonté du propriétaire voisin. Il est évident que ne commettrait aucun délit celui qui, ayant blessé sur son propre fonds une bête fauve, portant dommage à sa propriété, irait chercher et enlever sur un terrain voisin, appartenant à autrui, cette bête sauvage qui était allée y mourir. (Rouen, 21 décembre 1879, D. P., 1882, V, 70.)

Chapitre V

Les personnes prenant part à la chasse à courre sont :

Le maître d'équipage;

Le veneur, qui, le plus souvent, se confond avec le maître d'équipage;

Les invités;

Les spectateurs, les curieux. (La chasse à courre, ayant le plus souvent lieu sans armes, il ne sera pas toujours facile de distinguer les véritables chasseurs des curieux et des invités.)

Les auxiliaires de la chasse, qui sont : *le piqueur, le valet de limier, le valet de chiens* et *les palefreniers,* qui conduisent les chevaux de relais, et quelquefois, *les gardes-chasse* qui suivent la chasse à courre.

Au chap. III, *Faits de chasse et actes préparatoires de la chasse à courre,* nous avons déjà eu l'occasion de parler du rôle, plus ou moins actif, de chacune de ces personnes. Au chap. III, *Permis de chasse,* nous avons indiqué quelles étaient celles de ces personnes qui étaient astreintes au permis. Nous ne reviendrons pas sur tous ces points.

La loi de 1844, ainsi que nous l'avons déjà dit, n'a pas défini *la chasse à courre;* les Tribunaux ont donc, sur ce point, un droit souverain d'appréciation.

Pour savoir si le fait incriminé est une chasse à tir ou une chasse à courre, il convient de prendre en considération le nombre et la nature des chiens courants employés, la façon dont le gibier a été lancé ou se trouvait poursuivi, l'attitude des chasseurs et des piqueurs.

Il n'est pas nécessaire que tous les chasseurs soient à cheval. (Vesoul, 24 juillet 1877, D. P., 78, V, 83.)

Il s'agissait, en l'espèce, d'une chasse au sanglier organisée dans une forêt de l'Etat. Le fermier et son piqueur étaient seuls à cheval. Tous les autres chasseurs étaient à pied et armés de fusils, mais ils avaient reçu la défense expresse de s'en servir, hors le cas où ils seraient obligés de se défendre ou de protéger les chiens.

L'emploi des armes à feu, dans une chasse à courre, doit, en effet, être tout à fait exceptionnel, puisque le but de cette chasse est de forcer le gibier.

Il n'en est pas de même dans la petite chasse aux chiens courants, comme elle se pratique dans certains pays. Le chien courant poursuit la bête, la suit jusqu'à ce qu'elle tombe sous le coup de fusil du chasseur. L'usage de tirer l'animal chassé avec le fusil ou la carabine ne s'est introduit chez nous qu'au siècle dernier. Autrefois, on ne connaissait que la chasse à courre, la chasse noble par excellence, la seule admise dans notre ancien Droit, chasse dans laquelle on n'employait, pour servir l'animal, que le couteau de chasse.

***

Auxiliaires de la chasse à courre. — *Gardes-chasse.* — *Gardes particuliers.* — « Vous jurez et promettez de veiller fidèlement à la garde des propriétés qui vous sont confiées », telle est la formule du serment que sont appelés à prêter les gardes particuliers, avant de pouvoir exercer régulièrement leurs fonctions.

C'est, en effet, le serment seul qui les investit du caractère d'officiers de police judiciaire, sans lequel ils n'auraient aucune autorité légale.

Les gardes particuliers sont « champêtres » s'ils n'ont d'autres fonctions que celles de veiller aux champs ; « forestiers » s'ils sont appelés à garder des propriétés boisées ; « forestiers et champêtres » lorsqu'ils exercent leurs fonctions à la fois aux champs et aux bois.

C'est pourquoi les attributions des gardes doivent être bien spécifiées dans leurs commissions. Il est nécessaire d'indiquer d'une façon complète les communes où sont situées les propriétés confiées à leur garde, la nature de ces propriétés (terres labourables, prés, vignes, bois, eaux, etc.) Si les bois et les eaux n'étaient pas indiqués dans la commission, le garde particulier serait considéré comme un garde particulier champêtre, et devrait prêter serment devant le juge de paix.

Toute personne qui fera agréer un garde fera bien d'indiquer dans sa commission qu'il place sous la surveillance de ce garde toutes ses propriétés présentes et futures, celles qu'il pourra acquérir, soit à titre gratuit, soit à titre onéreux (successions-acquisitions).

Il évitera ainsi de nombreuses difficultés.

***

Gardes particuliers champêtres. — *Gardes-chasse.* — L'art. 4 de la loi du 20 messidor an III autorise les propriétaires et, par analogie, les fermiers, à faire assermenter des gardes particuliers, pour veiller à leurs champs.

Les locataires et adjudicataires de chasse en plaine peuvent également faire agréer des gardes particuliers, mais ces derniers doivent se borner à surveiller la chasse et constater seulement les délits de chasse. On les appelle communément « gardes-chasse ».

Formalités. — Celui qui veut obtenir la nomination d'un garde particulier champêtre doit en faire la demande au préfet du département ou au sous-préfet de l'arrondissement où sont situées les propriétés à surveiller ; il joindra à sa demande un certificat de moralité délivré au postulant par le maire de sa commune. Le préfet ou le sous-préfet, après examen, donne ou refuse son agrément. Après avoir fait enregistrer sa commission agréée, le garde doit se présenter devant le juge de paix du canton où il doit exercer ses fonctions, pour y prêter serment. Si les propriétés confiées à sa garde se trouvent sur plusieurs cantons, le nouveau garde fera bien de faire enregistrer sa prestation de serment aux Greffes des justices de paix et aux brigades de gendarmerie de chacun de ces cantons. C'est une sage précaution dont il n'aura qu'à se féliciter.

***

Gardes particuliers forestiers. — L'art. 117 du Code Forestier autorise les propriétaires ou fermiers de propriétés boisées (forêts, bois, taillis) à faire assermenter des gardes particuliers choisis par eux.

Il est également permis aux locataires de chasse de bois domaniaux de faire nommer, avec l'autorisation des conservateurs des forêts, des gardes-chasse particuliers. Les préposés forestiers n'en conservent pas moins la surveillance du braconnage. Ils ne doivent pas l'oublier.

Les gardes particuliers forestiers doivent prêter serment devant le Tribunal Civil de l'arrondissement où sont situées les propriétés confiées à leur garde. Le procès-verbal de prestation de serment doit être enregistré au Greffe de ce Tribunal. Si les propriétés à surveiller sont réparties sur plusieurs arrondissements, nous conseillons aux gardes de faire enregistrer leurs prestations de serment dans tous les Greffes des Tribunaux d'arrondissement où ils auront à exercer leurs fonctions.

**

Gardes particuliers champêtres et forestiers. — Ordinairement la même personne est à la fois garde particulier champêtre et forestier. Tout cela dépend, ainsi que je l'ai dit plus haut, de l'étendue de la commission qui lui est donnée.

**

Conditions requises pour être garde particulier. — Pour obtenir ce poste de confiance, il faut remplir certaines conditions d'âge, de capacité et de moralité.

Il faut être âgé de 25 ans (tombe néanmoins sous le coup de l'art. 224 du Code Pénal celui qui outrage un garde particulier investi de ses fonctions, suivant les formes légales, par l'Autorité compétente, alors même que ce garde serait âgé de moins de 25 ans (Tribunal Civil de Béziers, 31 octobre 1899 ; *Moniteur du Midi*, 21 janvier 1900), offrir des garanties de moralité et de probité sérieuses, être, selon la formule consacrée, *de bonnes vie et mœurs.*

Ces garanties sont entièrement laissées à l'appréciation de l'Autorité préfectorale, qui peut, si elle le juge convenable, agréer comme garde particulier une personne ayant encouru de légères condamnations, et refuser son agrément à d'autres n'ayant jamais été condamnées.

Le Pouvoir judiciaire n'a, au contraire, aucun droit de rechercher si les personnes à qui il confère, par le serment qu'elles prêtent devant lui, la qualité d'officier de police judiciaire, remplissent les conditions de moralité, de calme et de confiance, nécessaires à l'exercice de leurs fonctions.

C'est évidemment une lacune fort regrettable.

A la date du 26 mars 1890, le Tribunal de Château-Thierry a voulu protester contre cette anomalie. Il a refusé d'admettre au serment un garde agréé par le sous-préfet, malgré une condamnation à 100 francs d'amende pour coups volontaires et des renseignements peu favorables.

Les principaux attendus du jugement sont les suivants :

Attendu que toutes les décisions rendues par les Tribunaux doivent être délibérées, c'est-à-dire discutées, dès lors exclusives d'une solution unique et inévitable ; qu'ils sont toujours libres d'admettre ou de rejeter, en motivant leur solution, les demandes qui leur sont soumises ; qu'en aucune matière, on ne saurait les considérer comme de simples Chambres d'enregistrement, ce qui serait absolument contraire au but pour lequel ils ont été institués ;

Que notamment en matière de serment, l'intéressé ne saurait se prévaloir de l'agrément de l'Administration pour obtenir, sans discussion de la part du Tribunal devant lequel il se présente, son admission au serment ;

Que cette admission est prononcée par jugement et dans les mêmes conditions de forme que les autres décisions judiciaires, c'est-à-dire « après avoir entendu le Ministère public en ses réquisitions et en avoir délibéré conformément à la loi » ; qu'on ne saurait délibérer que sur une question qui peut être tranchée dans plusieurs sens ;

Attendu que si un Tribunal n'a ni à rechercher, ni à apprécier les motifs d'ordres divers qui ont pu déterminer l'Administration à agréer tel ou tel garde, malgré son casier judiciaire, qui nécessairement a dû passer sous ses yeux, il ne saurait être tenu, par une admission *de plano* au serment, de donner une sorte de consécration à cet agrément et d'en partager ainsi la responsabilité ;

Que d'ailleurs, si le législateur eût entendu que la prestation de serment fût une conséquence forcée de l'agrément, il aurait laissé à l'Administration le soin de le recevoir, comme pour tant d'autres agents, même officiers de police judiciaire, et ne l'eût pas confié au Pouvoir judiciaire ;

Que c'est donc, sinon un droit de contrôle, tout au moins un droit d'examen qui a été donné aux Tribunaux, lequel s'applique d'autant mieux que les gardes particuliers ne sont pas nommés par l'Administration, mais seulement agréés par elle ; qu'en outre, ils sont officiers de police judiciaire auxiliaires du Procureur de la République et que les Tribunaux seuls ont qualité pour apprécier les actes résultant de leurs fonctions ; que si l'inscription sur leur casier judiciaire de condamnations insignifiantes et ne portant aucune atteinte à leur honorabilité ne doit pas empêcher un Tribunal de les admettre au serment, il n'en saurait être de même de celles qui, même sans présenter aucun caractère de malhonnêteté, indiqueraient de la part de celui qui les a encourues une nature incompatible avec les fonctions dont on veut le charger et peu conforme à l'esprit, sinon à la lettre, de l'art. 2 du décret du 20 messidor an III ;

Attendu que cette théorie n'est que la conséquence du principe de la séparation des Pouvoirs et de l'indépendance absolue et d'ordre public du Pouvoir judiciaire qui, par sa nature, est essentiellement délibérant, et auquel nul ne saurait avoir la prétention d'imposer une solution quelconque qui ne pourrait être ni discutée, ni réfléchie.

La Cour de Cassation, par arrêt du 30 juin 1890, cassa le jugement du Tribunal pour excès de pouvoir résultant de l'immixtion de l'Autorité judiciaire dans l'examen d'une nomination émanée de l'Autorité administrative compétente, et renvoya le garde devant le Tribunal de Château-Thierry, pour y prêter serment. Le Tribunal, malgré l'arrêt de la Cour suprême, s'y refusa, et rendit une décision dont voici les principaux attendus :

(Audience du 29 août 1890)

En la forme.....

Attendu que la liberté du Tribunal de statuer d'après sa conviction reste entière tant que la question juridique dont il s'agit n'aura pas été examinée et résolue par toutes les Chambres réunies de la Cour suprême, conformément à la loi du 1er avril 1837 ;

Au fond :

Attendu que le jugement rendu par ce Tribunal, le 26 mars dernier, est basé sur des motifs de droit et de fait établissant, d'une façon très précise, son pouvoir d'examiner la situation légale et pénale d'un garde particulier se présentant pour prêter serment, ainsi que les garanties de confiance que peut lui offrir ce futur officier de police judiciaire placé sous la surveillance, non de l'Autorité administrative, mais de l'Autorité judiciaire ;

Qu'évidemment, hors le cas d'une nomination non conforme aux lois, en procédant de la sorte vis-à-vis d'un agent nommé par l'Administration, l'immixtion du Pouvoir judiciaire dans l'examen d'une nomination régulièrement émanée de l'Autorité ne serait pas douteuse ;

Mais attendu que la nomination d'un garde particulier n'est pas, comme celle des gardes champêtres des communes, faite par l'Autorité administrative, mais par le propriétaire des terres à garder ;

Qu'en effet, dans son arrêt du 23 janvier 1880, le Conseil d'Etat lui-même a reconnu que l'Autorité administrative ne nommait pas les gardes particuliers et ne pouvait même leur retirer son agrément ;

Qu'il en résulte que cet agrément, sorte de visa arbitraire, mais de pure forme, ne confère aucun droit de surveillance ou pouvoir quelconque à l'Administration sur les gardes particuliers, et que non seulement elle n'a pas la faculté de les révoquer, mais même celle de leur retirer son approbation, eût-elle été intempestivement donnée ;

Qu'il est dès lors bien difficile à l'Autorité judiciaire, qui examine si la nomination par un propriétaire d'un garde particulier révocable par lui seul présente les conditions de légalité ou les garanties de confiance nécessaires, d'empiéter sur un pouvoir négatif et en quelque sorte inexistant de l'Autorité administrative ;

Que si cette opinion ne prévalait pas, ce serait en cette matière l'asservissement complet du Pouvoir judiciaire, réduit au simple rôle d'agent de l'Autorité administrative ;

Qu'il pourrait en résulter cette étrange et dangereuse conséquence que si, par suite d'une erreur, l'Administration agréait en qualité de garde un individu mal famé, quoique n'étant frappé d'aucune incapacité légale, et dont la triste réputation serait connue d'un Tribunal, cette juridiction se verrait dans la nécessité de consacrer solennellement à l'audience par une admission au serment, non seulement cette triste nomination faite par un propriétaire, mais encore l'approbation erronée de l'Administration que celle-ci n'aurait plus le pouvoir de retirer ;

Que tout l'odieux d'un choix aussi scandaleux retomberait nécessairement aux yeux du public sur le Pouvoir judiciaire qui aurait reçu le serment, ce qui ne manquerait pas de nuire grandement à la considération de la magistrature et au respect dû à la justice ;

Attendu, en outre, qu'on n'a jamais dénié aux Tribunaux le droit de rechercher si la nomination des agents qui doivent prêter serment devant eux a été faite conformément aux lois et décrets ; qu'il convient d'examiner si, en ce qui concerne A..., ceux qui régissent la matière ont été observés ;

Attendu qu'aux termes de l'art. 2 du décret du 20 messidor an III, « les gardes champêtres ne pourront être choisis que parmi les citoyens dont la probité, le zèle et le patriotisme seront généralement reconnus » ;

Attendu que le mot « probité » dont s'est servi le législateur ne saurait être entendu seulement dans le sens strict de l'honnêteté vulgaire, qui consiste à ne pas s'approprier frauduleusement a chose d'autrui, mais bien de l'ensemble des qualités requises pour remplir avec calme, modération, fermeté et impartialité les fonctions dont s'agit ;

Attendu que A..., en 1874, a été condamné à 100 francs d'amende pour violences volontaires ;

Que cette condamnation, grave pour un premier délit, dénote chez lui un caractère irascible et une absence complète du calme et de la modération nécessaires aux fonctions dont on veut le charger ;

Qu'en outre, les renseignements recueillis sur lui et qui figurent au dossier de cette affaire le représentent comme brutal dans son intérieur et redouté dans sa commune ;

Que, dès lors, non seulement il ne saurait inspirer aucune confiance au Tribunal comme garde et officier de police judiciaire, mais qu'au surplus il ne remplit pas les conditions exigées par le décret précité pour être choisi comme garde champêtre particulier ;

Qu'en conséquence, tant en raison de ses antécédents que de sa nomination non conforme aux conditions prescrites par la loi, il n'y a lieu d'admettre A... au serment.

Le 23 décembre 1890, la Cour de Cassation, par un nouvel arrêt, prescrivait au Tribunal de recevoir le serment du garde : ce qui fut fait.

Fonctions des gardes particuliers. — Le plus souvent les fonctions des gardes particuliers consistent dans la surveillance de la chasse et de la pêche. Ils doivent cependant ne pas négliger de rechercher et de constater les contraventions et les délits pouvant porter atteinte aux propriétés rurales et forestières dont ils ont la garde.

Procès-verbaux. — *Rédaction.* — Pour rédiger convenablement un procès-verbal, il est nécessaire que le garde ait une certaine instruction. La Cour de Cassation, à la date du 9 mai 1866 (Voir DALLOZ, 1866, I, 285), a cependant décidé que les gardes particuliers pouvaient faire écrire leurs procès-verbaux, même par des personnes sans qualité, c'est-à-dire autres que les juges de paix, greffiers, maires ou adjoints, etc., pourvu que l'officier public, qui reçoit l'affirmation, donne préalablement au garde lecture du procès-verbal et le lui fasse signer.

Malgré cette faculté, nous ne saurions trop recommander de ne jamais faire assermenter des personnes ne sachant ni lire, ni écrire, il ne peut en résulter que de nombreuses difficultés devant les Tribunaux appelés à statuer sur les procès-verbaux des gardes.

En règle générale, les procès-verbaux doivent être écrits et signés de la main des gardes ; ils doivent être rédigés avec le plus grand soin ; les ratures, renvois et surcharges doivent être approuvées.

Tout procès-verbal doit être rédigé sur timbre à 0 fr. 60 et enregistré dans le délai de quatre jours. Le défaut d'enregistrement, dans ce laps de temps, ne saurait toutefois être une cause de nullité. (Vervins, 25 janvier 1882. — Amiens, 18 mars 1882.) Le délinquant ne peut arguer de nullité le procès-verbal dressé à sa charge, en excipant de la date tardive de l'enregistrement, mais le garde pourrait être condamné à l'amende (double droit).

L'art. 24 de la loi de 1844 exige, à peine de nullité, que le procès-verbal soit affirmé dans les 24 heures du délit. *Cette nullité est d'ordre public.* Le procès-verbal doit donc, sous peine d'être annulé, mentionner l'heure à laquelle il a été affirmé. (Amiens, 16 juillet 1885.)

Serait nul un procès-verbal clôturé le 1ᵉʳ février, à 8 heures du matin, constatant un délit commis la veille, 31 janvier, à midi, affirmé le 2 février, sans indication de l'heure. (Crim., Cassation, 28 janvier 1875, D. P., 75, I, 331.)

Est nul le procès-verbal d'un garde champêtre, lorsqu'il n'a été affirmé que plus de 24 heures après qu'il a été clos. En conséquence, il y a lieu de relaxer le prévenu contre lequel ce procès-verbal a été dressé. (Tribunal de Simple Police de Lezoux (Puy-de-Dôme), 3 novembre 1905. — *Décisions des Juges de Paix*, 1906, 133.)

L'affirmation doit être faite par le maire, son adjoint, ou à leur défaut par un conseiller municipal. Les dimanches et jours de fêtes n'augmentent pas les délais.

Le procès-verbal doit être signé par le garde. Il doit contenir toutes les circonstances de nature à bien établir le délit.

Le procès-verbal, qui a servi de base à une poursuite, doit être déclaré nul lorsque l'acte d'affirmation qui en est le complément n'a pas été signé par le garde, rédacteur du procès-verbal. (Orléans, 23 janvier 1906. — *Lois et Sports*, 1906, II, 396.)

On ne saurait trop recommander aux gardes particuliers de relever toutes les circonstances dans lesquelles le délit a été commis. S'ils ont été l'objet de violences ou menaces, si les menaces ou violences ont dégénéré en coups et blessures, l'art. 311 du Code Pénal est applicable ; si les violences ont eu lieu la nuit, dans un enclos attenant à une habitation, l'art. 13, § 2, et l'art. 14 de la loi de 1844 sont, au contraire, appliquées.

Les gardes doivent donner d'une façon aussi exacte que possible le signalement et la description des armes dont les délinquants sont porteurs. En effet, lorsque les Tribunaux prononcent la confiscation des armes, ils laissent toujours aux condamnés le choix de déposer ces armes au Greffe ou d'en payer la valeur. Lorsque les gardes n'ont pas décrit les fusils d'une façon bien exacte, les délinquants déposent au Greffe un fusil hors d'usage et sans aucune valeur, ce qu'on appelle le fusil de Greffe. Ce fusil se vend de 3 à 5 francs. Les armuriers de province en ont un certain stock, qui leur provient des ventes des armes saisies, faites par l'Administration de l'Enregistrement.

Les gardes particuliers doivent interpeller les délinquants, recevoir et consigner leurs explications, indiquer quels ont été leur attitude, leurs gestes, etc., etc.

Tous ces détails seront examinés par le Tribunal, qui en tiendra compte dans l'application de la peine, avec ou sans circonstances atténuantes ou aggravantes.

Le procès-verbal d'un garde champêtre, lorsqu'il n'est écrit ni de la main du garde verbalisant, ni de celle d'un des fonctionnaires autorisés par la loi à l'écrire à sa place, ne doit pas, par ce seul fait, être déclaré nul, s'il a été lu préalablement au garde par l'officier public qui en reçoit l'affirmation et s'il fait mention de cette lecture. (Cass., crim., 22 juin 1905, *Ann. Juges de Paix*, 1906, 200.)

Est nul, par application de l'art. 24 de la loi du 3 mai 1844, le procès-verbal dressé en matière de délit de chasse qui, d'une part, ne fait pas mention de l'heure de l'affirmation, et qui, d'autre part, ne contient qu'une sorte de visa du juge de paix, sans la moindre affirmation sous serment devant ce magistrat, de la part des gardes qui l'ont dressé. Le Tribunal, dans ces conditions, doit se borner à rechercher si, en dehors de ce document, le demandeur fait, à l'aide de débats oraux à l'audience, la preuve de l'existence du délit par lui allégué contre les prévenus. (Lyon, 16 mai 1906, *Moniteur de Lyon*, 16 octobre 1906.)

Si le délinquant prend la fuite, s'il refuse de dire son nom, s'il est sans domicile connu, le garde particulier pourra le conduire par la force devant le maire ou le juge de paix, en se faisant prêter aide et assistance, si besoin.

Les gardes doivent être constamment porteurs de leurs insignes et régulièrement de leurs commissions. Ils pourraient néanmoins verbaliser s'ils les avaient oubliés, mais la rebellion n'existe pas à l'encontre des agents qui ne sont pas revêtus de leurs insignes et dont la qualité n'est pas connue du prévenu.

Les gardes particuliers ne peuvent pénétrer chez les délinquants, pour y perquisitionner, sans être accompagnés du juge de paix, du commissaire de police ou du maire.

Ils peuvent arrêter les individus pris en flagrant délit, s'ils encourent la peine de l'emprisonnement. Mais!!! c'est une question bien délicate.

(Tribunal de Château-Thierry, 24 novembre 1899.) — N'encourt pas la peine de faux témoignage le garde particulier, arrêté à l'audience, qui rétracte avant le jugement la déclaration de son procès-verbal et de sa déposition.

(Cass., crim., 23 mars 1901.) — Le délit de chasse établi par les constatations insérées au procès-verbal d'un garde-chasse dûment assermenté ne peut disparaître que devant la preuve contraire régulièrement administrée. Les juges ne sauraient juridiquement prononcer la relaxe de l'inculpé en déclarant qu'il ne leur paraît pas suffisamment établi que le prévenu fût à la recherche du gibier quand procès-verbal a été dressé contre lui. (*Moniteur de Lyon,* 12 avril 1901.)

(Lyon, 9 avril 1902.) — Le procès-verbal dressé par un garde fait foi; jusqu'à preuve du contraire, on ne saurait considérer comme une preuve la simple allégation du prévenu. (*Moniteur de Lyon,* 8 mai 1903.)

Droit de transaction. — Un garde particulier qui, moyennant le versement d'une somme d'argent, consent à ne pas dresser procès-verbal contre un chasseur pris en faute, commet-il un acte simplement blâmable, ou bien, au contraire, tombe-t-il sous le coup de la loi pénale ? Nous avons déjà publié, à ce sujet, dans la Revue *Lois et Sports* (mars 1909, p. 43), un article fort documenté de M⟨r⟩ Baudouin, avocat à la Cour d'Appel de Paris.

Il semble, dit-il, qu'il n'y ait qu'à lire l'art. 177 du Code Pénal pour répondre à cette question. Après avoir, dans son § 1⟨r⟩, relevé certains faits, certains agissements qui constituent, à l'encontre de tout fonctionnaire public de l'ordre administratif ou judiciaire, tout agent ou préposé d'une Administration publique, le crime de corruption, il ajoute dans un deuxième paragraphe : « La présente disposition (qui prévoit et punit la corruption) est applicable à tout fonctionnaire, agent ou préposé de la qualité ci-dessus exprimée, qui, par offres ou promesses agréées, dons ou présents reçus, se sera abstenu de faire un acte qui entrait dans l'ordre de ses devoirs. »

Nous n'aurons pas de peine à démontrer que cette disposition s'applique de façon parfaitement adéquate aux actes de vénalité dont pourrait se rendre coupable un garde particulier.

Quels sont, en effet, aux termes de l'art. 177 du Code Pénal, les éléments constitutifs du crime de corruption ? Ils sont au nombre de trois, que nous allons successivement passer en revue pour voir s'ils peuvent s'appliquer à la question dont s'agit.

Pour qu'il y ait crime de corruption, il faut tout d'abord que la personne corrompue ait la qualité de fonctionnaire public de l'ordre administratif ou judiciaire, d'agent ou préposé d'une Administration publique. Les gardes des particuliers satisfont-ils à cette première condition et revêtent-ils le caractère de fonctionnaire public ? Bien qu'ils soient payés par ceux qui les emploient, comment pourrait-on leur dénier cette qualité ? Ne sont-ils pas en effet, aux termes de l'art. 16 du Code d'Instruction criminelle, des officiers de police judiciaire ? N'ont-ils pas pour premier devoir de rechercher et de constater les délits et les contraventions de police dans les propriétés placées sous leur surveillance, et ne tiennent-ils pas de la loi du 3 mai 1844, art. 22, le pouvoir de dresser des procès-verbaux qui, lorsqu'ils sont réguliers, doivent être crus jusqu'à preuve contraire ? Sont-ce là des attributions d'ordre privé et ne supposent-elles pas en faveur de ceux qui s'en trouvent investis une délégation d'une partie de la puissance publique qui fait d'eux des fonctionnaires participant à l'exercice de l'autorité et remplissant au premier chef un ministère de service public ? Cette délégation ne résulte-t-elle pas à l'évidence des formalités qui président à leur nomination ? Leur entrée en fonctions n'est-elle pas, en effet, subordonnée à l'agrément de leur commission par le Sous-Préfet et à la prestation d'un serment judiciaire qui, comme le disait déjà Loyseau *(Traités des Offices*, I, chap. 4, n° 71), « attribue et accomplit en l'officier l'ordre, le grade et, s'il faut ainsi parler, le caractère de son office et qui lui défère la puissance publique » ? Une fois investis du mandat public qui caractérise leurs fonctions, ne sont-ils pas encadrés dans l'organisation judiciaire ?

Ne sont-ils pas, en effet, en vertu de l'art. 17 du C. I. C. et en qualité d'officiers de police judiciaire, placés sous la surveillance du Procureur de la République et sous la subordination de tous leurs supérieurs dans l'Administration, et ne rentrent-ils pas ainsi dans cette vaste hiérarchie instituée pour exercer sous une impulsion supérieure les multiples attributs de la puissance publique ? Ne jouissent-ils pas encore du privilège d'être jugés par la 1re Chambre de la Cour, à raison des délits qu'ils peuvent commettre dans l'exercice de leurs fonctions, et cette prérogative n'est-elle pas strictement réservée à certains fonctionnaires publics, ceux-là même dont la mission intéresse le plus directement l'ordre public et donne aux accusations dirigées contre eux un caractère d'exceptionnelle gravité ? (Cassation, 9 mars 1838, P., 40, 1, 254; 20 novembre 1840, P., 41. 1, 33. — Orléans, 6 mars 1843, P., 43, I, 641. — Rouen, 21 mars 1894, S., 95, II, 204.)

Ne sont-ils pas enfin des agents de la force publique devant prêter mainforte à l'Autorité et en recevoir à leur tour aide et assistance pour les délits et contraventions qu'ils sont chargés de constater ?

Dira-t-on alors que, fonctionnaires, ils occupent une situation trop modeste, un rang trop peu élevé, pour que l'art. 177 du Code Pénal s'applique à eux ? Mais où se trouve le germe d'une telle distinction ? Le législateur n'a-t-il pas déclaré expressément que la disposition qu'il édictait visait « *tout fonctionnaire public de l'ordre administratif ou judiciaire, tout agent ou préposé d'une Administration publique ?*

En employant cette formule, qui est aussi large, aussi compréhensive que possible, n'a-t-il pas clairement indiqué qu'il entendait légiférer pour tous les fonctionnaires, quels que soient leur grade et leur rang ?

On ne peut, d'ailleurs, que le louer d'avoir posé une règle inflexible à l'égard de tous. C'est qu'en effet la corruption est l'un des crimes qui mettent le plus gravement en péril la sécurité d'un Etat, et elle n'est pas moins dangereuse lorsqu'elle s'exerce sur les personnes les plus basses de la société que lorsqu'elle cherche à atteindre les plus élevées. En bas, les tentations sont plus fortes, le scandale est moindre, et le mal risque de se propager avec d'autant plus de facilité qu'il est moins remarqué.

Il est donc impossible de soutenir que les gardes particuliers ne soient pas des fonctionnaires publics, ou que leurs fonctions soient trop modestes pour qu'ils puissent tomber sous le coup de l'art. 177 du Code Pénal. Il y a crime de corruption dans toute prévarication de leur part.

Le second élément de ce crime consiste dans le fait d'agréer des offres ou promesses, ou de recevoir des dons ou présents. C'est cet acte qui constitue la matérialité du crime. Exemple : S'il s'agit d'un garde qui, à prix d'argent, a consenti à ne pas dresser un procès-verbal contre un chasseur pris en faute, il n'est donc pas douteux que la corruption ait été opérée par des présents.

Enfin, troisième élément constitutif, il faut que le but à atteindre par le corrupteur consiste soit en un acte, soit en une abstention d'acte de la fonction de la personne corrompue. Ce troisième point ne peut donner lieu à aucune difficulté. L'acte dont l'abstention a été obtenue dans l'espèce, c'est le procès-verbal destiné à constater le délit qui n'a pas été dressé ; c'est un acte de la fonction du garde, si toutefois il est dressé dans les limites de la fonction territoriale qui lui est assignée par la commission.

Les trois éléments sont donc réunis, et l'acte de corruption tombe sous l'application de la loi (art. 177 du Code Pénal).

Cette solution s'impose, et elle a été consacrée de tout temps par la jurisprudence de la Cour de Cassation et par tous les auteurs.

Dès 1826, la Cour suprême a statué dans une affaire célèbre dans les annales judiciaire. Un garde particulier, ayant surpris un chasseur en dehors des limites du territoire placé sous sa surveillance, lui avait déclaré procès-verbal et avait consenti à ne pas le rédiger, moyennant le paiement d'une certaine somme d'argent. Traduit devant la Cour d'Assises du Doubs et reconnu coupable par le jury, il avait été absous par la Cour, par le motif que ce fait n'était qualifié ni crime ni délit par la loi. Les magistrats avaient estimé que l'acte dont l'abstention avait été obtenue à prix d'argent n'était pas un acte de la fonction du garde-chasse, parce que le procès-verbal devant constater un fait, un délit commis hors du territoire de l'agent verbalisateur, il était incompétent *ratione loci*. Dans leur opinion, le troisième élément faisait défaut. Sur pourvoi du Ministère public, la Cour de Cassation cassa l'arrêt d'absolution pour violation de l'art. 177 du Code Pénal (D., 27, I, 6) et renvoya l'affaire devant la Cour d'Assises de la Haute-Savoie, qui se rangea à l'avis des premiers juges sur la question principale de corruption, mais déclara le garde coupable d'une manœuvre frauduleuse constituant le délit d'escroquerie et lui appliqua la peine. Nouveau pourvoi du Ministère public. Les Chambres réunies de la Cour de Cassation statuèrent.

« Quel est, dit le Procureur général, le crime que punit l'art. 177 ? C'est la prévarication du fonctionnaire public, mais dans l'exercice de ses fonctions. Il est impossible qu'un homme soit coupable de n'avoir pas fait un acte quand il n'avait pas le droit de le faire..... L'art. 177 dit expressément que celui-là est coupable de n'avoir pas fait un acte qui entrait dans l'exercice de ses fonctions. L'accusé n'avait ni devoir à remplir, ni fonction à exercer, là où ledit crime a été commis. »

La Cour de Cassation a rendu un arrêt de tous points conforme à ces conclusions et rejeté le pourvoi par le motif « qu'il résultait de la déclaration du jury que l'accusé avait sciemment abusé de sa qualité pour exiger une somme d'argent, en promettant de s'abstenir de rédiger un procès-verbal qu'il n'avait pas le droit de dresser et qui n'entrait pas, par conséquent, dans l'ordre de ses devoirs. » Ainsi donc, les Chambres réunies ont décidé que l'art. 177 n'était pas applicable à ce garde, parce qu'il était incompétent *ratione loci*, mais il résulte *a contrario*, et avec la dernière évidence, que, d'après la doctrine de cet arrêt, doit être considéré comme faisant trafic de sa fonction et comme coupable du crime de corruption celui qui, dans les limites de sa circonscription territoriale, se laisse aller à cet acte de vénalité.

Cet arrêt se trouve confirmé à l'égard des gardes champêtres des communes par un arrêt de la Cour de Cassation du 5 mai 1837 (S., 38, I, 70) qui, statuant sur le cas d'un garde qui n'avait pas dressé procès-verbal d'un délit de dépaissance constaté par lui sur son territoire, cassa un arrêt de la Cour de Poitiers qui avait refusé de lui appliquer la peine de l'art. 177 du Code Pénal, (V. Cassation, 7 février 1852, *Bulletin Criminel*, n° 58.)

Quant à la doctrine, elle n'a cessé d'approuver sans réserves cette manière de voir.

CHAUVEAU et FAUSTIN-HÉLIE, *Théorie du Droit pénal*, II, p. 628 et suiv. — GARRAUD, *Droit pénal français*, IV, p. 62. — BLANCHE et PATRICE, *Etudes sur le Code Pénal*, III, p. 320 et 741. — GIRAUDEAU et LELIÈVRE, *Op. cit.*, n° 1505, p. 394. — NEYREMOND, *Op. cit.*, p. 324 et suiv.

***

Agrément des gardes. — Lorsque le préfet ou le sous-préfet ont refusé au garde l'agrément sollicité, cette décision est-elle susceptible d'un recours ?

Le Conseil d'Etat (13 décembre 1878) a estimé que les décisions de cette nature, rendues par les préfets et les sous-préfets, étaient souveraines, par conséquent sans recours, inattaquables. Néanmoins, nous conseillons à nos lecteurs, s'ils sont certains de la moralité, de la probité et de la capacité de la personne qu'ils désirent faire assermenter, de tenter une démarche, un recours gracieux auprès du préfet et, au besoin, du Ministre de l'Intérieur.

***

Personnes pouvant être commissionnées comme gardes particuliers :
Les gardes champêtres communaux ;
Les gardes forestiers communaux ;
Les fermiers sur leur ferme (Ce point est douteux).
Ne peuvent être gardes particuliers :
Les domestiques à gages.

« La qualité d'officier de police judiciaire est incompatible avec ce que le Code entend et comprend sous le titre de serviteurs à gages. (Cassation, 3 août 1833, D., 34, I, 403. — Bourges, 29 juillet 1853, D., 54, II, 41. — Cassation, 31 juillet 1876. — Dieppe, 28 février 1881, *R. Forest.*, 1882, p. 122.)

Témoins. — « Les gardes particuliers, bien que logés gratuitement par le propriétaire et recevant des gratifications en dehors de leur traitement, ne sont pas des serviteurs à gages et ne doivent pas être reprochés comme témoins. » (Voir jurisprudence, Tribunal de Provins, 3 août 1905, etc.)

***

Permis de chasse. — Aux termes de l'art. 7, § 4, de la loi de 1844, le permis de chasse ne sera pas délivré « 4° aux gardes champêtres ou forestiers des communes et établissements publics, ainsi qu'aux gardes forestiers de l'Etat et aux gardes-pêche ».

Cet article est limitatif, c'est-à-dire qu'il ne doit s'appliquer qu'aux gardes qui y sont désignés d'une façon expresse : il ne saurait, en conséquence, intéresser les gardes particuliers.

Les gardes particuliers peuvent, sans permis, être porteurs d'un fusil, mais ne s'en servir qu'en cas de légitime défense, c'est-à-dire s'ils sont attaqués brutalement à coups violents, s'ils essuient des coups de feu, si, en un mot, leur vie est en danger.

Gratifications. — Les gardes particuliers ont droit aux gratifications allouées à raison des procès-verbaux dressés en matière de chasse.

***

Compétence des gardes particuliers. — Ainsi que nous l'avons indiqué plus haut, les gardes particuliers ne peuvent verbaliser que sur l'étendue des propriétés confiées à leur garde. Leur compétence cesse aux limites des terrains qui leur sont confiés.

La Cour d'Aix a rendu sur ce point un arrêt fort intéressant.

Deux chasseurs étaient occupés à fureter un terrier de lapins lorsqu'ils furent interpellés par un garde particulier, qui leur dressa procès-verbal. Ils se défendirent en soutenant qu'ils chassaient sur un terrain communal, mais ils eurent le tort d'outrager le garde. Le Tribunal Correctionnel d'Aix les acquitta pour chasse, mais les condamna pour outrages à garde. En appel, la Cour d'Aix, sur les conclusions de M. l'avocat général Vuilliez, les acquitta en décidant « que les fonctions d'un garde particulier cessaient aux limites du terrain qui lui était confié ; qu'en dehors de ces limites, il perdait ses attributions et, par conséquent, ses prérogatives. Il n'était plus qu'un simple particulier ». (Cour d'Aix, 1905.)

Lorsqu'un garde particulier surprend et interpelle un délinquant de chasse en dehors des propriétés confiées à sa surveillance, il n'accomplit pas un acte de ses attributions. Si donc le délinquant lui répond par une grossièreté, il ne commet pas le délit d'outrage à un agent dépositaire de la force publique. (Caen, 8 juin 1899, *Journal des Parquets,* 99, II, 136.) Mais il doit porter à la connaissance de la gendarmerie les faits délictueux dont il aurait été témoin sur les autres propriétés.

Un garde particulier agréé par l'Administration préfectorale et assermenté est un officier de police judiciaire tenu, aux termes de l'art. 29 du Code d'Instruction criminelle, de donner avis au Procureur de la République des crimes ou délits dont il a acquis la connaissance dans l'exercice de ses fonctions. En conséquence, agit dans l'exercice de ses fonctions le garde particulier qui porte à la connaissance de la gendarmerie la tentative de meurtre dont il a été victime. (Tribunal Correctionnel, Beauvais, 5 avril 1900, *Gazette des Tribunaux,* 27 avril l1900.)

La compétence du garde est territoriale ; un garde qui n'est assermenté que pour un territoire n'a donc pas qualité pour verbaliser sur un autre territoire. (Tribunal de Simple Police de Catelet, 9 novembre 1900, la *Loi,* 27 mars 1901.)

Un garde particulier n'a pas qualité pour constater un délit de chasse sur une propriété dont il n'a pas la garde. Le procès-verbal dressé par lui ne peut servir de base légale à une condamnation. Rien ne s'oppose toutefois à ce que ce garde soit, après prestation régulière de serment, entendu comme témoin sur les faits énoncés dans son procès-verbal. (Arcis-sur-Aube, 9 novembre 1905, *Lois et Sports,* 1906, II, 92.)

Compétence des gardes forestiers. — Aux termes de l'art. 16 du Code d'Instruction criminelle, *les gardes forestiers* sont officiers de police judiciaire et chargés, en cette qualité, de rechercher dans toute l'étendue du territoire pour lequel ils ont été assermentés les délits et les contraventions de police qui ont porté atteinte aux propriétés rurales et forestières. Cette disposition ne distingue pas entre les propriétés soumises au régime forestier et celles appartenant à des particuliers.

En outre, l'art. 188 du Code Forestier comprend les gardes forestiers envisagés comme officiers de police judiciaire au nombre des agents chargés de constater les délits et contraventions commis dans les bois non soumis au régime forestier, concurremment avec les gardes spéciaux des particuliers ou des communes et la gendarmerie.

Enfin, les gardes forestiers ont reçu des art. 151, 152, 154, 155, 157 du Code Forestier le mandat de veiller à la protection des bois et forêts de l'Etat, même en dehors de leur enceinte et dans un rayon de 500 kilomètres, et de rechercher tous délits commis en violation des dispositions légales ci-dessus spécifiées.

Prise à partie. — Les gardes particuliers, aussi bien que ceux de l'Etat, sont soumis, en ce qui concerne la responsabilité civile et la prise à partie, aux mêmes règles de procédure et de juridiction, tout comme ils y sont également soumis en ce qui concerne leur responsabilité pénale et l'application de l'art. 483, Code Inst. criminelle, dès qu'il s'agit de faits relatifs à leurs fonctions.

Spécialement, le recours à la procédure de la prise à partie est obligatoire, lorsqu'il s'agit de poursuivre contre un garde particulier la réparation du préjudice causé par une prétendue faute qu'il aurait commise en mettant, en dressant un procès-verbal pour délit de chasse, l'autorité attachée à ses fonctions de garde au service de l'animosité d'un tiers. (Paris, 3 mai 1897, *Gazette du Palais*, 97, II, 422. — Dalloz, 97, II, 366. - Le *Droit*, 14 novembre 1897, Cassation, 10 janvier 1900, S , 1900, I, 273. — *Pand.*, 1901, I, 215. — *Gazette du Palais*, 1900, I, 202. — *Gazette des Tribunaux*, 29 mars 1900. — Le *Droit*, 23 février 1900. — *Journal des Avocats*, 1900, 49. — *Rec. proc. civile*, 1900, 113. Tribunal de Paix de Guéret, 6 février 1904, *Lois et Sports*, 1906, II, 82. — Corbeil, 12 mai 1905, *Lois et Sports*, 1906, II, 84.)

Un garde particulier poursuivi pour une faute qu'il aurait commise dans l'exercice ou à l'occasion de l'exercice de ses fonctions, en l'espèce pour avoir rédigé un procès-verbal contenant des déclarations inexactes, ne saurait être poursuivi que conformément aux termes des art. 505 et suivants du Code de Procédure civile. (Tribunal de Paix, Martigues, 26 mai 1908 ; *Jurisprudence civile*, de Marseille, 1908, 282.)

Délit de chasse commis par des gardes particuliers. — L'art. 12 de la loi du 3 mai 1844 édicte une aggravation de peine pour les délits de chasse commis par les gardes champêtres des communes, les gardes forestiers domaniaux et communaux et les gardes forestiers d'établissements publics. Cette aggravation n'est pas applicable aux gardes particuliers. La jurisprudence et les auteurs sont unanimes sur ce point. La question s'est alors posée de savoir si l'art. 198 du Code de Procédure, ainsi conçu : « Hors le cas où la loi règle spécialement les peines encourues pour délits commis par les fonctionnaires ou officiers publics, ceux d'entre eux qui auront participé à d'autres délits qu'ils étaient chargés de surveiller ou de réprimer subiront toujours le maximum de la peine attachée à l'espèce de délit », était applicable aux gardes particuliers.

Certains Tribunaux ont décidé l'affirmative et appliqué cette aggravation aux gardes poursuivis devant eux, mais la Cour de Cassation et la majorité des Cours d'Appel ont consacré le système contraire.

L'aggravation des peines prévue par l'art. 198 est inapplicable aux délits de chasse prévus et réprimés par une loi spéciale. (Cour de Rouen, 2 mai 1866, R. F., t. IV, n° 647. — Nancy, 18 novembre 1869, D. P., 71, II, 34.) Il résulte de cette jurisprudence que ni l'art. 198 du Code de Procédure, ni l'art. 12, § 8, de la loi du

3 mai 1844 ne sont applicables aux gardes particuliers, qui restent soumis au droit commun. — Voir également en ce sens Montpellier, 28 décembre 1903, *Moniteur du Midi*, 24 janvier 1904.

Les gardes particuliers sont justiciables des Cours d'Appel, puisqu'ils sont revêtus du caractère d'officier de police judiciaire ; ils sont soumis à cette juridiction pour toutes les infractions de chasse commises par eux dans l'exercice de leurs fonctions, c'est-à-dire sur les terrains confiés à leur garde.

Responsabilité des propriétaires. — Les propriétaires et locataires de chasse sont responsables, à raison de faits dommageables, délits ou crimes commis par leurs gardes dans l'exercice de leurs fonctions.

Un garde particulier n'engage pas la responsabilité de son maître, alors que l'acte qui lui est reproché ne se rattache par aucune circonstance appréciable à sa fonction, soit en qualité de garde particulier, soit à titre de simple agent enquêteur investi à cet effet d'un mandat spécial rentrant dans ses attributions de serviteur à gages.

Spécialement, lorsqu'un garde a volontairement donné la mort d'un coup de feu à une personne contre laquelle il nourrissait une animosité personnelle, on ne saurait agir en dommages-intérêts contre le maître du garde. (Cass., req , 20 décembre 1904, D., 1905, I, 16.)

Pour engager la responsabilité du propriétaire, il suffit que le garde particulier ait agi à l'occasion de l'exercice de ses fonctions.

Toutefois, si le garde a agi comme officier de police judiciaire, investi de ses fonctions par l'autorité publique et n'ayant, à raison de sa qualité, aucune instruction à recevoir de son maître, celui-ci ne saurait être rendu responsable du fait dommageable imputé à son garde dans l'exercice desdites fonctions. Il ne saurait davantage être actionné par l'art. 1382 du Code Civil, lorsqu'il n'est relevé à sa charge aucune faute personnelle.

Dans cette espèce, il s'agissait d'un procès-verbal erroné dressé par un garde-chasse contre un chasseur. Ce procès-verbal fut déclaré tel par le Tribunal de la Seine. (Tribunal de la Seine, 20 juillet 1906, *Gazette des Tribunaux*, 24 août 1906.)

Révocation. — Les gardes particuliers ne peuvent être révoqués que par les propriétaires qui les ont fait assermenter. La révocation a lieu par le retrait de la commission.

Le Conseil d'Etat a décidé à plusieurs reprises et notamment en 1878, 13 juin — 1880, 23 janvier — et 1882, 12 mai — que le propriétaire seul avait le droit de révocation, que les préfets ou sous-préfets ne pouvaient l'exercer sans commettre un abus de pouvoir. (Question délicate et controversée.)

Le préfet ne peut, sans excès de pouvoir, rapporter un arrêté agréant un garde particulier, sans que celui-ci ait été appelé à fournir ses observations. (Loi du 12 avril 1892, art. 1er. — Conseil d'Etat, 6 juin 1902, D., 1903, III, 71.)

Doit être annulé, pour violation des formes prescrites par l'art. 1er de la loi du 12 avril 1892, un arrêté préfectoral qui rapporte un arrêté agréant un garde particulier, sans énoncer les motifs sur lesquels il se fonde. (Conseil d'Etat, 7 juillet 1905, D., 1907, III, 56.)

Les Tribunaux n'ont aucun pouvoir disciplinaire sur les gardes, mais le danger de voir maintenir en fonctions un garde indigne n'est pas bien grave, car les procès-verbaux ne faisant foi que jusqu'à preuve contraire, les propriétaires seront les premiers à révoquer leurs gardes, lorsqu'ils constateront que les procès-verbaux qu'ils dressent n'ont plus d'autorité devant les Tribunaux appelés à statuer.

Les personnes qui se sont associées pour louer un droit de chasse ont des droits égaux quand la gérance n'a été confiée à aucune d'elles. Dès lors, si l'un des associés commissionne un garde qui a été agréé par les autres, il ne peut le révoquer de sa propre volonté. (Caen, 21 février 1906, *Gazette des Tribunaux*, 16 septembre 1906.)

Il appartient au maire, agissant comme représentant de la commune propriétaire, de relever de ses fonctions le garde particulier qu'il avait nommé. (Conseil d'Etat, 6 juillet 1906, D., 1908, III, 22.)

Le garde particulier ne saurait être considéré ni comme un domestique, ni comme un homme de service à gages, lorsqu'il se borne à remplir les fonctions qui découlent de sa qualité ; le caractère public qu'elles lui confèrent réagit, en effet, nécessairement sur ses rapports avec celui dont il surveille les propriétés.

En conséquence, lorsqu'il réclame la rémunération stipulée, sa demande, si elle est supérieure à 300 francs, n'est pas soumise à la compétence exceptionnelle établie par l'art. 5 de la loi du 12 juillet 1905, aux termes duquel le Juge de Paix connaît, à charge d'appel, à quelque valeur que la demande s'élève, des contestations relatives aux engagements respectifs des maîtres, domestiques ou hommes de service à gages. (Paris, 7ᵉ Chambre, 3 décembre 1908, le *Droit*, 18 décembre 1908, avec Note.)

Nous reviendrons sur tous ces points, et notamment sur la rédaction des procès-verbaux, lorsque nous traiterons des **Constatations des Délits de Chasse.**

Assurances des gardes-chasse. — Il y a grand intérêt pour les gardes-chasse à s'assurer, et nous ne saurions trop engager les propriétaires de chasse à assurer eux-mêmes leurs gardes. C'est le seul moyen de garantir, en cas d'accident ou de mort, au garde et à sa famille, l'indemnité qu'il mérite.

En cas de non-assurance, une question se pose immédiatement : La veuve et les enfants d'un garde-chasse particulier tué par un braconnier, ou blessé dans son service, ont-ils le droit d'assigner en responsabilité le propriétaire de la chasse ?

Nous répondrons : non, sans hésiter, à moins toutefois qu'ils n'offrent et ne soient en mesure d'établir une faute à sa charge.

Si inhumaine que puisse apparaître cette affirmation, elle est conforme à la théorie de l'art. 1382, qui veut qu'une faute soit nécessaire pour qu'une action en dommages et intérêts puisse être accueillie.

« Il a toujours été de règle que le maître ne saurait être considéré comme étant tacitement obligé à procurer à ses ouvriers une sûreté impossible à réaliser d'après la nature même des choses, alors surtout que l'employé, en vue des avantages qu'il stipule, se soumet aux dangers inhérents au genre d'ouvrage dont il se charge. » (FUZIER-HERMANN, *Responsabilité civile*.)

Sans doute, la loi sur les accidents du travail est venue modifier la législation en assurant, dans tous les cas, l'ouvrier contre le risque professionnel ; mais elle est et demeure une exception, appliquée seulement aux industries visées par elle. En dehors de ces industries, on retombe dans le droit commun.

Le principe pourrait se formuler ainsi : « Pas de faute, pas de responsabilité. » C'est en s'inspirant de ce principe que la Cour de Cassation (31 mai 1886) déclarait « qu'en matière de louage de services, il n'y a pas de présomption de faute contre le maître ». La Cour de Rennes (30 mars 1893) édictait, à son tour, « qu'un employé, domestique, *garde* ou autre, n'a droit à une indemnité, à raison de l'infirmité contractée au service de son maître, qu'autant qu'elle a été le résultat de la faute de ce dernier ».

Ainsi, il ne suffira pas d'invoquer que le mort était au service du propriétaire de la chasse au moment de l'accident, et qu'il a été tué dans l'accomplissement de ses fonctions. Il faudra encore établir qu'il a été tué par la faute personnelle du propriétaire.

Cette faute pourra être aussi légère que possible. Une simple imprudence serait suffisante pour permettre de retenir la responsabilité, sans déroger au principe de l'art. 1382. C'est ainsi, par exemple, qu'on n'hésiterait pas à mettre à la charge du propriétaire : — le fait de n'avoir pas signalé à son nouveau garde la présence de pièges ou de fossés, recouverts de feuillages, dans lesquels il est tombé et s'est brisé la jambe; — le fait de l'avoir envoyé tout seul arrêter deux braconniers qu'il avait rencontrés sur son terrain, et qui étaient armés ; — le fait par le propriétaire de n'avoir pas donné à son garde des renseignements circonstanciés sur le terrain, sur les habitudes des braconniers, sur la façon dont ils opéraient, et sur les violences dont ils avaient pu dans le passé se rendre coupables. (*Lois et Sports*, 1906, p. 45, article de Mᵉ A. Paisant, avocat à la Cour d'Appel de Paris.)

Concluons en déclarant qu'il est regrettable que la protection de la vie humaine ne s'adresse qu'à quelques professions déterminées et laisse en dehors de ses bienfaits une classe d'individus qui ne sont pas moins recommandables et qui courent souvent des risques plus gros qu'un ouvrier d'usine. Souhaitons que, grâce à une action mutuelle combinée ou par une assurance spontanée, le propriétaire de la chasse garantisse par un petit versement annuel le sort et l'avenir de celui qui se donne tant de mal et risque si souvent sa vie pour son plaisir.

Nous ne saurions également trop recommander aux propriétaires de chasse la Caisse mutuelle de retraites fondée en février 1906 par le S. H. C. F., dont le but est de servir aux membres participants une retraite annuelle variant de 100 à 360 francs ; que les propriétaires de chasses engagent et encouragent leurs gardes à faire partie de cette Société; que les plus généreux versent eux-mêmes les primes.

Chiens

Diverses sortes. Chiens d'arrêt. Chiens courants. Lévriers

On peut chasser à l'aide de *chiens d'arrêt* ou de *chiens courants* (chasse en plaine, chasse au bois).

Nous ne nous occuperons que des derniers. Au surplus, tout ce qui sera dit peut s'appliquer indistinctement aux chiens d'arrêt, aussi bien qu'aux chiens courants. (Voir *Faits de chasse* : quête du gibier par les chiens, quête à trait de limier, essais des chiens. — *Droit de suite* : poursuite du gibier par les chiens. — *Destruction des animaux malfaisants ou nuisibles.* — Chiens lévriers.)

La chasse à courre se fait avec toutes les races de chiens courants ; toutefois, l'art. 9, § 4, 2°, de la loi du 3 mai 1844 interdit d'une manière absolue, à raison de son caractère destructif, la chasse au *lévrier*.

Cette prohibition s'applique aussi bien aux lévriers croisés ou dérivés qu'aux lévriers de pur sang.

Le Tribunal Correctionnel de Narbonne, le 9 novembre 1900, a jugé que le fait de faire quêter un chien *lévrier*, alors que le chasseur se sert du fusil pour détruire le gibier, ne constitue pas un mode de chasse prohibé. (La *Loi*, 8 mai 1901.)

L'usage, comme moyen de chasse, d'un chien d'une *race dérivée de mayorquais* est prohibé par l'art. 12, § 2, de la loi du 3 mai 1844 sur la chasse, puisque cet animal a les principales qualités de la race dont il provient et qu'il ne saurait être considéré comme d'une race dégénérée et, par conséquent, différente. (Narbonne, 16 février 1900, la *Loi*, 12 mars 1900.)

**

Divagation de chiens. — En l'état actuel de la législation, la divagation des chiens peut être prohibée par les préfets et par les maires.

Des arrêtés préfectoraux peuvent être pris, soit au point de vue exclusif de la sécurité publique (art. 91 et 99 de la loi municipale du 5 avril 1884), soit au point de vue exclusif de *la protection des oiseaux* (art. 9, § 4, de la loi du 3 mai 1844).

La loi de 1844 est la seule qui puisse donner à l'Autorité préfectorale le moyen de s'opposer efficacement, dans l'intérêt de la chasse, au grand danger de la divagation des chiens. L'art. 9, § 4, permet, en effet, aux préfets d'interdire de laisser les chiens errer en liberté dans les bois ou dans la plaine, en vue d'empêcher la *destruction des œufs et des couvées;* mais il faut que l'arrêté pris par le préfet soit rédigé en termes clairs et précis et que le préfet manifeste, d'une façon évidente, sa volonté de faire usage des pouvoirs que lui a conférés la loi de 1844. Dans ce cas, l'infraction existera, quand bien même les chiens errants auraient échappé à la surveillance de leur maître, qui n'aurait pas pris toutes les précautions nécessaires pour éviter leur fuite.

L'arrêté préfectoral qui interdit la divagation des chiens dans les bois et les champs, *pour assurer la protection du gibier*, n'est pas légal, ni obligatoire, la police rurale appartenant à l'Autorité municipale seule. En conséquence, il y a lieu de relaxer le particulier contre lequel a été dressé un procès-verbal pour contravention à l'arrêté préfectoral. (Tribunal de Paix, Rosières, 7 mars 1905, *Décisions des Juges de Paix*, 1905, p. 163.)

Si l'arrêté est pris en vue de garantir la sécurité publique ou de protéger les récoltes contre les dégâts que les chiens errants peuvent y occasionner, cet arrêté ne pourra être valablement pris que pour une période limitée, par exemple, pendant le temps où les terres sont chargées de leurs fruits

**

L'art. 16 de la loi du 21 juin 1898 autorise également les maires à prendre certaines mesures pour empêcher la divagation des chiens. Dans les campagnes, ces magistrats hésiteront trop souvent à le faire, craignant les représailles des électeurs. Les maires peuvent prescrire que les chiens soient tenus en laisse ou muselés, — que les chiens errants et tous ceux qui seront trouvés sur la voie publique *ou dans les champs*, non munis de collier portant le nom et le domicile de leur maître, seront conduits à la fourrière et abattus après un délai de 48 heures, s'ils n'ont pas été réclamés ou si le propriétaire reste inconnu. Le délai sera de 8 jours pour les chiens ayant un collier portant la marque de leur maître. (Voir la circulaire du Ministre de l'Agriculture, 16 juin 1904.)

L'arrêté préfectoral qui vise les chiens trouvés sans collier sur la voie publique, devant être interprété dans le sens strict de ses termes, ne saurait s'appliquer à un chien trouvé dans une lande, en état de chasse, sous la surveillance de son maître. (Tribunal de Simple Police, Saint-Etienne-de-Montluc, 10 octobre 1902, *Recueil des Juges de Paix*, 1903, p. 316.)

**
**

J'indique encore ce point très important : les propriétaires, métayers ou fermiers ont également le droit de saisir ou de faire saisir par le garde champêtre ou par tout agent de force publique les chiens errant dans leurs bois, vignes ou récoltes. Ces chiens seront conduits à la fourrière municipale ou dans le lieu désigné par l'Autorité municipale. Le défaut de cette dernière formalité frapperait la saisie de nullité. (Cassation, 11 novembre 1902.)

**
**

Si la divagation a été prohibée par un arrêté pris en vertu de l'art. 9, § 4, de la loi de 1844, l'infraction sera punie des peines prévues par les art. 9 et 11 de la loi du 3 mai 1844 sur la chasse.

L'infraction à un arrêté préfectoral concernant exclusivement la police de la chasse, et qui n'a pour but que d'assurer l'exécution de la loi du 3 mai 1844, tombe sous le coup de cette loi, alors surtout qu'il est constaté que l'infraction audit arrêté est un véritable fait de chasse. En conséquence, le juge de Simple Police est incompétent pour connaître de cette infraction. (Tribunal de Simple Police de Dourdan, 25 février 1898, *Décisions des Juges de Paix*, 1902, p. 174, avec Note.)

Si la divagation a été prohibée en vue d'assurer la sécurité publique, l'infraction sera punie par les art. 471, § 15, ou 475, § 7, du Code Pénal.

L'arrêté préfectoral qui prohibe la divagation des chiens, dans la plaine et dans les bois, n'est pas applicable à la personne propriétaire d'un chien de chasse, et qui le laisse courir en liberté sous sa surveillance, et à peu de distance d'elle, alors surtout que la chasse à courre est encore ouverte et que le chien est muni du collier réglementaire. (Tribunal de Simple Police, Montfort-sur-Risle (Eure), 6 mars 1906, *Décisions des Juges de Paix*, 1908, p. 42.)

Est légal, et sanctionné par l'art. 471, n° 15, du Code Pénal, l'arrêté du préfet qui, pour *assurer la sécurité publique et empêcher la propagation de la rage*, ainsi que pour *prévenir la destruction des oiseaux* et favoriser leur repeuplement, interdit, sur tout le territoire du département, la divagation des chiens en tout temps, dans les plaines ou bois, en visant dans son préambule l'art. 99 de la loi du 5 avril 1884, qui donne aux préfets le droit de prendre des règlements de police pour toutes les communes du département ou plusieurs d'entre elles, dans le cas où il n'y serait pas pourvu par l'Autorité municipale, *à condition que les mesures prescrites soient relatives au maintien de la salubrité, de la sûreté et de la tranquillité publiques.* (Code Pénal, art. 471, n° 15 ; loi du 5 avril 1884, art. 99.)

L'interdiction de laisser divaguer les chiens doit alors recevoir effet pendant toute l'année, et non pas seulement pendant une période déterminée de l'année. Et si l'interdiction ne s'applique pas à la voie publique et est limitée à la plaine et aux bois, cette circonstance ne saurait lui enlever le caractère d'une mesure prescrite pour le maintien de la sécurité publique, caractère qui résulte de l'objet même de l'arrêté, tel qu'il est précisé dans son préambule. (Cass., crim., 18 janvier 1906, S., 1906, I, 111.)

Est illégal l'arrêté d'un préfet qui interdit de laisser errer ou divaguer les chiens à travers les champs, prés, bois ou vignes, pendant l'époque où la chasse en plaine est fermée. Cet arrêté ne saurait trouver une base légale dans les art. 51, 52 et 53 du décret du 22 juin 1882, la disposition qui y est édictée ne rentrant pas dans les mesures que ce décret énumère comme pouvant ou devant être ordonnées par l'Autorité administrative, sous les sanctions de l'art. 34 de la loi du 21 juillet 1881 sur la police sanitaire des animaux, pour prévenir la propagation de la rage. (Cass., crim., 12 février 1903, S., 1903, I, 160. — Cass., crim., 14 mars 1903, *Arrêts des Justices de Paix*, 1904, p. 169. — Grenoble, 16 novembre 1900, *Fr. jud.*, 1901, II, 69.)

Décret du 6 octobre 1904. — **Colliers.** — L'art. 9 du décret du 6 octobre 1904 porte que tout chien circulant sur la voie publique en liberté, ou même tenu en laisse, doit être muni d'un collier sur lequel sont gravés, sur une plaque de métal, les nom et demeure de son propriétaire.

Sont exceptés de cette prescription les chiens courants portant la marque de leur maître.

Ces dispositions légales s'appliquent même en l'absence de tout arrêté municipal, et sans distinction, pendant les périodes d'ouverture et de clôture de la chasse.

Chiens muselés et tenus en laisse. — Un arrêté municipal interdisant la sortie des chiens autrement que muselés ou tenus en laisse s'applique-t-il aux chiens courants, aux chiens de meute ?

Décider l'affirmative, serait rendre impossible la chasse aux chiens courants. Cependant, M. Luzarche d'Azay se vit, dans ce cas, dresser procès-verbal et fut condamné en simple police pour infraction à un arrêté municipal interdisant la circulation des chiens non muselés.

Le Tribunal de Saint-Pol-de-Laval fut moins intransigeant que son collègue de l'Indre. Il décida, à la date du 25 juillet 1907 (*Gazette du Palais*, 11 octobre 1907), que la loi du 21 juin 1898 et le décret du 6 octobre 1904 autorisaient la circulation des chiens de chasse, en liberté, sous la conduite de leur maître, pour l'usage auquel ils sont destinés, c'est-à-dire pour la chasse. Il est bien certain que cette jurisprudence s'applique indistinctement aux chiens courants et aux chiens d'arrêt. Les chiens d'arrêt ne sont toutefois pas dispensés du collier.

*

Chien errant. — Que faut-il entendre par *chien errant* ?

Dans chaque cas qui lui est soumis, il appartient au Juge de dire ce qu'il faut entendre par chien errant. Il est, en effet, impossible de donner une définition arbitraire du chien errant; aussi le législateur a-t-il sur ce point gardé le silence le plus prudent.

En principe, la divagation de chien ne peut constituer un délit de chasse qu'autant qu'elle est volontaire de la part du propriétaire du chien. Pour qu'il y ait délit de chasse, il faut qu'il y ait participation directe ou indirecte aux faits de chasse, l'abandon ou la négligence du maître des chiens ne peut donner lieu qu'à une action en dommages-intérêts.

Ont été renvoyés des fins de la poursuite sans amende ni dépens :

— L'individu dont le chien préposé à la garde d'une maison, après avoir été détaché par un tiers, s'élance dans une forêt voisine où il poursuit et étrangle un faon, en dehors de toute participation de son maître. (Versailles, 25 avril 1840.)

— L'individu dont le lévrier de race pure ou croisée, guidé par son seul instinct, parcourt la campagne et se livre à la poursuite d'un gibier quelconque. (Nancy, 11 février 1846.)

— Le chasseur qui, en traversant le terrain d'autrui, a négligé de coupler ses chiens qui tombent en chasse. (Cassation, crim., rejet, 26 juillet 1860.)

— Le fait de chiens courants s'échappant de leur chenil et allant chasser. (Douai, 10 décembre 1861. — Cassation, 13 juin 1884.)

— Le fait de chiens errants qui ont chassé un chevreuil dans une forêt, lorsqu'il n'est pas prouvé que le maître des chiens se soit trouvé en forêt en même temps que ses chiens. (Saint-Dié, 4 août 1882)

— Le fait de chiens courants chassant, si le procès-verbal ne signale ni à leur suite, ni à leur portée, la présence, soit du propriétaire des chiens, soit d'individus de sa maison, excitant les chiens ou embusqués dans l'attente du gibier. (Bourges, 9 juin 1882.)

Enfin, on ne saurait considérer comme errant ou divaguant les chiens qui, accompagnant leur maître, demeurent par là même sous sa surveillance et sous sa direction, et par suite, le fait par un cultivateur qui revient des champs accompagné de ses chiens de les laisser errer à leur guise. (Cassation, 4 mars 1905.)

***

Fait, au contraire, acte de chasse l'individu dont le chien, après avoir suivi la voiture de son maître, quitte la route et se met à battre la plaine où il rencontre, poursuit et prend un lièvre. (Nancy, 28 janvier 1846. — Paris, 22 mars 1861.)

Pour que le maître des chiens surpris en quête du gibier puisse être reconnu coupable de délit de chasse, il faut constater qu'il s'est livré lui-même à un fait de chasse en commandant, appuyant ou facilitant la quête de ses chiens. (Lille, 7 juin 1899, *Nord judiciaire*, 1899, p. 288.)

La Cour de Rouen a également vu un fait de divagation dans le cas suivant : Une personne qui n'avait pas surveillé ses chiens parcourant et battant une pièce de trèfle à 15 ou 20 mètres d'un chemin où elle se trouvait. (Rouen, 2 décembre 1882.)

Le Tribunal du Mans a considéré comme fait de chasse, comme chien errant :

Le chien emmené par son maître qui, ayant échappé à sa surveillance, avait été rappelé par lui, lorsqu'il s'était aperçu qu'il poursuivait un lièvre. (Le Mans, 2 mai 1901.)

L'individu qui, ayant emmené son chien avec lui dans les champs, l'avait laissé chasser, hors de sa participation. (Le Mans, 20 septembre 1901.)

Le maître d'un chien travaillant à 200 mètres de l'endroit où ce chien quêtait, bien qu'il eût déclaré qu'ayant emmené son chien avec lui, dans le champ où il travaillait, ce chien l'avait quitté et qu'il ne s'en était plus occupé. (Le Mans, 18 avril 1902)

Mêmes décisions. (Compiègne, 27 mai 1896. — Langres, 24 juin 1892. — La Flèche, 16 juillet 1902.)

***

On le voit, par ces quelques décisions choisies dans la jurisprudence, il est souvent téméraire d'actionner en justice un délinquant pour fait de divagation de chiens. Les propriétaires de chasse ont-ils d'autres droits à l'égard des chiens errants ?

Ainsi que je l'ai indiqué plus haut, ils ont le droit de saisir ou de faire saisir les chiens errants. En dehors des dommages-intérêts qu'ils pourront obtenir, ils se feront rembourser les frais de saisie-fourrière et autres, par le maître du chien, s'il est connu. S'il reste inconnu, le chien sera abattu. Ce sera toujours une bonne solution, peut-être la meilleure.

Les gardes particuliers d'une chasse qui se trouvent sur le terrain de la chasse des chiens courants en état de divagation ont le droit incontestable de les appréhender et de les conduire en fourrière, si d'ailleurs ils y sont autorisés par un arrêté du maire de la commune, pris en exécution de la loi du 21 juin 1898 (art. 16), sur le Code Rural et d'un arrêté préfectoral.

Par suite, c'est avec raison que le propriétaire de la chasse refuse de rendre les chiens ainsi appréhendés sans être remboursé des frais occasionnés par la mise en fourrière.

Les frais de fourrière doivent être fixés conformément aux usages locaux. (Tribunal Civil de Lyon, 6 décembre 1905, *Moniteur de Lyon*, 18 décembre 1905)

Le gibier étant *res nullius,* il appartient au premier occupant.

Le propriétaire d'une ferme ou terre n'est donc pas recevable à intenter une action en dommages-intérêts contre un tiers à raison de la disparition du gibier, qu'il prétend avoir été occasionnée par la divagation sur terre de chiens appartenant à ce tiers. (Tribunal de Paix, Heitz-le-Maurupt, 27 janvier 1904, *Décisions des Juges de Paix,* 1904, p. 173.)

Pour simplifier la procédure, *aurait-il le droit de tuer les chiens errants sur ses chasses ?*

Le droit de tuer un animal domestique, un chien en l'espèce, ne peut se justifier que par l'imminence d'un danger, et non par un préjudice de plus ou moins d'importance. Sur cette question, la jurisprudence a encore subi de nombreuses variations que nous allons rapidement passer en revue ; mais il est reconnu et admis par tous les Tribunaux que le chien étant un animal domestique, sa destruction ne peut être excusée qu'autant qu'il y a *nécessité absolue,* soit de défendre les personnes contre les attaques dont elles seraient l'objet, soit de préserver les propriétés des dommages sérieux qu'on ne peut empêcher de commettre.

La divagation des chiens de chasse dans une propriété gardée ne saurait par elle-même autoriser le propriétaire ou le garde-chasse à les tuer. Il faut encore qu'il soit démontré que ces animaux occasionnaient un dommage ou faisaient courir un danger, soit aux personnes, soit à la propriété. (Tribunal Civil, Aix, 1" mai 1903, *Jurisprudence civile,* Marseille, 1903, p. 346.)

Le fait de tuer sans nécessité, sur son propre terrain, un chien appartenant à autrui constitue un acte dommageable dont réparation est due au maître du chien. (Tribunal de Paix, Chaillaud (Mayenne), 19 août 1908, *Moniteur des*

Juges de Paix, 1908, p. 511. — Tribunal de Paix, Darnétal (Seine Inférieure), 16 octobre 1906, *Décisions des Juges de Paix,* 1908, p. 112.)

L'acte de blesser ou tuer un chien de chasse qui s'est introduit dans une propriété close ne constitue pas toujours une faute, lorsqu'il s'agit de la défense de soi-même ou d'autrui, ou de la gravité des dégâts causés à la propriété. (Cassation, 21 avril 1840, 17 décembre 1864, 17 novembre 1865, 7 juillet 1871. — Tribunal Civil de Bourganeuf, 21 février 1902, *Recueil de Riom,* 1902, p. 466.)

La destruction du chien cesse d'être illicite et ne saurait engager la responsabilité de son auteur si ce dernier a agi dans un cas d'impérieuse nécessité, par exemple en état de légitime défense, ou s'il s'est trouvé en présence d'un chien errant simplement suspect de rage. (Tribunal de Paix de Nogent-le-Rotrou, 22 janvier 1902, *Revue des Juges de Paix,* 1902, p. 459.)

Il faut qu'il y ait *nécessité absolue,* dit le Tribunal de Libourne (29 novembre 1899, *Recueil de Bordeaux,* 1900, III, 65.)

Le Tribunal de Lyon (22 mars 1901) a décidé que si l'on ne peut tuer sans nécessité un chien sur la voie publique, il en est autrement quand il s'agit de protéger son fonds : le Tribunal a décidé que le propriétaire d'un terrain clos avait le droit incontestable de se défaire, sur ce terrain, des animaux qui y pénètrent abusivement (un chien en l'espèce) et le troublent dans sa jouissance en y commettant des dégâts. (Le *Droit,* 24 mai 1901. — La *Loi,* 5 juin 1901. — *Moniteur,* Lyon, 14 mai 1901. — Tribunal de Paix de Monts-sur Guesnes, 12 septembre 1903.)

Au contraire, le propriétaire d'un bois non clos, dans lequel s'est introduit un chien de chasse, n'a point le droit de tuer cet animal, sous prétexte qu'il dérange le gibier. (Compiègne, 4 décembre 1879.)

En admettant que le chien courant puisse être considéré par les voisins comme un animal malfaisant, on ne peut prétendre que le fait par ce chien de chasser le jour sur un terrain ouvert constitue pour le propriétaire de ce terrain le péril extrême ou la nécessité qui légitime la destruction de l'animal. (Tribunal de Simple Police, Alger, 22 novembre 1901. — Le *Droit,* 1ᵉʳ mars 1902.)

Semblable nécessité n'existe pas à l'encontre d'un chien qui, ayant lancé un lapin dans un bois communal, le poursuit dans un parc voisin, même clos, en passant par un trou qui existait dans la clôture. (Tribunal de Simple Police, La Chapelle-la-Reine, 1ᵉʳ juillet 1902. — *Revue des Juges de Paix,* 1903, p. 232.)

La Cour d'Agen a jugé que le propriétaire d'un parc était à bon droit indemne de toute responsabilité pour avoir tué successivement 4 chiens courants qui avaient pénétré dans son parc clôturé avec du treillis de fil de fer; si d'un côté, il était constant que ces chiens poursuivaient des lièvres élevés dans ce parc et si, d'un autre côté, il est établi que le propriétaire du parc avait attendu que les chasseurs à qui les chiens appartenaient les rappelassent et avait vainement essayé de faire sortir les chiens. (Agen, 17 février 1903. — *Gazette des Tribunaux,* 7 août 1903.)

Le Tribunal de Trévoux est allé plus loin, il a jugé que celui qui tue un chien qui a détruit des poulets et des dindons, après que le dommage est consommé et dans le seul but de reconnaître le propriétaire de ce chien, pour obtenir de lui une réparation, agit en état de nécessité. (Trévoux, 12 mars 1903. — *Moniteur,* Lyon, 6 avril 1903.)

Le Tribunal de Simple Police de Limonest a même excusé un propriétaire qui avait tué un chien qui s'introduisait dans sa propriété, en faisant un trou dans une barrière en treillage, pour l'empêcher de s'accoupler avec sa chienne. (Tribunal de Paix, Limonest, 3 septembre 1903.) Il est utile d'ajouter que cet indi. vidu avait invité le propriétaire du chien à le garder chez lui. (*Moniteur*, Lyon, 16 janvier 1904.)

Le fait de tuer un chien appartenant à autrui, alors qu'il n'est pas établi que l'auteur de ce fait fût en danger sérieux, constitue la contravention prévue et punie par l'art. 479 du Code Pénal.

Toutefois, si le maître du chien a eu le premier tort de le laisser divaguer, il y a lieu, pour le Juge de Police, d'admettre les circonstances atténuantes, et souvent de condamner au minimum de l'amende. (Tribunal de Simple Police de Lille, 3 novembre 1906, *Décisions des Juges de Paix*, 1907, p. 219.)

***

Vente et achat de chiens. — La vente peut être pure et simple, ou à l'essai.

Dans une action en paiement du prix de la vente d'un chien de chasse, c'est à l'acheteur qu'incombe la charge de prouver son allégation que ladite vente aurait été faite à l'essai.

Il en est ainsi surtout lorsque l'acheteur a versé plusieurs sommes sur le prix du chien, en les présentant comme des acomptes sur ce prix et sans formuler aucune observation au sujet de l'inaptitude du chien à la chasse. (Tribunal de Paix de Mondoubleau, 27 octobre 1902, *Revue des Justices de Paix*, 1903, p. 259. — *Lois et Sports*, 1906, II, 236.)

Vente à l'essai. — Celui qui achète un chien de chasse après essais et solde le prix sans faire de réserves est mal fondé à demander ultérieurement la résiliation du marché en se basant sur des défauts de l'animal.

Il n'y a pas lieu d'ordonner une expertise qui ne pourrait déterminer avec certitude si les défauts constatés chez l'animal existaient lors de la vente, ou s'ils ont été provoqués depuis par une direction défectueuse. (Tribunal de Commerce de Nantes, 16 novembre 1901, *Recueil de Nantes*, 1902, I, 109. — *Lois et Sports*, 1906, II, 237.)

Un chien acheté à l'essai doit être gardé à l'attache un certain nombre de jours avant d'être mené à la chasse, et cette période de temps varie suivant le caractère du chien. En conséquence, si l'animal mené trop tôt à la chasse par l'acheteur vient à prendre la fuite, l'acheteur commet une imprudence, et la vente n'en est pas moins parfaite à l'expiration du délai. Le vendeur est donc en droit de réclamer le prix du chien, car, aux termes de l'art. 1178 du Code Civil, la condition est censée accomplie quand c'est le débiteur, obligé sous condition, qui en a empêché l'accomplissement. (Tribunal de Paix de Lamballe, 28 février 1902, la *Loi*, 24 avril 1902. — *Lois et Sports*, 1906, II, 237.)

Pédigrée. — *Animaux de race.* — Il est d'usage qu'en matière d'animaux de race pure, l'authenticité des documents établissant leur état généalogique constitue une des conditions essentielles des transactions. Spécialement, en ce qui concerne les chiens, ce document indicatif de l'origine est désigné sous le nom de « pédigrée ».

Lorsque le *pédigrée* délivré par le vendeur à son acheteur est en contradiction formelle avec les propres déclarations de ce dernier, la vente se trouve entachée d'erreur et doit être annulée. Dans ce cas, l'acheteur est fondé à requérir le remboursement du prix, des frais d'élevage et des dommages-intérêts pour le préjudice causé. (Tribunal de Commerce de la Seine, 9 décembre 1902, *Journal des Tribunaux de Commerce*, 1905, p. 29. — *Lois et Sports*, 1906, II, 237.)

Résiliation. — Il y a lieu à résiliation de la vente d'un chien de chasse lorsqu'il résulte d'une expertise que celui-ci ne présente pas toutes les qualités annoncées par le vendeur. (Tribunal Civil de Ploërmel, 12 juillet 1905, *Lois et Sports*, 1906, II, 236.)

Achat d'un chien perdu. — La personne qui a acheté un chien perdu en dehors des conditions prévues par l'art. 2280 du Code Civil est tenue de le rendre à son ancien maître, sans pouvoir réclamer à celui-ci le remboursement du prix d'achat. L'acheteur obligé de rendre le chien n'a pas droit non plus au remboursement des frais de garde et de nourriture qui, d'ailleurs, ont été la contre-partie de la jouissance et des services que le chien a pu procurer. L'acheteur peut être condamné à des dommages-intérêts envers le propriétaire qui a été privé de l'usage de son chien pendant plusieurs années et a dû faire des démarches pour le retrouver et rentrer en sa possession. (Riom, 17 juin 1905, *Recueil de Riom*, 1906, p. 443.)

⁎⁎*

Taxe sur les chiens. — La taxe sur les chiens fut établie en 1845, dans le but de diminuer les accidents causés par la rage, par suite du trop grand nombre de chiens. La loi du 2 mai 1855 la réglementa et l'établit dans toutes les communes et à leur profit.

Les chiens sont divisés en deux catégories : la première comprend les chiens d'agrément ou servant à la chasse. Un chien de chasse devenu aveugle, et qui ne peut être employé à un usage qui permette de le classer dans la seconde catégorie, doit être imposé comme chien de première catégorie. (Conseil d'Etat, 6 mai 1898, D., 99, III, 92) ; la seconde, les chiens de garde, ceux qui servent à garder les troupeaux, les habitations, les magasins, ateliers, ceux servant à guider les aveugles.

Le chien qui ne sert pas exclusivement à la garde de l'habitation, mais qui erre librement sur la voie publique et qui accompagne son maître dans ses promenades, doit être classé dans la première catégorie. (Conseil d'Etat, 28 juillet 1899, S., 1901, III, 144.)

Le taux des taxes est fixé par le Conseil d'Etat après l'avis des Conseils généraux, qui examinent les propositions des Conseils municipaux.

Les taxes ne peuvent dépasser 10 francs, ni être inférieures à 1 franc.

La taxe est due pour tous les chiens possédés à partir du 1ᵉʳ janvier. Les jeunes chiens nourris par leur mère, ou trop jeunes pour être utilisés, sont exemptés de la taxe.

Déclarations. — Les possesseurs de chiens doivent en faire la déclaration à la mairie de leur résidence habituelle, du 1ᵉʳ au 15 janvier. Ils doivent la renouveler dans chaque commune où ils iraient habiter, par suite du changement de résidence. Les déclarations étant permanentes, le contribuable doit les rectifier en cas de changement dans les éléments d'imposition.

Le contribuable qui s'est présenté à la mairie, dans les délais fixés par la loi, pour y faire la déclaration d'un chien, à une heure où le bureau devait être ouvert, mais alors que le secrétaire de la mairie était absent, ne saurait être imposé à la triple taxe, pour défaut de déclaration de son chien. (Loi du 2 mai 1855, décret du 3 août 1855. — Conseil d'Etat, 20 juillet 1903, S., 1906, III, 10.)

La taxe est due dans le lieu de la résidence habituelle du contribuable, par le possesseur du chien. Il ne suffirait pas pour être imposé d'être détenteur, au 1er janvier, d'un chien appartenant à un tiers, mais il faudrait établir que ce chien appartient bien à ce tiers et qu'on en a la garde pour le compte de ce tiers. Exemple, les chiens au dressage. C'est ce qu'a décidé le Conseil d'Etat, le 8 novembre 1872.

Lorsque des chiens sont en pension chez un particulier qui les loge et nourrit dans un chenil lui appartenant moyennant une rémunération mensuelle, ils n'en sont pas moins possédés par le propriétaire, à qui il incombe de les déclarer. (Conseil d'Etat, 23 décembre 1903, D., 1905, III, 37.)

Celui qui fait une déclaration incomplète ou inexacte et celui qui omet de la faire sont passibles d'un accroissement de taxe, qui est doublée dans le premier cas et triplée dans le second. (Voir *Lois et Sports,* 1905, septembre, p. 81.)

Un possesseur de chiens ne saurait, pour établir qu'il a fait sa déclaration, se prévaloir, à défaut d'un reçu qui devait lui être remis, d'une lettre du secrétaire de la mairie constatant que cette déclaration a été faite. (Conseil d'Etat, 22 juillet 1899, S., 1901, III, 144.)

Lieu d'imposition. — La taxe sur les chiens est due dans la commune où le chien est resté principalement pendant l'année, et où il était notamment au 1er janvier, alors même qu'il serait déjà imposé dans une autre commune. (Conseil d'Etat, 5 novembre 1900, *Pandectes,* 1903, IV, 77.)

Un contribuable qui séjourne la moitié de l'année dans une commune et le reste de l'année dans une autre commune, et qui emmène avec lui son chien, est régulièrement imposé dans celle des deux communes où il a son domicile. (Loi du 2 mai 1855, décret du 4 août 1855.) Et il n'est pas fondé à se prévaloir de son imposition dans l'autre commune pour obtenir décharge de la taxe à laquelle il a été assujetti au lieu de son domicile. (Conseil d'Etat, 14 décembre 1901, S., 1901, III, 118.)

***

Transports de chiens. — Aux termes de l'art. 98 du Code de Commerce, « le transporteur est garant des avaries ou pertes de marchandises et effets, s'il n'y a stipulation contraire dans la lettre de voiture, ou force majeure ».

Le défaut de réserves formulées au départ d'un colis par une Compagnie de chemins de fer établit une présomption que la marchandise à elle remise était en bon état et que l'emballage n'en était pas défectueux. Par suite, la perte, la soustraction ou les avaries survenues durant le transport sont présumées être arrivées par le fait du transporteur. — Voir sur ces principes, Tribunal de Commerce de Lyon, 17 février 1899 et 12 juin 1900 *(Gazette Judiciaire,* 1900, p. 91 et 1247, et les observations).

L'art. 103 du Code de Commerce, modifié par la loi du 17 mars 1905, est ainsi conçu : « Le voiturier est garant de la perte des objets à transporter, hors le cas de force majeure. »

« Toute clause contraire insérée dans toute lettre de voiture, tarif ou autre pièce quelconque, est nulle. »

La responsabilité du transporteur cesse donc seulement si la perte provient du vice propre de la chose, d'un fait imputable à l'expéditeur ou d'un cas de force majeure. Et si la réception du colis, sans protestations ni réserves, constitue la Compagnie en présomption de faute, elle ne lui enlève pas le droit de faire la preuve du vice propre de la chose, de la force majeure ou du fait imputable à l'expéditeur, toutes circonstances qui, aux termes de l'art. 103 du Code de Commerce, l'exempteraient de toute responsabilité. C'est par application de ces principes qu'il a été maintes fois jugé, dans le sens de la décision recueillie et sur des espèces identiques, qu'une Compagnie de chemins de fer n'est pas responsable de la perte survenue en cours de route d'un chien qu'elle avait mandat de transporter, s'il ressort des renseignements fournis au Tribunal que c'est l'animal lui-même qui a détruit l'emballage dans lequel il était enfermé pour s'échapper. (Le Havre, 6 septembre 1875. — Cassation, 11 décembre 1876, D. P., 1878, I, 72. — Cassation, 5 juin 1878, D. P., 1879, I, 30. — Amiens, 26 juin 1891.)

La Cour de Paris, à la date du 30 décembre 1899, a jugé qu'une Compagnie de chemins de fer qui s'est chargée du transport d'un chien enfermé dans une caisse munie d'un grillage en fil de fer est responsable de la fuite de cet animal, en admettant même qu'il ait brisé la cage ou le grillage, si elle n'établit pas qu'elle n'eût pu empêcher le fait en apportant à l'expédition plus de soins et en exerçant la surveillance que comportait la nature même du colis qui lui était confié et ne justifie d'aucune circonstance de nature à l'exonérer de la responsabilité qui pèse sur elle, par application de l'art. 103 du Code de Commerce *(Lois et Sports,* 1906, p. 235.)

L'acte du chien lui permettant de se livrer lui-même un passage pour s'enfuir de la caisse dans laquelle il est transporté constitue un vice propre de la chose, et l'art. 103 du Code de Commerce est applicable à la perte dudit animal en cours de route. (Tribunal de Commerce de Chartres, 22 octobre 1900, *Lois et Sports,* 1906, II, 230, avec Note.)

L'expéditeur d'un chien est responsable du mode d'emballage qu'il a adopté. Si donc, en cours de route, l'animal vient à prendre la fuite et que cette fuite soit le résultat avéré du mauvais agencement ou de l'insuffisante solidité de la cage d'osier où il était enfermé, la Compagnie de chemins de fer chargée de son transport n'encourt de ce chef aucune responsabilité. (Tribunal de Commerce de Lyon, 2 juillet 1901, *Lois et Sports,* 1906, II, 232.)

Une Compagnie de chemins de fer est responsable de la perte d'une chienne qu'elle était chargée de transporter, alors que cette chienne a rongé les barreaux de la cage dans laquelle elle était enfermée. Cette évasion de l'animal, poussé par la faim et la soif, avait été causée par le retard de la Compagnie à livrer le colis. (Tribunal Civil de Guéret, 5 juin 1905, *Lois et Sports,* 1905, novembre, p. 70.)

Une Compagnie de chemins de fer répond de la perte des objets transportés, et sa responsabilité ne cesse que s'il est prouvé que la perte provient du vice propre ou d'un fait imputable à l'expéditeur. Spécialement, une Compagnie de chemins de fer est responsable de la perte d'un chien transporté par elle, s'il est établi que la caisse où était enfermé ce chien était faite de planches pouvant résister à l'effort de l'animal, qui, en outre, y était attaché avec une chaîne. (Tribunal de Commerce d'Albi, 3 juillet 1906, *Gazette des Tribunaux,* 18 novembre 1906.)

Le transport des chiens placés dans des caisses ou paniers fournis par les expéditeurs s'effectue, aux termes de l'art. 36, des conditions d'application des tarifs généraux de grande vitesse, « aux prix et conditions d'application du tarif général », et aucune disposition de loi ou de règlement n'impose à la Compagnie, à raison du contenu du panier, des soins exceptionnels incompatibles avec les nécessités du service. Dès lors, une Compagnie ne saurait être responsable de la perte d'un chien qui, enfermé dans une cage en osier, s'est échappé au cours du transport et n'a pu être retrouvé. (Cass., civ., 26 novembre 1906, *Gazette du Palais*, 28 décembre 1906. — *Lois et Sports*, 1907, p. 128.)

Si une Compagnie de chemins de fer doit apporter tous les soins nécessaires aux objets qu'elle est chargée de transporter, elle ne peut cependant pas, lorsque ce sont des animaux, être obligée de les alimenter, ni de les promener pendant les arrêts. Spécialement, une Compagnie de chemins de fer ne saurait être déclarée responsable de l'état maladif d'un chien de chasse de race expédié dans un panier, alors que cet état est dû à la température de la saison et que l'expéditeur est en faute pour n'avoir pas pris la précaution de faire accompagner l'animal par un homme chargé de lui donner les soins que réclamaient son origine et sa valeur. (Tribunal de Commerce de Senlis, 25 novembre 1904, le *Droit*, 21 décembre 1904.)

Les Compagnies de chemins de fer ne sont tenues de donner aux marchandises qui leur sont confiées que les soins ordinaires compatibles avec les nécessités de leur service réglementaire, et, par suite, leur responsabilité cesse lorsqu'elles prouvent que la perte ou les avaries reprochées ont pour cause un vice propre des objets transportés ou un fait imputable à l'expéditeur. Par exemple, le transporteur d'un chien est recevable à prouver par témoins que l'animal (chien) a été asphyxié par la faute de l'expéditeur, qui l'avait enfermé dans une caisse dont l'aération était insuffisante. (Bordeaux, 11 mai 1907, *Lois et Sports*, 1907, p. 86.)

Chiens aux bagages. — Doivent être classés dans la catégorie d'effets accompagnant le voyageur toutes les valeurs mobilières, quelles qu'elles soient, dont il lui plaît de se faire accompagner, notamment un chien de chasse renfermé dans une caisse. Or, le Juge de Paix est compétent pour statuer sur une demande introduite contre une Compagnie de chemins de fer pour perte, retard ou avarie d'effets accompagnant le voyageur (art. 2, loi de 1838). — (Tribunal de Paix d'Argelès, 7 août 1902, *Moniteur des Juges de Paix*, 1902, p. 455.)

***

Transports. — Tarif spécial G. V. nº 12

Chevaux et équipages de chasse

Equipages de chasse : Chiens, 0 fr. 01 ; chevaux, 0 fr. 12, par tête et par kilomètre, avec minimum de perception de 0 fr. 35 par wagon et par kilomètre.

Conditions d'application particulières

I. — Les gares d'expédition seront prévenues au moins 24 heures à l'avance des transports à effectuer, et ces transports ne seront obligatoires qu'au départ et à destination de gares pourvues de quais d'embarquement ou de débarquement pour les animaux expédiés en grande vitesse.

II. — Le chargement et le déchargement des animaux seront faits exclusivement par les expéditeurs et les destinataires, à leurs frais, risques et périls.

III. — Les prix du présent tarif ne sont applicables qu'aux animaux dont la valeur par tête ne dépasse pas :

Chevaux et juments... 2.500 fr.
Poulains.. 300
Chiens.. 60

Equipages de Chasse

VIII. — Sont considérées comme *équipages de chasse* les meutes composées d'au moins 20 chiens de même race, accompagnés ou non de 3 chevaux au maximum pour une bande de 20 chiens.

IX. — Les transports peuvent avoir lieu en fourgon ou en wagon-écurie.

X. — Un billet de demi-place est accordé aux conducteurs à raison d'un homme par wagon utilisé.

Ce billet est délivré au conducteur sur le vu du récépissé à l'expéditeur afférent au transport qu'il accompagne. Le récépissé doit être présenté, en même temps que le billet de demi-place, à toute réquisition des agents de la Compagnie.

Voir *Lois et Sports* 1906, II, 267, « Des conséquences de la modification de l'art. 103 du Code de Commerce. »

***

Le tarif spécial G. V. n° 12, relatif au transport des chevaux de course et de chasse, stipule :

1° Que le chargement et le déchargement des animaux seront faits exclusivement par les expéditeurs et destinataires, à leurs frais, risques et périls ;

2° Que le tarif n'est applicable qu'aux chevaux dont la valeur ne dépasse pas 2.500 francs.

En présence de ces clauses, on doit se demander, lorsqu'un cheval est blessé en cours de route :

1° Si la Compagnie de chemins de fer est responsable?

2° Quelle est l'étendue de cette responsabilité ?

Le tarif G. V. n° 12 met formellement à la charge de l'expéditeur et du destinataire les risques d'accidents pouvant survenir pendant le chargement et le déchargement. Il restreint donc la responsabilité des Compagnies, qui n'existe plus que pendant le cours du voyage.

Sans examiner si cette clause est bien légale, car elle met en échec, non seulement les principes relatifs au contrat de transport, d'après lesquels le contrat prend naissance par la remise de la chose et ne prend fin que par sa délivrance (Cassation, 21 avril 1902, DALLOZ, 1903, I, 148), mais encore l'art. 103 du Code de Commerce, complété par la loi du 17 mars 1905, qui rend le transporteur garant de *toutes* les avaries survenues à la chose transportée et prononce la nullité de toute clause contraire, il convient de constater que, même sous l'empire de ce tarif spécial, le transport de l'animal, lorsqu'il a été embarqué et avant qu'on ne l'ait débarqué, est régi par le droit commun.

Or ce droit commun, c'est l'art. 103 du Code de Commerce, qui proclame la responsabilité du transporteur, sans que l'expéditeur ait à prouver qu'une faute quelconque a été commise par celui-ci.

Le seul moyen que la loi concède au transporteur d'échapper à la responsabilité est de prouver que les avaries proviennent soit de la force majeure, soit d'un vice propre à la chose.

Il semble donc que, lorsqu'un cheval de chasse est blessé en cours de route, une Compagnie puisse bien difficilement contester le droit qu'a le propriétaire de réclamer une indemnité.

Il n'en est pas ainsi ; car les Compagnies invoquent, dans ce cas, soit le vice propre de l'animal, soit la faute de l'expéditeur, qui n'aurait pas pris toutes les précautions voulues lors de l'embarquement, ou qui n'aurait pas fait surveiller l'animal pendant le voyage.

En ce qui concerne le vice propre du cheval, il a été jugé qu'une Compagnie n'est pas responsable de l'accident survenu en cours de route à un cheval transporté par elle, lorsqu'il résulte de l'expertise à laquelle il a été procédé que l'accident a eu pour cause initiale et unique le caractère de l'animal (Douai, 24 juillet 1905, *Recueil des Sommaires,* 1906); néanmoins, aux termes de cet arrêt, il faut que la Compagnie établisse le caractère vicieux de l'animal.

Il ne suffirait pas, si la bête est douce d'ordinaire, qu'on invoque la nervosité dans laquelle elle s'est trouvée durant le voyage.

A cet égard, un jugement du Tribunal de Commerce de Saint-Etienne du 13 juillet 1905 *(Lois et Sports,* 1906, II, 418) dit avec raison : « Il est hors de doute que si toutes les circonstances de nature à jeter le trouble dans la manière d'être habituelle de l'animal transporté avaient été jugées par le législateur comme suffisantes pour exclure ou, tout au moins, pour amoindrir dans une certaine mesure la responsabilité du voiturier, il n'eût pas manqué de modifier en ce sens les dispositions de l'art. 1384 du Code Civil et 103 du Code de Commerce. » L'état de nervosité du cheval, occasionné par les bruits, les secousses, les chocs du voyage, ne saurait donc être considéré comme un vice propre de l'animal.

Mais quand il s'agit d'un cheval transporté en vertu du tarif général G. V. n° 12, les Compagnies invoquent plus volontiers la responsabilité de l'expéditeur, en se basant sur ce que c'est lui qui a fait l'embarquement. Elles s'efforcent de rattacher l'accident, s'il se produit, à un embarquement défectueux et de prolonger ainsi leur irresponsabilité pendant tout le voyage.

C'est ainsi qu'un arrêt de la Cour de Lyon du 22 mai 1908 *(Lois et Sports,* 1909, p. 76) a repoussé la demande d'indemnité du propriétaire d'un cheval par cette raison que, « ayant pris à sa charge et à ses risques et périls l'embarquement du cheval, il avait commis une faute en n'utilisant pas les sangles mises à sa disposition par la Compagnie et destinées à maintenir le cheval dans sa position ».

De même, les Compagnies ont imputé, même sans preuve directe et par cette simple considération que le wagon-écurie étant bien installé, la cause de l'accident au défaut de surveillance du préposé du propriétaire. (Tribunal de Commerce de Montauban, 20 septembre 1907, le *Droit,* 29 octobre 1907.)

Il y a dans ces décisions une interprétation abusive, absolument contraire au texte et à l'esprit de la loi.

En édictant une sorte de présomption de faute contre l'expéditeur sous ce prétexte qu'il a été chargé de l'embarquement ou qu'il a usé de la faculté — car ce n'est qu'une faculté -- de faire accompagner son cheval par un gardien, on fait plus que tourner l'art. 103 du Code de Commerce, on arrive à lui donner une signification exactement contraire de celle qu'il a.

Qu'a voulu la loi ? Que le transporteur fût garant de toutes les avaries et, par conséquent, présumé responsable des accidents dont le cheval peut être victime. Qu'arrive-t-on à lui faire dire, grâce à l'application d'un tarif spécial ? Que c'est, au contraire, l'expéditeur qui est présumé responsable.

Cette interprétation est d'ailleurs formellement condamnée par les travaux préparatoires de la loi de 1905, modificative de l'art. 103. Lors de la discussion au Sénat, M. Waddington avait déposé un amendement d'après lequel les tarifs spéciaux dûment homologués pourraient stipuler, en échange d'avantages concédés au public, que le transporteur ne serait pas présumé responsable de l'avarie, à charge par lui d'établir l'existence de l'un des cas suivants : 1° intempéries pour les marchandises transportées soit à découvert, soit dans des wagons bâchés, par l'expéditeur ; 2° absence ou insuffisance d'emballage ; 3° *défectuosité du chargement des animaux* et des marchandises, *lorsque ce chargement incombe à l'expéditeur en vertu du tarif ; 4° absence ou négligence de l'escorte prévue au tarif pour le transport des animaux.*

Devant le refus du Gouvernement d'accepter cet amendement et devant l'hostilité manifeste du Sénat, M. Waddington le retira avant qu'il ne fût mis aux voix.

On doit en conclure que le Sénat n'a pas voulu, comme on le lui demandait, que la défectuosité du chargement des animaux, l'absence ou la négligence de l'escorte, fussent des causes d'irresponsabilité pour les Compagnies de chemins de fer.

Nous estimons donc que, lorsqu'un cheval est blessé en cours de route, alors même qu'il voyageait sous le régime du tarif G. V. n° 12, la Compagnie doit être responsable, à moins qu'elle ne prouve la force majeure, le vice propre de l'animal, ou la faute de l'expéditeur.

Mais une autre question se pose. Le tarif G. V. n° 12, en spécifiant que seuls les chevaux de chasse d'une valeur ne dépassant pas 2.500 francs pourraient profiter de la taxe réduite, a, d'une façon indirecte, limité la responsabilité des Compagnies à cette somme.

Cette limitation est-elle valable ? On peut en douter.

En effet, l'art. 103 du Code de Commerce, d'après lequel le transporteur est garant de toutes les avaries survenues à la chose transportée, a été complété, en 1905, par le paragraphe suivant, dont l'initiative appartient à M. Rabier : « Toute clause contraire insérée dans toute lettre de voiture, *tarif* ou autre pièce, est nulle. »

Ce paragraphe additionnel, qui a eu pour but de mettre fin aux abus commis par les Compagnies de chemins de fer qui, dans tous les tarifs spéciaux, avaient inséré une clause d'irresponsabilité, frappe, on le voit, de nullité absolue toute clause de ce genre, alors même qu'elle serait contenue dans un tarif homologué.

Nous pensons que l'irresponsabilité partielle conférée aux Compagnies par le tarif G. V. n° 12 doit être atteinte par la nullité, aussi bien que l'irresponsabilité complète, quoique, sur ce point, les travaux préparatoires de la loi de 1905 soient tout à fait contradictoires. D'une part, M. Tillaye, rapporteur de la loi, a dit, dans son Rapport supplémentaire au Sénat, lors de la deuxième délibération : « Les Compagnies conserveront, sous le contrôle du Ministre des Travaux publics, le droit d'insérer dans leurs tarifs les clauses limitant les indemnités dues pour retards et de fixer, pour certaines marchandises d'un prix élevé, une valeur maxima, si elles bénéficient de tel ou tel tarif. » Mais, d'autre part, M. Pérouse, commissaire du Gouvernement, a contesté formellement cette interprétation et a déclaré que, si le Parlement l'adoptait, il rendrait tout à fait inefficace la prohibition contenue dans la loi Rabier.

En outre, M. Prévet et M. Poirrier, bien qu'hostiles à la loi, ont dit qu'à leur avis la nullité devait atteindre l'irresponsabilité partielle aussi bien que l'irresponsabilité complète. Il n'est pas douteux qu'il est bien inutile d'empêcher les Compagnies de se mettre désormais à l'abri de toute responsabilité à l'aide de clauses insérées dans les tarifs spéciaux, si on leur permet de limiter par avance cette responsabilité. Admettre la validité d'une telle clause serait la faillite de la loi votée par le Parlement.

« Vous voulez, disait M. Prévet à la tribune du Sénat, qu'on rembourse à l'expéditeur le plein dommage qui lui a été fait, et en même temps vous admettez qu'on puisse diminuer ce dommage à forfait, le réduire autant qu'on voudra. Je ne comprends plus du tout. »

D'ailleurs, de même que pour les défectuosités de chargement et la surveillance des animaux, on peut tirer argument du retrait de l'amendement Waddington au Sénat. Cet amendement contenait, en effet, ce paragraphe : « Des tarifs spéciaux peuvent stipuler des réductions de taxes applicables aux animaux et marchandises pour lesquels une valeur maximum déterminée au tarif limitera l'indemnité en cas de perte ou d'avarie. » Si le Sénat a écarté cet amendement, c'est qu'il n'admettait pas que la responsabilité du transporteur pût, à l'aide de tarifs spéciaux, être par avance limitée.

Bien que la question ne soit pas encore définitivement tranchée en jurisprudence, il nous faut signaler une décision récemment rendue par la 7ᵉ Chambre du Tribunal de la Seine, dans une affaire de Meaupou contre les Chemins de fer de l'Etat, et dans laquelle l'indemnité due par le transporteur, pour un cheval d'une valeur de 2.000 francs, a été maintenue à la somme forfaitaire de 1.500 francs prévue au tarif spécial. (Tribunal Civil de la Seine, 7ᵉ Chambre, 24 juillet 1909.)

Cette clause fût-elle valable, il ne saurait être question de l'appliquer lorsque l'accident survenu au cheval a sa cause génératrice non plus dans l'art. 103 du Code de Commerce, mais dans une infraction à la clause du tarif spécial d'après laquelle le chargement et le déchargement des animaux doivent être faits exclusivement par les expéditeurs et destinataires. C'est ainsi que la Compagnie de l'Ouest a été déclarée responsable — sans limitation au chiffre de 2.500 francs — d'un accident survenu en cours de route à un cheval de course, par suite de la faute d'un employé qui avait, sans prévenir les préposés du propriétaire, débarqué l'animal. (Tribunal Civil de la Seine, 3 mars 1909, Remy contre Ouest. *Lois et Sports 1909*, p. 171.)

Passage en forêt avec voitures. — Animaux de monture

L'art. 147 du Code Forestier est ainsi conçu : « Ceux dont *les voitures,* bestiaux, *animaux* de charge ou de *monture* (chevaux) seront trouvés dans les forêts, *hors des routes et chemins ordinaires,* seront condamnés, savoir : par chaque voiture, à une amende de 10 francs pour les bois de dix ans et au-dessus, et de 20 francs pour les bois au-dessous de cet âge ; par chaque bête ou espèce de bestiaux non attelés, aux amendes fixées pour délit de pâturage par l'art. 199 (1). Le tout sans préjudice des dommages-intérêts. »

Ce délit existe toutes les fois que le prévenu a été trouvé conduisant une voiture ou un animal de monture hors des routes et chemins ordinaires. (Cass., 29 avril 1830. — Amiens, 27 février 1843.)

Le mot voiture exprime tout ce qui, mû par une ou plusieurs roues, conduit par des hommes ou des animaux, peut servir de moyen de transport d'objets quelconques.

La seule introduction des voitures et animaux constitue le délit prévu par l'art. 147, même en l'absence de tout dommage causé.

Il ne faut entendre par routes et chemins ordinaires, au sens de l'art. 147 du Code Forestier, que les chemins ouverts à tous et consacrés à l'usage du

---

(1) 3 francs pour un cheval ou autre bête de somme.

public, par opposition aux chemins forestiers ou privés établis par le propriétaire (ou l'Etat) sur son propre sol, et entretenus à ses frais pour l'exploitation et le service de la forêt. (Amiens, 17 décembre 1857. — Cass., 23 juillet 1858.)

La bonne foi du prévenu n'excuse pas l'infraction.

***

En ce qui concerne les adjudicataires du droit de chasse à courre dans les forêts de l'Etat, le cahier des charges (1), que nous publions plus loin, autorise implicitement les personnes de l'équipage et de la suite à passer, à cheval ou en voiture, sur les routes de la forêt louée, pour l'exercice de la chasse à courre. Quant aux personnes qui ne font pas partie de la chasse ou qui ne sont pas invitées, l'art. 147 du Code Forestier leur interdit de circuler en dehors des chemins ordinaires (routes classées, chemins vicinaux, routes nationales.....).

Que les curieux se méfient et ne soient pas trop encombrants !

Il nous reste à examiner rapidement la question de savoir si la location du droit de chasse dans un bois de l'Etat s'étend aux chemins et routes qui le traversent. Il n'en est fait aucune mention précise dans le cahier des charges. C'est une lacune que je signale à l'Administration forestière. Une distinction s'impose : s'il s'agit de routes nationales, de chemins publics, tout chasseur muni d'un permis, adjudicataire ou non du droit de chasse dans la forêt, peut chasser sur ces chemins. S'il s'agit, au contraire, de chemins forestiers ou de dessertes établies pour le service de l'Administration ou la vidange des coupes, de lignes, sentiers, voies charretières, etc., ces chemins ne font qu'un avec le bois lui-même et doivent être compris dans la location. L'art 147 du Code Forestier n'est donc pas applicable aux adjudicataires du droit de chasse. Décider le contraire serait injuste et vexatoire, et vouloir empêcher d'une façon certaine l'exercice du droit de chasse.

La solution est, évidemment, la même en ce qui concerne la chasse à tir.

---

(1) Voir, *in fine,* le cahier des charges des adjudications du droit de chasse dans les forêts de l'Etat.

Chapitre VI

Du droit de suite. — Autrefois. D'après la Loi de 1844
Peut-on quêter sur le terrain d'autrui ? Peut-on le traverser avec les chiens?
Passage des chasseurs et des piqueurs

Droit du chasseur aux chiens courants sur le gibier levé et poursuivi par ses chiens

On appelle *droit de suite* la faculté qu'a le chasseur de suivre avec ses chiens, même sur le terrain d'autrui, le gibier qu'il a fait lever sur son propre fonds.

Autrefois, avant 1790, ce droit était accordé à tout chasseur. Non seulement, lorsque la bête passait sur le terrain d'autrui, elle continuait à appartenir au maître des chiens, mais le propriétaire du fonds, fût-il seigneur haut justicier, ne pouvait s'opposer à l'entrée du chasseur sur son fonds; celui-ci avait, de par les usages, le droit d'y suivre et prendre le gibier poursuivi.

L'art. 1er de la loi des 28 et 30 avril 1790 abolit le droit de suite en défendant, d'une manière absolue, de chasser sur le territoire d'autrui sans le consentement du propriétaire.

La loi du 3 mai 1844 n'a fait que reproduire cette interdiction : « Nul n'aura la faculté de chasser sur la propriété d'autrui sans le consentement du propriétaire ou de ses ayants droit. »

C'était défendre, ou plutôt rendre impossible la chasse aux chiens courants. Aussi le législateur de 1844 a-t-il cru, dans son art. 11, § 2, alinéa 3, devoir apporter une atténuation à cette interdiction par trop formelle : « Pourra ne pas être considéré comme délit de chasse le fait du passage *des chiens courants* sur l'héritage d'autrui, lorsque ces chiens seront à la suite d'un gibier lancé sur la propriété de leurs maîtres, sauf l'action civile, s'il y a lieu, en cas de dommages. ».

M. Peltreau-Villeneuve avait proposé l'amendement suivant, qui fut rejeté, sur les observations de M. le comte de Morny : « Toutefois les propriétaires ou leurs ayants droit, dont les chiens, courant à la suite d'un gibier lancé sur leurs propriétés, traverseront l'héritage d'autrui sans son consentement, ne seront considérés comme délinquants, sauf tous dommages-intérêts pour les dégâts causés aux héritages traversés par leurs chiens. »

Cet amendement portait évidemment atteinte au droit de propriété.

Loi de 1844

Le droit de suite se trouve-t-il rétabli par la loi de 1844 ? Evidemment non.

Tout chasseur qui chasse ou suit ses chiens sur le terrain d'autrui peut, dans certains cas, être poursuivi et condamné comme délinquant ; l'art. 11, § 2, alinéa 3, permet seulement aux Tribunaux de ne pas toujours considérer comme délit de chasse le fait du passage des chiens courants sur le terrain d'autrui, lorsque ces chiens poursuivent un gibier lancé sur la propriété de leurs maîtres.

Le droit de suite n'est pas rétabli par ce fait : le droit de suite *conventionnel* est le seul qui soit permis aujourd'hui.

Le passage des chiens courants poursuivant un gibier sur le terrain d'autrui, sans le consentement du propriétaire, constitue *toujours* en principe un fait de chasse, un délit imputable au chasseur maître des chiens, mais les Tribunaux ont le pouvoir d'apprécier souverainement le fait, d'après les circonstances, et d'admettre une excuse en faveur du chasseur.

C'est au chasseur à prouver qu'il se trouve dans le cas prévu par l'art. 11 de la loi du 3 mai 1844, et qu'il a droit à l'acquittement des juges. (Cassation, 7 décembre 1872, D. P., 72, 1, 146.)

L'excuse n'existe jamais s'il s'agit de chiens d'arrêt.

L'excuse est subordonnée à certaines conditions que les auteurs et la jurisprudence ont classées au nombre de quatre.

Il faut :

1° Qu'il s'agisse de chiens courants ;

2° Que les chiens soient à la suite d'un gibier lancé sur la propriété de leurs maîtres.

Le passage sur le terrain d'autrui d'une meute en action de chasse constitue un délit, à moins qu'il ne soit démontré que le gibier poursuivi avait été lancé dans un lieu où le maître de la meute avait le droit de chasse — ou que la chasse avait commencé avec droit. (Rouen, 3 février 1870, R. F., t. V, n° 36. — Angers, 17 mai 1873, D. P., 73, II, 172. -- Crim., cassation, 4 janvier 1878, D. P., 78, I, 334 — Crim., rej., 1" mai 1880, D. P., 81, I, 94. — Paris, 27 mai 1882, R. F., t. XII, n° 10. — Crim., cassation, 11 mai 1883, D. P., 83, V, 57. — Limoges, 26 juin 1902, D., 1902, II, 412);

3° Que le chasseur maître des chiens s'abstienne de tout acte positif de chasse.

Commet un délit de chasse sur le terrain d'autrui le piqueur qui, dans le bois d'un particulier, sonne de la trompe pour appuyer les chiens. (Crim., cass., 28 janvier 1875, D. P., 75, I, 331.)

Ne commet pas de délit celui qui, au contraire, pénètre sur la propriété d'autrui pour rappeler ou rompre ses chiens.

Il y a délit quand les inculpés, pendant un certain temps, ont volontairement laissé leurs chiens suivre un gibier (lièvre) dans la forêt d'autrui et cherché à s'emparer de ce gibier. (Colmar, 22 mars 1864, R. F., t. V, n° 5.)

Quand le chasseur s'est posté en attente sur la lisière d'un bois de manière à pouvoir tirer le gibier dans le cas où il serait ramené par les chiens. (Crim., cass., 15 décembre 1866, D. P., 67, I, 141. — Grenoble, 31 janvier 1867, R. F., t. IV, n° 600. — Nancy, 15 mai 1884, D. P., 84, V, 54.)

Il y a délit quand les chasseurs se tenaient, en attitude de chasse, dans le fossé de la route formant lisière d'une forêt appartenant à autrui, dans laquelle leur meute poursuivait une pièce de gibier. (Crim., cass., 4 janvier 1878, D. P., 78, I, 334. — Paris, 27 mai 1882, R. F., t. XII, n° 10.)

Lorsque les chasseurs ont appuyé leurs chiens. (Orléans, 27 juin 1882, D. P., 83, V, 56.)

Lorsqu'ils n'ont fait aucun effort pour les retenir. (Bourg, 1ᵉʳ avril 1903, la *Loi,* 14 avril 1903.)

En sens contraire. — Ne commet pas de délit le chasseur qui attend sur un héritage où il a le droit de chasse le retour d'une pièce de gibier que ses chiens ont lancée sur cet héritage et poursuivent sur une propriété voisine. (Orléans. 10 juin 1861, D. P., 61, ll, 173. — Colmar, 24 avril 1866, R. F., t. III, n° 499);

4° Il faut que le passage des chiens sur le fonds d'autrui soit involontaire de la part du chasseur, qu'il y ait eu, pour ainsi dire, impossibilité pour lui d'empêcher ce passage.

Il faut que le fait (chasse sur le terrain d'autrui) se soit produit accidentellement, sans la participation directe ou indirecte du maître des chiens. (Dijon, 21 avril 1874, D. P., 75, II, 201.)

Que le maître ait fait ses efforts, soit pour rappeler, soit pour rompre ses chiens; qu'il lui ait été impossible d'empêcher leur passage sur la propriété d'autrui. (Rouen, 10 février 1854, D. P., 54, II, 238. — Paris, 17 juin 1862, R. F., t. I, n° 155. — Crim., cass., 15 décembre 1866, D. P., 67, I, 141. — Caen, 26 janvier 1870, D. P., 70, II, 56. — Poitiers, 13 juillet 1872, D. P., 73, II, 172. — Angers, 17 mars 1873, D. P, 73, II, 172. — Crim., cass., 4 janvier 1878, D. P., 78, I, 334; 11 mai 1883, D. P., 83, V., 56. — Amiens, 21 mars 1878, et sur pourvoi Crim., rej., 26 juillet 1878, D. P., 79, I, 142. — Pontoise, 5 janvier 1900. — Bourg, 1ᵉʳ avril 1903.)

Sur tous ces points, les Chambres ont déclaré s'en remettre à la sagesse des Tribunaux.

Le simple fait de passer sur le terrain d'autrui avec des chiens qui ne chassent pas, mais suivent leur maître, bien que non couplés, ni muselés, ne peut constituer un délit. (Rejet, 26 juillet 1860, DALLOZ, 60, I, 362.)

Au contraire, le piqueur qui sonne de la trompe dans les bois d'un particulier, pour appuyer ses chiens qui y chassent, commet une infraction et doit être condamné pour chasse sur le terrain d'autrui.

Commettent également un délit le maître d'équipage et son piqueur s'ils pénètrent sur le terrain d'autrui et suivent la meute en la dirigeant à la suite de la bête de chasse, au lieu de chercher à rompre les chiens. (Orléans, 27 juillet 1882.)

La question de savoir si le piqueur a le droit de suivre la meute sur le terrain d'autrui est controversée.

Pour l'affirmative : Cass., req., 30 novembre 1860.

Pour la négative : Orléans, 12 mai 1846. — Dijon, 21 janvier 1874, déjà cité.

Un chasseur ne saurait, pénétrant à la suite de ses chiens dans un bois appartenant à autrui, tirer un coup de fusil en l'air pour mettre fin à la lutte engagée entre eux et un sanglier leur tenant tête. (Limoges, 31 mars 1870.) La Cour de Limoges, dans cette espèce, avait estimé que c'était un moyen de continuer la chasse, l'animal débuchant au bruit du coup de feu et les chiens s'élançant à sa poursuite.

Le maître d'équipage dont la chasse passe sur le terrain d'autrui doit employer tous ses efforts pour rompre les chiens. C'est à lui à faire cette preuve, en cas de poursuite.

Le propriétaire du terrain sur lequel passe la chasse a, de son côté, le droit incontestable de rompre les chiens et de les recoupler, de saisir les chiens et de les garder tant qu'ils ne seront pas réclamés. Il pourra même, avant de rendre ces animaux à leur propriétaire, se faire indemniser des dépenses occasionnées par leur fourrière. (Rennes, 22 mai 1891. — CHATIN : *Chasse à courre, Droit de suite. — Revue du Tourisme et des Sports*, 1907, avril, p. 123.)

Le chasseur, à notre avis, peut suivre ses chiens sur le terrain d'autrui, dans le but de les rompre et de les recoupler.

En ce qui concerne le passage du piqueur avec ses chiens sur le terrain d'autrui, le Tribunal Correctionnel de Blois, à la date du 27 mars 1846, décida que ce fait ne constituait aucun délit.

Sur appel, la Cour d'Orléans réforma le jugement de Blois, en ces termes :

Considérant que du procès-verbal régulièrement dressé, le 4 février 1846, par l'adjoint au maire de la commune d'Huisson, sur le rapport de Boulard, garde particulier, assermenté du sieur Zachel-Desfrancs, et des débats du procès, il résulte que ledit jour, 4 février dernier, les sieurs de Beaureil et autres chassaient à courre dans la forêt domaniale de Boulogne, en vertu du droit de chasse qui leur a été loué par l'Administration ;

Considérant que la meute de M. de Champgrand conduite à cette chasse, en l'absence de celui-ci, mais sur son ordre, par Paulard, son piqueur, après avoir lancé la bête dans la forêt de Boulogne, l'a poursuivie sur la propriété du sieur Desfrancs ;

Considérant, que le sieur Paulard, suivant les chiens, soit pour les appuyer, soit pour les rabattre, a également traversé à cheval une pièce de bruyère dépendant de ladite propriété ;

Considérant en droit, que si le fait du passage des chiens sur le terrain d'autrui ne constitue pas nécessairement le délit de chasse, lorsqu'il est indépendant de la volonté du maître, ce fait change de caractère lorsque le veneur, au lieu de s'arrêter sur la limite de son terrain, viole la propriété d'autrui en suivant ses chiens ou la trace du gibier ; que, dans ce cas, ce fait seul suffit pour constituer le délit de chasse, surtout lorsqu'il s'agit de chasse à courre ; que tel est le sens et l'objet du cinquième paragraphe de l'art. 11 de la loi du 4 mai 1844, qui n'a entendu excuser que le fait involontaire du passage des chiens sur le terrain d'autrui, et non pas accorder au maître le droit de suivre soit le gibier, soit les chiens lancés à sa poursuite ;

Considérant, d'autre part, que le piqueur qui conduit les chiens et dirige la chasse, dans l'intérêt ou pour le plaisir du maître, est l'agent principal et le plus actif de la chasse ; que, dans l'exercice de son emploi, il se livre nécessairement à un fait personnel de chasse et est soumis, dès lors, à toutes les obligations du chasseur ; qu'ainsi, il ne peut chasser licitement, si la chasse n'est pas ouverte, s'il n'est pas muni d'un permis de chasse, et s'il n'a pas le consentement du propriétaire du terrain sur lequel il chasse ; que, s'il en était autrement, le grand propriétaire pourrait impunément, à l'aide de ses piqueurs, chasser à courre sur la propriété de ses voisins, y lancer ou y poursuivre le gibier et le ramener sur son domaine ; qu'il suffit d'énoncer les conséquences d'un tel abus pour démontrer que la loi n'a pas pu l'autoriser et que la justice ne doit pas le tolérer.

Cet arrêt fut déféré à la Cour de Cassation qui, le 18 juillet 1846, rejeta le pourvoi.

Jugé dans le même sens : Bordeaux, 4 février 1849.

Le 27 janvier 1860, la Cour de Toulouse décida qu'il n'y avait pas délit de chasse dans le fait par un piqueur de suivre sa meute sur le terrain d'autrui. La Cour de Cassation, le 30 novembre 1860, rejeta le pourvoi intenté contre l'arrêt de Toulouse.

Le 28 avril 1875 (D. P., 75, I, 381), la Cour de Cassation décide « que le fait pour un piqueur d'avoir sonné sur le terrain d'autrui, dans le but d'appuyer un chien, constitue un délit de chasse. (Voir *Fait de chasse*, chap. II.) Au contraire, le piqueur qui pénètre sur le terrain d'autrui, pour rechercher ses chiens, ne fait pas acte de chasse. (Angers, 9 mars 1878.)

Le propriétaire qui a donné tacitement l'autorisation de chasser à courre à un maître d'équipage ne peut anéantir ce droit que par la manifestation précise d'une volonté contraire, soit de sa part, soit de la part de son ayant cause. (Cour de Poitiers, 20 mai 1904, *Lois et Sports*, 1905, octobre, p. 66.)

Commet une faute le maître d'équipage qui ne tente aucun effort pour rappeler ses chiens chassant sur le terrain d'autrui, alors surtout qu'il se rend compte qu'ils sont en défaut et, par suite, mieux disposés à l'obéissance que lorsqu'ils se trouvent en pleine chasse. (Tribunal de la Seine, 17 mai 1908, *Lois et Sports*, 1908, p. 93.)

On ne saurait imposer aux invités à une chasse à courre, et plus particulièrement à ceux qui portent le bouton et participent dans une certaine mesure à la direction de l'équipage, l'obligation de retenir un groupe de chiens qui s'est séparé du gros de la meute pour les empêcher de rallier en passant sur le terrain d'autrui. (Tribunal de la Seine, 17 mai 1908, *Lois et Sports*, 1908, p. 94.)

Ne commettent pas de délit de chasse des chasseurs qui, prenant part à une battue administrative, passent sur une forêt domaniale, en dehors du territoire de la battue, et y suivent la trace d'un sanglier blessé, lorsqu'il résulte des circonstances de fait qu'ils ont, avant de pénétrer dans la forêt, fait tous leurs efforts pour rompre leurs chiens, et qu'ils ne sont entrés dans la forêt, où ils ne se sont pas servis de leurs armes, que pour rechercher leurs chiens, soit pour les empêcher de forcer le sanglier, soit pour venir à leur secours, s'il était impossible de les retenir. (Limoges, 18 mars 1909, *Gazette des Tribunaux*, 18 avril 1909, avec Note.)

L'excuse de l'art. 11, § 2, de la loi du 3 mai 1844 ne vise que le passage spontané des chiens poursuivant un gibier, malgré la volonté des chasseurs qui cherchent à les retenir.

Le propriétaire qui a loué le droit de chasse sur ses terres, sans restriction ni réserve, ne peut amoindrir ce droit, par une simple permission verbale, même antérieure au bail, et ce contrairement à l'arrêt de la Cour de Poitiers du 20 mai 1904 cité plus haut. (Cour de Rouen, 3 février 1905, *Lois et Sports*, octobre 1905. p. 67.)

Il s'agissait, en l'espèce, d'une chasse de l'équipage de Mᵐᵉ d'U... Le cerf, poursuivi par les chiens, se trouvait être sur le terrain d'autrui. Un piqueur et un membre de l'équipage suivirent la chasse, le piqueur en appuyant ses chiens par les mots : « Coule, coule. » La Cour décida qu'il y avait délit de chasse.

Si l'animal est sur ses fins, il n'y aura pas délit à le suivre sur le terrain d'autrui. Nous étudierons cette question lorsque nous traiterons de la propriété du gibier.

Chapitre VII

Du gibier. — Protection. Pouvoirs des Préfets. Propriété du gibier
Gibier poursuivi, chassé, blessé, sur ses fins, mort, abandonné, perdu
Vente, achat et transport du gibier

Protection du Gibier. — Pouvoirs des Préfets

Le 24 janvier 1902, le Ministre de l'Agriculture adressait aux préfets la circulaire suivante :

MONSIEUR LE PRÉFET,

La France, avec la grande variété et la richesse de ses cultures, avec ses forêts, ses plaines et ses coteaux bien répartis, avec la grande étendue de ses côtes et l'heureuse distribution de ses cours d'eau, est un pays merveilleusement doué pour la chasse et pour la pêche. Cependant, nous payons chaque année à l'étranger, malgré cette situation privilégiée, un tribut de plus de 20 millions de francs pour le gibier et le poisson que nous importons.

Je ne me préoccuperai aujourd'hui que de la chasse, et il importe que je rappelle que le gibier, qui possède en France une qualité supérieure, y était autrefois très abondant.

A cette heure, les forêts se dépeuplent, le lièvre et le chevreuil s'y font de plus en plus rares ; la situation s'aggrave également dans les plaines : la perdrix, la caille, le lièvre, etc., harcelés, traqués sans rémission par des chasseurs imprévoyants, tendent à disparaître. Déjà certaines espèces de gibier ne se voient plus dans notre pays et d'autres n'existeront bientôt plus. On peut affirmer, sans crainte d'être taxé d'un pessimisme exagéré, que, à la façon dont vont les choses, la chasse, dans moins d'un demi-siècle, ne serait plus possible en France. On ne trouverait plus de gibier que dans quelques rares parties de notre territoire, où la chasse resterait le privilège des favorisés de la fortune.

La chasse n'existant plus dans notre pays, ce serait la disparition d'un exercice sain, hygiénique, parfois même utile pour assurer ou maintenir la vigueur et la souplesse de notre race ; ce serait l'augmentation du tribut des importations étrangères ; ce serait, en outre, pour le budget de l'Etat et des communes, la suppression de ressources importantes provenant de la location des terrains de chasse, du produit de l'impôt sur la poudre, sur les chiens, etc.

Quelle atteinte ne serait pas portée aux commerces, aux industries, aux professions et aux métiers qui vivent ou profitent de la chasse dans une large mesure ? Que deviendraient les industries de la fabrication des armes, des munitions, des équipements et des habillements de chasse ? Quel serait le sort des éleveurs de chiens, des marchands de chiens, des gardes chasse, etc. ? Quelle répercussion la suppression de la chasse n'aurait-elle pas sur les industries des transports : les chemins de fer, les voituriers, etc., et aussi à l'égard des hôteliers et des aubergistes ?

Aussi ai-je résolu de chercher à parer à cet état de choses ; car, en faisant des efforts pour la reconstitution de nos chasses, j'ai la ferme conviction de faire œuvre utile en servant les intérêts de tous, et en particulier ceux des modestes chasseurs de nos campagnes.

Je ne veux pas m'étendre sur les avantages que produira la reconstitution des chasses : j'entends par là, bien entendu, la propagation des espèces de gibier qui ne sont pas nuisibles à l'agriculture ; ce n'est pas seulement le budget de l'Etat qui y trouvera son compte, c'est aussi celui des communes rurales, et j'en pourrais citer des exemples montrant que, par le fait de la location de chasse, les recettes communales se sont trouvées doublées.

C'est un plus grand élément de prospérité assuré aux industries qui se rattachent à la chasse.

C'est le petit chasseur rural qui, aujourd'hui, bat en vain des plaines désertes, qui trouvera agrément et profit à chasser sur des terrains giboyeux.

Pour arriver au résultat cherché, il faut d'abord organiser la chasse, en concevoir son aménagement, faire ensuite du repeuplement et assurer la garde du gibier.

Je ne songe pas, pour l'organisation des chasses, à recourir à des mesures législatives empruntées à des nations voisines, qui ont produit sans doute d'excellents résultats, mais qui sont parfois bien sévères et qui ne sont pas en harmonie complète avec nos mœurs démocratiques.

J'estime que, pour arriver au but, il suffira de démontrer que l'intérêt général et l'intérêt des particuliers sont en parfaite concordance. C'est aussi en vulgarisant et en développant l'esprit d'initiative qui a déjà pour la chasse de si heureux résultats qu'on assurera la réussite d'une œuvre qui, profitant à tous, conservera un caractère franchement libéral.

Je crois devoir vous donner quelques indications sur la façon dont les chasses de plaines sont constituées dans certains pays.

Parfois, tous les propriétaires font abandon du droit de chasse au profit de la commune ; celle-ci met directement en adjudication la chasse, et le produit tombe dans la caisse municipale, diminuant d'autant les charges communes. Le prix, quand le bail est consenti pour une assez longue durée, sert quelquefois à gager l'emprunt d'une somme importante affectée à l'exécution de travaux communaux urgents auxquels on ne pouvait satisfaire à l'aide des ressources ordinaires.

Dans d'autres cas, le produit des chasses est versé entre les mains du receveur municipal, qui l'affecte au paiement des impôts des propriétaires fonciers, au prorata de leurs droits sur les terrains loués.

La commune, comme dans d'autres régions, n'apparaît pas ; les propriétaires des terrains constituent entre eux une sorte d'association qui leur donne les moyens de tirer un parti avantageux de parcelles qui, considérées isolément, sont sans valeur, et qui, groupées, donnent un terrain de chasse se louant parfois très cher.

J'appelle votre attention sur l'intérêt qu'il y a, pour augmenter le prix de location des chasses, à avoir des baux d'une assez longue durée. C'est surtout quand les chasseurs sont assurés de recueillir le fruit des efforts tentés pour le repeuplement des chasses qu'ils consentent à payer un prix plus rémunérateur.

Il est aussi un autre procédé, qui consiste, après avoir formé une chasse, à l'exploiter au moyen d'actions, de parts ou de cartes ; mais j'estime que ce procédé n'est pas à recommander : il tend, en effet, bien plus à la destruction du gibier qu'à sa conservation, et les ressources que les communes peuvent en retirer sont aléatoires et toujours limitées.

L'application des deux premiers systèmes donne, au contraire, de bons résultats, et le succès est bien plus grand encore quand on peut s'assurer le concours des chasseurs les plus modestes de la localité. C'est ce qu'obtiennent les Sociétés de chasse qui, s'inspirant de sentiments démocratiques et égalitaires, et ayant la notion bien comprise de leurs propres intérêts, réservent une portion de leur chasse, qui reste terrain banal. Cette chasse banale est ouverte à tous les chasseurs du pays, et il est inutile de présenter tous ses avantages, dont le principal est de profiter du voisinage d'une chasse bien entretenue et bien surveillée et de devenir bien vite très giboyeuse.

Je ne saurais donc trop attirer votre attention sur l'intérêt que mérite avant toute autre cette dernière combinaison.

Enfin le gibier se vendra moins cher.

Pourquoi, en effet, le temps ne viendrait-il pas où le prix du gibier en France serait diminué de moitié, comme dans les pays voisins, notamment en Allemagne, en Alsace, etc., où la reconstitution des chasses telle que je la préconise a été appliquée depuis un certain nombre d'années ?.....

Le 16 juin 1904, le Ministre de l'Agriculture adressait aux préfets une circulaire relative à la répression de la divagation des chiens dans les campagnes. Cette circulaire visait surtout l'intérêt public ; elle avait pour but d'empêcher la propagation de la rage, dont les chiens errants sont l'habituel véhicule, mais elle visait également la destruction des nids et des couvées. Nous pouvons ajouter : du gibier en général.

**

De la propriété du gibier. — Gibier poursuivi, chassé, blessé, sur ses fins, mort, abandonné

Corneille de la Pierre, dans ses commentaires sur l'Ecriture Sainte, rapporte qu'un moine soutenait et prêchait que le bon gibier avait été créé pour les religieux, et que si les perdreaux, les faisans et les ortolans pouvaient parler, ils s'écrieraient : Serviteurs de Dieu, soyons mangés par vous !

Ce moine, s'il n'était malin, devait être très gourmand !

Le gibier n'a pas protesté, il n'a pas non plus fait connaître son avis, mais s'est laissé forcément manger par plus fin que lui et sans préférence aucune.

Mais si le malheureux gibier n'a rien dit, les chasseurs ont beaucoup causé et causent encore beaucoup à son sujet. Chacun a repris pour soi les paroles du moine et veut être seul propriétaire du gibier qui se trouve sur son fonds ou sur sa chasse. Cela dure depuis que la chasse existe et durera probablement toujours, car il ne me paraît pas facile de donner raison à deux chasseurs discutant ensemble sur une question de propriété du gibier.

Les Tribunaux, qui ont sur ce point un pouvoir d'appréciation souverain, y perdront leur temps et leurs attendus.

***

Dans notre ancienne France, comme à Rome, on était cependant à peu près d'accord pour reconnaître que le gibier était *res nullius*, qu'il appartenait, comme toute chose sans propriétaire, à celui qui le premier s'en emparait.

Aujourd'hui, cette thèse est encore admise par la jurisprudence, malgré les nombreuses et vives protestations des intéressés devant les Tribunaux.

Les principes posés dans les *Institutes de Justinien* sont encore ceux du droit actuel. Ils peuvent se résumer comme suit : « Les animaux qui naissent sur la terre, en l'air ou dans la mer, les bêtes sauvages, les oiseaux, les poissons, dès qu'ils ont été pris par quelqu'un, lui appartiennent à l'instant, d'après le droit des gens : ce qui, en effet, n'appartient à personne appartient naturellement à celui qui s'en empare. Il n'importe que celui qui s'empare des bêtes sauvages ou des oiseaux les prennent sur son fonds ou sur celui d'autrui.

« Celui qui entre sur le fonds d'autrui pour chasser ou prendre des oiseaux peut en être empêché par le propriétaire qui l'aperçoit. « *Institutes de Justinien,* livre II, titre I, p. 12.)

Le gibier *en liberté* n'appartient donc à personne, pas plus au propriétaire du bois ou de la terre sur lesquels il est remis, gîté, perché ou de passage, qu'à tout autre.

Le gibier est *res nullius* et il appartient au premier occupant, et le chasseur n'est censé avoir un droit d'occupation sur le gibier qu'autant qu'il l'a mis dans l'impossibilité d'échapper à sa poursuite, par exemple, s'il l'a mortellement blessé. (Tribunal de Paix de Châtillon-sur-Seine, 9 juin 1900, *Gazette des Tribunaux,* 21 juin 1900.)

Un animal blessé par un premier chasseur ne lui appartient que si cette blessure est mortelle, ou tout au moins si grave qu'elle devrait fatalement empêcher le gibier d'échapper à ce chasseur. (Amiens, 6 février 1901, *Recueil d'Amiens,* 1902, p. 248.)

Lorsqu'un gibier a été blessé par plusieurs chasseurs successivement, il appartient à celui qui démontre : 1° qu'il l'a atteint mortellement le premier ;

2° qu'il n'a pas cessé de le poursuivre. (Toul, 26 novembre 1901, *Recueil de Nancy*, 1901, p. 345.)

A moins de justification indiscutable de la propriété d'un gibier, celui-ci, même sur des terrains de chasse réservée, doit être considéré comme *res nullius;* la propriété s'en acquiert par voie d'occupation. Par suite est mal fondée la demande en paiement du prix du gibier tué sur une chasse réservée, par quelqu'un qui n'a pas le droit de chasse sur ce terrain. Mais est recevable une action en dommages-intérêts contre celui qui a ainsi chassé sur un terrain réservé. (Tribunal de Paix de l'Arbresle (Rhône), 22 décembre 1905, *Moniteur de Lyon,* 20 janvier 1906.)

Le gibier n'est considéré comme appartenant à celui qui l'a blessé que si cette blessure a revêtu un caractère assez grave pour le faire considérer comme mortellement blessé et présenter, dès lors, sa capture comme imminente et certaine. (Tribunal Civil de Toulouse (1ᵉ Chambre), 11 mai 1905, *Gazette des Tribunaux du Midi,* 16 juillet 1905, avec Note.)

Le gibier cesse d'être *res nullius* dès qu'il a été assez grièvement atteint pour n'avoir plus que de très faibles chances de se soustraire à la capture du chasseur. (Château-Thierry, 14 avril 1905, confirmé par arrêt d'Amiens, 4 août 1905, *Lois et Sports,* 1906, p. 138 et 139.)

En résumé, cette question ne se discute plus aujourd'hui. Lorsqu'un gibier a reçu des blessures graves et mortelles, il devient la propriété du chasseur qui l'a tiré. Celui-ci a le droit de le poursuivre et de s'en emparer sur le terrain d'autrui.

Le principe de la propriété du gibier attribuée au premier occupant s'applique même au cas où le gibier aurait été pris sur le fonds d'autrui et sans le consentement du propriétaire de ce fonds. Ce dernier ne saurait valablement en réclamer la propriété : il ne pourrait, en effet, revendiquer une chose (un animal, en l'espèce) qui ne lui a jamais appartenu. S'il s'en emparait par violence, il s'exposerait même à des poursuites correctionnelles, si son intention frauduleuse était nettement établie. Il serait, en tous cas, obligé de restituer le gibier ou d'en payer la valeur. Le propriétaire du sol n'a qu'un seul droit : celui d'intenter contre le chasseur pénétrant sur son fonds une action en dommages-intérêts, soit en réparation des dégâts matériels qui lui ont été faits, soit pour atteinte portée à la fois à son droit de chasse et à son droit de propriété. Ces principes sont toujours applicables ; ils le sont quand bien même le chasseur se serait emparé du gibier contrairement aux prescriptions de la police sur la chasse (loi du 3 mai 1844).

Le propriétaire a cependant sur le gibier pris *in globo* qui se trouve sur son terrain un droit *sui generis,* mais certain, qui l'autorise à agir devant les Tribunaux contre ceux qui y portent atteinte directement ou indirectement. Le voisin ne peut, par des moyens dolosifs, attirer et retenir le gibier des terres et bois contigus. Constitue un ensemble de faits dolosifs la réunion de procédés qui, pris isolément, sont licites, mais qui, réunis, constituent un artifice pour mettre à la disposition de celui qui les emploie le gibier des environs. (Tribunal de Meaux, 3 avril 1903, la *Loi,* 25 avril 1903.)

Mais rassurez-vous, pauvres chasseurs ! toute règle a ses exceptions, et j'en trouve deux en ce qui concerne la propriété du gibier :

1° Si le gibier n'est pas *en état de liberté naturelle,* si, par exemple, il est enfermé dans un enclos, une garenne, un clapier (les *vivaria* des Romains), desquels il ne peut s'échapper, il est évident que ce gibier ne doit plus être considéré comme *res nullius*, mais, au contraire, comme un accessoire de la propriété. En conséquence, celui qui s'introduirait dans cet enclos..., etc., pour s'emparer des animaux qui s'y trouvent (lièvres, cerfs, chevreuils, etc.) commettrait *un véritable vol ;* si les animaux renfermés dans ces endroits s'en échappaient, ils appartiendraient, au contraire, au premier chasseur qui s'en emparerait.

Cependant, si c'était par fraude ou artifice que ces animaux s'étaient échappés, le propriétaire de l'enclos pourrait intenter une action en dommages-intérêts contre l'auteur de ce fait illicite, il pourrait même au besoin réclamer la propriété de ces animaux s'ils étaient devenus tout à fait *domestiques.*

Le mode d'acquisition des *res nullius,* je le répète, ne s'applique qu'aux animaux sauvages.

2° L'art. 564 du Code Civil a également établi une exception en faveur des pigeons et des lapins de garenne.

En effet, aux termes de l'art. 524 du Code Civil, sont immeubles par destination : les lapins des garennes, les pigeons des colombiers, etc...

Le législateur a classé ces animaux dans une catégorie spéciale en dehors des animaux domestiques et des animaux sauvages. Ils ne sont ni l'un ni l'autre, ce sont des animaux vivant naturellement, en liberté, sur un fonds, tant qu'ils y trouvent leurs moyens d'existence. Lorsqu'ils quittent volontairement le fonds sur lequel ils se trouvent, pour aller se fixer sur un autre fonds, ils appartiennent, en vertu de l'accession, au propriétaire de ce nouveau fonds, ils deviennent immeubles par destination, à la condition qu'ils se soient fixés sur ce nouveau fonds de leur propre mouvement et sans y avoir été attirés par fraude : dans ce dernier cas, le propriétaire dépossédé pourrait, *en établissant leur identité,* les revendiquer.

En résumé : les lapins des garennes sont immeubles par destination tant qu'ils conservent leur liberté naturelle. (DALLOZ, *Rép.,* n° 85.) La condition essentielle de l'immobilisation est donc, en pareil cas, que les terrains dans lesquels vivent les lapins aient le caractère de garenne.

Mais qu'est-ce qu'une garenne ?

Doit-on considérer comme garenne toute espèce de bois ou de terrain dans lequel se trouvent des lapins, qu'ils y aient été apportés ou non par le propriétaire ? Peut-on dire que du moment où des lapins ont fait leurs terriers dans un bois ou dans un terrain quelconque, ce bois et ce terrain sont des garennes ?

L'art. 524 me paraît trancher la question. En effet, le législateur, en rangeant les lapins de garenne au nombre des immeubles par destination, a évidemment décidé implicitement qu'un terrain ne prendrait la dénomination de garenne que par la destination qu'en ferait le propriétaire. Un terrain sera considéré comme une garenne si le propriétaire nourrit et entretient les lapins pour le plaisir de la chasse, s'il leur ménage des terriers, s'il les prend, en un mot, sous sa garde.

Si, au contraire, les lapins se sont multipliés d'eux-mêmes et sans protection de la part du propriétaire du fonds, il n'en sera pas de même.

Cette question est d'un grand intérêt au point de vue de la responsabilité en matière de dégâts causés par les lapins de garenne.

Dans le premier cas, le propriétaire sera responsable (art. 1382 et 1383 du Code Civil) des dégâts causés par les lapins de garenne.

Dans le second cas, les lapins seront considérés comme des animaux sauvages, *res nullius ;* ils ne pourront donc être réputés l'accessoire de la propriété dans laquelle ils se sont réfugiés ; en conséquence, ils n'engageront pas plus la responsabilité du propriétaire que ne le feraient les moineaux ou corbeaux qui nicheraient dans ses arbres.

En résumé, le propriétaire ou le locataire d'une chasse où les lapins se sont rassemblés par le seul fait de leur instinct, sans qu'il ait rien fait par lui-même pour les attirer, les retenir ou favoriser leur multiplication, ne saurait être *de plano* responsable des dégâts causés par ces rongeurs aux héritages voisins ; il en serait autrement si par sa négligence à détruire ce gibier et la sécurité dont il l'aurait laissé jouir, il lui avait permis de se propager *à l'excès,* et s'il n'avait pris que des mesures tardives et insuffisantes pour la destruction de ces animaux.

Le propriétaire qui laisserait subsister dans ses bois des ronceraies impénétrables, ne ferait aucune battue dans les fourrés et se mettrait dans le cas de recevoir de l'Administration une injonction à avoir à procéder dans un délai déterminé à la destruction de nombreux lapins, serait en faute et condamné à bon droit à réparer les dégâts causés par ses lapins aux champs voisins.

Il est toutefois impossible, étant donné la rapidité de la reproduction des lapins, de les faire disparaître totalement ; les propriétaires ou fermiers des terres contiguës doivent toujours s'attendre à souffrir plus ou moins des incursions de ces animaux : c'est là une servitude naturelle inhérente à la situation des lieux dont il convient de tenir compte.

(Voir en ce sens : Sens, 27 février 1897, *Gazette du Palais,* 1897, I, supp., 33. — Cass., civ., 27 décembre 1898, D., 1899, I, 231. — Cass., 4 janvier 1899, le *Droit,* 17 janvier 1899. — Cass., 15 janvier 1900, S., 1900, I, 191. — Cass., 5 mars 1900, *Gazette des Tribunaux,* 23 mars 1900. — Cass., req., 18 avril 1901, D., 1901, I, 766. — Cass., 22 mai 1901, D., 1901, I, 356. — Cass., 8 juillet 1901, D., 1901, I, 464. — Cass., 22 octobre 1901, D., 1902, I, 455. — Cass., 4 décembre 1901, D., 1902, I, 440. — Cass., 11 mars 1902, D., 1902, I, 112. — Cass., req., 13 mai 1902, S., 1903, I, 16. — Cass., 13 juillet 1903, *Gazette du Palais,* 1903, II, 256. — Cass., 21 février 1905, *Lois et Sports,* septembre 1905, p. 75. — Cass., req., 14 mars 1905, D., 1905, I, 270.)

***

Telles sont les seules exceptions aux principes énoncés plus haut.

Il n'en saurait être autrement.

L'exercice du droit de propriété consiste, en effet, à se servir ou à pouvoir se servir de la chose soumise à ce droit. Or, pour pouvoir se servir de cette chose (du gibier en l'espèce), d'un gibier en état de liberté, il faut commencer par pouvoir le prendre, par l'avoir en sa possession, de manière à en être maître et à l'empêcher de s'évader. Si, après l'avoir pris, on le laisse échapper, il redevient immédiatement *res nullius,* et, malgré la possession momentanée que l'on a eue, on n'aurait pas le droit de le réclamer à celui qui, plus adroit, s'en sera emparé définitivement.

***

Ceux qui veulent assimiler au *vol* la capture du gibier sur le fonds d'autrui font évidemment fausse route.

Pour qu'il y ait délit de vol, il faut nécessairement qu'il y ait soustraction frauduleuse au préjudice d'autrui.

Or, il ne peut y avoir soustraction que lorsque la chose passe de la possession du légitime détenteur dans celle de l'auteur du délit, à l'insu et contre le gré du premier.

En ce qui concerne le gibier, quel est le légitime détenteur ? Personne ne soutiendra bien sérieusement que c'est le propriétaire du sol ou le locataire de la chasse sur lequel le gibier se trouve momentanément. Ce serait, en effet, une propriété bien illusoire.

N'oublions pas que l'exercice du droit de propriété sur une chose ne se comprend que si l'on a *réellement* la faculté de se servir de cette chose, et que, pour s'en servir, il faut l'avoir entre les mains. On n'est évidemment pas détenteur du gibier qui se trouve pendant un moment plus ou moins long sur son terrain ou sur sa chasse, puisque si l'on admettait ce principe lorsque ce gibier passerait sur le fonds voisin, le propriétaire de ce fonds en deviendrait à son tour propriétaire. On risquerait donc de n'être propriétaire que quelques secondes, ce qui est inadmissible. Voyez-vous la longue et rapide suite de transmission de la propriété d'un gibier poursuivi par des chiens, et traversant une plaine morcelée comme il en existe dans certains pays où la propriété se trouve divisée entre tous les habitants ? Que d'intéressés à réclamer la propriété du gibier !

Au surplus, pourquoi modifier la loi de 1844 sur ce point ? Cette loi met au service des Tribunaux des peines qui peuvent monter jusqu'à 1.000 francs d'amende et deux ans de prison. Elevez encore ces peines si vous le voulez, mais n'obligez pas les Tribunaux à toujours condamner le chasseur délinquant comme voleur, ce serait aller contre le but que l'on veut atteindre, c'est-à-dire contre la répression du braconnage, et provoquer de nombreux acquittements.

***

Droit de propriété du chasseur sur le gibier poursuivi par les chiens

Si le chasseur n'a pas un droit de suite sur le gibier poursuivi par ses chiens, a-t-il un droit sur ce gibier ?

La simple poursuite du gibier par ses chiens courants suffit-elle pour lui conférer la possession de l'animal poursuivi ?

Au contraire, un tiers peut-il tirer et prendre ce gibier devant les chiens ?

Depuis l'abolition du droit de suite, on pense généralement que le propriétaire du terrain sur lequel passe une chasse a le droit de tuer le gibier devant les chiens d'un chasseur n'ayant pas droit de chasse sur son fonds. De nombreux jugements et arrêts admettent cette thèse.

On a confondu, à mon avis, le droit de suite et le droit du chasseur sur le gibier.

Le droit de suite n'existe que s'il est concédé par une convention.

Le droit du chasseur sur le gibier provient, au contraire, du fait de l'occupation du gibier, fait matériel indépendant de la volonté d'un tiers.

Or, on peut être en possession d'un gibier sur le terrain d'autrui, malgré le délit qu'on aurait pu commettre, par exemple, en chassant sur ce terrain sans autorisation du propriétaire.

Le droit du chasseur sur le gibier est indépendant du délit.

Le gibier *res nullius* appartient à celui qui le premier en a la possession. *(Lois et Sports,* « De la propriété du gibier », avril 1906, I, p. 212 et suivantes.)

Quand et comment commence cette possession ?

Les uns prétendent que c'est lorsque la bête est morte, d'autres quand elle est sur ses fins ou mortellement blessée, d'autres enfin, et c'est la minorité, lorsqu'elle est poursuivie et tant qu'elle est suivie par les chiens d'un chasseur.

La simple poursuite du gibier par des chiens constitue évidemment un commencement d'occupation. L'animal perd sa liberté naturelle, il tombe par conséquent dans le domaine, dans la possession du premier occupant, qui est le maître des chiens. Ce chasseur acquiert de ce fait un droit de priorité de préférence sur ce gibier, droit qui défend à tout autre de s'en emparer, même sur son terrain.

Cette cause d'occupation est insuffisante et loin d'être parfaite, répondent les adversaires de cette thèse. L'appréhension du gibier est possible, probable même, mais elle n'est pas certaine. Le gibier n'est pas dans l'impossibilité absolue d'échapper. C'est la théorie admise par la plupart des auteurs et par la Cour de Cassation. Il faut s'incliner, et cependant ?...

Tant que la bête est suivie par les chiens, elle est bien en la possession du chasseur. Si elle s'arrête, elle sera prise. Avant que l'animal soit sur ses fins, il faut bien que sa poursuite ait lieu pendant un certain temps. Puisque la jurisprudence admet que « lorsque, par l'effet de la poursuite du chasseur ou de ses chiens, l'animal a été mis dans un tel état que, la poursuite se continuant, il lui est impossible d'échapper à la prise et que ses moyens de défense sont dès à présent inefficaces et inutiles » (*Lois et Sports*, décembre 1905, p. 80, Tribunal Civil de Laon, 19 juin 1906, juillet 1909, p. 43 et suivantes), pourquoi se montrer si rigoureux en ce qui concerne l'occupation du gibier ? Le droit d'occupation ne résulte pas seulement de l'appréhension du gibier, du fait de mettre la main sur le gibier, mais aussi du fait d'actes successifs au moyen desquels l'animal ne semble pas pouvoir échapper.

La chasse aux chiens courants commence par le lancer et se continue par la poursuite : Dès que le gibier est lancé et tant que mes chiens sont à sa suite, il est bien en ma possession. Si mes chiens le perdent, c'est alors seulement qu'il redevient *res nullius* et que quiconque pourra s'en emparer.

Ce n'est malheureusement pas la thèse admise par la jurisprudence.

***

Le 23 février 1859, le Tribunal de Châtillon-sur-Seine a jugé que le propriétaire pouvait, sur son terrain, tirer un gibier devant les chiens d'autrui. Sur appel de cette décision, la Cour de Dijon a maintenu la thèse du Tribunal.

En voici les principaux attendus :

Considérant, en droit, qu'aux termes de l'art. 1ᵉʳ de la loi du 3 mai 1844, nul n'a la faculté de chasser sur la propriété d'autrui, sans le consentement du propriétaire ou de ses ayants droit ; que l'infraction à cette disposition est punie de peines correctionnelles, d'après le § 2 de l'art 11 de la même loi ; qu'à la vérité, cet article porte que le fait du passage des chiens courants sur l'héritage d'autrui, lorsque ces chiens seront à la suite d'un gibier lancé sur la propriété de leur maître, *pourra* ne pas être considéré comme un délit de chasse, sauf l'action civile, s'il y a lieu, en cas de dommages, mais qu'il est évident que cette disposition, loin de conférer au chasseur *le droit de suite* sur le gibier lancé sur sa propriété lorsqu'il en est sorti, le lui interdit, au contraire, formellement ; qu'il est certain que si le chasseur, au lieu de rappeler ses chiens poursuivant le gibier sur le terrain d'autrui, continue à les exciter, il ne se trouve plus dans le cas d'excuse prévu par la loi ; qu'il commet alors le délit prévu par le § 2 précité, et se rend passible des peines prononcées par cet article ; qu'à plus forte raison, il n'a pas le droit de suivre ses chiens et d'aller faire acte de chasse sur le terrain d'autrui ; que c'est ce qui résulte clairement de la discussion de la loi ci-dessus rappelée, et que c'est ce que a été constamment décidé par la jurisprudence ;

Considérant, d'un autre côté, qu'aucun texte de loi n'interdit au propriétaire du terrain sur lequel se rend une pièce de gibier lancée sur une propriété voisine, de la chasser à son tour et de s'en emparer s'il peut l'atteindre ; que s'il en était autrement, ce serait reconnaître un droit de priorité et de préférence, et créer au profit des chasseurs un véritable privilège que repoussent les principes de notre législation civile sur le droit de propriété, ainsi que le texte et l'esprit de la loi du 3 mai 1844 ;

Considérant, dans l'espèce, qu'il résulte de tous les documents de la cause, notamment des faits articulés par le demandeur lui-même, que le chevreuil dont s'est emparé le sieur Suchetet, le 7 décembre 1858, avait été tué par lui sur un terrain où il avait seul le droit de chasser ; que, d'après les principes qui viennent d'être exposés, ce gibier n'était point la propriété du sieur Philippon, quoique celui-ci l'eût lancé sur son terrain ; qu'ainsi le sieur Suchetet pouvait le chasser à son tour quand il est arrivé sur l'héritage où il a le droit de chasser, et par suite le tirer et se l'approprier.....

Je préfère de beaucoup la thèse du Tribunal de Château-Thierry (22 mars 1877). Sur appel d'un jugement rendu par M. le Juge de Paix de Charly, à la date du 7 février 1877, le Tribunal de Château-Thierry avait statué, en ces termes, et ce contrairement à la jurisprudence de la Cour de Cassation (27 avril 1862), rapporté plus loin :

Attendu que Garnier fonde son appel sur ce que, d'après la doctrine de la jurisprudence, le gibier, étant *res nullius*, appartient au premier occupant, et sur ce que, dans l'espèce, le chevreuil étant chassé seulement et n'étant même pas blessé, il avait le droit de le tirer ;

Attendu que le droit de chasse s'exerce en vertu de la loi, à des conditions souvent onéreuses, et que le chasseur doit être protégé, contre toute personne, dans l'exercice de son droit ;

Attendu qu'il importe, pour la solution de la difficulté soumise au Tribunal, de déterminer d'une manière précise là où commence pour le chasseur le droit d'appropriation sur le gibier qu'il poursuit :

Attendu, en premier lieu, que le principe du droit romain puisé dans les *Institutes*, § 13, *De divisione rerum*, d'après lequel il n'y avait appropriation du gibier que lorsqu'il était appréhendé ou lorsqu'il était blessé mortellement, n'était pas l'expression de l'opinion de tous les jurisconsultes ; qu'il y avait eu des divergences entre eux sur ce point avant que ce principe fût posé dans les *Institutes* ;

Que, d'ailleurs, des lois remontant aux premiers temps de la Monarchie en France, et notamment la loi salique, proclamaient des principes tout opposés, en prononçant des peines contre ceux qui s'étaient emparés du gibier poursuivi par un autre ;

Que ces lois n'ont cessé d'être appliquées en France, même après que les *Institutes* y ont été introduites.

Des décisions analogues ont été rendues par le Tribunal de Château-Chinon (17 décembre 1879, *Rev. des E. et F.*, 1882-83, p. 39), par le Tribunal de Semur (6 janvier 1883), par M. le Juge de Paix de Dourdan (22 février 1883, *Rev. des E. et F.*, 1882-83, p. 288).

Dans cette dernière affaire, un certain nombre de braconniers, sachant que Mᵐᵉ la duchesse d'Uzès chassait à courre dans la forêt de Dourdan, s'étaient échelonnés sur un terrain neutre et avaient tiré le cerf de chasse devant les chiens.

***

On le voit, cette thèse n'était pas nouvelle : le 21 avril 1861, le Juge de Paix de Coutras avait déjà jugé : « Que le gibier étant la propriété du premier occupant, le fait de chasse et de poursuite établit au profit du chasseur, tant qu'il existe, une appropriation légale. » Cet attendu était fort juste, tout au moins en équité, mais il fut réformé par le Tribunal de Libourne, qui décida que : « le gibier appartient au premier occupant et qu'il ne devient la propriété de celui qui s'en empare », attendu que le fait d'avoir tiré et emporté un lièvre qui était déjà poursuivi par les chiens d'un autre chasseur ne pouvait légitimer l'action en dommages-intérêts formée par lui, *puisqu'il n'avait aucun droit acquis sur le lièvre.*

L'affaire fut portée devant la Cour de Cassation qui rendit l'arrêt suivant :

Attendu que, s'il est vrai que le gibier appartienne au premier occupant, la possession en ce qui le concerne ne résulte pas *de la poursuite par le chasseur ou par ses chiens, ni même d'une blessure, si cette blessure est légère et n'empêche pas le gibier de s'échapper et de gagner une propriété sur laquelle le chasseur n'a pas le droit de chasse ;*

Attendu, en fait, qu'il est constaté par le jugement attaqué que le lièvre chassé par le demandeur en cassation n'avait pas été blessé par les coups de feu que celui-ci avait tirés sur lui, ou que du moins il le fût assez grièvement pour ne pouvoir échapper à la poursuite du demandeur ;

Attendu qu'il résulte encore du même jugement que le lièvre dont il s'agit, après avoir échappé à la poursuite de Cooper, s'était réfugié sur une propriété appartenant à l'un des défendeurs éventuels, à l'égard de laquelle ledit Cooper n'avait pas le droit de chasse ; qu'en décidant, en de telles circonstances, que le lièvre dont il s'agit n'était pas dans la possession de Cooper lorsqu'il a été tué et emporté par les frères Ranchon, le jugement attaqué n'a pas violé les articles de loi invoqués par le pourvoi ; rejette. (Cass., 27 avril 1862, SIREY, 63, I, 239.)

Je laisse la plume à M. Villequez, doyen de la Faculté de Droit de Dijon, plus autorisé que moi à critiquer l'arrêt de la Cour de Cassation :

« Dire que la suite donnée par des chiens courants ne met pas, tant qu'elle dure, la bête au pouvoir du chasseur, ne lui donne aucun droit sur elle, c'est nier la vérité la plus évidente en fait, puisque, tant que cette suite dure, elle est forcée de fuir à toutes jambes devant les chiens, qui certainement l'abattront si elle s'arrête. Le droit du chasseur est encore bien plus assuré aujourd'hui par la facilité que le fusil lui donne, s'il veut en user, de l'abattre lui-même.

« Qu'on n'objecte pas que les chiens peuvent la perdre; du moment où ils la perdront, leur suite cessant, le droit du chasseur cesse aussi, la bête reprendra sa liberté naturelle ; mais tant qu'ils la suivent, il est clair que cette liberté, qui est le fondement essentiel du droit du premier occupant, manque. Qui peut savoir, quand la bête est devant les chiens, s'ils la perdront ou ne la perdront pas, si leur maître la tuera ou ne la tuera pas? Si vous ne voulez lui accorder le droit de possession sur la bête qu'au moment où il aura mis la main dessus, vous êtes toujours forcé de reconnaître que la suite qu'il lui donne avec ses chiens, opération nécessaire pour arriver à la prendre, puisque les lièvres ne se laissent pas mettre la main dessus au gîte, lui donne un droit soumis à la condition de la main mise sur le gibier qu'il suit, droit que n'a pas le premier venu et qui doit être respecté comme tout droit conditionnel.

« Nos lois françaises, celle de tous les pays où la chasse aux chiens courants est pratiquée et une jurisprudence de quinze siècles ont toujours considéré le chasseur aux chiens courants comme propriétaire du gibier, tant que ses chiens le suivent, blessé ou non. Le Tribunal de Libourne et la Cour de Cassation n'en tiennent aucun compte. Ces lois n'ont pourtant été abrogées ni implicitement ni explicitement par aucune autre. L'usage tout aussi ancien et même antérieur à ces lois qui, malgré tout ce que pourront juger les Tribunaux, reste et restera pratiqué, est aussi bien méconnu par eux, contre la recommandation expresse des rédacteurs du Code, qui y renvoie le juge dans le silence de la loi.

Je ne puis m'expliquer pourquoi, dans tous les cas où la loi ne parle pas, et ces cas sont très nombreux, en matière commerciale surtout, les juges recourent, selon la règle, à l'usage reçu, et le violent ici si ouvertement, pour arriver à une décision qu'ils se plaisent à proclamer eux-mêmes contraire *à l'honnêteté, aux bons procédés, aux convenances.* Encore, s'ils ignoraient cet usage, le plus ancien certainement et le plus général de tous ; mais ils le reconnaissent, au contraire, en toutes lettres, dans les motifs de leurs jugements ! Et tout cela pour arriver à appliquer le prétendu principe du droit romain qui ne donne de droit sur le gibier qu'à celui qui a mis la main dessus ; principe particulier à une secte de jurisconsultes, qui n'était pas du tout appliqué par les autres, ne l'a jamais été à la chasse aux chiens courants, que les Romains ne pratiquaient pas, a toujours été repoussé par les lois françaises et celles des autres pays où cette chasse est pratiquée et par tous ceux qui ont commenté les lois romaines. C'est aller aussi, implicitement, contre la loi du 3 mai 1844, en rendant impossible la chasse à courre, la seule qu'elle laisse avec la chasse à tir, qui deviendrait tout aussi impossible avec des chiens courants. C'est enlever aux adjudicataires des chasses dans les bois de l'Etat et des communes un droit qui leur est positivement donné dans un article de leur bail par lequel ils sont autorisés à y faire ces chasses, les seules que la plupart d'entre eux y pratiquent. Comment voulez-vous qu'ils exercent leur droit, si le premier venu peut venir tirer et prendre le gibier devant leurs chiens ! C'est ce dernier qui chassera réellement. La position de l'adjudicataire vis-à-vis de lui sera moins que celle d'un valet de chiens, qui ne nourrit pas les chiens, ne paie pas les chasses et ne chasse que pour une personne, son maître, qui le paie. C'est aller contre l'intérêt de l'Etat et des communes ; qui voudrait louer des chasses avec une pareille perspective ? C'est méconnaître, en outre, ouvertement le principe fondamental écrit dans l'art. 1382 du Code Civil, en permettant de porter préjudice à autrui dans l'exercice de son droit, sans aucune réparation, en arrêtant la chasse.

« Qu'il y a donc plus de raison, dans le silence de la loi actuelle, d'appliquer encore aujourd'hui ces lois anciennes en vigueur dans notre pays, où la chasse à courre était pratiquée, que la loi romaine, qui n'a jamais pu régir la chasse à courre, que les Romains ne connaissaient pas, ou tout au moins qu'ils ne pratiquaient pas comme nous ;

« Attendu, d'ailleurs, que si on appliquait encore la règle tirée des *Institutes,* il en résulterait que le mode de chasse à courre et à tir autorisé par la loi du 3 mai 1844 ne serait pas praticable ; qu'en effet, d'après la loi romaine, tout le monde ayant autant de droit que le chasseur à la propriété du gibier qu'il poursuit, lorsqu'il n'est pas blessé mortellement, chacun pourrait se porter au devant d'une meute et tuer le gibier qu'elle chasse ; qu'il est donc évidemment contraire à la raison d'appliquer au mode de chasse à courre et à tir d'aujourd'hui des règles faites pour un pays dans lequel ce mode de chasse était inconnu ;

« Attendu, spécialement, que dans la chasse aux chiens courants, on ne peut, le plus souvent, suivre ni le gibier, ni même les chiens qui le poursuivent ; qu'il est d'usage alors de se porter et d'attendre le retour du gibier qui, d'ordinaire, revient presque toujours au point où il a été lancé ;

« Que s'il était permis au premier venu d'aller au devant de ses chiens pour tuer le gibier, le chasseur ne jouerait absolument qu'un rôle de dupe ;

« Que, en égard aux règles de notre ancien droit, au mode de chasse suivi et aux usages admis en pareille matière, il y a lieu de décider, comme anciennement en France, que le droit d'appropriation du chasseur, sur le gibier, commence au moment où ses chiens lancent le gibier;

« Qu'à partir de ce moment, il en a eu une véritable possession au moyen de ses chiens; que cela est si vrai que le gibier n'est plus en état de liberté naturelle, puisque, s'il s'arrête, il sera immédiatement appréhendé par les chiens;

« Qu'au moment où le gibier est levé, il y a donc, au profit du chasseur qui le poursuit, un droit de propriété, en germe d'abord, mais qui se développe au fur et à mesure que le gibier est plus près de succomber, pour se compléter tout à fait à ce moment-là;

« Que c'est là un véritable droit de propriété, conditionnel il est vrai, jusqu'à ce que le gibier soit pris, mais qui n'en a pas moins pour cela droit au respect de tous, comme s'il était pur et simple;

« Que, par conséquent, celui qui y porte atteinte ne manque pas seulement aux convenances sociales, qu'il empiète évidemment sur les droits d'un autre, et que, dans tous les cas, il se rend coupable d'un fait qui cause à autrui un dommage, en lui enlevant le fruit de son labeur et de sa peine;

« Que cette action, que la délicatesse réprouve d'ailleurs, rentre évidemment dans les faits dommageables pour lesquels l'art. 1382 du Code Civil accorde une réparation. »

Il ressort nettement de la jurisprudence que je viens de citer, et de l'avis du doyen Villequez, que nul n'a le droit de tirer ou de prendre un gibier devant les chiens d'autrui, tant qu'ils le suivent, pas même le propriétaire ou le fermier des chasses sur le terrain duquel il passe.

Mais, je le répète, à regret, cette jurisprudence n'est généralement pas suivie par les Cours et Tribunaux. Certains décident, et c'est le plus grand nombre, que pour que le chasseur ait un droit sur le gibier, il faut qu'il ne puisse plus lui échapper; qu'il n'en est ainsi que lorsque la bête est sur ses fins, quoique non blessée, ou lorsqu'elle est blessée mortellement. *(Lois et Sports,* 1906, I, p. 212.)

**

Gibier sur ses fins. — Tire sans droit le cerf exténué, poursuivi par la meute, le propriétaire du terrain où l'animal a pénétré : le cerf, par le fait de chasse, étant devenu la propriété du maître des chiens. Mais ce dernier doit indemniser le propriétaire du sol du dommage causé par la chasse à la récolte. (Tribunal Civil de Pontoise, 2 février 1905, *Lois et Sports,* juillet 1905, p. 48.)

Le gibier est *res nullius.* Il n'appartient au chasseur qui le poursuit que par occupation. En matière de chasse à courre, on admet que l'animal doit être considéré comme pris lorsque sa fatigue est telle que sa capture est imminente et certaine. A ce moment seulement il devient la propriété du chasseur qui le poursuit. (Tribunal de Paix de Coucy-le-Château, 10 février 1905, *Lois et Sports,* juillet 1905, p. 43.)

Sur appel devant le Tribunal de Laon, jugé : « En matière de chasse à courre, doit être considéré comme capturé un cerf qui, poursuivi depuis longtemps par un équipage, n'est plus en état de se défendre efficacement. Le cerf est alors la propriété de ceux qui le poursuivaient. — (Tribunal Civil de Laon, 19 juin 1905, *Lois et Sports,* décembre 1905, p. 80, avec Note.)

Le gibier *sur ses fins,* ou *blessé mortellement* et ne pouvant échapper à la poursuite des chiens, appartient au chasseur; toutefois, le fait de forcer le gibier est assez rare et, partant, exceptionnel; peu de meutes et très peu de chiens sont capables d'un tel exploit. Le juge ayant à apprécier le fait pourra utilement rechercher quelle est la nature de ces chiens, leur façon habituelle de chasser, et surtout l'espèce de gibier qui aurait été forcé. — (Consulter sur ce point : *Code de la Chasse*, LEBLOND, t. I, p. 246. — Tribunal de Villefranche, 28 mars 1862. — Tribunal de Paix de Bulgnéville, 28 mars 1860, D., 60, II, 80. — Tribunal Civil de Louviers, 15 juin 1887, *Droit* du 31 octobre 1887.)

Le chasseur, pour acquérir la propriété d'un gibier *sur ses fins* ou *blessé mortellement*, doit prouver qu'il a toujours poursuivi la bête de chasse (Tribunal de Langres, 13 avril 1882, D., 82, III, 95.)

Il a été jugé qu'un cerf poursuivi seulement par un ou deux chiens de meute plus ardents que les autres, alors que le piqueur avait fait retraite avec le reste de la meute, appartient à la personne dans la cour de laquelle il est tombé. (Rouen, 10 janvier 1882, *Recueil de Rouen*, 1882, p. 75.)

* * *

Gibier mort. — Le fait de s'emparer d'un gibier mort ne constitue pas un délit de chasse. (Tribunal Correctionnel de Rouen, 3 janvier 1905, *Lois et Sports*, septembre 1905, p. 72.) S'emparer d'une pièce de gibier tuée ou mortellement blessée, constitue un vol. (Melun, 6 novembre 1834. — Cass., rejet, 20 mai 1868. — Compiègne, 22 mars 1887.)

Gibier abandonné. — Le gibier abandonné appartient évidemment à celui qui le trouve. (Rouen, 26 avril 1867, *Recueil de Rouen*, 1867, p. 125.) — Il s'agissait en l'espèce de l'enlèvement d'une biche que deux pêcheurs aperçurent se jeter à la Seine. Ils amenèrent cette biche sur le rivage et l'abandonnèrent sur la berge, sans indiquer par un signe quelconque leur occupation. Ils allèrent prévenir le maître d'équipage; mais lorsqu'il arriva sur les lieux, la biche avait été enlevée. — Les prévenus furent acquittés.

Ne commet aucun délit celui qui enlève un cerf qu'il a trouvé mort. (Tribunal d'Evreux, 15 octobre 1881, D., 82, V, 78.)

Celui qui enlève un chevreuil tué depuis plusieurs jours (Compiègne, 4 janvier 1881, D., 82, V, 78.)

* * *

Transport et vente du gibier. — Dans chaque département, il est interdit de mettre en vente, de vendre, d'acheter, de transporter, de colporter du gibier pendant le temps où la chasse n'y est pas permise.

Cette prohibition est générale : peu importe que le gibier ait été tué dans un département où la chasse était ouverte, — le simple transit sur un point où celle-ci est close constitue une infraction.

Cette prohibition s'étend au gibier tué dans un terrain clos attenant à une habitation, — au gibier cuit, au gibier frigorifié, au gibier vivant. Elle ne s'étend pas au gibier mis en pâté, conserves.

(Nous avons traité toutes ces questions dans la Revue *Lois et Sports*, 1908, p. 28.)

* * *

La prohibition de l'art. 4 de la loi de 1844 ne s'applique pas aux loups,

renards, blaireaux, putois, martres et fouines, et aux oiseaux de proie dont la chair ne saurait être mangée.

S'applique-t-il aux animaux classés comme malfaisants et nuisibles et dont la chair est propre à l'alimentation de l'homme, — par exemple, les sangliers ?

Pour l'affirmative : Douai, 8 mai 1848. — Angers, 25 juillet 1853, D., 54, II, 233. — Amiens, 27 juin 1857, D., 58, II, 205.

Pour la négative : Saint-Mihiel, 6 décembre 1844. (Droit du 8 février 1845).

N'était-il pas excessif de déclarer qu'un animal dont la destruction était reconnue et déclarée nécessaire ne pouvait être ni transporté ni vendu ? De nombreuses plaintes furent adressées à l'Administration, qui donna à la loi une interprétation plus juste. Voir circulaire du Ministre de l'Intérieur, 25 avril 1862 (D., 62, III, 63 et 87), qui autorisait pour le sanglier le transport seul au domicile du chasseur. — Circulaire du Ministre de l'Intérieur, 19 mars 1874, autorisant la vente et le transport du sanglier, « avec certificat de provenance et autorisation de transport délivrée par les préfets ou sous-préfets des arrondissements où les battues avaient lieu. » — Enfin, en 1881, le 16 juin (D., 82, III, 8), le Ministre de l'Intérieur supprima le certificat de provenance et l'autorisation de transport.

La vente et le transport du gibier sont autorisés en temps de neige. La clôture supprime ipso facto le droit de vendre et de colporter le gibier.

*
* *

Transport du gibier destiné au repeuplement. — Règlement du Ministère de l'Agriculture relatif aux formalités à remplir pour obtenir la délivrance d'une autorisation de transport de gibier destiné au repeuplement (Officiel du 11 février 1900) :

1° Pendant l'ouverture de la chasse le transport du gibier vivant n'est soumis à aucune formalité ;

2° Pendant la clôture de la chasse, le transport du gibier ne peut avoir lieu qu'en vue du repeuplement et sur autorisation spéciale.

Gibier indigène

3° La demande en autorisation doit être formulée par l'expéditeur sur papier timbré à 60 centimes et indiquer exactement : l'espèce et le nombre des animaux à transporter, le point de départ, le point de destination, les nom et domicile de l'expéditeur et du destinataire.

Elle doit être accompagnée d'un certificat du maire de la commune d'origine, attestant que le gibier provient de l'élevage du pétitionnaire, et non du braconnage. Elle est adressée au préfet du département (préfet de police pour le département de la Seine).

Si le gibier ne doit pas sortir du département, l'autorisation est accordée par le préfet.

Dans le cas contraire, c'est au Ministre de l'Agriculture qu'il appartient de statuer.

Gibier provenant de l'Etranger

4° Si le gibier provient de l'Etranger, la demande peut être adressée par le destinataire au Ministère de l'Agriculture (Direction des Eaux et Forêts).

Elle doit indiquer l'espèce et le nombre des animaux à transporter, le pays d'origine du gibier, la destination, les nom et domicile du destinataire. (*Officiel* du 11 février 1900.)

Propriété du gibier. Législation

Loi de finances des 30 et 31 décembre 1903. — Destruction des sangliers dans les forêts domaniales

« ART. 28. — A partir du 1ᵉʳ janvier 1904, la destruction des sangliers sera organisée dans les forêts domaniales, notamment par les agents forestiers.

« Le corps de l'animal abattu sera la propriété de celui qui l'a tué. »

Chapitre VIII

Constatation des délits de chasse. — Procès-verbaux des garde-chasses. Affirmation.
Force probante. — Procès-verbaux des garde forestiers. Preuve par témoins

---

Constatation des Délits de Chasse

Après avoir indiqué les règles d'après lesquelles doit se pratiquer la chasse à courre, il nous faut maintenant faire connaître les sanctions pénales et civiles qui peuvent atteindre ceux qui méconnaissent ces règles.

Les délits de chasse, en raison de leur caractère particulier, ne se constatent pas tout à fait de la même façon que les autres délits. La loi de 1844 a pris soin d'indiquer de quelle façon ces infractions pourraient être établies devant les Tribunaux. D'après l'art. 21 de la loi sur la chasse, « *les délits prévus par la présente loi seront prouvés, soit par procès-verbaux ou rapports, soit par témoins, à défaut de rapports et procès-verbaux ou à leur appui* ».

Il existe donc deux modes principaux de constatations : *les procès-verbaux ou rapports* et les *témoignages verbaux*.

Mais cette indication n'est pas limitative, et nous pensons que tous les autres genres de preuves admises en matière criminelle, comme l'aveu judiciaire, les constatations matérielles résultant de visites domiciliaires ou de fouilles opérées sur le délinquant, l'expertise, la descente sur les lieux, peuvent également contribuer à former la conviction du Juge.

1. — Procès-verbaux et rapports

On appelle *procès-verbaux* les actes par lesquels les personnes qualifiées à cet effet rendent compte de ce qu'ils ont constaté dans l'exercice de leurs fonctions, et de ce qui a été dit en leur présence.

Les rapports sont rédigés par des tiers, qui se contentent de reproduire ce qui leur est déclaré par une autre personne. Ce ne sont pas des œuvres personnelles comme les procès-verbaux, puisque leurs auteurs se bornent à enregistrer les déclarations d'un autre.

Les procès-verbaux sont plus fréquemment employés que les rapports pour la constatation des délits de chasse. Aussi, les étudierons-nous plus spécialement.

Qui a qualité pour dresser procès-verbal ? — L'art. 22 de la loi de 1844 indique comme pouvant dresser procès-verbal de tous les délits de chasse les maires et adjoints, les commissaires de police, les officiers, maréchaux des logis et brigadiers de gendarmerie, les gendarmes, les gardes forestiers, les gardes-pêche, les gardes champêtres et les gardes assermentés des particuliers ; et l'art. 23 donne le même pouvoir aux employés des Contributions indirectes et des Octrois, mais seulement pour les délits de colportage et de vente de gibier en temps prohibé.

Cette énumération n'est pas limitative, et l'on doit également considérer comme compétents pour dresser procès-verbal des délits de chasse les magistrats de l'ordre judiciaire : procureurs de la République, juges d'instruction, juges de paix ; les agents supérieurs des Forêts : conservateurs, inspecteurs, sous-inspecteurs, gardes généraux, et aussi certains gardes assimilables aux gendarmes, aux gardes champêtres et aux gardes particuliers, comme les gardes municipaux de Paris, les gardes-vignes, les gardes-messiers, les surveillants choisis par les fermiers ou adjudicataires de chasses dans les forêts domaniales. (Dalloz, *Répertoire*, vᵉ *Chasse*, n° 369, Supplément, n° 1160.)

Les surveillants assermentés des adjudicataires de chasses ont une grande importance pour la protection du gros gibier. Certains auteurs, parmi lesquels M. Bonnefoy (*Traité des Locations de chasse, loc. cit.*, p. 59), leur ont cependant, en s'appuyant sur une circulaire de l'Administration des Forêts du 20 mai 1854, dénié le droit de dresser des procès-verbaux. Mais, suivant une autre opinion, que nous considérons comme mieux fondée, ces surveillants doivent rentrer dans la catégorie des gardes prévus par l'art. 22 de la loi de 1844, et avoir, par conséquent, le droit de dresser des procès-verbaux. Il ne se concevrait pas que les adjudicataires entretinssent à leurs frais des gardes dans les forêts qu'ils ont louées, si ces gardes devaient se borner au rôle d'indicateurs et ne jouissaient d'aucune prérogative. (Voir en ce sens Dalloz, *Répertoire*, Supplément, vᵉ *Chasse*, n° 1158.)

Les différents agents que nous venons d'indiquer ne sont compétents pour dresser procès-verbal que dans la limite du territoire sur lequel ils exercent leurs fonctions. S'ils dressaient un procès-verbal pour un délit commis sur une propriété voisine, cet acte serait nul. (Tribunal Correctionnel d'Arcis-sur-Aube, 9 novembre 1905, *Lois et Sports*, 1906, II, 92.)

En ce qui concerne les gardes particuliers, une nouvelle commission est-elle nécessaire pour la surveillance des terrains achetés ou loués par le propriétaire postérieurement à leur nomination ? Non, d'après la plupart des auteurs et d'après certains Tribunaux. (Leblond, *Code de la Chasse,* n° 304. — Giraudeau, Lelièvre et Soudée, n° 1017. — Fuzier-Hermann, *Répertoire du Droit français,* vᵉ *Chasse,* n° 1360. — Caen, 13 novembre 1874, *Recueil de Caen*, 1875, p. 195.) Mais la question étant encore controversée, il vaut mieux, dans la commission, confier au garde la surveillance des propriétés *présentes et futures,* ce qui supprime toutes difficultés pour l'avenir.

Rédaction et forme des procès-verbaux. — Le procès-verbal, avons-nous dit, est l'acte par lequel un agent rend compte de ce qu'il a constaté. Il s'ensuit que cet acte est l'œuvre de l'agent qui le dresse. Généralement, il sera écrit de sa main et signé par lui. Toutefois, nous l'avons déjà dit, le procès-verbal n'en serait pas moins son œuvre si l'agent le faisait rédiger par une autre personne. Mais, dans ce cas, il faudrait que cet acte fût tout au moins signé par lui, et qu'au moment où il l'affirmerait devant le Juge de Paix ou devant le Maire, il lui en fût donné lecture. (Cassation, 9 mai 1866, D. P., 66, I, 285.)

Ainsi que nous l'avons dit au chap. V, les procès-verbaux doivent être rédigés sur papier timbré et enregistrés dans les quatre jours, mais cette règle ne s'applique qu'aux gardes particuliers. Les procès-verbaux dressés par les autres agents, et notamment par les gendarmes, par les gardes champêtres et par les gardes forestiers, sont rédigés sur papier libre et sont visés pour timbre, lors de l'enregistrement qui a lieu en débet.

Les procès-verbaux, bien que n'étant pas soumis à une forme sacramentelle, doivent être rédigés clairement et indiquer avec précision toutes les circonstances du délit, l'endroit et le moment où il s'est accompli, l'attitude du délinquant. Il appartiendrait aux juges de rejeter un procès-verbal dont les termes, trop vagues, ne leur permettraient pas de baser leur conviction. (Cassation, 24 janvier 1861, D. P., 1861, l, 403. — GIRAUDEAU, LELIÈVRE et SOUDÉE, n° 987.)

Il est notamment indispensable que l'heure du délit soit constatée, afin que les juges puissent se rendre compte si la formalité de l'affirmation a eu lieu dans le délai légal de 24 heures. (Amiens, 16 juillet 1885, *Recueil d'Amiens*, 1885, p. 200. — CHENU, *Chasse et Procès*, p. 173.)

Aucune disposition légale n'exige pour la validité du procès-verbal que l'agent qui le dresse, et spécialement le garde, soit revêtu de ses insignes. (DALLOZ, *Répertoire*, Supplément, v° *Chasse*, n° 110. — GIRAUDEAU, LELIÈVRE et SOUDÉE, n° 969. — Cassation, 5 mai, 6 juin 1807, 7 septembre 1812, cités par GIRAUDEAU.)

Le port de l'uniforme ou des insignes n'aurait d'importance que dans le cas où le délit de chasse se compliquerait du délit de rébellion ou d'outrage. Il faut, en effet, pour qu'il y ait rébellion ou outrage, que le prévenu ait eu connaissance de la qualité du garde, qualité dont il est justifié par la présentation des insignes et de la commission. (Tribunal de Coulommiers, 13 juin 1907, *Revue du Tourisme et des Sports,* 1907, III, 158.)

De façon à faire respecter leur autorité, les gardes particuliers, qui ne portent pas d'uniforme pouvant les faire reconnaître de tous, ont donc intérêt à avoir toujours sur eux leurs insignes et leur commission. Rappelons, en passant, que, d'après la loi des 28 septembre-6 octobre 1791, les insignes des gardes consistent dans une plaque de métal ou un morceau d'étoffe, sur lesquels sont inscrits le mot *la loi,* le nom de la municipalité et celui du garde. Elles se portent sur le bras.

A moins que le garde n'ait été outragé ou qu'il n'ait eu à supporter les violences du délinquant, il n'est pas nécessaire qu'il mentionne sur son procès-verbal qu'il était revêtu de son uniforme ou de ses insignes.

La loi n'oblige pas non plus le garde, lorsqu'il dresse procès-verbal d'un délit de chasse, à interpeller le délinquant et à lui déclarer qu'il va constater contre lui une infraction à la police de la chasse.

Les agents verbalisateurs doivent, autant que possible, donner une description exacte du fusil dont les délinquants sont porteurs.

Le procès-verbal doit être rédigé dans les 24 heures. Cela n'est pas dit par la loi, mais cela résulte implicitement de l'obligation de l'affirmation, qui doit avoir lieu dans les 24 heures.

Il peut arriver — bien que cela soit rare aujourd'hui — que le garde ne sache pas signer. Il peut se faire aussi, et la chose est plus vraisemblable, que, par suite d'une blessure ou d'une incapacité momentanée, il soit dans l'impossibilité matérielle de tenir une plume. Dans ce cas, il devra se présenter devant une des autorités compétentes : juge de paix ou son suppléant, commissaire de police, maire ou adjoint, qui rédigera un Rapport des déclarations qu'il lui fera.

Ce Rapport sera soumis aux mêmes formalités et aura la même force probante qu'un procès-verbal. (Cassation, 10 février 1843, Sirey, 43, I, 535. — Cassation, 24 juin 1861, Sirey, 61, I, 1005. — Fuzier-Hermann, *Répertoire du Droit français*, v° *Chasse*, n° 1879.)

Affirmation. — Les procès-verbaux constatant les délits de chasse sont soumis à une formalité essentielle : celle de l'affirmation, qui est exigée en ces termes par l'art. 24 de la loi du 3 mai 1844 :

« *Dans les 24 heures du délit, les procès-verbaux des gardes seront, à peine de nullité, affirmés par les rédacteurs devant le Juge de paix ou l'un de ses suppléants, ou devant le maire ou l'adjoint, soit de la commune de leur résidence, soit de celle où le délit aura été commis.* »

Le mot *gardes* employé par la loi comprend les gardes champêtres, les gardes-pêche, les gardes forestiers, les gardes-messiers, les gardes-vignes et les gardes-chasse particuliers. (Cassation, 4 septembre 1847, Sirey, 48, I, 410. — Dijon, 18 décembre 1844, Sirey, 45, II, 41.)

Quant aux procès-verbaux dressés par les autres agents auxquels la loi concède ce droit, comme les maires et adjoints, les commissaires de police, les officiers et sous-officiers de gendarmerie, les gendarmes, les agents supérieurs des Forêts, etc..., ils ne sont pas soumis à la formalité de l'affirmation. (Dalloz, *Dictionnaire de Droit*, v° *Chasse-Louveterie*, n° 178. — Lecoufe, *Code manuel du Chasseur*, p. 102.)

Mais les procès-verbaux des agents des Contributions indirectes et de l'Octroi sont, au contraire, et bien que l'art. 24 de la loi sur la chasse ne les vise pas, soumis à l'affirmation. Cette obligation résulte, en effet, des art. 25 de la loi du 1er germinal an XIII, 8 de la loi du 27 Frimaire an VIII, et 3 de la loi du 21 juin 1872.

Il y a de notables différences entre la façon dont est faite l'affirmation des procès-verbaux dressés par les employés des Contributions indirectes et de l'Octroi et celle qui est prévue par l'art. 24 de la loi sur la chasse. Les agents des Contributions indirectes ont trois jours pour affirmer leurs procès-verbaux, et les employés d'Octroi 24 heures, à partir, non du délit, mais de la clôture du procès-verbal. En outre, avant 1903, leurs procès-verbaux faisaient preuve jusqu'à inscription de faux.

On peut donc se demander si la forme et la force probante des constatations faites par les agents sont régies par les lois de l'an XIII et de l'an VIII ou par la loi de 1844. Nous pensons que c'est la loi sur la chasse qui doit à cet égard avoir le pas sur les législations spéciales qui régissent les Contributions indirectes et les Octrois, et que, notamment, les procès-verbaux des agents de ces Administrations doivent être affirmés dans les 24 heures.

Le délai de 24 heures accordé pour l'affirmation court, non de la clôture du procès-verbal, comme on l'a parfois soutenu, mais du délit. Cela est dit, en effet, d'une manière formelle par le texte de la loi. (Cassation, 28 août 1868, Sirey, 69, I, 189. — Cassation, 28 janvier 1875, Sirey, 76, I, 439.)

De même que nous avons reconnu la nécessité d'indiquer l'heure du délit dans le procès-verbal, de même nous admettrons l'obligation d'énoncer d'une façon précise l'heure à laquelle l'affirmation a eu lieu. (Cassation, 4 septembre 1847, Sirey, 48, I, 410. — Leblond, n° 318.) Sans cette double indication, les Tribunaux seraient, en effet, dans l'impossibilité de constater si le délai de 24 heures a été observé.

Toutefois, un ancien arrêt a décidé que si la clôture du procès-verbal avait été retardée soit par un événement de force majeure, soit par la faute même du prévenu, le délai de 24 heures courrait seulement du moment de la clôture du procès-verbal. (Cassation, 8 mars 1821, DALLOZ, *Répertoire*, v° Procès-verbal, n° 443, 1°.)

Il est d'autant plus nécessaire d'indiquer la date et l'heure de l'affirmation que l'observation du délai est prescrite à peine de nullité et peut être soulevée en tout état de cause, même en Cassation. (Cassation, 28 janvier 1875, SIREY, 76, I, 439. — Douai, 25 janvier 1899, D. P., 1900, II, 373.)

L'affirmation doit porter en même temps la signature de l'officier public devant lequel elle a lieu et celle de l'affirmant. (Orléans, 23 janvier 1906, *Lois et Sports*, 1906, II, 396.)

On admet que l'affirmation peut faire corps avec le procès-verbal, de telle sorte que, dans ce cas, le garde n'aura à donner qu'une seule signature. (LEBLOND, n° 318.) Mais elle ne saurait consister dans la simple mention : *vu et approuvé*, apposée par le Maire. (Cassation, 24 février 1865, SIREY, 66, I, 180.)

La loi énumère les différents officiers publics devant lesquels peut être faite l'affirmation ; ce sont : le juge de paix ou son suppléant, le maire ou l'adjoint de la résidence du garde ou du lieu où le délit a été constaté. Le garde a le choix entre ces différents magistrats et n'est pas obligé de s'adresser à eux dans l'ordre où ils sont indiqués. (DALLOZ, *Dictionnaire de Droit*, v° *Chasse-Louveterie*, n° 178.) Bien que la loi de 1844 ne le dise pas, on doit admettre que le procès-verbal peut être affirmé devant un conseiller municipal, en cas d'absence du maire ou de l'adjoint.

Les personnes désignées pour recevoir l'affirmation des gardes ne peuvent s'y refuser. En cas de refus, le garde devrait en dresser procès-verbal et le faire parvenir au Procureur de la République. (LECOUFFE, p 102) Les fonctionnaires qui auraient ainsi manqué à leurs devoirs s'exposeraient à être actionnés en dommages-intérêts par la voie de la prise à partie. La jurisprudence reconnaît, en effet, aujourd'hui que la prise à partie peut être employée non seulement contre les juges, mais encore contre les officiers de police judiciaire, comme les maires et les adjoints. (Agen, 28 février 1901, D. P., 1903, II, 190.)

Pour les gardes forestiers, l'art. 165 du Code Forestier contient une disposition spéciale. Lorsque le procès-verbal est signé par eux, mais non écrit en entier de leur main, le juge de paix ou le maire, avant de constater l'affirmation, doit leur en donner lecture et mentionner l'accomplissement de cette formalité sur le procès-verbal, à peine de nullité. Nous avons vu plus haut que cette disposition avait, par analogie, été appliquée aux gardes particuliers et aux gardes champêtres.

Force probante. — Les art. 22 et 23 de la loi de 1844 indiquent quelle est la force probante des procès-verbaux dressés par les différentes personnes chargées de constater les délits de chasse proprement dits et les délits de vente et de colportage de gibier en temps prohibé : ces procès-verbaux font foi jusqu'à preuve contraire.

Parmi les personnes dont les procès-verbaux sont crus jusqu'à preuve contraire figurent les gardes forestiers, mais non les agents supérieurs de l'Administration des Forêts : conservateurs, inspecteurs, sous-inspecteurs, gardes généraux, auxquels nous avons reconnu le droit de constater les délits de chasse. Or, si on se réfère au Code Forestier, on voit (art. 176) que les procès-verbaux, émanant de ces agents et signés de deux d'entre eux, font preuve jusqu'à inscription de faux. Faudra-t-il dire, si on se trouve dans ce cas, que la preuve contraire ne sera pas admise ? Nous ne le pensons pas ; nous croyons, en effet, qu'en parlant des gardes forestiers, l'art. 22 de la loi de 1844 a visé tous les agents de l'Administration forestière. Nous ne voyons d'ailleurs aucun motif sérieux pour soustraire les agents supérieurs des Forêts à la règle fort sage, admise par le législateur, règle qui sauvegarde tous les intérêts.

Les juges sont dans l'obligation de considérer comme exactes les constatations faites par l'agent verbalisateur, tant que celui qui a été l'objet du procès-verbal n'a pas fait la preuve contraire.

Cette preuve, d'après l'art. 154 du Code d'Instruction criminelle, sera soit écrite, soit testimoniale. On ne saurait donc la faire résulter soit de la notoriété publique, soit des renseignements personnels que posséderait le Tribunal, soit surtout des dénégations et explications du prévenu. (Cassation, 27 décembre 1845, *Journal du Palais*, 1846, I, 765. — Cassation, 5 février 1846, D. P., 1846, IV, 425. — Nimes, 20 janvier 1880, D. P., 82, V, 72. — Lyon, 15 mars 1883, D. P., 84, V, 59. — Cassation, 3 mars 1900, D. P., 1901, I, 406. — Douai, 27 octobre 1908, *Lois et Sports*, 1909, p. 31.)

Spécialement, en matière de chasse à courre, il a été jugé que, lorsqu'il est constaté par un procès-verbal régulier et non combattu par la preuve contraire, que la meute d'un chasseur a traversé l'héritage d'autrui, et qu'armé d'un fusil le chasseur se tenait en attitude de chasse sur la lisière de cet héritage, en attendant pour le tuer le gibier chassé par la meute, les juges ne peuvent, sans violer la foi due au procès-verbal, méconnaître ces faits et relaxer le prévenu en se fondant uniquement sur les explications fournies par celui-ci. (Cassation, 4 janvier 1878, Sirey, 78, I, 190.)

Mais il est bien entendu que les procès-verbaux ne font preuve que des faits qui ont été constatés personnellement par leurs auteurs. (Cassation, 12 mai 1876, D. P., 78, I, 394. — Cassation, 19 décembre 1901, D. P., 1903, I, 523.)

Les déclarations d'autres personnes, qui se trouveraient relatées dans le procès-verbal, ne feraient pas foi par elles-mêmes et ne vaudraient que comme renseignements.

La question de savoir si la preuve contraire est faite est abandonnée à la prudence du Juge. Elle peut résulter d'un seul témoignage, s'il est formel et s'il est de nature à inspirer confiance. (Cassation, 11 décembre 1851, D. P., 1851, V, 447. — Cassation, 23 janvier 1873, D. P., 1873, I, 162. — Caen, 18 novembre 1874, *Recueil de Caen*, 1875, p. 195.)

Si le procès-verbal dressé par un garde est reconnu inexact, celui qui en a été l'objet peut avoir le légitime désir d'obtenir la réparation du tort qui lui a ainsi été causé. Il ne pourra poursuivre le garde suivant les formes du droit commun, et devra employer la procédure de la prise à partie, telle qu'elle est réglementée par les art. 505 et suivants du Code de Procédure civile.

La jurisprudence, en effet, après d'assez longues hésitations, a décidé que les officiers de police judiciaire n'étaient, pour les fautes commises dans l'exercice de leurs fonctions, poursuivables que par la voie de la prise à partie. Il en a été jugé ainsi notamment pour les gardes assermentés. (Paris, 9 mai 1897, D. P., 1897, II, 366. — Tribunal de Guéret, 22 janvier 1904, *Lois et Sports*, 1906, II, 82. — Tribunal de Corbeil, 12 mai 1905, *Lois et Sports*, 1906, II, 84. — Voir sur toutes ces questions le chap. V : Personnes prenant part à la chasse à courre et Gardes particuliers.)

II. — Témoins

Le second mode de preuves des délits de chasse, admis par l'art. 21 de la loi de 1844, est la preuve par témoins.

Il est procédé à l'audition de témoins dans les trois cas suivants :

1° Lorsqu'il n'a pas été dressé de procès-verbal ;

2° Lorsque le procès-verbal est nul ;

3° Lorsque le procès verbal, quoique régulier, est insuffisant, par suite de son manque de précision, ou pour tout autre motif.

La loi du 30 avril 1790, qui a réglementé la chasse pendant la première moitié du xix° siècle, disposait dans son art. 11 qu'il pourrait être suppléé aux rapports des agents par la déposition de deux témoins. C'était là une application de la règle de l'ancien droit : *Testis unus, testis nullus.* Mais cette obligation de produire au moins deux témoins avait été considérée, avant même que la loi de 1844 ne fût entrée en vigueur, comme abrogée par l'art. 154 du Code d'Instruction criminelle, qui ne spécifie pas le nombre de témoins que l'on peut faire entendre pour établir les délits. A plus forte raison doit-on admettre, depuis que la législation de la chasse a été revisée et modifiée sur ce point par la loi du 3 mai 1844, que les délits de chasse peuvent être établis même par un seul témoin. (Cassation, 11 décembre 1851, Sirey, 52, I, 371. — Cassation, 23 janvier 1873, Sirey, 73, I, 344. — Cassation, 24 mai 1878, D. P., 78, I, 395.)

L'agent qui a dressé le procès-verbal peut être entendu comme témoin, que le procès-verbal soit annulé, ou qu'il soit insuffisant. (Dijon, 12 décembre 1873, D. P., 73, II, 83. — Rouen, 22 février 1878, Sirey, 79, II, 260. — Tribunal d'Arcis-sur-Aube, 9 novembre 1905, *Lois et Sports*, 1906, II, 92.)

La qualité d'officier de police judiciaire qui s'attache aux gardes-chasse empêche qu'on voie en eux, bien qu'ils reçoivent une gratification pour les délits qu'ils constatent, des dénonciateurs comme ceux dont l'art. 322 du Code d'Instruction criminelle a écarté le témoignage.

Le garde, qui a vu commettre un délit de chasse sans dresser de procès-verbal, n'en a pas moins le droit d'être entendu comme témoin. (Cassation, 24 mai 1878, Sirey, 79, I, 92 — Cassation, 17 avril 1890, *Droit,* du 29 avril.)

Les gardes particuliers, bien que logés gratuitement par le propriétaire dont ils surveillent les terres, ne peuvent être considérés comme des serviteurs à gages, reprochables dans un procès civil relatif à l'exercice du droit de chasse. (Tribunal de Provins, 3 août 1905, *Lois et Sports*, 1906, II, 89.)

Celui qui a reçu l'affirmation du procès-verbal peut également être entendu en témoignage. (Fuzier-Hermann, *Répertoire du Droit français*, v° *Chasse*, n° 1894.)

Les témoins qui, d'après l'art. 322 du Code d'Instruction criminelle ne peuvent déposer, sont :

1° Certains parents ou alliés, comme les ascendants ou descendants du prévenu, ses frères et sœurs ou alliés au même degré, sa femme ou son mari ;

2° Le plaignant, après qu'il s'est porté partie civile :

3° Les individus frappés de dégradation civique, ou que les Tribunaux Correctionnels ont privés du droit de témoigner en justice.

Les mineurs de 15 ans ne peuvent être entendus que sous forme de déclaration et sans prestation de serment.

III. — Autres modes de preuves

Malgré les termes de l'art. 21 de la loi de 1844, qui n'a parlé que des procès-verbaux et des témoignages, les délits de chasse peuvent être encore établis :

1° Par l'aveu et les déclarations du prévenu ;

2° Par les recherches et constatations légales faites par les agents compétents ;

3° Par la descente sur les lieux ;

4° Par l'expertise.

Aveu. — En matière criminelle, les déclarations du prévenu constituent un des éléments principaux de la décision du Juge. Il était donc impossible que l'aveu judiciaire ne fût pas considéré comme une preuve des délits de chasse. Aussi, la doctrine et la jurisprudence sont-elles d'accord pour admettre que l'aveu du prévenu, à défaut de procès-verbal et de témoignages, suffit pour motiver un jugement de condamnation. (Cassation, 4 septembre 1847, Sirey, 48, 1, 410. — Cassation, 4 septembre 1857, Sirey, 57, I, 150. — Giraudeau, Lelièvre et Soudée, n° 978. — Leblond, n° 296. — Fuzier-Hermann, *Répertoire*, v° *Chasse*, n° 1895. — Dalloz, *Dictionnaire de Droit*, v° *Chasse-Louveterie*, n° 183)

Recherches et constatations. — Les recherches et constatations peuvent résulter de saisies opérées soit sur la personne, soit au domicile du délinquant. Mais à cet égard la loi de 1844 a prévu un certain nombre de règles assez étroites suivant lesquelles doivent s'opérer ces saisies.

Lorsqu'il y a flagrant délit, tout dépositaire de la force publique et même tout citoyen peut arrêter le coupable sans mandat régulier (art. 106 du Code d'Instruction criminelle). Il n'en est pas de même en matière de chasse. Les agents sont, en effet, privés de ce droit par l'art. 25 de la loi de 1844, qui dit formellement : *Les délinquants ne pourront être saisis, ni désarmés.*

En principe, toute arrestation ou toute saisie d'arme opérée sur la personne de celui qui a commis un délit de chasse est donc illégale, et, par suite, le procès-verbal qui constate ces opérations est nul. Bien plus, de pareilles constatations faites illégalement rendraient nul le témoignage de l'agent qui y a procédé. (Cassation, 21 avril 1864, D. P., 66, 1, 239. — Dijon, 4 avril 1866, D. P., 66, II, 78.)

Le délinquant ne peut être arrêté et on ne peut rien saisir sur lui, ni son arme, ni son gibier. (Paris, 14 février 1876. — Grenoble, 11 mars 1879, Sirey, 80, II, 173.)

Cette prohibition s'applique aussi bien au désarmement opéré par la force qu'à celui qui est pratiqué par ruse, par exemple pendant le sommeil du chasseur. (Grenoble 11 mars 1879, Sirey, 80, II, 173.)

Néanmoins, cette double défense d'arrêter le délinquant et de saisir les armes ou le gibier qu'il peut avoir sur lui souffre un certain nombre d'exceptions.

Aux termes de l'art. 25 de la loi de 1844, le garde peut se saisir des délinquants et les conduire immédiatement devant le maire de la commune ou le juge de paix du canton, lequel s'assurera de leur individualité, si ces délinquants sont masqués ou déguisés, s'ils refusent de faire connaître leurs noms, ou s'ils n'ont pas de domicile connu. On doit assimiler au refus de donner son nom le fait de donner un faux nom. Dans le cas où le chasseur interpellé refuse de faire connaître son nom et son domicile et de venir s'expliquer devant le maire ou le juge de paix, le garde peut employer la force pour l'y contraindre. (Bourges, 14 avril 1853, Sirey, 53, II, 720)

Il est interdit d'enlever son fusil au délinquant, mais on admet qu'on peut saisir les engins prohibés : filets, panneaux, pièges, dont il est détenteur. (GIRAUDEAU, LELIÈVRE et SOUDÉE, n° 923. — CHENU, p. 206. — FUZIER-HERMANN, *Répertoire,* v° *Chasse,* n° 1308.) Ce droit ne va pas jusqu'à permettre la saisie des furets, des lévriers, des faucons, dont l'usage est prohibé, mais qui ne constituent pas des engins. (Poitiers, 10 mars 1865, D. P., 66, II, 57.)

De même qu'on ne peut arrêter ou désarmer un chasseur, de même on ne peut pénétrer dans son domicile ou dans l'enclos attenant à sa maison d'habitation pour y constater un délit de chasse, à moins que l'agent qui procède à cette visite soit porteur d'un mandat du juge d'instruction, ou qu'il soit accompagné soit du juge de paix ou de son suppléant, soit du commissaire de police, soit du maire ou de son adjoint.

Si le délit pouvait être constaté de l'extérieur, sans avoir recours à un moyen indiscret pouvant être considéré comme une violation de domicile, le garde aurait le droit d'en dresser procès-verbal.

C'est le plus souvent pour rechercher du gibier tué en dehors de l'époque où la chasse est ouverte que des perquisitions sont opérées sur les personnes ou à leur domicile.

D'après l'art. 4 de la loi de 1844, « *la recherche du gibier ne pourra être faite à domicile que chez les aubergistes, les marchands de comestibles et dans les lieux ouverts au public.* »

Les aubergistes et les marchands de comestibles sont donc soumis à des perquisitions et ne peuvent s'opposer aux recherches des agents verbalisateurs.

Les particuliers ne s'y trouvent exposés que lorqu'ils se trouvent dans des lieux ouverts au public, comme les halles, marchés et voies publiques ; et encore décide-t-on que ces perquisitions ne doivent être faites que lorsqu'il y a de graves présomptions de fraude. (Paris, 14 février 1876, *Gazette des Tribunaux* du 21 mars 1876.— LEBLOND, n° 23.— FUZIER-HERMANN, *Répertoire,* v° *Chasse,* n° 1285.)

On pourrait aussi perquisitionner, pour rechercher du gibier, avec une ordonnance du juge d'instruction, ou en présence du juge de paix ou du maire.

Expertise. — L'expertise qui, dans certaines affaires criminelles, forme un élément essentiel de décision, n'a que bien rarement sa raison d'être lorsqu'il s'agit d'un délit de chasse. Néanmoins elle peut être exceptionnellement un mode de preuve, par exemple quand il est nécessaire de vérifier une arme qui a servi à commettre un délit.

Descente sur les lieux. — La descente sur les lieux peut être très utile pour élucider certaines difficultés relatives à la disposition du terrain où a été commis un délit, à l'endroit où se trouvait l'agent verbalisateur, à la possibilité de voir ce qu'il a indiqué dans son procès-verbal, etc...

Les formalités prescrites par le Code de Procédure civile (art. 295 à 302) sont applicables, lorsque cet errement est ordonné en matière de chasse. Il faut donc que la descente sur les lieux soit décidée en vertu d'un jugement, que toutes les parties intéressées : Ministère public, prévenu, partie civile, y assistent, qu'il en soit dressé procès-verbal. A défaut de l'observation de ces formalités, le Tribunal ne pourrait légalement baser sa décision sur les constatations qui seraient faites.

Chapitre IX

Des Poursuites

Les délits de chasse constatés, il s'agit de savoir comment ils sont poursuivis.

Trois questions vont se poser :

1° Qui a le droit de poursuivre ?
2° Quels Tribunaux sont compétents ?
3° Quelle procédure doit être suivie ?

I. — Qui a le droit de poursuivre

Les délits de chasse sont susceptibles d'être poursuivis à la requête soit du Ministère public, soit de l'Administration des Forêts, soit d'une partie civile.

Ministère public. — Les membres du Ministère public sont chargés par la loi (Code d'Instruction Criminelle, art. 22 et suivants) de la recherche et de la poursuite des délits et des crimes. Ils ont donc tout naturellement le pouvoir de poursuivre les délits de chasse. Ce pouvoir leur est confirmé par l'art. 26 de la loi de 1844, ainsi conçu : « *Tous les délits prévus par la présente loi seront poursuivis d'office par le Ministère public.* »

Mais il existe à ce droit une restriction, formulée en ces termes par le même article : « *Néanmoins dans le cas de chasse sur le terrain d'autrui sans le consentement du propriétaire, la poursuite d'office ne pourra être exercée par le Ministère public sans une plainte de la partie intéressée, qu'autant que le délit aura été commis dans un terrain clos, suivant les termes de l'art. 2 et attenant à une habitation, ou sur des terres non encore dépouillées de leurs fruits.* »

Tous les délits de chasse peuvent donc être poursuivis d'office par le Ministère public, sauf le délit de chasse sur le terrain d'autrui, à moins qu'il ne s'agisse d'un terrain enclos et attenant à une maison d'habitation ou de terres dont les récoltes n'ont pas encore été enlevées du sol. Le législateur a pensé que, s'il n'est pas accompagné de circonstances spéciales, le délit de chasse sur le terrain d'autrui ne présente qu'une gravité minime et lèse plutôt les intérêts privés que l'ordre public. Il a donc subordonné, dans le cas, les poursuites à une plainte préalable de la partie intéressée. Cette plainte est absolument indispensable, et le moyen tiré de son absence pourrait être soulevé en appel seulement, et même suppléé d'office par le Juge. (Tribunal Correctionnel de Bruxelles, 20 mai 1885, *Pasicrisie belge*, 85, III, 231.)

Par *parties intéressées*, il faut entendre les diverses personnes auxquelles nous avons reconnu le droit de chasse, à savoir le propriétaire divis ou indivis, l'usufruitier, le possesseur de bonne foi, l'emphytéote, le cessionnaire et le locataire de chasse.

Par contre, ne doivent pas avoir le droit de porter plainte ceux auxquels nous avons refusé le droit de chasse, c'est-à-dire le fermier rural, le métayer, l'antichrésiste, l'usager, le permissionnaire de chasse.

La plainte n'est subordonnée à aucune forme sacramentelle. Elle peut être faite par simple lettre contenant l'exposé des faits. On admet même qu'elle peut résulter du dépôt au Parquet du procès-verbal qui constate le délit de chasse sur le terrain d'autrui. (Besançon, 9 janvier 1845, D. P., 46, IV, 77. — Alger, 27 décembre 1876, SIREY, 77, II, 206.)

Mais ce dépôt doit être opéré par le propriétaire lui-même ou par une personne munie de sa procuration spéciale. Le fermier, le gérant ou même le garde assermenté, n'auraient pas qualité, sans pouvoir écrit, pour adresser une plainte valable au Procureur de la République.

Il a été jugé qu'on ne pouvait voir une plainte régulière du propriétaire dans le dépôt au Parquet par un garde forestier, qui était en même temps garde particulier, d'un procès-verbal rédigé dans la pensée erronée que le terrain dont il avait la garde était soumis au régime forestier. (Cassation, 3 mars 1854, SIREY, 54, I, 399.)

Lorsque le procès-verbal a été déposé par un garde non muni d'une procuration, on peut considérer comme satisfaisant au vœu de la loi et comme constituant une plainte suffisante la lettre écrite par le propriétaire au Procureur de la République, dans laquelle il déclare que c'est sur ses instructions formelles que le dépôt du procès-verbal a été fait. (Caen, 5 janvier 1876, SIREY, 76, II, 139.)

Il faut une plainte du propriétaire pour que le délit de chasse sur le terrain d'autrui soit poursuivi. Mais, dès lors que la plainte a été déposée et que l'action publique a été mise en mouvement, rien ne peut plus arrêter les poursuites. Le Ministère public est libre d'assigner devant le Tribunal, d'interjeter appel, de se pourvoir en cassation, quand bien même le propriétaire se désisterait de sa plainte ou acquiescerait au jugement ou à l'arrêt. (Cassation, 13 décembre 1855, SIREY, 55, I, 185. — Dijon, 15 juin 1873, SIREY, 73, II, 280.)

La chasse sur le terrain d'autrui est le seul délit pour lequel les poursuites soient subordonnées à la plainte de la partie lésée. On a voulu assimiler à ce délit les contraventions aux conditions du cahier des charges relevées contre les fermiers de chasse dans les forêts domaniales, en invoquant les travaux préparatoires de la loi de 1844. Mais cette opinion n'a pas prévalu ; elle a été écartée par cette raison, suivant nous déterminante, qu'il n'est pas possible, sans un texte formel, d'étendre la règle exceptionnelle contenue dans l'art. 26. (FUZIER-HERMANN, *Répertoire général du Droit français*, v° *Chasse*, n° 1718.)

Dans la pratique, la plainte préalable du propriétaire n'offre d'intérêt que si le procès-verbal dressé vise plusieurs sortes de délits. S'il s'agit, en effet, du seul délit de chasse sur le terrain d'autrui, les Parquets vont plus loin que la loi et refusent, même sur une plainte régulière, de poursuivre le délinquant, laissant au propriétaire le soin de citer directement et à ses frais devant le Tribunal Correctionnel celui qui a chassé sur ses terres contre sa volonté. Cet usage, qui s'appuie sur une circulaire du Garde des Sceaux du 9 mai 1844, est plus ou moins légal, mais comme il est très exactement suivi par les Parquets, force est bien pour les intéressés de s'incliner devant lui.

Administration des Forêts. — L'Administration des Forêts a le droit de poursuivre les délits de chasse commis dans les bois qui sont soumis au régime forestier, c'est-à-dire dans les bois qui appartiennent à l'Etat, aux communes, aux établissements publics, ou qui leur sont indivis avec des particuliers.

Ce droit, qui n'est pas inscrit dans la loi de 1844, est une conséquence du principe, admis dans l'ancienne législation, d'après lequel les délits de chasse rentraient dans la juridiction des Eaux et Forêts. On a estimé que ni la loi de 1790, ni la loi de 1844, n'avaient porté atteinte à cette règle et que même la législation intermédiaire l'avait implicitement confirmée, puisqu'on trouve dans l'arrêté du 28 vendémiaire an V un article qui enjoint aux gardes forestiers de dresser procès-verbal des délits de chasse dans la forme prescrite pour les autres délits forestiers.

La jurisprudence admet donc d'une façon unanime aujourd'hui — et les auteurs aussi — que les délits de chasse commis dans les bois et forêts soumis au régime forestier doivent être considérés comme des délits forestiers. (Cassation, Chambres réunies, 27 février 1865, D. P., 67, I, 93. — Cass., crim., 2 août 1867, D. P., 67, I, 459. — Cass., crim., 24 décembre 1868, D. P., 69, I, 209. — Cass. crim., 20 janvier 1897, D. P., 97, 1, 88. — DALLOZ, *Répertoire*, v° *Chasse*, n° 417. — Supplément n° 1203. — GIRAUDEAU, LELIÈVRE et SOUDÉE, n° 1080 — LEBLOND, n° 328.)

Cette assimilation des délits de chasse aux délits forestiers a pour conséquence d'investir l'Administration des Forêts d'une action publique. D'après l'art. 159 du Code Forestier, cette Administration est chargée, tant dans l'intérêt de l'Etat que dans celui des autres propriétaires de bois soumis au régime forestier, des poursuites en réparation de tous délits et contraventions commis dans les bois et forêts. On a considéré que les prescriptions relatives à l'exercice de la chasse contenues dans la loi de 1844 intéressaient la conservation des forêts d'une façon générale, et c'est pourquoi le droit de poursuite de l'Administration a été admis, même lorsqu'il s'agissait de délits qui n'occasionnaient aucun dommage direct aux bois, comme le délit de chasse sans permis. (Cass., crim., 9 janvier 1846, D. P., 46, I, 73 ; 21 août 1852, D. P., 58, V, 87. — Rouen, 25 mai 1855, D. P., 56, II, 113.)

Mais le droit de l'Administration des Forêts est limité aux délits commis dans les bois soumis au régime forestier, elle ne pourrait donc poursuivre le colportage et la vente du gibier après la fermeture de la chasse, pas plus que la détention d'engins prohibés, ces délits étant d'ordinaire constatés en dehors des bois soumis à sa surveillance.

L'Administration des Forêts exerce cette action en répression des délits de chasse, concurremment avec le Ministère public. Les deux autorités peuvent agir ensemble ou séparément. L'action introduite par l'Administration des Forêts peut être suivie par le Ministère public, et réciproquement l'Administration des Forêts peut interjeter appel d'un jugement rendu à la requête du Ministère public. (Cass. crim., 3 juillet 1902, D. P., 1903, V, 385.)

Parmi les bois sur lesquels l'Administration forestière exerce sa surveillance, il en est, comme ceux des communes et des établissements publics qui n'appartiennent pas à l'Etat. On s'est demandé, quand on est en présence d'un simple délit de chasse sans autorisation, si l'Administration des Forêts, qui représente l'Etat, peut poursuivre sans une plainte préalable de la partie lésée. La jurisprudence a décidé que l'art. 26 de la loi de 1844, qui subordonne dans ce cas les poursuites à la plainte de la partie intéressée, n'était applicable qu'au Ministère public et que l'Administration des Forêts n'avait pas besoin pour agir d'être saisie d'une plainte du maire de la commune ou de la Commission administrative de l'établissement auxquels appartiennent les bois sur lesquels on a chassé sans autorisation. (Cass., crim., 20 septembre 1828 ; 6 mars 1840, DALLOZ, *Répertoire*, v° *Chasse*, n° 416. — Rouen, 16 janvier 1868, D. P., 68, V, 61.)

Le droit de poursuite de l'Administration des Forêts n'exclut pas non plus — nous le verrons dans un instant — celui du fermier de la chasse qui se trouve lésé par le délit.

Mais l'Administration des Forêts possède un pouvoir qui est refusé au Ministère public et qui n'appartient qu'incomplètement à la partie civile : nous voulons parler du droit de transaction.

D'après l'art. 159, § 3, du Code Forestier, l'Administration est autorisée à transiger avant jugement définitif sur la poursuite des délits et des contraventions en matière forestière commis dans les bois soumis au régime forestier. Après jugement définitif, la transaction ne peut porter que sur les peines et réparations pécuniaires.

Ce droit de transaction, reconnu par la loi pour les délits forestiers, doit s'exercer également pour les délits de chasse commis dans les bois soumis au régime forestier, puisque, nous l'avons vu, ces deux sortes de délits ont été complètement assimilés en ce qui concerne les poursuites.

Bien qu'on l'ait un moment contesté, le droit de l'Administration des Forêts à cet égard est aujourd'hui généralement admis par la jurisprudence et par la doctrine. (Cassation, 2 août 1867 ; SIREY, 67, I, 305. — Cassation, 24 décembre 1868, SIREY, 69, I, 89. — Amiens, 7 décembre 1867, SIREY, 69, I, 89. — Caen, 7 avril 1869, SIREY, 69, II, 139. — FUZIER-HERMANN, *Répertoire général du Droit français*, v° *Chasse*, n° 1794. — *Pandectes françaises*, v° *Chasse*, n° 1989. — GIRAUDEAU, LELIÈVRE et SOUDÉE, n° 1091. — LECOUFFE, p. 112.)

Sur ce point, l'Administration forestière a un droit supérieur à celui du Ministère public, qui, lorsque les poursuites sont engagées, ne peut jamais transiger, et à celui de la partie civile, qui ne peut transiger que pour ses intérêts pécuniaires, et dont le désistement n'empêchera pas l'affaire de suivre son cours au point de vue pénal.

L'effet de la transaction passée avec l'Administration des Forêts est d'éteindre aussi bien l'action publique que l'action privée. (Caen, 7 avril 1869, SIREY, 69, II, 139.)

La transaction, d'après l'art. 159 du Code Forestier, peut intervenir avant ou après jugement.

Avant jugement, si elle a lieu aussitôt après le procès-verbal, et quand la citation n'est pas encore lancée, elle éteint l'action publique, mais à condition d'être exécutée dans les trois mois de l'infraction si elle est proposée par le délinquant, dans les trente jours de la décision du Conservateur lorsqu'elle est proposée par l'Administration. Si la transaction a lieu après citation, elle n'est plus soumise aux mêmes délais.

Lorsque le jugement est devenu définitif, la transaction ne peut plus porter que sur les peines et réparations pécuniaires ; elle n'enlève pas l'emprisonnement, s'il a été prononcé.

Le droit de transaction, qui se comprend pour les délits purement fores-

tiers, apparaît un peu exorbitant pour les délits de chasse lorsque l'Administration a mis la chasse en adjudication. Il place les fermiers dans une situation singulière, puisqu'ils ne sont jamais sûrs, lorsqu'ils poursuivent directement en
Correctionnelle des braconniers, de ne pas se voir opposer, au dernier moment,
une transaction, intervenue en arrière d'eux, qui aura pour effet de faire rejeter
leur demande, avec condamnation aux frais.

Dans ce cas, leur seule ressource sera de demander aux Tribunaux Civils
la réparation du dommage éprouvé. (Tribunal Correctionnel de la Seine,
11 mars 1874, *Gazette des Tribunaux* du 4 mai.)

L'Administration des Forêts, alors même qu'elle se borne à requérir l'application des peines prévues par la loi, est considérée comme une partie civile.
Aussi, est-elle toujours condamnée aux dépens, sauf son recours contre la partie
condamnée. (Cassation, 19 juillet 1895, D. P., 1900, I, 511.)

Partie civile. — Les personnes lésées par les délits de chasse ont le droit
de réclamer des dommages-intérêts pour le tort qui leur a été causé, et ce droit,
conformément à l'art. 182 du Code d'Instruction criminelle et à l'art. 26 de la loi
de 1844, s'exerce non pas seulement devant les Tribunaux Civils, mais encore
devant la juridiction répressive, c'est-à-dire devant les Tribunaux Correctionnels.

On peut se constituer partie civile de trois façons :

1° Par le dépôt d'une plainte, accompagnée d'une constitution, devant le
Procureur de la République ou le Juge d'instruction ;

2° Par intervention, c'est-à-dire au cours des débats engagés devant le
Tribunal ;

3° Par voie de citation directe, c'est-à-dire par une assignation qui saisit
directement le Tribunal Correctionnel.

Si la constitution a lieu par voie de plainte, le plaignant est tenu de
déposer, avant toute poursuite, au Greffe ou au bureau du Receveur de l'Enregistrement, la somme présumée nécessaire par le Procureur ou le Juge d'instruction pour les frais de la procédure. La partie civile n'est pas astreinte à cette
consignation si elle agit par intervention au cours des débats, ou par voie de
citation directe.

L'action de la partie civile, qu'elle se produise sous l'une ou sous l'autre
de ces formes, est subordonnée à l'existence d'un dommage, quant au droit de
chasse.

Il s'ensuit, tout d'abord, que certaines infractions qui intéressent l'ordre
public et qui peuvent être poursuivies par le Procureur de la République, comme
les délits de chasse sans permis, de chasse en temps prohibé, de colportage et de
vente de gibier après la fermeture, ne pourront servir de base à une action de la
partie civile. Ces délits, en effet, ne sont pas susceptibles de causer un dommage
aux particuliers.

Il faut, en outre, que l'infraction porte une atteinte aux droits de la
partie civile. Ne pourront donc agir en cette qualité que ceux qui sont investis
du droit de chasse. Nous renverrons, sur ce point, aux explications que nous
avons données dans le chapitre III, nous contentant d'examiner quelques cas
sujets à controverse.

La jurisprudence, avons-nous vu, refuse au fermier rural le droit de
poursuivre les délits de chasse commis sur la propriété qu'il occupe, lorsque le
droit de chasser ne lui a pas été réservé dans le bail. (Cassation, 4 juillet 1845,

D. P., 45, I, 351. — Riom, 21 décembre 1864, D. P., 65, II, 24. — Cassation, 5 avril 1866, D. P., 66, I, 411. — Caen, 6 décembre 1871, D. P., 72, V, 68.)

Cependant, l'on a admis que le fermier pouvait poursuivre la répression des délits de chasse commis sur des terrains non dépouillés de leurs fruits. (Rouen, 23 janvier 1863, *Gazette des Tribunaux* du 2 février. — Cassation, 5 avril 1866, D. P., 66, I, 411.) Cette jurisprudence est contestable, et nous pensons, avec M. CHENU (*Chasses et Procès*, p. 186), que, même dans ce cas, le fermier ne doit pas être investi du droit de citation directe.

Le simple permissionnaire de chasse ne peut poursuivre les délits. (Angers, 12 mai 1879, GIRAUDEAU, LELIÈVRE et SOUDÉE, n° 1077.) Mais le locataire de chasse a certainement ce droit, alors même que son bail ne serait pas enregistré. (Cassation, 16 juillet 1869, D. P., 69, I, 535. — Angers, 27 janvier 1873, D. P., 73, II, 51. — Rouen, 22 février 1878, D. P., 80, II, 164. — Rennes, 1ᵉʳ mai 1878, D. P., 78, II, 225.)

Si la chasse était louée à plusieurs personnes ensemble, chacune d'elles pourrait agir isolément. (Metz, 10 février 1864, D. P., 66, II, 207.)

Les fermiers de chasse dans les forêts de l'Etat ont le droit, comme les locataires ordinaires, de poursuivre correctionnellement la réparation des délits de chasse commis à leur préjudice. (Angers, 18 juillet 1869, D. P., 69, II, 155.) Cette solution paraît contestée par M. BONNEFOY (*Traité des Locations de chasse*, p. 59, Note 2), qui admet que, seule, l'Administration peut réprimer les délits de chasse commis dans les bois soumis au régime forestier. Mais nous ne saurions partager son opinion, car nous pensons qu'il faudrait une clause spéciale et bien formelle insérée dans le cahier des charges, clause qui n'existe pas, pour que le fermier fût privé du droit de citation directe inscrit dans le Code d'Instruction criminelle. (Voir dans ce sens LEBLOND, n° 330. — GIRAUDEAU, LELIÈVRE et SOUDÉE, n° 1088.)

Le droit de poursuite du locataire ne supprime pas celui du propriétaire, qui a quelquefois intérêt à réprimer des délits de chasse que le locataire, volontairement ou non, laisse impunis. (FUZIER-HERMANN, *Répertoire*, v° *Chasse*, n° 1722.)

Le locataire ne peut actionner devant le Tribunal Correctionnel ni son bailleur, s'il chasse au mépris des droits qu'il lui a concédés (Tribunal Correctionnel de Lille, 16 novembre 1889, *Gazette du Palais*, 90, I, 19), ni ceux auxquels le bailleur a accordé des permissions (Tribunal Correctionnel de Rambouillet, 9 juillet 1903, *Gazette du Palais*, 1903, II, 216). Il a simplement le droit d'assigner le propriétaire et son ayant cause devant le Tribunal Civil. (Tribunal Correctionnel d'Etampes, *Gazette du Palais*, 1900, I, 709.)

Quant aux Sociétés de chasse, nous avons indiqué que la jurisprudence dominante leur reconnaissait la personnalité morale et le pouvoir de poursuivre les délits de chasse par l'organe de leurs présidents ou de leurs Conseils d'administration.

La partie civile, alors même qu'elle obtiendrait la condamnation du délinquant et l'allocation de dommages-intérêts, doit toujours, en matière correctionnelle, être condamnée aux dépens. Mais il lui est accordé recours contre le délinquant, vis-à-vis duquel elle est substituée au Trésor. Il s'ensuit que, pour la restitution de ses avances, elle a le droit d'exercer la contrainte par corps.

On comprend que, dans ces conditions, lorsque le délinquant est insolvable, le propriétaire ou le locataire de chasse lésé n'ait pas intérêt à se porter partie civile, puisqu'il risque de supporter les frais du procès. Le mieux, en ce cas, sera pour lui d'adresser une plainte au Parquet, mais sans intervenir. (Voir à ce sujet un intéressant article de M. WARRAIN, *Les obligations de la partie civile*, dans *Lois et Sports*, 1906, I, 62.)

II. — Tribunaux compétents

Les délits de chasse peuvent donner lieu à des poursuites devant trois juridictions différentes :
1° Les Tribunaux Correctionnels ;
2° Les Tribunaux Civils ;
3° Les Cours d'Appel.

Tribunaux Correctionnels. — Les différentes infractions prévues par la loi de 1844 étant punies au minimum de 16 francs d'amende et au maximum de 4 ans de prison, rentrent dans la catégorie des délits et sont justiciables du Tribunal Correctionnel.

Bien que les délits de chasse commis dans les bois soumis au régime forestier soient, comme nous l'avons vu, assimilés aux délits forestiers, ils n'en sont pas moins de la compétence des Tribunaux Correctionnels. C'est, en effet, à cette juridiction que le Code Forestier (art. 171) confère la connaissance des délits forestiers.

Les militaires et marins poursuivis pour délits de chasse doivent être traduits non pas devant la juridiction militaire, mais devant les Tribunaux Correctionnels. (Art. 273 du Code de Justice militaire et art. 372 du Code de l'Armée de mer.)

Les poursuites peuvent être dirigées devant trois Tribunaux différents : celui du lieu où le délit a été commis, celui de la résidence du prévenu, celui de l'endroit où il a été trouvé (Code d'Instruction criminelle, art. 23, 29, 30 et 63). Si un délit de chasse est commis sur les confins de deux arrondissements, les Tribunaux de ces deux circonscriptions sont également compétents pour le juger.

Il peut, devant le Tribunal Correctionnel, être soulevé des questions préjudicielles, c'est-à-dire des questions dont la solution appartient à une autre juridiction. Le principe admis par la jurisprudence est que le Tribunal saisi de la connaissance d'un délit a le droit de résoudre toutes les questions qui se rattachent à ce délit. Il n'est obligé de surseoir à statuer que si le prévenu excipe d'un droit de propriété immobilière ou de tout autre droit réel sur un immeuble, dont la reconnaissance doit faire tomber la prévention. Cette dernière règle n'est pas inscrite dans le Code d'Instruction criminelle, mais elle se trouve dans le Code Forestier (art. 181) et dans la loi du 15 avril 1829 sur la pêche (art. 59), et on y a vu l'application d'une règle générale préexistante. (Cassation, 18 février 1897, D. P., 99, I, 173.) Elle a l'occasion d'être fréquemment invoquée en matière de chasse, puisque pour juger s'il y a eu délit de chasse sur le terrain d'autrui, il importe préalablement de savoir lequel est le vrai propriétaire, de celui qui poursuit ou de celui qui est poursuivi.

Pour que l'exception proposée par le prévenu soit admissible, quatre conditions sont nécessaires :
1° Il faut qu'il s'agisse d'un droit réel immobilier. Si le prévenu poursuivi pour délit de chasse sur le terrain d'autrui invoque un droit de propriété,

d'usufruit ou d'emphytéose sur le terrain où il a chassé, il est clair que son exception devra être admise. Mais s'il s'agit d'un droit personnel de jouissance, d'une location, d'une permission, le Tribunal Correctionnel jugera le moyen soulevé, sans être tenu d'en renvoyer l'examen au Tribunal Civil.

2° L'exception doit être de nature à faire disparaître le délit. Un chasseur poursuivi pour chasse avec engins prohibés invoquerait en vain qu'il est propriétaire du terrain sur lequel il a chassé, puisque cette circonstance n'empêcherait pas son acte d'être punissable.

3° Le moyen doit être personnel à celui qui l'invoque. Un prévenu poursuivi à la requête de l'Administration des Forêts pour délit de chasse ne pourrait soulever d'exception préjudicielle en soutenant que le terrain sur lequel il a chassé est la propriété non de l'Etat, mais d'un tiers.

4° Il ne suffit pas d'une simple allégation, il faut que le prévenu produise à l'appui un titre apparent ou une possession équivalente.

On ne doit pas confondre l'exception de question préjudicielle et le moyen tiré du défaut de qualité, que peut opposer tout prévenu à la partie civile qui le poursuit. Lorsque la question préjudicielle de propriété est soulevée et qu'elle réunit les conditions que nous venons d'indiquer, le Tribunal doit surseoir; il ne peut trancher la difficulté en décidant que la propriété alléguée est prouvée ou qu'elle ne l'est pas. (Cass., crim., 17 novembre 1893, D. P., 1899, I, 430. — Cass., crim., 14 avril 1899, D. P., 1901, I, 232.) — Au contraire, lorsqu'il s'agit d'un défaut de qualité opposé par le défendeur, le Tribunal Correctionnel est compétent pour statuer. Tel serait le cas d'une personne poursuivie par une partie civile pour chasse sur le terrain d'autrui qui, sans invoquer un droit personnel de propriété, soutiendrait que le terrain sur lequel on l'accuse d'avoir chassé n'appartient pas au plaignant. (Cass., crim., 23 février 1901, D. P., 1901, I, 342.)

Tribunaux Civils. — Les parties lésées par un délit de chasse ont le droit, au lieu de saisir le Tribunal Correctionnel, de s'adresser aux Tribunaux Civils.

Si le chiffre des dommages-intérêts réclamés est inférieur à 600 francs, le litige sera de la compétence du Juge de Paix, sans appel jusqu'à 300 francs, à charge d'appel de 300 à 600 francs. (Loi du 12 juillet 1905, art. 1er.)

Si la demande dépasse 600 francs, elle sera du ressort des Tribunaux Civils, qui en seront saisis suivant la procédure ordinaire.

Les poursuites devant les Tribunaux Civils ont lieu dans différentes circonstances.

Tantôt, elles sont postérieures à une condamnation prononcée en Police Correctionnelle à la requête du Ministère public ou de l'Administration des Forêts. La partie lésée emploiera ce moyen lorsqu'elle ne sera pas absolument sûre d'obtenir une condamnation, et qu'elle craindra, en cas d'intervention de sa part, de se voir condamner aux frais.

Tantôt, elles n'auront pas été précédées d'une poursuite correctionnelle. Lorsque le Ministère public n'agit pas, le plaignant peut, nous l'avons vu, citer directement le prévenu devant la juridiction répressive. Mais il peut aussi préférer faire juger la question par le Tribunal Civil. Il est absolument libre de choisir celle des juridictions qui lui convient le mieux.

Quand il en a choisi une, peut-il l'abandonner pour s'adresser à l'autre? Si on s'en rapportait à la règle du Droit romain : *Electa una via non datur recursus ad alteram,* tout choix serait définitif. Mais cette vieille règle n'est qu'à moitié exacte. Lorsque la réparation du préjudice causé par le délit de chasse a été réclamée au Juge de Paix ou au Tribunal Civil, le demandeur n'est plus libre de s'adresser au Tribunal Correctionnel. Mais inversement rien ne s'oppose à ce qu'il se désiste de son action devant le Tribunal Correctionnel pour saisir le Juge civil. (Montpellier, 10 mai 1875. — FAUSTIN-HÉLIE, *Théorie du Code Pénal,* t. II, n° 617.)

Enfin, il est certains cas dans lesquels l'action devant les Tribunaux Civils est la seule qui soit ouverte à la partie lésée. Il en sera ainsi lorsque le fermier d'une chasse dans les forêts de l'Etat aura à se plaindre d'un délit de chasse au sujet duquel l'Administration des Forêts aura transigé (Tribunal Correctionnel de la Seine, 11 mars 1874, *Gazette des Tribunaux* du 4 mai); lorsque le locataire d'une chasse aura devant lui comme délinquant son propriétaire ou un permissionnaire de celui-ci (Tribunal Correctionnel d'Etampes, *Gazette du Palais,* 1900, I, 709); lorsque le délinquant sera, en raison de ses fonctions, justiciable de la Cour d'Appel, et que le Procureur général ne voudra pas poursuivre. (Cassation, 16 décembre 1867, SIREY, 68, I, 49.)

Les affaires de chasse soumises aux Tribunaux Civils seront instruites et jugées comme les autres affaires. Disons cependant, anticipant un peu sur ce que nous expliquerons dans le chapitre prochain, que si les faits tels qu'ils résultent de l'assignation constituent de véritables délits de chasse, la prescription sera la même pour l'action civile que pour l'action publique, c'est-à-dire de trois mois.

Cour d'Appel. — Les art. 479 et 481 du Code d'Instruction criminelle, le décret du 6 juillet 1810 et la loi du 20 avril 1810 (art. 10) confèrent à certaines personnes un privilège de juridiction pour les délits dont ils peuvent se rendre coupables.

Les grands officiers de la Légion d'Honneur, les généraux de division, les préfets, les membres de la Cour de Cassation, de la Cour des Comptes, des Cours d'Appel, les présidents et juges de première instance et leurs suppléants, les procureurs de la République et leurs substituts, les juges de paix et leurs suppléants, qui viendraient à commettre un délit de chasse, ne pourraient être déférés au Tribunal Correctionnel, mais devraient l'être à la première Chambre de la Cour d'Appel du ressort de leur résidence ou du lieu où le délit a été commis.

La loi de 1810 comprenait, en outre, parmi les fonctionnaires et dignitaires ayant droit au privilège de juridiction, les archevêques, évêques et présidents de Consistoires; mais la loi du 9 décembre 1905, sur la séparation des Eglises et de l'Etat, a implicitement abrogé cette disposition. (DALLOZ, *Dictionnaire pratique de Droit,* v° *Cultes,* n° 26.)

A côté de ces différentes personnalités, qui sont justiciables de la Cour d'Appel par le fait seul qu'un délit leur est imputable, il en est d'autres qui sont également soumises à cette haute juridiction, mais seulement lorsque le délit a été commis dans l'exercice de leurs fonctions; ce sont les officiers de police judiciaire et les membres des Tribunaux de Commerce.

Les poursuites sont dirigées par le Procureur général près la Cour d'Appel, et par lui seul. La partie lésée n'a pas le droit de citation directe, l'Administration des Forêts non plus. En cas d'inaction du Procureur général, le plaignant a pour seule ressource d'agir au civil. (Cassation, 16 décembre 1867, SIREY, 68, I, 49.)

Mais si des poursuites sont ordonnées, rien n'empêche la partie civile d'intervenir devant la Cour. (Cassation, 15 décembre 1874, D. P., 76, I, 289.)

Si le prévenu, qui a droit à la juridiction exceptionnelle de la Cour d'Appel, a des complices, ceux-ci seront jugés avec lui, bien qu'ils n'exercent aucune fonction leur conférant ce privilège.

Il est rare que des magistrats ou de hauts fonctionnaires encourent des poursuites pour délit de chasse. Mais il arrive parfois que des officiers de police judiciaire (commissaires de police, maires, adjoints, gendarmes, gardes champêtres, gardes forestiers, gardes particuliers) ont à répondre d'infractions à la loi de 1844. Les Tribunaux ont eu assez souvent à se prononcer sur le cas de gardes particuliers, de gardes champêtres, de maires, et à décider s'ils devaient être jugés par la Cour d'Appel ou par le Tribunal Correctionnel.

Les gardes particuliers et les gardes forestiers n'ont droit à cette juridiction exceptionnelle que s'ils ont commis le délit de chasse sur le terrain confié à leur garde. Autrement, ils ne seraient pas dans l'exercice de leurs fonctions. Lorsqu'un garde accompagne à la chasse des amis de son maître, il accomplit bien un acte de ses fonctions, et s'il commet un délit, c'est à la Cour d'Appel qu'il doit être déféré. (Bourges, 2 janvier 1872, SIREY, 75, II, 22.) Le garde qui n'a pas encore prêté serment n'est pas officier de police judiciaire et est justiciable du Tribunal Correctionnel. (Dijon, 1878, SIREY, 79, II, 24.)

La situation est plus complexe en ce qui concerne les gardes champêtres et les maires, dont les pouvoirs s'étendent sur le territoire de toute une commune. La jurisprudence a eu à se demander s'il suffisait que le délit de chasse fut commis sur le territoire de la commune soumise à leur autorité ou à leur surveillance pour qu'ils puissent être considérés comme étant dans l'exercice de leurs fonctions. La question a été résolue par un arrêt de la Cour de Cassation du 8 mai 1862 (SIREY, 62, I, 112), qui établit une distinction fort nette entre les maires et les gardes champêtres.

Attendu, dit cet arrêt, que les gardes champêtres coupables d'un fait de chasse sur l'étendue du territoire confié à leur inspection sont justiciables de la Cour Impériale, parce que, uniquement chargés de parcourir ce territoire pour reconnaître et pour constater les délits qui s'y peuvent commettre, la circonstance qu'ils étaient en chasse ne faisant pas obstacle à la surveillance spéciale et continue qu'ils doivent accomplir, et qu'ils sont nécessairement, par cela même, réputés avoir agi dans l'exercice de leurs fonctions ;

Mais attendu que les maires, quoique officiers de police judiciaire, n'en remplissent pas les fonctions d'une manière permanente dans l'enceinte de la commune ; qu'il importe donc de distinguer entre les attributions qu'ils tiennent, soit des art. 8, 9, 10, 11, 14 et 15 du Code d'Instruction criminelle, soit de l'art. 22 de la loi du 3 mai 1844, et l'exercice effectif de l'autorité dont ces dispositions les investissent ; que, pour justifier la compétence exceptionnelle invoquée par le pourvoi, le délit dont ils sont prévenus doit avoir été commis par eux dans l'exercice réel du pouvoir de la police judiciaire.

La jurisprudence a fait, à diverses reprises, l'application de ce double principe en décidant, en ce qui concerne les maires, qu'ils doivent, pour avoir droit à la Cour d'Appel, être dans l'exercice réel du pouvoir de la police judiciaire. (Grenoble, 16 novembre 1869, D. P., 70, II, 182. — Amiens, 27 mai 1872, D. P., 72, II, 118. — Dijon, 3 janvier 1872, D. P., 72, II, 118. — Nancy, 27 janvier 1875, D. P., 76, II, 118), tandis que les gardes champêtres, lorsqu'ils se trouvent sur le territoire de la commune, sont réputés avoir agi dans l'exercice de leurs fonctions. (Paris, 3 février 1905, *Lois et Sports,* 1906, II, 324.)

III. — Procédure

Citation. — La citation est délivrée à la requête du Procureur de la République, du Procureur général, de l'Administration des Forêts, de la partie civile, suivant les distinctions que nous avons établies entre les différentes personnes à qui appartient le droit de poursuivre les délits de chasse.

Elle doit contenir un exposé sommaire des faits du procès, permettant au prévenu de se rendre compte du délit qui lui est reproché, mais n'est assujettie à aucune forme particulière.

Bien qu'il ait été autrefois jugé qu'une erreur sur la date à laquelle a été commis le délit poursuivi emportait nullité de la citation (Bordeaux, 25 février 1847 D. P., 47, IV, 67), il ne semble pas maintenant que la tendance des Tribunaux soit de se montrer aussi sévère à cet égard. Aussi a-t-il pu être décidé que, si l'erreur de date n'était pas susceptible de nuire au prévenu, elle ne pouvait, à elle seule, entraîner la nullité de la citation. (Cassation, 20 juillet 1852, SIREY, 52, I, 687.)

L'énoncé des faits n'est pas forcément renfermé dans le texte de l'assignation, il peut se trouver dans un procès-verbal reproduit en tête de l'acte et signifié avec lui au prévenu. (Limoges, 18 mars 1909, *Lois et Sports*, 1909, p. 112. — Voir aussi : DALLOZ, *Répertoire*, supplément, vᵉ *Chasse*, nᵒ 1265. — FUZIER-HERMANN, *Répertoire général du Droit*, vᵉ *Citation*, nᵒ 61.)

Pour être valable, l'assignation doit contenir le nom et la demeure de la personne à laquelle elle est remise. Toutefois, il a été admis que, lorsque le délinquant a donné un faux domicile lors du procès-verbal, il peut y être cité et qu'en cas d'absence la copie est valablement remise au maire. (Cassation, 21 septembre 1833, D. P., 34, I, 50.)

L'assignation doit parvenir au prévenu, par l'intermédiaire d'un huissier, 3 jours au moins avant l'audience. La copie qui lui est laissée doit être remise sous enveloppe fermée, conformément à la loi du 15 février 1899. Le Ministère public peut convoquer le prévenu par simple avertissement ; mais si celui-ci ne comparaît pas, le Tribunal ne pourra le juger.

Les citations délivrées à la requête de l'Administration forestière sont soumises à certaines règles spéciales. D'après l'art. 172 du Code Forestier, elles doivent contenir la copie entière et exacte du procès-verbal et de l'acte d'affirmation, et cela à peine de nullité.

On peut se demander si, lorsqu'il s'agit de délits de chasse commis dans les bois soumis au régime forestier, l'accomplissement de cette formalité est indispensable, et si l'absence de copie du procès-verbal et de l'acte d'affirmation doit entraîner la nullité de la citation. La loi sur la chasse ne contient pas, en effet, nous l'avons vu, pareille exigence. A cette question, nous n'hésitons pas à répondre par l'affirmative. L'Administration des Forêts ne puise pas son droit de poursuite dans la loi de 1844, mais dans le Code Forestier. Il semble logique de l'obliger à suivre les règles tracées par cette législation spéciale, en prononçant la nullité des citations qui ne contiendraient pas copie du procès-verbal et de l'acte d'affirmation.

Cette solution nous paraît s'imposer avec d'autant plus de force que l'Administration des Forêts, s'appuyant sur l'art. 173 du Code Forestier, fait remettre ses assignations non pas par un huissier, mais par de simples gardes forestiers. Si l'art. 173, relatif à la remise des actes, est applicable à ces sortes d'affaires, il n'y a pas de raisons pour que l'art. 172 ne le soit pas.

De même que les exploits ordinaires d'huissier, les citations délivrées par les gardes forestiers doivent être remises sous pli cacheté dans les conditions fixées par la loi du 15 février 1899. (Tribunal Correctionnel de Brignoles, D. P., 1903, II, 265.)

Débats. — Le prévenu doit comparaître en personne, lorsque le délit pour lequel il est poursuivi est puni de prison. Ce sera le cas pour les délits prévus par les art. 12, 13 et 14 de la loi de 1844 ; mais s'il s'agit des délits prévus par l'art. 11 (chasse sans permis, chasse sur autrui, destruction de couvées, contraventions aux cahiers des charges acceptés par les fermiers de chasse dans les forêts domaniales), qui ne sont punis que d'une amende, le prévenu a la faculté de se faire représenter par un avoué ou un avocat. Bien qu'il soit passible d'emprisonnement, le prévenu pourrait encore s'abstenir de venir à l'audience, s'il était soulevé en son nom une exception préjudicielle : incompétence, droit de propriété immobilière, etc...

La partie civile peut toujours se faire représenter par un avoué ; mais le Tribunal a le droit d'ordonner la comparution personnelle du prévenu, et aussi celle du plaignant.

Les débats ont lieu dans l'ordre habituel. Le Procureur de la République expose l'affaire, s'il le juge utile ; les témoins font leur déposition, et le prévenu est interrogé ; puis on entend la partie civile, s'il y en a une, dans ses conclusions, le Ministère public dans ses réquisitions, et le prévenu dans sa défense.

Lorsque les délits de chasse sont poursuivis à la requête de l'Administration des Forêts, les agents forestiers ont le droit d'exposer eux-mêmes l'affaire et sont entendus à l'appui de leurs conclusions. (Code Forestier, art. 174.) Cela n'empêche pas que le Procureur de la République n'ait, lui aussi, dans ce cas, le droit de donner ses conclusions.

Ce qui saisit véritablement le Tribunal, c'est l'assignation, et non les conclusions qui sont prises à l'audience par l'agent forestier. Aussi a-t-il été jugé que, lorsque la citation contient copie d'un procès-verbal constatant un double délit de chasse, l'omission de l'un de ces délits dans les conclusions de l'Inspecteur forestier ne saurait dispenser le Tribunal de réprimer le double délit. (Cassation, 21 août 1852, SIREY, 53, I, 785.)

Chapitre **X**

Pénalités. Amende. Prison. Circonstances atténuantes, aggravantes. Récidive. Faux noms
Violences. Peines. Accessoires. Loi de sursis. Prescription

De la Répression des Délits de Chasse

Après avoir indiqué de quelle façon les délits de chasse sont constatés et
poursuivis, il ne nous reste plus maintenant qu'à faire connaître de quelles peines
ils sont frappés, quelles personnes peuvent encourir les pénalités prévues
par la loi, et enfin quels recours sont admis contre les jugements emportant
condamnation.

I. — Délits et Peines

Classification des délits de chasse. — On peut classer les délits de
chasse en prenant pour base soit les peines prévues par la loi pour chaque
infraction, soit la nature même de l'infraction commise.

Si on se place au premier point de vue, on divisera les délits de chasse en
trois catégories :

1° Les délits punis d'une amende de 16 à 100 francs, qui comprennent
cinq genres d'infractions : la chasse sans permis, la chasse sur le terrain
d'autrui, les contraventions aux arrêtés des préfets concernant les oiseaux de
passage, le gibier d'eau, la chasse en temps de neige, l'emploi des chiens lévriers,
la destruction des oiseaux et des animaux nuisibles et malfaisants, l'enlèvement
ou la destruction sur le terrain d'autrui des œufs ou couvées de faisans, de
perdrix ou de cailles ; les contraventions à leurs cahiers de charges commis par
les adjudicataires de chasse dans les forêts soumises au régime forestier. — Ces
délits sont ceux que prévoit l'art. 11 de la loi du 3 mai 1844.

2° Les délits qui sont punis d'une amende de 50 à 200 francs et facultativement d'un emprisonnement de 6 jours à 2 mois, et qui comprennent sept sortes
d'infractions : la chasse en temps prohibé, la chasse de nuit, la chasse à l'aide
d'engins et instruments prohibés, la détention d'instruments de chasse prohibés,
la vente et le colportage de gibier en temps prohibé, l'emploi de drogues ou
appâts de nature à enivrer le gibier ou à le détruire, la chasse avec appeaux,
appelants, chanterelles. — Ces délits sont énumérés par l'art. 12.

3° Les délits punis d'une peine plus forte, qui peut aller de 50 à 2.000 francs
et de 6 jours à 4 ans de prison, par suite d'une circonstance aggravante venant
se joindre aux délits punis par les art. 11 et 12, circonstance d'enclos attenant à
une maison habitée, circonstance de nuit, circonstance de récidive, de déguisement, de faux nom, de violences. — Ces délits figurent dans les art. 13 et 14.

Bien que cette classification, qui suit l'ordre de la loi et qui a l'avantage
d'indiquer en regard de chaque infraction la peine dont elle est frappée, soit

certainement très pratique, nous préférons, pour examiner chacun des délits de chasse, suivre un ordre plus logique basé sur la nature même des infractions.

Nous passerons donc en revue :

1° Les délits de chasse proprement dits, comprenant la chasse sans permis, la chasse sur le terrain d'autrui, la chasse de nuit, la chasse en temps prohibé, la chasse par des moyens ou à l'aide d'engins prohibés ;

2° Les délits se rapportant à la chasse : destruction d'œufs ou couvées de faisans, de perdrix ou de cailles ; détention d'engins prohibés ; colportage et vente de gibier en temps prohibé ;

3° Les contraventions soit aux cahiers des charges des adjudicataires de chasse dans les forêts domaniales, soit aux arrêtés pris par les préfets relativement aux oiseaux de passage, au gibier d'eau, à la protection des oiseaux, à l'emploi des chiens lévriers, à la chasse en temps de neige, à la destruction des animaux malfaisants.

Nous ne nous étendrons pas longuement sur chacun de ces délits, puisque nous avons, en étudiant les conditions dans lesquelles s'exerce la chasse à courre, indiqué par avance ce qui est permis et ce qui est défendu par la loi.

Délits de chasse proprement dits. — Ce sont les délits les plus nombreux et qu'on a le plus souvent l'occasion de constater dans la chasse à courre.

Chasse sans permis. — Nous avons dit, dans le chap. IV, que tous ceux qui font acte de chasse sont astreints à prendre un permis, mais qu'il était nécessaire, dans la chasse à courre, de faire une distinction entre ceux qui se livrent personnellement à la chasse et ceux qui ne sont que de simples auxiliaires, les premiers étant obligés d'avoir un permis, les seconds ne l'étant pas. Nous n'avons pas à revenir sur cette distinction.

Nous rappellerons seulement que devront être munis, sous peine de se voir appliquer l'amende de 16 à 100 francs prévue par l'art. 11 :

Le maître d'équipage ;

Le veneur ;

Les piqueurs ;

Les valets de limiers (Cassation, 4 janvier 1878, D. P., 78, I, 334).

Au contraire, ne sont pas tenus d'avoir un permis :

Les valets de chiens (Chambéry, 17 novembre 1881, D. P., 82, V, 76) ;

Les palefreniers ;

Les invités qui suivent la chasse sans y prendre part ;

Les spectateurs et curieux (Cassation, 29 juillet 1881, D. P., 82, I, 185).

Nous ajouterons que l'obligation du permis ne s'applique pas à celui qui chasse sur un terrain clos attenant à sa maison d'habitation, à celui qui exerce le droit de destruction des animaux malfaisants et nuisibles ou des bêtes fauves, et enfin au louvetier ou aux personnes qui prennent part à une battue régulièrement autorisée par le préfet.

Chasse sur le terrain d'autrui. — Ce délit est également puni d'une amende de 16 à 100 francs. Cette peine peut être portée au double si le délit a été commis sur des terres non dépouillées de leurs fruits, ou sur un terrain entouré d'une clôture continue faisant obstacle à toute communication avec les terrains voisins, mais non attenant à une habitation.

Bien entendu, le délit n'existerait pas si le propriétaire avait donné son autorisation formelle ou tacite. Cette condition essentielle du délit résulte des mots : « *sans le consentement du propriétaire* », qui figurent dans l'art. 11-2°.

Quant à l'aggravation d'amende infligée quand les terres sur lesquelles il a été chassé ne sont pas dépouillées de leurs fruits, elle est encourue, quel que soit le genre de récoltes auquel le passage du chasseur peut causer un dommage par exemple, s'il s'agit d'un champ humide ensemencé en céréales. (Cassation, 10 juin 1864, D. P., 64, I, 501.)

Cette aggravation du délit de chasse doit être distinguée de la contravention visée par les art. 471, § 13, et 475, § 9, du Code Pénal.

L'art. 471, § 13, punit d'une amende de 1 à 5 francs ceux qui auront passé sur un terrain préparé ou ensemencé sur lequel ils n'ont aucun droit ; et l'art. 475, § 9, édicte une amende de 6 à 10 francs contre ceux qui sont passés sur des terrains chargés de récoltes ou de fruits mûrs ou voisins de la maturité. Grâce à ces deux articles, on peut atteindre certains actes qui ne sont pas punis par la loi sur la chasse. Ainsi, le permissionnaire de chasse, qui a chassé sur un terrain non dépouillé de ses récoltes et qui a de la sorte occasionné un dommage au fermier, n'est pas passible de l'art. 11 de la loi de 1844, mais il tombe sous le coup de l'art. 475, § 9, du Code Pénal. (Cassation, 4 juillet 1845, SIREY, 45, I, 774. — Cassation, 6 juillet 1876, D. P., 77, I, 141. — Cassation, 2 avril 1881, SIREY, 83, I, 331.)

Le principe du non-cumul des peines ne s'appliquant pas aux contraventions, il en résulte que celui qui a chassé sur le terrain d'autrui, lorsque les récoltes n'étaient pas enlevées, encourra non seulement le double de l'amende prévue par l'art. 11 de la loi sur la chasse, mais encore l'amende édictée par l'art. 475 du Code Pénal.

Si la chasse à tir et la chasse à courre étaient louées à des personnes différentes et s'il arrivait qu'un invité de la chasse à tir tuât un animal réservé à la chasse à courre, une biche par exemple, pourrait-on relever dans cet acte le délit de chasse sur le terrain d'autrui ? La négative a été consacrée par un arrêt de la Cour de Rouen du 26 mai 1900 (rapporté par CHATIN, *La Chasse à courre*, p. 77), qui a décidé qu'il n'y avait point là un délit, mais un simple quasi-délit pouvant donner lieu à dommages-intérêts. Ainsi que nous le verrons tout à l'heure, il n'en serait pas de même s'il s'agissait d'un abus semblable commis dans les bois soumis au régime forestier. Il y aurait, en effet, contravention aux clauses du cahier des charges et, par suite, infraction à l'art. 11, § 5, de la loi de 1844.

Une immunité très importante, concernant la chasse sur le terrain d'autrui, a été consacrée par la loi du 3 mai 1844 en faveur de la chasse à courre :

« *Pourra*, dit l'art. 11, *ne pas être considéré comme un délit de chasse le fait du passage des chiens courants sur l'héritage d'autrui, lorsque ces chiens seront à la poursuite d'un gibier lancé sur la propriété de leurs maîtres, sauf l'action civile, s'il y a lieu, en cas de dommage.* »

Nous n'avons pas ici à revenir sur cette importante question du droit de suite, c'est-à-dire du droit pour le chasseur de suivre l'animal jusque sur le terrain d'autrui, et à rechercher si la loi de 1844 a voulu le maintenir tel qu'il existait autrefois. Le droit de suite a fait l'objet d'un chapitre spécial, dans lequel a été exposée la théorie qui ressort de la jurisprudence et d'après laquelle la loi de 1844 confère seulement une excuse au chasseur qui passe sur le terrain d'autrui.

En principe, le passage des chiens courants sur la propriété d'autrui constitue le délit prévu par l'art., 11-2° de la loi du 3 mai 1844.

Mais le chasseur peut échapper à une condamnation s'il réussit à faire la preuve :

1° Qu'il s'agissait de chiens courants, et non de chiens d'arrêt ;

2° Que ces chiens étaient à la suite d'un gibier lancé sur la propriété de leur maître (Cassation, 4 janvier 1878, D. P., 78, I, 334) ;

3° Qu'il s'est abstenu de tout acte de chasse sur le terrain d'autrui (Cassation, 28 janvier 1875, D. P., 75, I, 331) ;

4° Qu'il a fait tous ses efforts pour rappeler ses chiens ou pour les rompre, et qu'il lui a été impossible d'empêcher le passage. (Cassation, 1er mai 1880, D. P., 81, I, 94. — Cassation, 11 mai 1883, D. P., 83, V, 57. — Cassation, 26 novembre 1895, D. P., 96, I, 236.)

Chasse en temps prohibé. — La chasse en temps prohibé, qui intéresse si profondément la conservation du gibier, a été considérée par le législateur comme plus grave que la chasse sans permis et punie, en conséquence, de peines plus fortes. L'amende prévue est de 50 à 200 francs, et le juge a, en outre, la faculté d'infliger au délinquant un emprisonnement de 6 jours à 2 mois.

Depuis la loi du 22 janvier 1874, qui a modifié les art. 3 et 9 de la loi du 3 mai 1844, l'ouverture et la clôture de la chasse à courre peuvent être fixées à des dates différentes de celles de la chasse à tir. En fait, la chasse à courre est toujours prolongée après la fermeture de la chasse à tir. Il en résulte que, dans la période qui s'étend entre les deux fermetures, ceux qui chassent à courre sont exposés à commettre un délit, si l'acte de chasse qui leur est reproché rentre dans la chasse à tir.

Mais comment distinguera-t-on parfois s'il s'agit de chasse à courre ou de chasse à tir ? A défaut de définition précise donnée par la loi, la question est souvent assez épineuse.

La chasse à courre est caractérisée par certains moyens qui lui sont exclusifs, comme l'emploi des chiens courants, et comme la poursuite du gibier à cor et à cris. Après la fermeture de la chasse à tir, la chasse au fusil avec chien d'arrêt constituerait donc indiscutablement un délit.

Mais le fait seul de porter un fusil rendrait-il les chasseurs passibles des peines de l'art. 12 de la loi de 1844 ? La jurisprudence a résolu la question par une distinction. Quand il s'agit d'une chasse dangereuse, comme la chasse aux sangliers, aux cerfs, aux loups, dans laquelle ceux qui y prennent part peuvent avoir à se défendre ou à défendre leurs chiens contre l'attaque de la bête traquée, on admet que le veneur et même ses invités soient porteurs d'armes à feu. Au contraire, dans la chasse aux animaux inoffensifs comme le chevreuil ou le lièvre, la légitime défense n'étant plus invocable, le port d'un fusil est répréhensible. Ainsi en a-t-il été décidé par le Tribunal de Vesoul, dans un jugement du 24 juillet 1877, condamnant un veneur qui était porteur d'une carabine dans une chasse au chevreuil (cité par CHATIN, *Chasse à courre,* p. 53).

Chasse de nuit. — La chasse pendant la nuit, qui est la chasse préférée des braconniers, est également punie de 30 à 200 francs d'amende, et facultativement de 6 jours à 2 mois de prison.

Bien que l'art. 12 de la loi de 1844 ait réuni dans le même paragraphe la chasse de nuit et la chasse avec engins prohibés, ce sont deux délits distincts, et celui qui est pris chassant la nuit, même par des moyens licites, n'en est pas moins punissable.

L'interdiction de chasser la nuit s'applique aussi bien à la chasse à courre qu'à la chasse à tir. Cependant les Tribunaux, ainsi que nous l'avons fait remarquer dans le chap. IV, usent d'une certaine tolérance dans la détermination du moment où commence réellement la nuit. En ce qui concerne la chasse à courre, la Cour de Bourges s'est même montrée plus que large dans son interprétation de la loi, en décidant que des chasseurs qui, après avoir poursuivi un cerf pendant toute la journée, s'en étaient emparés à la nuit, n'avaient point commis de délit, l'animal sur ses fins devant être assimilé à l'animal mortellement blessé. (Bourges, 8 janvier 1903, *Lois et Sports*, 1905, juillet, p. 51.)

Chasse avec engins ou par des moyens prohibés. — L'art. 12, § 2, de la loi de 1844 punit de la même peine de 50 à 200 francs d'amende et, facultativement, de 6 jours à 2 mois de prison, la chasse à l'aide d'engins, d'instruments ou de moyens prohibés.

Les engins ou instruments prohibés sont, d'après la définition donnée par la jurisprudence (Douai, 22 juin 1886, SIREY, 87, 11, 5), les instruments qui, par eux-mêmes, procurent la capture ou la mort du gibier.

Il faut, suivant nous, s'en tenir à cette définition, qui comprend toute la série des pièges usités par les braconniers, tels que les lacets, les collets, les filets, les panneaux, les raquettes, les trébuchets, les traquenards, les maisonnettes à lièvres, la glu, et ne pas aller jusqu'à dire, comme certains auteurs, que tous les engins et instruments autres que le fusil constituent des engins prohibés. Une telle exigence aboutirait à proscrire, dans la chasse à courre, l'usage du couteau de chasse, qui en est l'instrument pour ainsi dire classique, et celui des pistolets, qui sont couramment employés pour servir l'animal.

A côté des engins prohibés, il y a les moyens de chasse prohibés. L'art. 12 en indique nominativement un certain nombre, comme les drogues et appâts de nature à enivrer le gibier ou à le détruire (art. 12, § 5), et les appeaux, appelants ou chanterelles (art. 12, § 6) ; mais il en existe beaucoup d'autres, puisque la loi de 1844 a proscrit en principe tous les moyens de chasse autres que la chasse à tir et la chasse à courre.

Quels moyens de chasse sont ainsi prohibés ?

C'est d'abord la chasse au lévrier, considérée comme trop destructive du gibier, qui a été interdite dans la chasse à courre (Cassation, 19 février 1846, SIREY, 46, I, 429. — Cassation, 3 août 1889, *Gazette du Palais*, 1889, II, 346. — LEBLOND, n° 232. — CHATIN, p. 52.) Il est à noter cependant que l'emploi du lévrier n'est pas prohibé dans la chasse à tir, et qu'on pourrait s'en servir dans la chasse à courre si un arrêté préfectoral en accordait l'autorisation ; l'art. 11, § 3, de la loi de 1844 prévoit, en effet, des arrêtés de ce genre.

C'est ensuite la chasse au faucon ou autres oiseaux de proie, comme l'autour et l'épervier, dont on se servait autrefois dans la chasse au vol. Il a été, en effet, jugé, par le Tribunal de Compiègne, le 3 novembre 1908 (*Lois et Sports*, 1909., p. 11), que « la chasse au faucon n'avait aucun rapport avec la chasse à courre, que le mot *courre*, ancien infinitif du verbe courir, avait dans la langue française un sens bien déterminé, qu'en matière de chasse il n'avait trait qu'à la vénerie et ne servait qu'à désigner la chasse dans laquelle le gibier est poursuivi par des chiens courants ; qu'on ne saurait donc, sans le détourner de son sens, l'appliquer à une chasse dans laquelle l'animal employé à la poursuite du gibier est un oiseau. » Ce jugement qui s'appuie, en outre, sur les travaux préparatoires de la loi de 1844, d'où résulte la volonté certaine de prohiber la chasse au vol, est, on doit le reconnaître, solidement motivé au point de vue juridique. Au point de vue purement sportif, il n'en est que plus fâcheux, car il aboutit à l'interdiction d'une chasse qui eut une histoire longue et glorieuse et qui est encore aujourd'hui fort intéressante. (Voir . *Revue du Tourisme et des Sports*, 1908, II, 368, article de E. CHRISTOPHE sur *la Chasse au faucon*.)

On ne doit pas considérer comme des moyens de chasse prohibés certaines pratiques en elles-mêmes insuffisantes pour capturer le gibier.

Telle est par exemple la traque en battue qui constitue un acte de chasse pouvant entraîner des responsabilités pénales, lorsqu'elle a lieu sur le terrain d'autrui, mais qui est, en dehors de ce cas, parfaitement licite.

Le *miroir*, qui sert à attirer certains oiseaux, mais ne suffit pas à les capturer, n'est pas, non plus, interdit.

Il en est de même des *banderoles*, dont l'emploi, d'après la jurisprudence, ne constitue même pas un acte de chasse. La Cour de Paris, le 31 mars 1865 (D. P., 66, II, 81), et après elle la Cour de Cassation, le 16 juin 1866 (D. P., 66, I, 365) l'ont ainsi jugé. « En droit, a dit la Cour de Cassation, les banderoles, qui laissent le gibier entièrement libre, ne constituent pas un engin prohibé. » Cette opinion a été également admise par les auteurs. (Voir : GIRAUDEAU, LELIÈVRE et SOUDÉE, n° 840. — LEBLOND, n° 129. — Voir aussi *Revue du Tourisme et des Sports*, 1907, II, 387, article de M. BAUDOUIN sur *l'Emploi des banderoles*.)

A ces moyens, diverses décisions récentes de la jurisprudence permettent d'ajouter les *mues* ou paniers d'osier, dans lesquels on prend certaines espèces de gibier, principalement les faisans et les perdrix. Les mues, auxquelles sont toujours joints des trébuchets, sont, en principe, des engins prohibés. Cependant, lorsqu'elles sont employées dans un but non de destruction, mais de repeuplement du gibier, elles ne rendent pas celui qui en fait usage passible des peines de l'art. 12, § 9. (Paris, 9 décembre 1885, D. P., 86, II, 56. — Paris, 21 janvier 1890, D. P., 91, II, 18. — Paris, 22 février 1896, *Gazette des Tribunaux* du 15 avril 1896. — Tribunal de Rambouillet, 17 mars 1902, *Gazette des Tribunaux* du 19 août 1902. — Amiens, 12 juillet 1906, *Lois et Sports*, 1906, II, 381.)

Mais pour que l'usage des mues devienne licite, il faut deux conditions :

1° Le gibier doit être capturé dans un but d'élevage et d'élevage sérieux. Il n'en serait pas ainsi si le terrain de celui qui emploie les mues était d'une nature ne se prêtant pas à l'élevage. (Paris, 5 février 1889, Pottier, D. P., 1890, II, 335.)

2° Les mues ne doivent pas être tendues sur la lisière de la propriété, de façon à prendre exclusivement le gibier du voisin. (Paris, 5 février 1889, Héros, D. P., 1890, II, 335.)

Nous ajouterons que c'est au prévenu à faire cette double preuve, car, nous le répétons, et les diverses décisions judiciaires que nous venons de citer n'ont pas manqué de le proclamer, les mues sont, de leur nature, des engins prohibés. (Voir *Revue du Tourisme et des Sports*, 1908, p. 136 et 176, article de M. BAUDOUIN sur *les Mues et le Repeuplement*.)

La jurisprudence n'a eu à se prononcer qu'au sujet des mues, qui servent à prendre des faisans et des perdrix, c'est-à-dire des oiseaux qui n'intéressent pas la chasse à courre; mais les principes posés par les différentes décisions que nous rapportons nous paraissent devoir s'appliquer à d'autres engins prohibés, par exemple aux panneaux ou aux filets, avec lesquels on peut prendre des chevreuils ou des biches. Si le but de cette capture était exclusivement l'élevage, il nous paraîtrait logique d'admettre, et cela contrairement à un arrêt rendu dans un cas semblable par la Cour de Dijon, le 28 novembre 1845 (D. P., 46, II, 5), qu'il n'y a point là le délit de chasse à l'aide d'engins prohibés.

La loi de 1844 indique elle-même une exception à la règle d'après laquelle tous autres moyens de chasse que la chasse à tir et la chasse à courre sont interdits, en autorisant dans l'art. 9 l'emploi des furets et des bourses pour la capture des lapins.

La prohibition d'employer certains engins de chasse est absolue et doit s'appliquer, quel que soit le terrain sur lequel il en est fait usage. Il y a donc délit à chasser à l'aide d'engins prohibés, même dans un terrain clos et attenant à une habitation. (Cassation, 12 janvier 1894, D. P., 94, 1, 366.)

Délits se rapportant à la chasse. — Ce sont des délits qui ne résultent pas d'actes de chasse, mais qu'on a cru devoir réprimer afin d'assurer la conservation du gibier.

Destruction des œufs et couvées de faisans, perdrix et cailles. — L'art. 11, § 4, punit d'une amende de 16 à 100 francs l'enlèvement ou la destruction sur le terrain d'autrui des œufs et couvées des faisans, perdrix et cailles. C'est là le complément nécessaire de l'interdiction de la chasse sur le terrain d'autrui, car rien n'eût servi d'empêcher de chasser le gibier sur un fonds qui ne vous appartient pas, s'il eût été possible de détruire ou d'enlever sur ce même fonds les œufs et les couvées, qui constituent le gibier de demain.

Nous nous contenterons de mentionner ce délit, qui concerne uniquement les faisans, les perdrix et les cailles, c'est-à-dire un gibier qui n'est pas susceptible d'être chassé à courre.

Détention d'engins prohibés. — Ce délit se rattache intimement à celui qui prévoit la chasse à l'aide d'engins prohibés. Il est puni des mêmes peines : 50 à 200 francs d'amende et prison facultative de 6 jours à 2 mois.

Il y a délit, que celui qui possède des engins prohibés les détienne chez lui ou qu'il en soit trouvé porteur hors de son domicile.

Bien que la loi, en parlant des « *filets, engins ou autres instruments de chasse prohibés* », ait semblé viser seulement les engins qui sont capables par eux-mêmes de capturer le gibier, on a assimilé à ces instruments les appeaux, appelants et chanterelles, qui sont plutôt des moyens de chasse que des instruments.

Il a été jugé que le seul fait de détenir dans une maison des filets de chasse constituait un délit, indépendamment de tout usage qui pouvait en avoir été fait. (Paris, 26 décembre 1844, D. P., 45, II, 18.)

Cette sévérité extrême est peut-être conforme aux termes stricts de la loi, mais elle nous paraît devoir aboutir à des résultats iniques, surtout avec la nouvelle jurisprudence, indiquée plus haut, d'après laquelle les mues sont ou ne sont pas des engins prohibés, suivant le but dans lequel elles ont été employées. Comment pourra-t-on condamner le détenteur d'un de ces engins, alors qu'on ne sait pas encore l'usage qu'il en fera ?

Aussi nous rallierons-nous plus volontiers à la théorie moins étroite formulée par la Cour de Dijon, dans un arrêt du 4 avril 1866 (D. P., 66, 11, 78), d'après lequel la détention d'engins prohibés à domicile n'est punissable que lorsqu'elle peut se rattacher à des faits de braconnage en dehors des enclos attenant à une habitation.

Colportage et vente du gibier en temps prohibé. — Ce délit, qui constitue une sorte de recélé du gibier tué en temps prohibé, atteint en même temps la mise en vente, la vente, l'achat, le transport et le colportage du gibier. Il est puni des mêmes peines que la chasse en temps prohibé : amende de 50 à 200 francs, et prison facultative de 6 jours à 2 mois.

En prohibant la mise en vente aussi bien que la vente, la loi a voulu empêcher les marchands de comestibles de mettre à l'étalage du gibier pendant la fermeture de la chasse.

Les acheteurs partagent la responsabilité des vendeurs. On devrait considérer comme un achat le fait de remettre une gratification à celui qui apporte du gibier tué en temps prohibé. (Tribunal Correctionnel de Caen, 18 novembre 1906 *Lois et Sports*, 1908, p. 45.)

Les transporteurs, et par là on doit entendre les messagers par terre et par eau et les Compagnies de chemins de fer sont pénalement responsables du transport du gibier en temps prohibé. Néanmoins, il ne saurait y avoir de délit s'il était prouvé que la forme de l'emballage ne pouvait en aucune façon révéler la nature de l'objet transporté.

Le gibier dont parle la loi comprend tous les animaux sauvages dont la chair est bonne à manger. La prohibition ne s'étend donc pas à certaines bêtes fauves incomestibles, comme les loups, les renards, les fouines, les putois.

La vente, le transport et le colportage du gibier vivant sont interdits au même titre que ceux du gibier mort. Toutefois, des autorisations peuvent être accordées — ainsi que nous l'avons indiqué au chap. VII — par les préfets ou par le Ministre de l'Intérieur pour le gibier destiné à la reproduction. (Circulaires ministérielles du 12 février 1884 et du 11 février 1900.)

La prohibition atteint le gibier cuit comme le gibier cru. Les pâtés de gibier ne peuvent donc être vendus après la clôture de la chasse, mais il ne faut pas confondre les pâtés ordinaires et les pâtés et gibiers de conserve, qui peuvent être mis en vente après la fermeture de la chasse, à condition que le gibier ait été tué en temps légal. (Cassation, 21 décembre 1844, SIREY, 45, 1, 107.)

Cette exception, consacrée par la jurisprudence, ne doit pas être étendue au gibier conservé dans les appareils frigorifiques, dont la vente, alors même que la congélation serait antérieure à la fermeture de la chasse, demeure interdite. (Tribunal Correctionnel de la Seine, 8 novembre 1904, *Lois et Sports*, 1906, II, 35. — Paris, 11 mai 1906, *Lois et Sports*, 1906, II, 289. — Tribunal Correctionnel de la Seine, 9 novembre 1907, *Lois et Sports*, 1908, p. 27, avec Note de E. Christophe.)

L'Administration accorde en général une tolérance d'un ou deux jours pour faciliter l'écoulement du gibier tué avant la clôture de la chasse. Mais, au point de vue strict de la loi, toute vente postérieure à la date fixée pour la clôture est délictueuse.

C'est ainsi que la Cour de Paris, le 9 juillet 1908 (*Lois et Sports*, 1908, p. 135), a prononcé une condamnation contre un chasseur qui avait expédié du gibier le lendemain de la fermeture, alors qu'une circulaire préfectorale permettait le transport jusqu'au surlendemain.

L'Administration admet aussi des tolérances pour les animaux nuisibles et les bêtes fauves, qui peuvent être tués en dehors de la période d'ouverture par les propriétaires, possesseurs ou fermiers, et dans des battues régulièrement ordonnées, lorsque certain de ces animaux, comme les lapins et les sangliers, sont comestibles. On autorise, dans ce cas, le transport du gibier jusqu'au domicile des personnes qui l'ont tué. Mais cette tolérance, qui résulte de circulaires ministérielles que nous avons indiquées au chap. VII, n'a aucun caractère légal, et si procès-verbal était dressé par quelque agent grincheux, les Tribunaux seraient bien forcés, en cas de poursuites, de prononcer une peine pour contravention à l'art. 12 de la loi du 3 mai 1844.

Contraventions à des cahiers de charges et à des arrêtés. — Ces sortes de délits ne sont pas énumérés par la loi sur la chasse, qui se contente de faire connaître la sanction qui doit assurer le respect des multiples prescriptions contenues, soit dans les cahiers de charges rédigés par l'Administration des Forêts, soit dans les arrêtés préfectoraux. La peine prévue est celle de l'art. 11 : une amende de 16 à 100 francs.

Cahiers des charges. — Nous avons déjà vu dans le chap. II que l'Administration des Forêts, les communes et les établissements publics louaient à des particuliers les chasses sur les forêts et terrains dépendant de leur domaine privé. Nous avons assimilé ces cahiers de charges, auxquels doivent souscrire les adjudicataires, à de véritables contrats de location.

Il est un point cependant par lequel ils diffèrent des contrats ordinaires, qui n'ont jamais que des sanctions civiles, c'est que toutes les clauses relatives à la chasse qui y sont contenues créent pour l'adjudicataire des obligations qu'il doit observer sous peine de se voir poursuivi en Police Correctionnelle.

L'art. 11, § 5, qui vise ces sortes de contraventions, s'applique non seulement aux propriétés des communes et des établissements publics soumis au régime forestier, mais encore aux propriétés non boisées non soumises à ce régime.

Mais les clauses et conditions relatives à la chasse, qui sont insérées dans des baux de chasse passés entre particuliers, ne rentrent pas dans les termes de la loi de 1844 et ne peuvent avoir que des sanctions civiles.

Il faut, en outre, restreindre la portée de l'art. 11, § 5 à celles des clauses du cahier des charges qui visent les conditions d'exercice de la chasse.

Certaines clauses ne rentrent certainement pas dans ce cas. Telles sont celles relatives à la durée du bail, à l'obligation de fournir une caution et un certificateur de caution, au paiement du prix de location, etc.

Au contraire, les conditions relatives au gibier susceptible d'être chassé par l'adjudicataire de la chasse à courre, au nombre des invités, aux autorisations de chasser isolément données à ces invités, à l'interdiction d'introduire des lapins dans les bois, etc., sont sanctionnées par l'art. 11.

La jurisprudence a même été jusqu'à considérer que la clause par laquelle un adjudicataire peut se substituer, en observant certaines formalités, un sous-fermier, était relative à la chasse. C'est ainsi qu'un adjudicataire du droit de chasse, qui avait traité avec un sous-locataire sans avoir obtenu préalablement l'assentiment de l'Administration des Forêts, a été condamné, par application de l'art. 11, § 5. (Cassation, 20 mars 1858, Sirey, 58, I, 564. — Angers, 10 mai 1858, D. P., 58, V, 58.)

Une des clauses qui donnent le plus souvent lieu à des poursuites est celle qui permet à l'adjudicataire de se faire accompagner par un certain nombre d'invités.

Il n'est pas indispensable que l'invité soit auprès de l'adjudicataire ; il suffit qu'il prenne part à la même chasse. (Cassation, 10 juillet 1867, Sirey, 68, I, 741.)

Mais si l'invité chassait isolément, en vertu d'une permission verbale, non revêtue, par conséquent, comme le veut le cahier des charges, de l'approbation de l'Inspecteur des Forêts, il serait en délit et ne pourrait invoquer son ignorance des clauses du cahier des charges. (Cassation, 18 août 1848, Sirey, 1849, I, 780. — Cassation, 31 juillet 1851, D. P., 51, I, 229.)

L'adjudicataire serait encore en contravention s'il avait dépassé le nombre des invités auxquels il a droit. Mais lui seul serait punissable, car alors même que les invités auraient su qu'ils étaient plus nombreux que ne le permettait le cahier des charges, il serait impossible de dire celui ou ceux d'entre eux qui étaient en surnombre, et on ne pourrait, sous peine d'injustice et d'arbitraire. en choisir un au hasard. (Dijon, 24 décembre 1844, SIREY, 45, II, 97. — Cassation, 29 novembre 1845, SIREY, 46, I, 143. — DALLOZ, *Répertoire*, Supplément, v° *Chasse*, n° 959. — GIRAUDEAU, LELIÈVRE et SOUDÉE, n° 813. — LEBLOND, n° 234.)

Lorsque la chasse à tir est louée séparément de la chasse à courre, l'adjudicataire de la première de ces chasses est en délit s'il tire sur le gros gibier (cerfs, biches, daims, chevreuils, sangliers), qui est expressément réservé à la chasse à courre ; et, réciproquement, celui qui a loué la chasse à courre s'exposerait à des poursuites en chassant le lapin ou le lièvre.

Arrêtés préfectoraux. — Les arrêtés préfectoraux renferment un grand nombre de prescriptions relatives à la chasse. La loi de 1844 donne aux préfets le droit de réglementer la chasse aux oiseaux de passage, celle au gibier d'eau, celle en temps de neige, l'emploi des chiens lévriers, la destruction des oiseaux et des animaux nuisibles et malfaisants.

Toute contravention à l'un de ces arrêtés est punie de 16 à 100 francs d'amende.

Nous ne parlerons que des arrêtés préfectoraux qui peuvent concerner la chasse à courre, tels que ceux qui réglementent la chasse en temps de neige, l'emploi des chiens lévriers, la destruction des animaux nuisibles.

Comme nous l'avons vu dans le chap. IV, si la chasse en temps de neige n'a pas été l'objet d'un arrêté préfectoral, elle est absolument licite.

Les préfets peuvent interdire la chasse à tir en temps de neige, mais ne pas étendre cette interdiction à la chasse à courre. (Rouen, 28 février 1880, *Droit* du 14 avril 1880.)

Si aucune distinction n'est faite par l'arrêté, qui est conçu en termes généraux, les deux genres de chasse seront interdits en temps de neige.

Les chiens lévriers, avons-nous dit, ne peuvent être employés dans la chasse à courre. Leur emploi constitue un mode de chasse prohibé, qui est puni des peines de l'art. 12 de la loi de 1844. Mais, exceptionnellement, les préfets ont le droit d'en autoriser l'usage. Dans le cas où un chasseur ne se serait pas conformé aux conditions indiquées par l'arrêté préfectoral, il serait passible des peines prévues par l'art. 11.

C'est également aux préfets qu'il appartient d'énumérer les animaux malfaisants et nuisibles et de réglementer leur destruction.

Le droit de détruire les animaux malfaisants ou nuisibles est, on le sait, reconnu aux propriétaires, possesseurs et fermiers, mais est refusé généralement aux locataires de chasse. (GIRAUDEAU, LELIÈVRE et SOUDÉE, n° 672. — CHENU, p. 139. — Amiens, 15 janvier 1887, *Recueil d'Amiens*, 87, p. 85.) Toutefois, les cahiers de charges dressés par l'Administration des Forêts permettent aux adjudicataires de la chasse à courre dans les forêts domaniales de détruire, par tous les moyens autorisés par les arrêtés préfectoraux, les animaux malfaisants ou nuisibles.

Les arrêtés des préfets peuvent indiquer quels sont les animaux malfaisants et quels moyens sont licites pour les détruire ; mais ils ne peuvent, sous peine d'illégalité, limiter le temps dans lequel aura lieu cette destruction L'art. 9, § 3, de la loi de 1844 dit, en effet, que ce droit s'exercera *en tout temps*.

Serait donc nul l'arrêté qui ne permettrait pas cette destruction la nuit ou par temps de neige. (Cassation, 9 août 1877, D. P., 78, I, 140. — Paris, 29 décembre 1880, D. P., 82, V, 62.)

Circonstances aggravantes. — Diverses circonstances peuvent aggraver les pénalités qui s'attachent aux délits que nous venons d'examiner.

Circonstances spéciales à la chasse sur autrui. — Le délit de chasse sur le terrain d'autrui, puni de 16 à 100 francs d'amende, peut se trouver aggravé par quatre circonstances différentes :

1° Le délit a été commis sur des terres non dépouillées de leurs fruits ou sur un terrain entouré d'une clôture continue faisant obstacle à toute communication avec les autres héritages voisins, mais non attenant à une maison d'habitation. Dans ce cas, la peine pourra être portée au double de celle portée par l'art. 11. Elle sera donc de 16 à 200 francs d'amende (art. 11-2° de la loi de 1844) ;

2° Le délit a été commis sur un terrain attenant à une maison habitée ou servant à l'habitation et entouré d'une clôture continue faisant obstacle à toute communication avec les héritages voisins. Dans ce cas, l'amende est de 50 à 300 francs, et l'emprisonnement, facultatif pour le juge, de 6 jours à 3 mois (art. 13, § 1ᵉʳ) ;

3° Le délit de chasse sur le terrain attenant à une maison d'habitation a, en outre, été commis la nuit. La peine est alors d'une amende de 100 à 1.000 francs et, facultativement, de 3 mois à 2 ans de prison (art. 13, § 2) ;

4° Le délit de chasse sur le terrain d'autrui se complique des circonstances de nuit, d'engins prohibés et de port d'armes apparentes ou cachées. Dans ce cas, les peines de l'art. 12 sont portées au double, ce qui donne au juge le droit d'appliquer 16 à 400 francs d'amende et, facultativement, 6 jours à 4 mois de prison (art. 12, § 7).

Circonstances applicables à tous les délits de chasse. — Les circonstances qui peuvent aggraver les diverses pénalités encourues en matière de chasse sont :
   1° La qualité du coupable ;
   2° La récidive ;
   3° Le déguisement ;
   4° L'emploi d'un faux nom ;
   5° Les violences et les menaces envers les personnes.

1° *Qualité du coupable.* — Lorsque les délits auront été commis par les gardes champêtres ou forestiers de l'Etat et des établissements publics, les peines déterminées par les art. 11 et 12 de la loi de 1844 seront toujours portées au maximum (art. 12, § 8).

L'art. 11 comportant une amende de 16 à 100 francs, c'est forcément la peine de 100 francs d'amende qui devra être appliquée. Mais, dans l'art. 12, deux sortes de peines sont prévues : l'amende de 50 à 200 francs et la prison de 6 jours à 2 mois. Le juge sera-t-il dans l'obligation de prononcer la pénalité la plus forte, soit 2 mois de prison ? Non, car, malgré la qualité du prévenu, la prison continuera à être facultative. La disposition de la loi ne s'appliquera donc qu'à l'amende.

L'aggravation résultant de la qualité du coupable doit s'entendre dans un sens restrictif. Elle ne peut donc s'appliquer qu'aux gardes champêtres des communes et aux gardes forestiers de l'Etat et des établissements publics. Ne sont compris dans les termes de la loi :

Ni les gardes champêtres des établissements publics (Giraudeau, Lelièvre et Soudée, n° 895. — Fuzier-Hermann, *Répertoire général du Droit français*, n° 1589);

Ni les gardes-barrières des chemins de fer (Metz, 4 juin 1855, Sirey, 55, II, 694);

Ni, enfin, les gardes particuliers. (Cassation, 17 août 1860, Sirey, 61, I, 299. — Bordeaux, 30 novembre 1860, D. P., 60, II, 133. — Nancy, 18 novembre 1869, Sirey, 70, II, 209. — Bourges, 27 novembre 1871, Sirey, 71, II, 203. — Alger, 17 avril 1872, D. P., 74, II, 80. — Tribunal de Château-Thierry, 2 juillet 1905, *Lois et Sports*, 1906, II, 67 et la note. — Giraudeau, Lelièvre et Soudée, n° 892.)

L'aggravation de peine est applicable, alors même que le délit aurait été commis en dehors du territoire confié à la surveillance du garde poursuivi. (Cassation, 22 février 1840, Sirey, 40, I, 331. — Poitiers, 18 juin 1846, Sirey, 47, II, 637. — Giraudeau, Lelièvre et Soudée, n° 901. — Leblond, n° 255. — Fuzier-Hermann, *Répertoire*, v° *Chasse*, n° 1587.)

On s'est demandé si, en dehors de l'aggravation prévue par l'art. 12 de la loi de 1844, les gardes-chasse de toutes catégories n'étaient pas susceptibles de se voir appliquer l'art. 198 du Code Pénal, qui frappe du maximum de la peine les fonctionnaires qui ont participé à des délits qu'ils étaient chargés de surveiller ou de réprimer. Nous avons déjà examiné cette question au chap. V, et nous avons vu que la jurisprudence avait refusé d'appliquer l'art. 198 du Code Pénal aux gardes-chasse. (Cassation, 17 août 1860, Sirey, 60, I, 299. — Bordeaux, 30 novembre 1860, D. P., 60, II, 133. — Giraudeau, Lelièvre et Soudée, n° 97. — Leblond, n° 256. — Jullemier, *Des procès de chasse*, n° 140. — Fuzier-Hermann, *Répertoire*, v° *Chasse*, n° 1594.)

2° *Récidive*. — L'effet de la récidive et des autres circonstances aggravantes, que nous allons maintenant examiner, n'est plus seulement, comme la qualité de garde, de faire porter la peine au maximum, mais de permettre au Juge d'appliquer le double de la peine prévue par la loi.

En outre, quand il s'agit de délits qui, comme ceux de l'art. 11 de la loi de 1844, ne sont punis que d'une simple amende, la récidive a comme résultat de faire encourir, suivant la volonté du Juge, les peines de 6 jours à 3 mois de prison à celui qui n'a pas acquitté l'amende à laquelle il avait été condamné une première fois.

D'après l'art. 15 de la loi de 1844, « *il y a récidive lorsque, dans les 12 mois qui ont précédé l'infraction, le délinquant a été condamné en vertu de la présente loi* ».

Il faut donc tout d'abord que la condamnation ait été prononcée pour délit de chasse. Tout autre délit ne constituerait pas le prévenu en récidive. Mais, contrairement à ce qui existe en matière de simple police, il n'est pas nécessaire que le délit ait été commis dans le même ressort.

Il faut ensuite que la condamnation ait été prononcée dans les 12 mois qui ont précédé l'infraction. Ces 12 mois doivent se compter de quantième à quantième, suivant le calendrier grégorien.

Lorsque le jugement est frappé d'appel ou qu'il y a pourvoi en cassation, le délai de 12 mois ne court que du jour où il a été statué sur ces recours. (Cassation, 31 mars 1834, Fuzier-Hermann, *Répertoire*, v° *Chasse*, n° 1613.)

Il est évident que si la condamnation avait été prononcée par défaut sans que le jugement fût signifié, on ne saurait invoquer contre un prévenu, pour le déclarer en récidive, cette condamnation, qui n'est pas définitive.

Mais s'il s'agit d'une condamnation contradictoire, contre laquelle il n'a été exercé aucune voie de recours, le délai de 12 mois devra-t-il partir du jour du prononcé du jugement ou du jour où les délais d'appel sont expirés ? MM. GIRAUDEAU, LELIÈVRE et SOUDÉE (n° 924) pensent que les 12 mois ne courent que lorsque tous les délais sont expirés et que le jugement est devenu définitif. Nous ne partageons pas du tout cette manière de voir, qui aurait pour effet d'allonger le temps prévu par la loi pour qu'il y ait récidive et, par suite, de rendre pire la situation du prévenu. Il ne faut pas oublier qu'en matière correctionnelle, si le délai d'appel n'est que de 10 jours pour le prévenu, il est pour le Procureur général de 2 mois (art. 205 du Code d'Instruction criminelle), de telle sorte que la récidive existerait si un délit était commis 14 mois après qu'est intervenue la première condamnation.

C'est au Ministère public qu'il incombe de faire la preuve de la récidive. Elle se fait d'ordinaire par la production du casier judiciaire et l'aveu du prévenu. (Cassation, 4 février 1860, SIREY, 61, I, 395.) Mais si celui-ci contestait la condamnation, il faudrait produire un extrait du jugement de condamnation.

L'amnistie, faisant disparaître la condamnation, empêche qu'il y ait récidive. Mais il n'en est pas de même de la grâce ou de la commutation de peine.

3° *Déguisement.* — Le prévenu encourt également l'aggravation de peine si, lorsqu'il a commis son délit, il était déguisé ou masqué.

La loi sur la chasse a considéré, à l'exemple du Code Pénal qui avait également vu une aggravation du délit de vagabondage ou de mendicité dans le fait d'être travesti (art. 277), que le déguisement de celui qui commettait un délit de chasse dénotait de sa part une plus grande culpabilité.

Le déguisement s'entend d'un costume destiné à empêcher celui qui l'a revêtu d'être reconnu. Il y a déguisement dans le fait pour un civil de prendre un costume militaire, pour un homme de s'habiller en femme, etc...

Quant au masque, il comprend tout objet ou toute substance appliqués sur le visage, qui rendent une personne méconnaissable. Ceux qui se mettent de la suie sur la figure doivent être considérés comme masqués.

4° *Faux nom.* — La circonstance aggravante de faux nom suppose que le délinquant a été interpellé par l'agent verbalisateur.

Si le délinquant a donné un faux prénom, cette circonstance ne pourra être relevée qu'autant qu'il l'aura fait de mauvaise foi, de façon à établir une confusion.

Le fait de refuser de donner son nom ne rentre pas dans les prévisions de la loi. Il en est de même du faux domicile et de la fausse qualité.

Quand la circonstance aggravante de faux nom a été relevée dans un procès-verbal, le Juge est obligé de statuer à cet égard et de faire application des dispositions de l'art. 14 de la loi de 1844. (Cassation, 9 avril 1875, D. P., 77, I, 508.)

En dehors de l'aggravation de peine prévue par la loi sur la chasse, celui qui se sera fait délivrer un permis de chasse sous un nom supposé sera puni d'un emprisonnement de 3 mois à 1 an. (Code Pénal, art. 154.)

5° *Violences et menaces envers les personnes.* — Peu importe que les violences et les menaces s'adressent aux agents verbalisateurs ou à d'autres personnes. Mais il faut observer que vis-à-vis des agents de l'Autorité ces violences et ces menaces sont, à elles seules, susceptibles d'entraîner une peine plus forte, puisque, par application des art. 212 et 222 du Code Pénal, elles peuvent être punies de peines allant jusqu'à 2 ans de prison.

Les violences comprennent toutes les voies de fait dirigées contre les personnes, même celles qui ne menaceraient pas la vie de celui qui en serait l'objet.

Les menaces constituent une cause d'aggravation, qu'elles soient simples ou sous condition. Les menaces simples, lorsqu'elles sont verbales, ne sont pas punies par la loi comme les menaces sous condition, qui sont atteintes par les art. 307 et 308 du Code Pénal. Mais elles suffisent pour aggraver les délits de chasse et pour rendre applicable le double de la peine encourue.

Cumul des peines. — On applique, en matière de chasse, le principe inscrit dans l'art. 365 du Code d'Instruction criminelle, d'après lequel, en cas de conviction de plusieurs crimes ou délits, la peine la plus forte absorbe les autres.

C'est ce qu'exprime l'art. 17 de la loi du 3 mai 1844 en disant :

« *En cas de conviction de plusieurs délits prévus par la présente loi, par le Code Pénal ordinaire ou par les lois spéciales, la peine la plus forte sera seule prononcée.* »

Cette règle du non-cumul des peines reçoit exception dans les cas suivants :

1° Lorsqu'une contravention de Simple Police vient se joindre au délit de chasse et que le Juge correctionnel en est saisi, il doit prononcer une peine spéciale pour la contravention. L'art. 365 du Code Pénal ne s'applique pas, en effet, aux contraventions et l'art. 17 de la loi de 1844 ne vise que les délits de chasse.

2° Lorsqu'il y a lieu de prononcer des peines accessoires : confiscation de filets, engins ou instruments de chasse, il y a autant de confiscations que de délits, alors même qu'une seule peine serait prononcée. (Cassation, 2 juin 1838, SIREY, 39, I, 124. — Cassation, 13 mars 1856, SIREY, 56, I, 625.)

3° Lorsque postérieurement à un procès-verbal de chasse, un nouveau délit est commis, les peines encourues peuvent être prononcées cumulativement, sans préjudice des peines de la récidive. (Loi de 1844, art. 17, § 2.)

Peines accessoires. — *Confiscation.* — D'après l'art. 16 de la loi de 1844, tout jugement de condamnation prononcera la confiscation des filets, engins et autres instruments de chasse et en ordonnera la destruction. Quant aux armes, elles seront également confisquées, mais sans qu'il y ait lieu d'en ordonner la destruction. Cette dernière disposition ne sera pas applicable, lorsque le délinquant était muni d'un permis de chasse et n'a pas chassé en temps prohibé.

Le Juge est obligé de prononcer la confiscation des engins prohibés et des armes qui ont servi à commettre le délit. Les termes de la loi sont, en effet, impératifs.

La confiscation n'atteint que les engins prohibés. Elle ne peut être prononcée relativement à certains moyens de chasse qui sont défendus par la loi, comme les appeaux, appelants et chanterelles. (Cassation, 1ᵉʳ mars 1868, SIREY, 68, I, 273. — Aix, 2 mars 1876, SIREY, 79, II, 133), comme les lévriers, les faucons et autres oiseaux de proie, les furets. (CHENU, *Chasse et Procès*, p. 206.)

Quant aux fusils, nous avons dit qu'ils ne devaient pas être confisqués quand le chasseur avait un permis et qu'il avait chassé en temps légal. Il ne rentre pas dans ces conditions lorsqu'il a chassé de nuit ou en temps de neige ; la confiscation doit, dans ces deux cas, être prononcée. (Cassation, 3 janvier 1846, SIREY, 46, I, 261. — Besançon, 22 février 1848, SIREY, 48, II, 235. — Cassation,

4 mai 1848, Sirey, 48, I, 638. — Besançon, 20 janvier 1876, Sirey, 76, II, 79. — Riom, 29 janvier 1876, Sirey, 76, II, 304.)

La règle du non-cumul des peines ne s'applique pas aux peines accessoires ; par conséquent, lorsqu'il y a plusieurs délits de commis, le Tribunal doit en principe prononcer autant de confiscations qu'il a reconnu de délits. C'est au prévenu à prouver que les différents délits ont été commis avec le même fusil.

Si les armes, filets, engins ou autres instruments de chasse n'ont pas été saisis, le délinquant sera condamné à les représenter ou à en payer la valeur, suivant la fixation qui en sera faite par le jugement, sans qu'elle puisse être au-dessous de 50 francs. (Art. 16, § 3.)

Privation du permis de chasse. — L'art. 18 de la loi de 1844 prévoit une autre peine accessoire des délits de chasse. Les Tribunaux peuvent, en cas de condamnation prononcée en vertu de la loi sur la chasse, priver le condamné du droit d'obtenir un permis de chasse pour un temps qui ne doit pas excéder 5 ans. Cette peine accessoire, à la différence de la confiscation, est purement facultative et, en fait, les Tribunaux ne l'appliquent presque jamais, l'Etat n'ayant aucun intérêt à empêcher les chasseurs, même ceux qui fraudent la loi, de lui apporter leur argent.

Attribution du montant des amendes. — Pour stimuler le zèle des agents chargés d'assurer la police de la chasse, il est accordé sur le montant des amendes des gratifications aux gardes et gendarmes rédacteurs des procès-verbaux qui constatent les délits. (Loi de 1844, art. 10 et 19.)

La loi n'ayant désigné parmi les agents pouvant bénéficier d'une gratification que les gardes et les gendarmes, on en a conclu que sont exclus de ce droit les agents et gardes généraux des Forêts, les sous-officiers et officiers de gendarmerie, les commissaires de police, les maires et adjoints, les employés des Contributions indirectes et des Octrois. (Circulaire ministérielle du 22 juillet 1851. — Giraudeau, Lelièvre et Soudée, n° 738. — Fuzier-Hermann, *Répertoire*, v° *Chasse*, n° 1394.)

La gratification, qui était autrefois plus ou moins élevée suivant l'importance du délit, est fixée maintenant à la somme invariable de 10 francs par condamnation prononcée. (Loi du 26 décembre 1890, art. 11.)

Pour que la gratification soit due, il faut qu'il y ait une condamnation de prononcée. En outre, cette condamnation doit être le résultat du procès-verbal. Si celui-ci était annulé et que la condamnation fut prononcée sur le témoignage de l'agent verbalisateur, il n'y aurait pas lieu à gratification. (Chenu, *Chasse et Procès*, p. 182. — Fuzier Hermann, *Répertoire*, v° *Chasse*, n° 1397.)

Mais peu importent le genre et le chiffre de la condamnation; peu importe que ce soit une amende ou de la prison, que le condamné exécute ou n'exécute pas sa peine par suite de l'application de la loi de sursis ou par suite d'une grâce, que l'amende soit payée ou ne puisse être recouvrée en raison de l'insolvabilité du condamné. Dans tous ces cas, l'agent verbalisateur a droit aux 10 francs que lui accorde la loi.

La gratification serait encore due s'il s'agissait d'un délit de chasse commis dans les bois soumis au régime forestier, et que l'Administration ait transigé avec le délinquant. D'ailleurs, on prend généralement soin de stipuler dans les transactions de ce genre que le délinquant versera le montant de la gratification due au garde qui a dressé le procès-verbal.

Si plusieurs prévenus sont en cause, comme chacun d'eux encourt une condamnation, il y aura autant de gratifications que de prévenus, bien qu'il n'y ait eu qu'un procès-verbal. Mais si le procès-verbal relatif à un seul délinquant a été dressé par plusieurs gardes ou qu'il constate différents délits, il ne sera dû qu'une gratification.

La gratification est touchée par le garde chez le percepteur, sur le vu d'un certificat délivré sur papier libre et signé par le Greffier et le Procureur de la République du Tribunal qui a prononcé la condamnation.

Les communes, sur le territoire desquelles les délits de chasse ont été constatés, ont droit au produit des amendes prononcées, mais après déduction des gratifications dues aux agents verbalisateurs. (Loi de 1844, art. 19, § 2.) Les communes touchent donc intégralement le montant des amendes quand la preuve des délits est faite autrement que par procès-verbal, ou que ce procès-verbal n'émane pas de gendarmes ou de gardes.

Circonstances atténuantes. — L'art. 20 de la loi de 1844 indique d'une façon formelle que l'art. 463 du Code Pénal, relatif aux circonstances atténuantes, n'est pas applicable aux délits de chasse. Cette disposition est surabondante, puisque le silence de la loi eût suffi à empêcher l'art. 463 d'être applicable. Mais elle n'en marque que plus nettement la volonté des auteurs de la loi sur la chasse d'empêcher les juges de descendre au-dessous du minimum qu'ils ont fixé pour chacun des délits prévus.

Quand le prévenu est poursuivi, en même temps que pour chasse, pour un délit réprimé par le Code Pénal et frappé de peines plus fortes que celles qui sont inscrites dans la loi de 1844, on doit se demander si, en vertu de l'absorption de la peine la plus faible par la plus forte, le Juge n'a pas le droit d'appliquer les circonstances atténuantes. Malgré l'anomalie qu'il peut y avoir à faire bénéficier des circonstances atténuantes le prévenu coupable d'un double délit, alors que celui qui n'a commis qu'un délit de chasse n'y a pas droit, nous croyons qu'il faut se résoudre à admettre cette solution. L'art. 365 du Code d'Instruction criminelle est formel. En cas de conviction de plusieurs crimes ou délits, la peine la plus forte sera seule prononcée. Du moment où le prévenu d'un délit de chasse est en même temps poursuivi pour un autre délit prévu par le Code Pénal et entraînant une pénalité plus forte, il nous paraît certain que la peine prévue par le Code Pénal doit seule être prononcée. Comme l'art. 463 est, dans ce cas, applicable, rien n'empêche le Juge de descendre au-dessous du minimum fixé par la loi de 1844.

Sursis. — La loi du 26 mars 1891, plus connue sous le nom de loi Béranger, qui permet de prononcer le sursis à l'exécution des peines, est applicable aux délits de chasse. On reconnaît, en effet, que cette loi a une portée tout à fait générale et vise toutes les peines prononcées pour délits, tant par le Code Pénal que par les lois spéciales.

Le sursis peut être prononcé pour la prison et pour l'amende. Cela a été contesté en ce qui concerne l'amende (DALLOZ, *Dictionnaire de Droit*, v° *Chasse-Louveterie*, n° 237, et *Peines*, n° 38), mais tout à fait à tort, suivant nous. Les amendes prévues par la loi sur la chasse ne diffèrent en rien des amendes qui figurent dans le Code Pénal. Elles n'ont, en aucune façon, le caractère de réparations civiles, et ne sont pas, par conséquent, exclues du bénéfice du sursis par l'art. 2 de la loi de 1891. (En ce sens : Bourges, 17 décembre 1891, D. P., 92, II, 61.)

Il faut pour que la loi Bérenger soit applicable que l'inculpé n'ait pas subi de condamnation antérieure à la prison pour crime ou délit de droit commun. Par *droit commun*, on doit entendre les délits qui ne sont pas des délits politiques. Une condamnation antérieure à la prison pour délit de chasse serait un obstacle à ce que le sursis soit accordé.

La suspension de la peine ne comprend pas le paiement des frais et les dommages-intérêts qui peuvent être alloués à la partie civile. Elle ne comprend pas non plus les peines accessoires, comme la confiscation des filets, des engins prohibés et des armes de chasse, et comme la privation du permis de chasse.

Une question délicate s'est posée au sujet des délits de chasse commis dans les bois soumis au régime forestier. En ce qui concerne la prison, il a été admis sans difficulté que la loi Bérenger était applicable, puisque les délits forestiers ne se trouvent pas exclus de son domaine (Angers, 4 décembre 1891, D. P., 92, II, 61), mais il n'en a pas été de même pour l'amende. La Cour de Cassation avait décidé, dans un arrêt du 22 décembre 1892 (D. P., 93, I, 157), que les amendes prononcées pour délits forestiers avaient moins le caractère de peines que celui de réparations civiles accordées au Trésor, ce qui excluait, aux termes de l'art. 2, § 1", de la loi de 1891, la possibilité du sursis. Aussi, lorsque la question s'est présentée de savoir si la même solution devait être donnée au sujet des délits de chasse commis dans les bois et forêts soumis au régime forestier, elle n'a pas hésité à écarter là encore l'application de la loi Bérenger. Elle a posé en principe que ces délits doivent être considérés comme constituant des délits forestiers et sont régis par les dispositions spéciales à ces délits, et elle en a tiré cette conséquence que les amendes en matière forestière étant en quelque sorte des peines fiscales, il ne saurait être sursis à l'application d'une amende qui avait été prononcée pour chasse à l'aide d'engins prohibés dans un bois soumis au régime forestier. (Cassation, 28 janvier 1897, D. P., 97, I, 88.)

Cette opinion pourrait être combattue par de nombreux arguments, comme l'a été, d'une façon à notre avis péremptoire, par M. Sarrut, la doctrine contenue dans l'arrêt du 22 décembre 1892, qui excluait les amendes forestières du bénéfice de la loi Bérenger (Voir note sous Cassation, 22 février 1892, D. P., 93, I, 157), mais cette discussion n'aurait qu'un intérêt théorique, la jurisprudence étant aujourd'hui fermement établie dans le sens admis par la Cour de Cassation. Aussi, nous contenterons-nous de formuler nos réserves à ce sujet.

II. — Imputabilité des Délits de Chasse

Intention coupable. — L'intention coupable est généralement nécessaire pour qu'un crime ou un délit puisse être puni. Il n'en est pas de même pour les contraventions et aussi pour les délits de chasse, qui ne sont pas sans présenter quelque analogie avec les contraventions.

Sans doute, la loi de 1844 ne mentionne pas expressément dans son texte cette dérogation importante à l'un des principes qui dominent notre droit criminel ; mais elle a été indiquée d'une façon tellement nette dans les travaux préparatoires de la loi, qu'il ne peut exister sur ce point le moindre doute.

Voici, en effet, comment s'exprimait le Rapporteur devant la Chambre des Députés :

« On a reconnu que dans la répression des délits communs, le Juge avait à examiner non seulement le fait matériel, mais encore à apprécier la question d'intention, tandis que, lorsqu'il s'agissait d'un délit de chasse, le fait seul constituait la contravention. »

Aussi a-t-il été décidé d'une façon unanime par la jurisprudence que les délits de chasse ne pouvaient être excusés sous prétexte de bonne foi. (Cassation, 12 avril 1845, SIREY, 45. I, 470. — Cassation, 16 juin 1848, SIREY, 48, I, 636. — Cassation, 6 mars 1857, SIREY, 57, 1, 710. — Cassation, 15 juillet 1857, SIREY, 57, I, 709. — Cassation, 9 décembre 1859, SIREY, 60, I, 189. — Cassation, 21 juillet 1865, SIREY, 66, I, 135. — Cassation, 16 novembre 1866, SIREY, 67, I, 344. — Cassation, 16 juillet 1869, SIREY, 70, I, 93. — Cassation, 10 mai 1884, SIREY, 86, 1, 185. — Cassation, 12 juin 1886, SIREY, 86, I, 489. — Rouen, 4 décembre 1873, SIREY, 74, II, 228. — Paris, 7 décembre 1873, D. P., 75, II, 97. — Nimes, 19 mars 1880, SIREY, 81, II, 35. — Bourges, 15 février 1906, *Revue du Tourisme et des Sports,* 1907, III, 188.)

Cependant, il y a lieu de distinguer, bien que la nuance soit souvent fort légère, *l'intention* de la *volonté,* le défaut de volonté empêchant que le délit de chasse ne soit punissable.

Cette distinction, un peu subtile, n'a pas été imaginée par la jurisprudence, car elle était très nettement indiquée en 1843 par le Rapporteur de la loi sur la chasse à la Chambre des Députés.

« L'opinion du Rapporteur, disait-il, et celle de la Commission est qu'en matière de contraventions et de délits de chasse, l'intention ne peut être présentée comme excuse, mais il n'en résulte pas qu'il n'y ait pas nécessité d'examiner le fait en lui-même, d'en apprécier les circonstances, afin de reconnaître si ces éléments constituent un délit. Dans cet examen, le Juge recherchera si le fait a été le résultat de la *volonté* de celui auquel il sera imputé, mais il ne recherchera pas s'il y a eu *intention* de commettre ou de ne pas commettre un délit. »

La jurisprudence a eu parfois l'occasion d'appliquer cette règle, en acquittant des prévenus dont la volonté d'accomplir le fait délictueux ne lui a pas paru démontrée. En voici quelques exemples :

Lorsque des traqueurs ont passé sur le terrain d'autrui sans que les chasseurs aient pu voir où ils s'engageaient, il n'y a pas de délit. (Cassation, 15 décembre 1870, SIREY, 71, I, 39.)

Il n'y a pas non plus de délit, lorqu'un chien chasse en l'absence et à l'insu de son maître. (Cassation, 11 novembre 1902, D. P., 1904, I, 126.)

On ne saurait voir un délit punissable dans le fait de celui qui, en prenant part à une battue régulièrement organisée pour la destruction des animaux malfaisants et nuisibles, a tiré sur un chevreuil qu'il a tué, mais dans des circonstances telles qu'il n'avait ni connu ni pu connaître l'animal sur lequel il faisait feu et qu'il croyait, comme tous les chasseurs qui avaient fait feu avant lui, tirer sur un loup. (Cassation, 16 novembre 1866, SIREY, 67, I, 344.)

Responsabilité pénale. — Le principe inscrit dans l'art. 64 du Code Pénal d'après lequel « il n'y a ni crime ni délit lorsque le prévenu était en démence au temps de l'action » est d'ordre trop général pour ne pas s'appliquer en matière de chasse. Le délit de chasse commis par un dément n'est donc pas punissable.

L'ivresse ne peut en aucune façon être assimilée à la démence, et la jurisprudence s'est toujours refusée à voir en elle une excuse faisant disparaître la culpabilité.

Quant à l'âge, qui exerce une influence sur la responsabilité pénale, il faut en tenir compte dans l'examen des délits de chasse comme dans celui de tous les autres délits. Les art. 66 et 67 du Code Pénal, modifiés par la loi du 12 avril 1906, sont donc applicables en matière de chasse. (Cassation, 15 décembre 1870, SIREY, 71, I, 39. — Cassation, 19 avril 1875, D. P., 77, I, 508. — Rouen, 11 novembre 1875, *Droit* du 9 janvier 1876. — Nîmes, 2 mars 1876, *Gazette des Tribunaux* du 14 avril 1876. — Poitiers, 15 mars 1878, *Gazette des Tribunaux* du 12 avril 1878. — GIRAUDEAU, LELIÈVRE et SOUDÉE, n° 753. — LEBLOND, n° 365. — FUZIER-HERMANN, Répertoire, v° *Chasse*, n° 1319.)

Il en résulte que le mineur de 18 ans, s'il a agi sans discernement, devra être acquitté et remis soit à ses parents, soit à des Sociétés de bienfaisance, ou envoyé dans une maison de correction. Quant au mineur de 16 ans, qui a agi avec discernement, il ne pourra être condamné au maximum qu'à la moitié de la peine à laquelle il eût été condamné s'il avait eu 16 ans.

Complicité. — Les règles générales sur la complicité renfermées dans les art. 59 et suivants du Code Pénal sont applicables aux délits de chasse, aux termes d'une jurisprudence absolument formelle. (Cassation, 10 novembre 1864, SIREY, 65, I, 197. — Cassation, 20 janvier 1877, SIREY, 77, I, 285. — Amiens, 13 janvier 1853, SIREY, 53, II, 232. — Paris, 8 février 1862, SIREY, 65, II, 197. — Rouen, 9 juin 1871, SIREY, 71, II, 202. — Rouen, 4 décembre 1873, SIREY, 74, II, 238. — GIRAUDEAU, LELIÈVRE et SOUDÉE, n° 156. — CHENU, p. 204.)

Il peut y avoir complicité par instructions données, par aide ou assistance, et enfin par recélé.

Seront complices par instructions données les chasseurs qui, tout en demeurant sur leur propre terrain, auront fait rabattre le gibier par des traqueurs qui seront passés sur le terrain d'autrui. (Cassation, 18 mars 1853, D. P., 53, I, 175. — Cassation, 15 décembre 1870, D. P., 70, I, 447.)

Seront complices par aide ou assistance :

Celui qui envoie du gibier dans un département où la chasse n'est pas ouverte. (Cassation, 10 novembre 1864, SIREY, 65, I, 197) ;

Celui qui aide à charger un gibier tué en délit. (Rouen, 4 décembre 1873, SIREY, 74, II, 238) ;

Le loueur de voiture qui loue à plusieurs reprises à un braconnier d'habitude pour des expéditions nocturnes des voitures dont il connaît l'emploi et qui servent à emporter du gibier pris de nuit à l'aide d'engins prohibés. (Tribunal Correctionnel de Melun, 5 janvier 1881, R. F., t. X, n° 39) ;

Les invités d'une chasse, qui invoqueraient en vain qu'ils avaient cru que toutes les précautions avaient été prises pour les mettre à l'abri d'un délit. (Cassation, 15 décembre 1870, SIREY, 71, I, 39.)

Toutefois, on ne saurait considérer comme complices par aide ou assistance du délit de chasse sur le terrain d'autrui les invités d'une chasse à courre qui n'ont pas rappelé les chiens appartenant au maître d'équipage, alors qu'ils s'engageaient sur une propriété voisine. (Tribunal de la Seine, 17 mai 1908, *Lois et Sports*, 1908, p. 94.)

On peut aussi être complice d'un délit de chasse par recélé. Le contraire a été soutenu, sous ce prétexte que le gibier, même pris en délit, étant la propriété du chasseur, il ne saurait être assimilé à un objet volé. (Grenoble, 20 décembre 1844, SIREY, 45, II, 105. — Bastia, 2 décembre 1875, D. P., 76, II, 413. — Bourges, 13 février 1868, SIREY, 68, II, 99.) Mais on a justement répondu que l'art. 62 du Code Pénal vise le recel, non seulement des objets volés, mais encore des objets obtenus à l'aide d'un délit, ce qui est bien le cas pour le gibier tué ou capturé contrairement aux prescriptions de la loi sur la chasse.

En conséquence, sont considérés comme complices :

Celui qui reçoit du gibier tué en délit. (Rouen, 9 juin 1871, SIREY, 71, II, 202.)

Le marchand qui achète des perdreaux pris au filet. (Paris, 8 février 1862, SIREY, 65, II, 344.)

Celui qui achète des lièvres et des lapins pris au collet. (Tribunal de La Flèche, 25 novembre 1908, *Lois et Sports*, 1909, p. 148.)

Celui qui reçoit des œufs de perdrix. (Cassation, 20 janvier 1877, SIREY, 77, I, 285.)

Le complice, d'après l'art. 59 du Code Pénal, est puni des mêmes peines que l'auteur principal ; mais il est nécessaire qu'il ait agi sciemment. (Amiens, 13 janvier 1853, D. P., 53, II, 172. — Cassation, 16 novembre 1888, D. P., 89, I, 171.)

Celui qui se rend complice d'un délit de chasse est passible de toutes les circonstances aggravantes qui accompagnent le délit reproché à l'auteur principal : nuit, terrain enclos, déguisement, faux nom, violences et menaces, etc. Il importe peu qu'il ait ou non connu l'existence de la circonstance aggravante.

Il est même responsable de la circonstance aggravante résultant de la qualité de garde ou de gendarme du délinquant.

Mais nous ne croyons pas que l'aggravation spéciale, qui résulte de l'état de récidive de l'auteur principal, puisse être étendue au complice.

Prescription. — L'action publique résultant des délits de chasse se prescrit par le délai de 3 mois, à compter du jour du délit. (Loi du 3 mai 1844, art. 29.) L'action civile est soumise au même délai de prescription.

Le délai de 3 mois se compte de quantième à quantième, conformément au calendrier grégorien. Il ne doit pas s'entendre d'une période de trois fois 30 jours.

Le jour du délit *(dies a quo)* ne compte pas dans le calcul des 3 mois, de telle sorte que si un délit est commis le 28 février, la prescription courra du 1ᵉʳ mars et ne sera acquise que le 31 mai, à minuit. (Cassation, 2 février 1865, D. P., 1866, I, 241.)

L'art. 29 de la loi de 1844 doit-il être appliqué, lorsque le délit a été commis dans les bois soumis au régime forestier ?

La question présente un intérêt, car, en matière forestière, la prescription est un peu différente. D'après l'art. 185 du Code Forestier, elle est de 3 mois, à compter du jour où le délit a été constaté, si le prévenu est désigné dans le procès-verbal, et de 6 mois s'il n'est pas désigné.

Nous pensons que, pour les délits de chasse commis dans les bois soumis au régime forestier, c'est la prescription de l'art. 29 de la loi de 1844 qui doit être appliquée, et non celle de l'art. 185 du Code Forestier.

Avant la loi de 1844, il était reconnu que tous les délits de chasse, qu'ils fussent commis dans les bois de l'État, dans ceux des communes ou dans ceux des particuliers, étaient indistinctement soumis à la prescription fixée par la loi de 1790. (Cassation, 2 juin 1814, 23 août 1818, 30 mai 1822, 31 mai 1822, 30 août 1822, DALLOZ, *Répertoire*, vᵒ *Chasse*, nᵒ 487.) Il n'y a pas de raison pour qu'il n'en soit pas encore de même maintenant ; la loi de 1844 ne paraît pas avoir voulu innover sur ce point, car ses termes sont des plus généraux et ne comportent aucune restriction.

Actes interruptifs. — La prescription des délits de chasse peut être interrompue, conformément aux art. 637 et 638 du Code d'Instruction criminelle, par tous actes d'instruction et de poursuite.

Lorsque la prescription a été interrompue, elle peut évidemment, s'il n'est pas donné suite à l'acte de poursuite, recommencer à courir, mais alors l'action publique ne se prescrit plus par le délai de 3 mois, mais par celui de 3 ans prévu par le Code Pénal pour tous les délits. Telle est, du moins, l'opinion dominante en jurisprudence. Cette opinion se fonde sur ce que le législateur, en instituant des prescriptions spéciales de courte durée pour certains délits, n'a eu en vue que d'obliger le poursuivant à introduire son action dans le délai prévu. Du moment où il a été satisfait à cette disposition de la loi, le droit commun, c'est-à-dire la prescription de 3 ans instituée par les art. 637 et 638 du Code d'Instruction criminelle, reprend son empire. En résumé, d'après cette théorie, l'art. 29 de la loi de 1844 ne vise que la prescription de *l'action,* et non la prescription du *délit,* qui reste soumise au délai ordinaire. (Cassation, 13 avril 1883, SIREY, 84, I, 360. — Paris, 23 juillet, SIREY, 84, II, 118. — Cassation, 29 mars 1884, D. P., 85, I, 183. — Alger, 23 février 1895, SIREY, 97, II, 196. — Cassation, 15 juillet 1899, SIREY, 1901, I, 591. — Cassation, 3 février 1905, *Lois et Sports,* 1906, II, 140, avec le Rapport de M. le conseiller Mercier.)

Par actes d'instruction, on doit entendre les procès-verbaux, le réquisitoire du Procureur de la République, les mandats de comparution et d'amener, les ordonnances du Juge d'instruction.

Les procès-verbaux dressés par les gardes-chasse et les autres agents compétents sont donc interruptifs de prescription. Néanmoins, nous ne considérons pas comme un acte d'instruction le procès-verbal de constatation, contemporain du délit même. (CHENU, *Chasses et Procès,* p. 198.) Si on admettait que ce procès-verbal pût interrompre la prescription, il en résulterait, en effet, conformément à la jurisprudence que nous avons indiquée plus haut, que presque tous les délits de chasse ne se prescriraient pas par 3 mois, comme le veut la loi, mais par 3 ans. D'ailleurs, on peut, par analogie, invoquer le Code Forestier, d'après lequel la prescription de 3 ou 6 mois part du procès-verbal de constatation, ce qui enlève tout caractère interruptif au procès-verbal initial.

Les seuls procès-verbaux qui, à notre avis, interrompent la prescription sont ceux qui constatent les investigations faites pour aider à l'instruction.

La prescription interrompue par un procès-verbal ne recommence à courir que de la date de sa clôture. (Dijon, 31 décembre 1872, D. P., 75, II, 97.)

Si le procès-verbal était annulé, il perdrait son caractère interruptif.

Il a été jugé que, lorsque le premier procès-verbal d'un garde forestier constatant un délit de chasse sans indication de prévenu, il en a été dressé un second par lequel ce garde constate quel est le délinquant qu'il n'avait pu reconnaître primitivement, ce second procès-verbal, quoique dénoncé au prévenu, ne peut être assimilé à un acte de poursuite ou d'instruction, et, conséquemment, n'a pas pour effet d'interrompre la prescription. (Cassation, 7 avril 1837, DALLOZ, *Répertoire,* vᵉ *Chasse,* n° 477.)

La citation, qu'elle soit délivrée à la requête du Procureur de la République, à celle de l'Administration des Forêts, ou à celle de la partie civile, interrompt également la prescription. Mais la plainte de la partie lésée, adressée au Parquet, ne saurait avoir cet effet.

La citation nulle pour vice de forme n'a pas d'effet interruptif.

Au contraire, la citation devant un juge incompétent a pour effet d'interrompre la prescription. (Cassation, 29 mars 1884, D. P., 85, I, 183.) Ainsi, la citation donnée à la requête de l'Administration des Forêts par l'agent forestier compétent, pour un délit commis dans un bois soumis au régime forestier, est interruptif de prescription, alors même que le prévenu, à raison de sa qualité de magistrat, ne pourrait être poursuivi que devant la Cour d'Appel et par le Procureur général. (Cassation, 14 avril 1864, D. P., 64, I, 247. — Cassation, Chambres réunies, 27 février 1865, D. P., 67, I, 83.)

Les renvois ordonnés par le Tribunal sont interruptifs, mais à condition d'être contradictoires et d'être constatés sur le plumitif d'audience.

III. — Voies de recours

Les voies de recours admis contre les jugements rendus en matière de chasse sont les mêmes que dans toutes les affaires correctionnelles. Ce sont : l'opposition, l'appel et le pourvoi en cassation.

Opposition. — Le prévenu régulièrement assigné qui ne comparaît pas est condamné par défaut ; mais il peut faire opposition au jugement qui l'a frappé.

Le délai pour faire opposition est de 5 jours, à compter du jour où le jugement a été signifié. Le défaillant est tenu de notifier son opposition en même temps au Ministère public et à la partie civile, s'il y en a une. Cette notification se fait par acte d'huissier ; mais, quand le Ministère public est seul en cause, on admet dans la pratique qu'elle peut résulter d'une simple lettre adressée au Procureur de la République.

L'opposition emporte citation pour la plus prochaine audience. Si l'opposant ne comparaît pas, il est débouté de son opposition et ne peut plus attaquer la décision que par la voie de l'appel.

Appel. — Le délai d'appel est de 10 jours. Il court de la prononciation du jugement, si celui-ci est contradictoire, et de la signification, s'il est par défaut.

L'appel consiste dans une déclaration faite au Greffe du Tribunal par le condamné ou par un mandataire spécialement autorisé à cet égard.

Le Procureur général près la Cour d'Appel a, pour interjeter appel, un délai plus long que le Procureur de la République et que le prévenu. Ce délai est de 2 mois ; il est réduit à 1 mois si le jugement lui a été notifié par l'une des parties. Aucune forme n'est exigée pour cet appel. Il suffit que le prévenu en ait connaissance. On en a conclu que le Ministère public pouvait faire appel à l'audience.

Pourvoi en cassation. — On ne peut se pourvoir en cassation que contre les décisions en dernier ressort. Il faut donc que le prévenu condamné pour délit de chasse ait fait appel du jugement du Tribunal Correctionnel pour pouvoir, si l'arrêt de la Cour ne lui donne pas satisfaction, saisir la Cour de Cassation.

Le pourvoi est formé par une simple déclaration au Greffe de la Cour d'Appel. Les moyens à l'appui du pourvoi sont ultérieurement déposés au Greffe ou au Parquet de la Cour de Cassation.

Le délai, pour se pourvoir, est de 3 jours francs, à compter de la prononciation de l'arrêt, s'il est contradictoire, ou de la signification, s'il est par défaut.

Chapitre XI

Responsabilité des Propriétaires et Locataires de Chasse

La chasse est susceptible d'engendrer pour les propriétaires ou pour les locataires de chasse d'assez nombreuses responsabilités.

Nous n'avons pas la prétention de passer en revue tous les cas qui peuvent se présenter dans la pratique. Nous nous contenterons de rappeler les règles de droit qui doivent recevoir ici leur application et de dégager des nombreuses décisions rendues par la jurisprudence en cette matière si féconde en procès les principes qui nous paraissent devoir servir de guides.

La responsabilité d'un chasseur peut être engagée :

1° Par un fait qui lui est personnel ;

2° Par le fait de personnes dont il doit répondre ;

3° Par le fait des animaux qui sont sous sa garde ;

4° Par le fait du gibier qui se trouve sur sa chasse.

Après avoir passé en revue ces quatre sortes de responsabilités, nous examinerons quelles personnes y sont soumises, quels Tribunaux sont compétents pour juger ces sortes de procès, et dans quel délai doivent être intentées les actions.

Faits personnels

Les art. 1382 et 1383 du Code Civil obligent celui qui, par sa faute, par son imprudence ou par sa négligence, a causé un dommage à autrui, à le réparer. Ces articles n'ont rien de spécial à la chasse, mais il faut reconnaitre que les chasseurs sont, plus que d'autres, exposés à les voir invoquer contre eux.

Les dommages qu'ils occasionnent peuvent atteindre les personnes, les propriétés et les récoltes.

Dommages aux personnes. — Les accidents de chasse sont fréquents, et, comme presque toujours ils sont dus à la maladresse ou à l'imprudence du chasseur qui les a occasionnés, ils engagent forcément sa responsabilité.

Le chasseur atteint-il quelqu'un dont il ne soupçonnait pas la présence, et qui se trouvait entre lui et le but qu'il visait, il sera indiscutablement en faute, car il eût dû, avant de tirer, s'assurer qu'il n'y avait personne susceptible d'être blessé. (Giraudeau, Lelièvre et Soudée, n° 1355.)

Il en sera de même si la blessure a été occasionnée par un ricochet, le chasseur ayant eu l'imprudence de tirer trop bas sur un sol rocailleux. (Tribunal Civil de Mantes, 6 juillet 1906, *Lois et Sports*, 1906, III, 426.)

Mais s'il était impossible d'établir la place que chacun des chasseurs occupait, lorsque le coup de feu a été tiré, et, par suite, de dire dans quelles circonstances et sous l'influence de quelles causes le ricochet s'est produit, l'accident devrait être attribué à un cas fortuit n'engageant pas la responsabilité du chasseur. (Tribunal de Cahors, 7 juillet 1900, Sirey, 1902, II, 527. — Bordeaux, 9 juillet 1906, Sirey, 1907, II, 68, *Lois et Sports*, 1909, p. 29.)

De même si, dans une chasse au bois, où une place a été assignée à chaque chasseur, l'un de ces chasseurs vient à changer de place et se trouve atteint par un coup de fusil, son action est irrecevable, l'accident étant le résultat de sa seule imprudence. (Tribunal Civil du Havre, 7 février 1907, *Revue du Tourisme et des Sports*, 1907, III, 140.)

En dehors d'hypothèses comme celles-là, où on peut invoquer soit le cas fortuit, soit la faute de la victime, le chasseur échappera difficilement à la responsabilité des accidents qu'il a causés; car les Tribunaux se montrent généralement très sévères à son égard, se contentant pour le condamner de la moindre imprudence, de la plus légère négligence.

Si le fusil d'un chasseur venait à éclater et à blesser quelqu'un, la victime de l'accident serait en droit d'invoquer non pas seulement l'art. 1382, mais aussi l'art. 1384, d'après lequel on est responsable du dommage causé par le fait des choses qu'on a sous sa garde. Conformément à la nouvelle jurisprudence sur la responsabilité du fait des objets inanimés (Voir Josserand, *De la Responsabilité du fait des choses inanimées. — Revue du Tourisme et des Sports*, 1908, II, 1, article de H. Dubosc sur la *Responsabilité des objets inanimés*), le demandeur n'aurait donc pas à établir qu'il y a eu faute ou imprudence de la part du propriétaire du fusil.

Dommages aux propriétés. — Les actions en dommages-intérêts ayant pour cause des faits de chasse résultent presque toujours du délit de chasse sur le terrain d'autrui sans son consentement. Du moment où il y a atteinte au droit de propriété ou au droit de chasse, il y a ouverture à dommages-intérêts, alors même qu'il n'y aurait aucun dommage matériel. C'est ainsi qu'en cas de chasse sur un terrain dont la chasse est louée, les Tribunaux doivent comprendre dans leur estimation du dommage non seulement la valeur du gibier tué en délit, mais encore le prix du bail et les dépenses faites par le plaignant pour l'exercice de son droit. (Metz, 2 février 1868, *Recueil Forestier*, t. IV, n° 671.)

Il est un cas dans lequel la violation de la propriété ouvre le droit à des dommages-intérêts, sans qu'il y ait délit de chasse et sans qu'on puisse arguer d'une faute véritable; c'est le cas prévu par l'art. 11, § 5, de la loi de 1844.

Aux termes de cet article, le passage de chiens courants sur l'héritage d'autrui peut n'être pas considéré comme un délit, lorsque ces chiens étaient à la poursuite d'un gibier lancé sur la propriété de leur maître. Mais, dans cette hypothèse, s'il y a un dommage de causé — et il en existe toujours un — l'action civile du propriétaire est formellement réservée, et la loi n'exige nullement que celui-ci ait besoin de prouver la faute du maître d'équipage.

C'est dans ce sens qu'ont statué la Cour de Rouen et la Cour de Cassation, à propos d'une affaire assez curieuse. Des chiens lancés à la poursuite d'un cerf sur la propriété d'un chasseur étaient tombés avec ce cerf, du haut d'une falaise, dans une propriété particulière. Le chasseur, pour se soustraire à une demande en dommages-intérêts, soutenait qu'il n'avait commis aucune faute, n'ayant pu ni prévoir, ni empêcher la chute qui s'était produite. Il n'en fut pas moins condamné, par ce motif que l'art. 11, § 5, de la loi de 1844 ne subordonne l'action civile contre le chasseur dont les chiens pénètrent sur la propriété d'autrui qu'à une seule condition, le dommage causé, et qu'il n'est pas nécessaire qu'il y ait faute, dans le sens des art. 1382 et 1383, de la part du maître des chiens. (Rouen, 12 août 1851; Cassation, 26 mai 1852, D. P., 52, I, 126. — Voir aussi Tribunal Civil de Pontoise, 2 février 1905, *Lois et Sports*, 1905, juillet, 2ᵉ partie, p. 48.)

Dommages aux récoltes. — Le chasseur qui commet des dégâts en passant sur des terres ensemencées ou non dépouillées de leurs récoltes est passible de dommages-intérêts, et cela sans préjudice des poursuites qui peuvent être exercées contre lui, soit pour délit de chasse, s'il se trouve dans le cas de l'art. 11 de la loi de 1844, soit pour contravention à l'art. 471, § 13, du Code Pénal.

Dommage au gibier. — Le chasseur engage sa responsabilité en employant des procédés irréguliers pour attirer le gibier sur ses terres et pour l'éloigner des terres de son voisin.

Ainsi, il ne serait pas permis de troubler la chasse du voisin par des cris ou par tout autre procédé employé dans le but évident de préparer la fuite du gibier en l'effrayant, ou d'entraver l'exercice de son droit de chasse par des vexations systématiques. (Paris, 2 décembre 1871, D. P., 73, II, 185. — Paris, 10 février 1879, *Recueil Forestier*, t. IX, n° 58. — LEBLOND, n° 126. — GIRAUDEAU, LELIÈVRE et SOUDÉE, n° 1374. — FUZIER-HERMANN, vᵒ *Chasse*, n° 1959.)

Le dommage au gibier peut être causé par d'autres que par les chasseurs, notamment par les troupes qui manœuvrent ou qui se livrent à des exercices de tir. Il est certain que les nombreux coups de fusil tirés par les soldats sont susceptibles d'éloigner le gibier et de causer ainsi un tort évident aux propriétaires et locataires de chasses.

Si on s'en rapportait au droit commun, l'Etat devrait dans tous les cas être responsable de ce dommage. Mais on se trouve ici en face d'une législation spéciale, qui fait sur certains points échec au Code Civil.

D'après la loi du 17 avril 1901 (art. 54), il est accordé une indemnité pour les dégâts matériels causés aux propriétés par le passage ou le stationnement des troupes. L'exode du gibier occasionné par les manœuvres peut-il être assimilé aux dégâts matériels? On l'a soutenu, mais tel n'a pas été l'avis de la jurisprudence, qui n'y a vu qu'une privation de jouissance et qui a, en conséquence, décidé que les propriétaires ou locataires de chasse n'avaient droit à aucune indemnité pour le tort résultant des manœuvres. (Paris, 23 juin 1904, D. P., 1905, I, 9 ; *Lois et Sports*, 1906, août, 2ᵉ partie, p. 49.)

Il n'en est pas de même pour les exercices de tir. L'art. 54 *bis* de la loi du 17 avril 1901 prévoit, en effet, comme pouvant donner lieu à indemnité les dégâts matériels et la privation de jouissance résultant d'exercices de tir. On en a justement conclu que, lorsque ces exercices ont eu pour effet de faire fuir le gibier, l'Administration de la Guerre doit une indemnité aux propriétaires lésés. (Justice de Paix de Chablis ; Cassation, 17 juillet 1905, *Lois et Sports*, 1906, II, 85. — Justice de Paix de Beine, 22 novembre 1906, *Revue du Tourisme et des Sports*, 1907, III, 13. — Voir aussi : *Lois et Sports*, 1905, octobre, 1ʳᵉ partie, p. 42, article d'E. CHRISTOPHE sur *La Chasse et les Manœuvres militaires*.)

Faits des personnes dont on doit répondre

L'art. 28 de la loi du 3 mai 1844 a fixé en ces termes les responsabilités qui peuvent naître de délits de chasse commis par les personnes dont on doit répondre :

ART. 28. — Le père, la mère, le tuteur, les maîtres et commettants sont civilement responsables des délits de chasse commis par leurs enfants mineurs non mariés, pupilles demeurant avec eux, domestiques ou préposés, sauf tout recours de droit. Cette responsabilité sera réglée conformément à l'art. 1384 du Code Civil, et ne s'appliquera qu'aux dommages-intérêts et frais, sans pouvoir toutefois donner lieu à la contrainte par corps.

Cette responsabilité doit être strictement limitée aux personnes indiquées dans l'art. 28, à savoir : le père, la mère, le tuteur, les maîtres et commettants.

Ainsi, ne peut-on déclarer un mari responsable du délit de chasse commis par sa femme. Nous pensons que l'on devrait ainsi en décider, alors même qu'il s'agirait d'un délit de chasse commis par une femme dans un bois soumis au régime forestier. En effet, bien que l'art. 206 du Code Forestier porte que les maris sont responsables civilement des délits et contraventions commis par leurs femmes, nous estimons que l'art. 28 de la loi de 1844 doit seul régler la responsabilité civile en matière de délits de chasse.

On ne devrait pas non plus — comme l'a fait l'art. 1384 du Code Civil — étendre la responsabilité aux instituteurs et aux artisans relativement aux délits de chasse commis par leurs élèves ou par leurs apprentis. L'art. 28 vise bien l'art. 1384 du Code Civil, mais uniquement en ce qui concerne les règles de la responsabilité. Quant aux personnes, on doit strictement s'en tenir à celles qui sont indiquées dans la loi sur la chasse. (GIRAUDEAU, LELIÈVRE et SOUDÉE, n° 1152. — LEBLOND, n° 362. — DALLOZ, *Répertoire*, supplément, v° *Chasse*, n° 1336.)

Hâtons-nous d'ajouter que, s'il ne s'agissait pas d'un délit de chasse, mais d'une responsabilité qui a pris naissance dans un fait de chasse non délictueux, le Code Civil reprendrait son empire et que, conformément à l'art. 1384, les instituteurs et les artisans devraient supporter la responsabilité des actes dommageables de leurs élèves ou de leurs apprentis.

Pères, mères et tuteurs. — Conformément à ce qui est dit par l'art. 1384 du Code Civil, auquel renvoie l'art. 28 de la loi de 1884, il y a lieu de distinguer entre la responsabilité des pères, mères et tuteurs et celle des maîtres et commettants. Les premiers échappent à la responsabilité quand ils prouvent qu'ils n'ont pu empêcher le délit. Les seconds, au contraire, demeurent exposés à l'action en dommages-intérêts, même quand ils font cette preuve.

Les pères et mères sont responsables des délits de chasse commis par leurs enfants mineurs demeurant avec eux, bien que ceux-ci soient porteurs d'un permis. (Cassation, 13 janvier 1841, DALLOZ, *Répertoire*, v° *Responsabilité*, n° 581-2°.)

Du moment où le père a permis à son fils d'aller à la chasse et lui en a fourni les moyens, il ne saurait prétendre, si celui-ci blesse quelqu'un par imprudence, qu'il n'a pu empêcher l'accident. (Caen, 2 juin 1840, D. P., 41, II, 48.)

Lorsqu'un mineur est déclaré avoir agi sans discernement, il échappe, avons-nous vu, à la répression pénale, mais non à une condamnation aux frais et à des dommages-intérêts, dont le père et le tuteur sont responsables.

La responsabilité des pères, mères et tuteurs, comme d'ailleurs celle de toutes les personnes visées par l'art. 28 de la loi de 1844, ne s'applique qu'aux dommages-intérêts et aux frais, sans pouvoir donner lieu à la contrainte par corps. Elle est donc étrangère aux amendes et à la confiscation des armes ou des engins prohibés. (Cassation, 9 avril 1875, *Droit*, du 1er juillet 1875.)

Si le Tribunal a ordonné, à défaut de représentation des objets confisqués, que le condamné devra en payer la valeur, cette disposition n'est pas susceptible d'atteindre indirectement les personnes responsables. (Grenoble, 16 décembre 1850, D. P., 50, II, 95. — Cassation, 6 juin 1850, D. P., 50, V, 59. — Orléans, 15 octobre 1864, D. P., 65, II, 28. — Giraudeau, Lelièvre et Soudée, n° 1179. — Leblond, n° 364.)

Maîtres et commettants. — Les maîtres et commettants sont responsables de leurs domestiques et préposés, sans qu'il y ait à examiner s'ils ont pu ou non empêcher le fait dommageable, mais à cette condition essentielle que le délit ait été accompli dans l'exercice de leurs fonctions.

Par *domestiques,* on doit entendre tous les serviteurs à gages qui donnent leurs soins soit à la personne, soit à la propriété de leur maître, et qui sont généralement logés par lui.

Le terme de *préposé* est plus vaste et comprend toute personne qui tient la place d'une autre, qui agit sous ses ordres et sa direction.

Les principaux auxiliaires de la chasse à courre : les piqueurs, les veneurs, les valets de chiens, les valets de limier sont des préposés. Aussi, a-t-il été jugé qu'un veneur, portant le bouton de l'équipage, et un piqueur qui se sont introduits à la suite des chiens sur le terrain d'autrui et ont été condamnés pour ce fait engageaient la responsabilité civile du maître d'équipage. (Rouen, 3 février 1905, *Lois et Sports,* 1905, octobre, 2e partie, p. 67.)

Le garde-chasse, malgré sa qualité d'officier de police judiciaire, est également un préposé et engage la responsabilité de celui qui l'a fait commissionner, ainsi que nous l'avons vu dans le chap. V.

Ceux-là même qui ne sont employés qu'accidentellement ont le caractère de préposés.

Il a été jugé que le journalier employé par un cultivateur pour écarter des corbeaux est un préposé dans le sens de l'art. 1384 du Code Civil. (Caen, 23 juin 1875, D. P., 78, V, 407.)

On devrait en dire de même des traqueurs employés pour rabattre le gibier, dont les services ne sont que momentanément employés.

Si, au cours d'une chasse, quelqu'un de ces auxiliaires, soit en commettant une infraction à la loi sur la chasse, soit même sans en commettre, se rend passible de dommages-intérêts, il engagera la responsabilité de celui qui le paie et le commande.

Les maîtres et commettants sont responsables de leurs domestiques et préposés, avons-nous dit, mais uniquement quand les délits ou les faits dommageables se sont produits dans l'exercice de leurs fonctions.

Si le domestique ou le préposé a chassé en dehors de son service, pendant ses heures de liberté, ou même pendant son service, mais contrairement aux ordres ou aux instructions reçues, la responsabilité du maître ou du commettant ne sera pas engagée.

Ainsi, un maître d'équipage n'est pas responsable d'un piqueur qui, chassant à tir pour son compte personnel, a été cause d'un accident. (Chatin, *La Chasse à courre*, p. 194.)

De même, la responsabilité doit être écartée si ce n'est pas comme préposé, mais comme officier de police judiciaire, qu'un garde a agi, par exemple s'il a dressé un procès-verbal erroné. (Tribunal de la Seine, 20 juillet 1906, *Gazette des Tribunaux* du 24 août 1906.)

La responsabilité des maîtres et commettants s'étend non seulement aux délits de chasse, mais encore à tous les autres crimes et délits, et même aux simples faits dommageables qui sont imputables à leurs domestiques et préposés. Ils ne peuvent invoquer à leur décharge qu'il leur a été impossible d'empêcher les faits qui donnent lieu à la poursuite. (Cassation, 10 mai 1865, D. P., 65, I, 335. — Paris, 10 mai 1872, Sirey, 73, II, 8. — Paris, 19 mai 1874, D. P., 74, II, 214.)

Le maître qui a à son service un domestique mineur est investi par délégation d'une sorte d'autorité paternelle. Il se trouve donc dans une situation très défavorable au point de vue de la responsabilité. Il ne peut en effet s'en dégager, comme il le ferait pour un domestique majeur, en invoquant que le délit a été commis en dehors du service, et, d'autre part, il ne peut, comme ce serait le droit du père ou de la mère, prétendre qu'il a été dans l'impossibilité d'empêcher le délit de se commettre. (Dijon, 6 avril 1870, D. P., 72, II, 103.)

En matière forestière, les maîtres et commettants sont responsables civilement des délits et contraventions commis par leurs domestiques et préposés, lors même qu'ils ne sont pas dans l'exercice de leurs fonctions. (Cassation, 9 janvier 1845, D. P., 45, I, 86.)

Faut-il, lorsqu'il s'agit de délits de chasse commis dans les bois soumis au régime forestier et assimilés par la jurisprudence aux délits forestiers, appliquer cette règle ?

Nous ne le croyons pas. Nous estimons, en effet, que les dispositions de l'art. 28 de la loi de 1844, qui font échec sur certains points à l'art. 1384 du Code Civil, doivent également avoir le pas sur le Code Forestier.

Si l'on a reconnu, pour les délits de chasse commis dans les bois soumis au régime forestier, un droit de poursuite à l'Administration des Forêts, il ne faut pas oublier qu'en ce qui concerne les pénalités encourues, la prescription, etc....., c'est la loi de 1844, et non le Code Forestier, qui est demeurée applicable. Il n'y a pas de raison pour qu'il en soit autrement pour la responsabilité civile, qui n'est, en somme, qu'une conséquence de la peine prononcée.

Comme les particuliers, les Administrations publiques sont responsables civilement des délits de chasse commis par leurs agents. Cependant, le droit de chasser étant formellement interdit à certains agents, il s'ensuit que si l'un d'eux — un douanier, par exemple — est pris en délit, il ne pourra être considéré comme ayant agi dans l'exercice de ses fonctions. (Cassation, 16 avril 1858, D. P., 58, I, 295.)

Fait des Animaux

La responsabilité qui pèse sur les chasseurs du fait de leurs animaux ne peut guère viser que les chiens ou les chevaux, car ce sont les seuls animaux employés dans la chasse à courre qui soient susceptibles de demeurer sous la garde de l'homme.

Chiens. — Les propriétaires de chiens sont responsables de leurs animaux pénalement et civilement, et, bien que nous étudiions ici plus spécialement la responsabilité civile, il est nécessaire de dire un mot des divers textes répressifs qui exposent à des poursuites les propriétaires de chiens.

Responsabilité pénale. — Plusieurs articles de loi précisent cette responsabilité.

C'est tout d'abord l'art. 475, § 7, du Code Pénal, qui punit d'une amende de 11 à 15 francs ceux qui auront laissé divaguer des animaux malfaisants ou féroces, et ceux qui auront excité ou n'auront pas retenu leurs chiens lorsqu'ils attaquent ou poursuivent les passants, quand bien même il n'en serait résulté aucun dommage.

Les chiens ne sont pas, en principe, des animaux malfaisants ou nuisibles ; mais, lorsqu'ils attaquent les passants, ils doivent rentrer dans cette catégorie. (Cassation, 8 novembre 1867, D. P., 68, V, 20.)

Le propriétaire d'un chien est en contravention quand il a excité ou qu'il n'a pas retenu son chien lorsqu'il attaquait un passant. Mais si la personne blessée s'était elle-même exposée aux morsures du chien par son attitude, il n'en serait plus ainsi. Par exemple, le chasseur dont le chien, poursuivant jusque dans un enclos une pièce de gibier blessé par son maître, a mordu une personne qui, après l'avoir frappé, tentait de lui enlever le gibier, ne devrait pas être déclaré coupable de la contravention prévue par l'art. 475, § 7, du Code Pénal. (Cassation, 8 février 1866, D. P., 68, V, 19.)

La jurisprudence assimile au fait de ne pas retenir un chien celui de l'avoir laissé échapper et de s'être mis dans l'impossibilité de le retenir.

L'art. 475 du Code Pénal ne punit la divagation des chiens qu'autant que ceux-ci ont le caractère d'animaux malfaisants. Cela est insuffisant. Aussi, en raison des dangers constants que présentent les chiens errants pour les personnes et pour le gibier, les maires, en vertu de l'art. 16 de la loi du 21 juin 1898 (Code Rural), et les préfets, en vertu de l'art. 9 de la loi de 1844 et des art. 81 et 99 de la loi municipale de 1884, ont-ils le droit de prendre des arrêtés pour interdire la divagation des chiens et pour ordonner que les animaux trouvés sur la voie publique ou dans les champs, non munis d'un collier portant le nom et le domicile de leur maître, soient conduits à la fourrière et abattus dans un délai de 48 heures.

Nous ne reviendrons pas sur cette question des chiens errants, qui a déjà été traitée dans le chap. V. Nous rappellerons seulement que les contraventions aux arrêtés des maires et à ceux des préfets, pris en vertu de la loi municipale, sont punis des peines de l'art. 471, § 15, du Code Pénal (1 à 5 francs d'amende), et justiciables de la Simple Police, tandis que les contraventions aux arrêtés des préfets, pris en vertu de la loi de 1844, sont passibles de 16 à 100 francs d'amende et rentrent dans la compétence des Tribunaux Correctionnels.

D'autres textes ont pour but de prévenir la propagation de la rage.

La loi du 21 juillet 1881 oblige le propriétaire d'un chien enragé ou soupçonné de l'être à en faire immédiatement la déclaration au maire de la commune où se trouve l'animal et à faire abattre sans délai cet animal, et ce sous peine d'un emprisonnement de 6 jours à 2 mois ou d'une amende de 16 à 100 francs.

En outre, l'art. 11 du règlement d'administration publique du 6 octobre 1904 donne à l'Autorité administrative, lorsqu'un cas de rage a été constaté dans une commune, le droit d'ordonner par arrêté que tous les chiens circulant sur la voie publique seront muselés ou tenus en laisse pendant 2 mois au moins. Les arrêtés peuvent cependant admettre à circuler librement, mais seulement pour l'usage auquel ils sont destinés, les chiens de berger et de bouvier, ainsi que les chiens de chasse.

Les chiens de chasse peuvent donc être dispensés de la muselière et de la laisse. Mais leur seule qualité est insuffisante pour les faire échapper à cette obligation; il est nécessaire qu'au moment où ils circulent sur la voie publique ou dans les champs, ils soient employés pour la chasse.

Les chiens courants, qu'on est dans l'usage d'accoupler, doivent être considérés comme étant tenus en laisse, aussi bien que les chiens tenus au trait. Il n'y aurait donc pas contravention à circuler sur la voie publique avec des chiens couplés. (Tribunal de Simple Police de Laval, 25 juillet 1907, *Revue du Tourisme et des Sports*, 1908, III, 8.)

Responsabilité civile. — Le maître d'un chien, en dehors des pénalités qu'il peut encourir pour les contraventions et les délits que nous venons d'indiquer, est tenu de réparer le dommage que son chien occasionne aux personnes et aux choses. Cette responsabilité résulte de l'art. 1385 du Code Civil, aux termes duquel « *le propriétaire d'un animal, ou celui qui s'en sert, pendant qu'il est à son usage, est responsable du dommage que l'animal a causé, soit que l'animal fût sous sa garde, soit qu'il fût égaré ou échappé.* »

La responsabilité du propriétaire du chien existe, sans que celui qui se plaint du dommage ait à prouver l'existence d'une faute ou d'une imprudence de sa part. Cette responsabilité ne peut disparaître que devant la justification d'une force majeure, d'un cas fortuit ou d'une faute commise par la victime.

Le propriétaire d'un chien qui a mordu un enfant devrait payer des dommages-intérêts non seulement à cet enfant, mais encore aux parents, qui ont fait des dépenses pour lui donner des soins. (Tribunal Civil de Rennes, 17 février 1905, *Revue du Tourisme et des Sports*, 1907, III, 156.)

Peu importe que le chien soit sous la garde de son maître ou qu'il soit égaré ou échappé. Le propriétaire d'un chien lévrier serait responsable du dommage causé par cet animal, qui, hors de sa présence, a parcouru la campagne et s'est livré à la chasse. (Cassation, 20 novembre 1845, D. P., 46, I, 26. — Nancy, 11 février 1846, D. P., 46, II, 52.)

C'est celui qui a le chien sous sa garde qui en est responsable. Si donc un propriétaire prête son chien pour chasser, la responsabilité du dommage causé incombera à celui qui s'en est servi, à moins toutefois que, en le prêtant à un enfant ou à une personne inexpérimentée, le maître du chien n'ait commis une imprudence caractérisée. (Giraudeau, Lelièvre et Soudée, n° 1362.)

De ce que les dommages occasionnés par les chiens qui s'introduisent sur la propriété d'autrui donnent lieu à une action contre leur maître, il ne s'ensuit pas, ainsi que nous l'avons vu au chap. V, que l'on puisse se faire justice soi-même et tuer le chien qui a pénétré sur vos terres. Il résulte des diverses décisions, que nous avons rapportées et auxquelles nous renvoyons, que le droit de tuer un chien ne peut se justifier que par l'imminence d'un danger ou par la gravité des dommages occasionnés à la propriété. En dehors de ces cas, celui qui tue ou blesse un chien est passible des peines de l'art. 479, § 1 et 3, si la mort ou les blessures, volontaires ou involontaires, ont eu lieu en dehors de la propriété du maître, et de celles de l'art. 454 si la mort a été donnée sur cette propriété.

Le seul droit des propriétaires et fermiers est de faire saisir, conformément à la loi du 21 juin 1898, par le garde champêtre ou tout autre agent de la force publique, les chiens que leurs maîtres laissent divaguer dans les bois, les vignes ou les récoltes, et de les faire envoyer en fourrière.

Les parties intéressées peuvent également réclamer la réparation des dégâts que les chiens ont causés à leurs propriétés. (Tribunal Correctionnel d'Orange, 23 mars 1893, D. P., 93, II, 325.)

Chevaux. — Les chevaux de chasse peuvent occasionner à leurs propriétaires les mêmes responsabilités que les chevaux ordinaires.

C'est l'art. 1385 du Code Civil qui règle les conditions dans lesquelles s'exerce cette action en responsabilité.

Il en résulte :

1° Que tout dommage causé par le cheval doit donner lieu à la responsabilité du propriétaire, sans qu'il y ait à rechercher si celui-ci a commis ou non une faute ;

2° Que cette responsabilité incombe à celui qui se sert du cheval ou qui l'a sous sa garde ;

3° Que l'auteur du dommage ne peut se soustraire à sa responsabilité qu'en prouvant la force majeure, le cas fortuit ou la faute de la victime.

Fait du Gibier

Le gibier n'est pas assimilable aux autres animaux, comme le chien ou le cheval, dont nous venons de parler. Etant par essence *res nullius,* il ne peut être considéré comme se trouvant en la possession ou sous la garde de quelqu'un. Il s'ensuit que la responsabilité d'ordre particulier réglée par l'art. 1385 du Code Civil, qui existe sans que le demandeur ait à prouver une faute, n'est pas invocable contre le propriétaire du domaine dans lequel se trouve le gibier qui cause un dommage aux riverains. (Cassation, 19 juillet 1859, D. P., 60, I, 425. — Cassation, 20 juillet 1860, D. P., 60, I, 426.)

Gibier de garenne. — Cependant, d'après les art. 524 et 564 du Code Civil, les lapins sont susceptibles de propriété privée lorsqu'ils sont conservés dans des garennes. Dans ce cas, en effet, ils deviennent immeubles par destination.

On doit en conclure que, lorsque des lapins s'échappent d'une garenne — que celle-ci soit libre ou forcée — et viennent causer des dommages aux fonds voisins, le propriétaire de la garenne est de plein droit responsable, conformément à l'art. 1385.

Devrait être considéré comme une garenne le parc clos de grillages élevés, au bas desquels ont été aménagées des ouvertures, avec trappes mobiles, destinées à ouvrir aux lapins un refuge dans le parc. (Justice de Paix de Tournon, 8 juillet 1907, *Lois et Sports,* 1908, p. 62. — Voir aussi sur ce point SOREL, *Dommages aux champs causés par le gibier,* nᵒˢ 26 et 28. — GIRAUDEAU, LELIÈVRE et SOUDÉE, nᵒ 1386. — Cassation, 29 octobre 1889, la *Loi* du 7 décembre 1889.)

D'autres animaux que les lapins, notamment les lièvres, les cerfs, les chevreuils, ont été également considérés comme pouvant être l'objet d'un droit de propriété lorsqu'ils sont enfermés dans des parcs et enclos. (DALLOZ, *Répertoire,* vᵒ *Propriété,* nᵒ 620.) La responsabilité des propriétaires d'animaux se trouvant dans ces conditions doit donc être également régie par l'art. 1385 du Code Civil.

Gibier sauvage. — En dehors de ces cas exceptionnels, il faut, pour connaître les principes applicables en matière de dégâts causés par le gibier, se référer aux art. 1382 et 1383 du Code Civil. (Cassation, 22 juin 1870, D. P., 71, I, 408. — Giraudeau, Lelièvre et Soudée, n° 1065. — Leblond, n° 110. — Sourdat, *Traité de la Responsabilité*, n°⁵ 1416 et 1447.)

Aux termes de la jurisprudence, qui a eu l'occasion de s'affirmer dans d'innombrables circonstances, et qui peut être aujourd'hui considérée comme définitivement fixée, la responsabilité des dégâts causés par le gibier est subordonnée aux conditions qui suivent :

1° Existence d'un dommage appréciable ;

2° Faute, négligence ou imprudence de la personne responsable ;

3° Absence de faute ou de fraude du demandeur.

1° Existence d'un dommage appréciable. — En général, on est responsable du dommage que l'on cause, quelque minime qu'il soit. Il n'en est pas tout à fait de même en ce qui concerne les dégâts causés par le gibier. On a estimé, en effet, que lorsque le préjudice est très léger, on doit le considérer comme résultant normalement de la situation des lieux.

Celui qui a acheté ou qui a loué un terrain voisin d'un bois connaît d'avance les inconvénients qui en résultent. Si le dommage que le gibier venant du bois a causé est minime, on peut dire que la partie lésée l'a certainement prévu, en ne consentant à acquérir ou à louer le terrain que moyennant un moindre prix. Il y a pour les riverains des bois, sinon une véritable servitude, du moins une sorte d'infériorité, un risque naturel, qui font qu'ils ne peuvent se plaindre du gibier qui vient sur leurs terres, si ce gibier n'est pas en nombre anormal.

Le cultivateur ou le propriétaire voisin d'un bois, qui réclame des dommages-intérêts pour les dégâts occasionnés par les lapins ou par d'autres animaux provenant de ce bois, doit donc établir tout d'abord que le dommage éprouvé est hors de proportion avec celui qui peut naturellement résulter d'un tel voisinage. (Cassation, 3 février 1880, D. P., 80, I, 304. — Cassation, 19 janvier 1886, D. P., 87, V, 389. — Cassation, 5 mars 1900, D. P., 1900, 1, 432. — Cassation, 8 juillet 1901, D. P., 1901, I, 464. — Sorel, *Dommages aux Champs causés par le gibier*, n° 65.)

Mais cette quantité anormale de gibier, qui a charge de la constater, de façon à y porter immédiatement remède ? D'après un premier système (Chatin, *La Chasse à courre*, p. 206), ce serait aux cultivateurs riverains qu'il appartiendrait, dès qu'ils s'aperçoivent des incursions trop répétées du gibier sur leurs terres, d'en aviser le propriétaire du bois. Mais, d'après une autre opinion, qui est celle de la Cour de Cassation, rien n'obligerait les riverains à cette mise en demeure et ce serait le propriétaire du bois qui devrait prendre spontanément les mesures nécessaires pour empêcher la multiplication du gibier. (Cassation, 30 novembre 1858, D. P., 59, 1, 20.)

2° Faute, négligence ou imprudence. — Conformément aux art. 1382 et 1383, il faut qu'il y ait, de la part du propriétaire d'un bois, une véritable faute pour qu'il soit responsable des dégâts occasionnés par le gibier aux propriétés voisines. (Cassation, 19 juillet 1859, D. P., 60, I, 425. — Cassation, 24 juillet 1860, D. P., 60, I, 426. — Cassation, 29 août 1870, D. P., 70, I, 408. — Cassation, 16 juin 1895, D. P., 95, I, 506. — Cassation, 15 janvier 1900, Recueil *Gazette des Tribunaux*, 1900, 1ᵉʳ semestre, IV, 148. — Cassation, 7 mars 1900, *Gazette des Tribunaux* du 15 mars 1900. — Cassation, 26 février 1901, D. P., 1901, I, 166. — Cassation, 8 juillet 1903, D. P., 1903, I, 507.)

Mais nous devons dire immédiatement que la jurisprudence s'est toujours montrée fort rigoureuse pour le propriétaire dans l'appréciation des faits qui doivent le constituer en faute.

Afin de rendre plus clair le résumé que nous allons donner des principales décisions intervenues en cette matière, nous examinerons successivement les dégâts imputables aux lapins, aux lièvres et au gros gibier.

Lapins. — C'est au sujet des lapins qui, on le sait, se reproduisent avec une énorme facilité et qui dévastent véritablement les récoltes, que sont nés la plupart des procès en indemnité.

On a reproché aux propriétaires de bois, renfermant des lapins, deux ordres de faits : les uns, positifs, consistant dans une faute telle que l'entend l'art. 1382 du Code Civil, les autres négatifs et comportant une négligence ou une imprudence dans le sens de l'art. 1383.

Il y a faute de la part du propriétaire d'un bois :

Lorsqu'il introduit des lapins dans une propriété qui n'en contenait pas naturellement. (Cassation, 24 juillet 1860, D. P., 60, I, 426) ;

Lorsqu'il favorise la reproduction des lapins en entretenant dans son bois des terriers. (Cassation, 31 décembre 1844, D. P., 45, I, 76. — Cassation, 23 novembre 1846, D. P., 47, I, 29. — Cassation, 7 mars 1848, D. P., 49, I, 149. — Cassation, 7 novembre 1849, D. P., 49, I, 300);

Lorsque la multiplication est facilitée par un grand nombre de terriers, de fourrés, de bruyères et par une réserve de chasse. (Cassation, 22 avril 1873, D. P., 73, I, 476);

Lorsque les lapins sont attirés et retenus dans le bois par l'établissement de terriers artificiels et l'aménagement de fourrés et buissons leur servant d'asile permanent. (Cassation, 10 décembre 1877, D. P., 78, I, 319. — Cassation, 7 février 1876, D. P., 76, V, 892) ;

Lorsqu'il a fait détruire avec trop de soin les bêtes fauves et oiseaux de proie. (Cassation, 26 février 1901, *Gazette des Tribunaux* du 1er mars 1901);

Lorsqu'il a empoisonné les renards et putois qui dévoraient les lapins dans son bois. (Cassation, 6 janvier 1874, D. P., 74, I, 437);

Lorsqu'il favorise la multiplication des lapins par l'établissement d'une palissade autour de son bois. (Cassation, 18 février 1874, D. P., 75, V, 383.)

Il y a négligence ou imprudence de la part du propriétaire :

Lorsqu'il laisse les lapins subsister en quantité anormale et excessive, sans rien faire pour les détruire. (Cassation, 7 août 1851, D. P., 58, V, 320. — Cassation, 24 juillet 1860, D. P., 60, I, 426. — Cassation, 4 janvier 1899, D. P., 99, I, 24. — Cassation, 5 mars 1900, D. P., 1900, I, 422. — Cassation, 26 février 1901, D. P., 1901, I, 165);

Lorsqu'il n'a pris que des précautions insuffisantes pour assurer la destruction des lapins, qu'il n'a procédé qu'à un petit nombre de battues, qu'il n'a procédé à aucun furetage, qu'il n'a pas fait défoncer les terriers. (Cassation, 26 février 1901, D. P., 1901, I, 165);

Lorsqu'il existe de nombreux terriers dans le bois, que la destruction des lapins a été incomplète et tardive et que les battues ont été faites dans des conditions insuffisantes. (Cassation, 22 mai 1901, D. P., 1901, I, 356. — Cassation, 18 juillet 1901, D. P., 1901, I, 464);

Lorsqu'il s'est opposé aux chasses et battues réclamées par les habitants, et qu'il n'a ni coupé, ni permis de couper des ronces et des broussailles servant de refuge aux lapins. (Cassation, 17 mars 1883, *Droit* du 22 mars 1883) ;

Lorsqu'il n'a organisé des chasses et battues que comme un moyen destiné à lui permettre de décliner, ou tout au moins d'atténuer sa responsabilité. (Cassation, 1ᵉʳ mai 1899, D. P., 1900, I, 549.)

Comme on le voit, le propriétaire d'un bois, s'il veut échapper à la responsabilité qui pèse sur lui, doit s'abstenir de tout ce qui peut, dans l'aménagement des terres et des bois, contribuer à la multiplication des lapins, et doit prendre pour détruire les animaux qui sont en quantité anormale un certain nombre de mesures efficaces comme le furetage, la destruction des terriers, l'enlèvement des ronces, genêts, broussailles, et surtout comme l'organisation de battues fréquentes et régulières.

Ce serait une erreur de croire qu'il suffit que l'on constate dans un bois la présence d'une grande quantité de lapins pour que le propriétaire soit de plein droit responsable des dégâts dont les riverains ont à se plaindre. Il est, en effet, beaucoup de cas dans lesquels les Tribunaux, malgré leur sévérité, ont repoussé des demandes d'indemnités, parce que la faute du propriétaire ne leur paraissait pas suffisamment caractérisée.

Ainsi, le propriétaire d'un bois, dans lequel les lapins se trouvaient réunis par leur instinct naturel, a été déclaré irresponsable des dégâts causés aux héritages voisins, parce qu'il n'était pas établi que, par son fait ou sa négligence, il eût attiré ou retenu ces animaux ou favorisé leur multiplication, ou encore que, par son refus de les détruire ou d'en permettre la destruction par les voisins, il les eût laissés se multiplier au point de devenir nuisibles. (Cassation, 21 août 1871, D. P., 71, I, 112.)

Il a été également jugé que la condamnation contre les propriétaires d'un bois n'est pas justifiée par la simple constatation que les dégâts dont se plaignent les voisins avaient été causés par des lapins sortis de son bois, sans relever à sa charge aucun fait qui soit de nature à justifier une demande en dommages-intérêts contre lui. (Cassation, 22 juin 1870, D. P., 70, I, 408.)

Le propriétaire ne saurait être déclaré responsable, lorsqu'il a fait tout ce qui était en son pouvoir pour détruire les lapins qui étaient venus spontanément s'établir dans son bois, notamment quand il a autorisé les intéressés à procéder eux-mêmes à cette destruction par tous les moyens de droit. (Tribunal Civil de Rouen, 10 mars 1858, D.P., 58, III, 73. — Tribunal de Falaise, 9 février 1860, D. P., 60, III, 32. — Cassation, 19 mars 1883, D. P., 84, I, 56.)

Cependant cette autorisation ne peut, à elle seule, décharger le propriétaire de l'obligation qui lui incombe de prendre les mesures nécessaires pour empêcher la multiplication excessive des lapins. (Cassation, 19 février 1901, D. P., 1901, I, 165.)

Parfois, le propriétaire ne se contente pas d'autoriser la destruction des lapins; il organise, avec l'aide des riverains, des battues. Il a été jugé qu'il est déchargé de toute responsabilité lorsqu'il a, antérieurement à la dévastation des récoltes, organisé une battue à laquelle il avait invité, par voie d'affiches ou par lettres recommandées, les riverains à prendre part. (Cassation, 10 novembre 1875, D. P., 76, V, 391. — Tribunal de Pithiviers, 9 mai 1902, *Gazette des Tribunaux* du 1ᵉʳ juillet 1902.)

Le fait de garder, même rigoureusement, sa chasse, n'étant que l'exercice d'un droit, ne peut être reproché au propriétaire, car, par lui-même, et à défaut d'autres circonstances, il n'implique pas la volonté de multiplier le gibier outre mesure. (Cassation, 15 juin 1895, D. P., 95, I, 506. — Cassation, 27 décembre 1898, D. P., 99, I, 383. — Cassation, 15 janvier 1900, D. P., 1900, I, 96. — Cassation, 26 février 1901, 18 avril 1901, Recueil *Gazette du Palais,* 1901, I, 766. — Cassation, 11 mars 1902, D. P., 1902, I, 112. — Cassation, 24 février 1904, D. P., 1904, I, 228. — Cassation, 21 février 1905, *Lois et Sports,* septembre 1905, p. 75.)

Le moyen le plus efficace pour le propriétaire de se mettre à l'abri des actions en indemnité, pour les dégâts des lapins, semble être d'entourer ses terres d'un grillage élevé empêchant les lapins qui peuvent se trouver dans ses bois d'aller ravager les propriétés voisines. Encore faut-il que ce grillage remplisse complètement sa mission, car s'il était constaté qu'il n'est placé qu'à fleur de terre et qu'en dessous de nombreuses sentes et coulées attestent le passage des lapins sur les terres voisines, les riverains pourraient réclamer des indemnités. (Cassation, 1ᵉʳ mai 1899, D. P., 1900, I, 549.)

Lièvres. — Bien que les lièvres vivent aussi bien en plaine que sous bois et qu'on ne puisse, *a priori,* soutenir que ceux qui ravagent les récoltes proviennent du bois voisin, la jurisprudence les a complètement assimilés aux lapins.

Aussi, lorsqu'un propriétaire fait lâcher des lièvres dans son bois ou qu'il en favorise la multiplication pour son propre plaisir ou pour faciliter la location de sa chasse, de manière à ce que leur nombre devienne excessif et cause des dégâts aux propriétés voisines, il doit être déclaré responsable du dommage éprouvé. (Tribunal de Coulommiers, 17 mars 1859, D. P., 60, V, 331. — Tribunal de Rambouillet, 30 décembre 1859, D. P., 60, V, 332.)

Mais, comme pour les lapins, il est nécessaire qu'il y ait faute du propriétaire. Il a été jugé que le propriétaire d'un bois n'est responsable du dommage causé aux fonds voisins par les lièvres qui se trouvent dans son domaine à l'état sauvage qu'autant que ce dommage est imputable à son fait, à sa négligence ou à son imprudence. (Cassation, 10 juillet 1859, D. P., 60, I, 415. — Cassation, 24 juillet 1860, D. P., 60, I, 426.)

Gros gibier. — Les cerfs, les daims, les biches, les chevreuils, et surtout les sangliers sont, comme les lapins, susceptibles de causer des dommages aux propriétés voisines des bois où ils se trouvent.

Les propriétaires en sont responsables dans les mêmes conditions, c'est-à-dire si c'est par leur faute ou leur négligence que ces animaux sont devenus trop nombreux.

Un propriétaire ne saurait être condamné à des dommages-intérêts par cette seule raison qu'en ne les chassant pas et en ne les laissant pas chasser, il maintient chez lui des biches, des cerfs et des chevreuils. (Cassation, 4 décembre 1867, D. P., 67, I, 456.)

Il n'y a point faute non plus, au sens de l'art. 1382, lorsque la forêt ne contient pas un nombre anormal de grands animaux, et que le titulaire de la chasse à courre a fait des chasses et des prises en nombre suffisant. (Tribunal Civil de Pontoise, 23 mai 1901, *Gazette des Tribunaux* du 9 juin 1901.)

On trouverait, au contraire, une cause de responsabilité dans le fait d'avoir favorisé la multiplication du gros gibier et principalement du sanglier, ou d'en avoir empêché la destruction. (Cassation, 5 juillet 1876, Sɪʀᴇʏ, 76, I, 377. — Cassation, 14 août 1877, *France judiciaire,* 77, II, 119. — Cassation, 1ᵉʳ mars 1881, *Droit* du 2 mars.)

En somme, on applique au gros gibier les mêmes règles qu'aux lapins et aux lièvres.

Pour les cerfs, daims, biches et chevreuils, la question n'a guère été discutée, car on a reconnu qu'ils étaient non, comme l'avait dit une décision du Juge de Paix de Langeais, du 11 avril 1861 (citée par SOREL, p. 277), des animaux nomades, mais des animaux sédentaires, ayant une forêt pour lieu d'attache, et rendant, par conséquent, responsable de leurs dégradations le propriétaire de cette forêt. (Tribunal Civil de Rouen, 23 juin 1858, *Journal des Chasseurs*, 22ᵉ année, 2ᵉ semestre, p. 214.)

Mais pour les sangliers, dont les mœurs sont très différentes, qu'on voit parfois quitter tout à coup un pays pour s'en aller à de grandes distances, la question est plus douteuse, et il est assez difficile d'affirmer d'une façon absolue qu'ils soient nomades ou qu'ils soient sédentaires.

Sans chercher à résoudre ce problème qui divise les chasseurs, la jurisprudence n'en a pas moins décidé que les propriétaires de bois étaient responsables des sangliers, lorsqu'il y avait de leur part faute ou négligence. Il a été notamment jugé que, lorsque des locataires de chasse ont favorisé, en conservant soigneusement les laies et les marcassins, la multiplication des sangliers, ils doivent des dommages-intérêts pour les dégâts qu'ont supportés les propriétaires riverains. (Cassation, 31 mars 1869, D. P., 71, V, 339.)

Le propriétaire échapperait toutefois à la responsabilité s'il prouvait qu'il n'a pu prévenir les dommages causés, les sangliers étant récemment arrivés dans la contrée. (CHATIN, *La Chasse à courre*, p. 245.)

3º Absence de faute ou de fraude du demandeur. — Les riverains d'un bois ne peuvent se plaindre des dégâts causés par le gibier qu'autant que ces dégâts ne sont imputables ni à leur propre faute, ni à une véritable fraude. Il est, en effet, de principe que celui qui est en faute ou qui use de moyens dolosifs ne saurait se plaindre d'un dommage dont il est le propre auteur.

Si la faute est volontaire, si elle est dictée par un but certain de spéculation, elle doit avoir pour conséquence de priver son auteur de tout droit à indemnité. Si ce n'est qu'une faute involontaire et peu grave, elle a simplement pour effet de faire diminuer l'indemnité.

On peut citer comme exemple de faute volontaire, commise dans une intention de lucre, le fait de cultiver à proximité d'un bois des produits dont le gibier est très avide, et qui doivent forcément l'attirer. Tel serait le cas si l'on plantait à la lisière d'une forêt du colza, des choux ou des carottes, dont raffolent les lapins. (Cassation, 22 avril 1873, D. P., 73, 1, 470. — Tribunal Civil de Meaux, 16 mars 1885, *Gazette des Tribunaux* du 17 mars 1885. — JULLEMIER, *Les Lapins*, p. 93.)

Parfois, la faute commise ne va pas jusqu'à supprimer tout droit à indemnité. Ainsi a-t-il été jugé que le fait pour un cultivateur d'avoir établi au milieu des bois des cultures permanentes et délicates dont les lapins sont avides ne détruit pas la responsabilité du propriétaire de la forêt, mais doit cependant motiver une diminution d'indemnité. (Tribunal de Bernay, 30 avril 1872, D. P., 73, I, 476.)

Il y aurait encore faute de la part du riverain s'il n'avait pas répondu aux invitations qui lui ont été faites de prendre part aux battues de destruction. (Tribunal Civil de Pontoise, 23 mai 1901, *Gazette des Tribunaux* du 8 juin 1904.)

On s'est demandé si l'emploi des *banderoles,* que certains cultivateurs, voisins d'une forêt, placent à la limite de leurs champs pour retenir le gibier qui s'est introduit de nuit sur leurs terres, est compatible avec le droit de réclamer des dommages-intérêts au propriétaire du bois. M. Beaudouin, qui a très complètement et très savamment étudié cette question dans un article de la *Revue du Tourisme et des Sports* (1907, II, 384), admet l'affirmative, mais à cette condition essentielle que les banderoles aient été posées dans le seul but d'exercer le droit de destruction, reconnu par la loi de 1844, et d'assurer la protection des récoltes. Il en résulte que si le cultivateur n'a pas agi dans un but de destruction, il ne saurait se plaindre des dégâts occasionnés par un gibier qu'il a retenu artificiellement sur ses terres.

Personnes responsables

La personne qui est, en principe, responsable des dégâts causés par le gibier est celle qui jouit du droit de chasse sur le terrain d'où le gibier est sorti. Il est fort juste qu'il en soit ainsi, car le plus souvent l'excès de gibier est dû au soin que prend le titulaire de la chasse de conserver et de multiplier les animaux sauvages qui se trouvent dans ses bois. En outre, lui seul a le droit et le moyen de détruire le gibier qui est en excès.

Ainsi que nous l'avons indiqué au chap. II, le droit de chasse peut appartenir à différentes personnes, qui sont : le propriétaire divis ou indivis, l'usufruitier, le possesseur de bonne foi, l'emphytéote, le cessionnaire et le locataire. Le plus souvent, le droit de chasse appartient soit au propriétaire, soit au locataire.

Lorsque le propriétaire a conservé la propriété pleine et entière de son bois, c'est lui qui doit supporter les responsabilités qui naîtront du fait du gibier. Mais s'il a tiré profit de la chasse en la louant à une tierce personne, la jurisprudence décide que l'action en dommages-intérêts pourra être intentée, au choix du demandeur, contre le locataire ou contre le propriétaire. (Tribunal Civil de Mantes, 8 avril 1897, *Recueil des Justices de Paix*, 1898, p. 270. — Justice de Paix de Magny-en-Vexin, 20 août 1898, *Recueil mensuel de la Gazette des Tribunaux*, 1899, 2ᵉ partie, I, 22.)

Finalement, ce sera le locataire de la chasse qui supportera toute la responsabilité, puisque le propriétaire, s'il est poursuivi et condamné, conservera son recours contre lui.

Il est cependant un cas dans lequel le propriétaire seul doit être actionné, c'est celui où la multiplication du gibier provient du fonds lui-même. Si, par exemple, le grand nombre de lapins tient aux buissons et aux terriers qui leur servent d'abri et de refuge, le locataire ne devra pas être inquiété, parce qu'il est étranger à cet état de choses, qui concerne exclusivement le propriétaire. (Tribunal Civil de Melun, 21 février 1862, *Droit* du 19 avril 1862.)

Il en sera de même pour le non-défoncement des terriers, ce qui est fréquent dans les pays où on chasse le renard. (CHATIN, *La Chasse à courre*, p. 429.)

Quand le terrain endommagé est entouré de bois contigus, appartenant à des propriétaires ou locataires différents, le demandeur ne peut réclamer contre eux une condamnation solidaire. La solidarité, en effet, ne se présume pas ; pour qu'elle existe, il faut un texte de loi qui n'existe pas en l'espèce. (LEBLOND, n° 410. — SOREL, n° 48. — DALLOZ, *Dictionnaire de Droit*, vᵒ *Chasse-Louveterie*, n° 261. — *Contra* : Tribunal Civil de la Seine, 19 décembre 1876, R. F., t. VII, n° 5.)

Si l'un de ces propriétaires est assigné et qu'il prétende n'avoir rien à se reprocher, il pourra mettre en cause les propriétaires voisins, en établissant que, pour son compte, il n'a employé aucun moyen tendant à attirer et à retenir le gibier; qu'il a, au contraire, procédé à sa destruction. (Tribunal Civil de Beauvais, 24 mars 1884, *Droit* du 24 juillet 1884.)

Celui qui prend en location une chasse est exposé, s'il laisse se multiplier le gibier dans des conditions anormales, à une double responsabilité. Il est responsable, comme nous venons de le voir, vis-à-vis de ses voisins, par suite de son quasi-délit, mais il peut l'être aussi vis-à-vis de son propriétaire, par suite d'une faute contractuelle. Le gibier, lorsqu'il est en excès, est susceptible d'occasionner aux bois des dégâts importants. L'introduction de lapins dans un bois ou l'abstention volontaire de les détruire, lorsque leur quantité n'est plus en rapport avec l'étendue de la propriété, constitue, à n'en pas douter, une infraction à l'art. 1728 du Code Civil, d'après lequel le locataire doit jouir en bon père de famille, infraction qui rend ce locataire passible de dommages-intérêts vis-à-vis de son propriétaire. (Voir : Rouen, 4 avril 1908, *Lois et Sports*, 1909, p. 74.)

En dehors du cas où les dégâts du gibier sont assez considérables pour constituer une faute contractuelle rendant le locataire responsable, celui-ci peut être, par une clause spéciale du bail, tenu de réparer ces dégâts. Même quand cette clause existe, on admet qu'il est nécessaire que le dommage ait une certaine importance. Il paraît juste, en effet, que le propriétaire, en raison du profit qu'il tire de sa chasse en la louant, supporte une partie du dommage. (Paris, 16 mai 1893, D. P., 93, II, 355.)

Les baux de chasse contiennent encore d'autres clauses relatives aux dégâts causés par le gibier. Ainsi, il est parfois stipulé que le locataire sera responsable de tous dégâts de gibier. Cette clause ne saurait avoir pour effet de rendre ce locataire responsable *de plano*, et sans qu'on ait à prouver contre lui aucune faute vis-à-vis de ses voisins. Elle n'a, en effet, de valeur qu'entre les parties et a pour seul effet d'obliger le locataire à supporter les conséquences des procès qui pourraient être intentés au propriétaire. (Tribunal de la Seine, 25 juillet 1877, *Gazette des Tribunaux* du 14 septembre 1877.)

Lorsqu'un propriétaire loue un bois ou un terrain à un fermier, en se réservant le droit de chasse, il demeure tenu vis-à-vis de lui des dégâts commis par le gibier sur la ferme. (Tribunal de la Seine, 27 janvier 1843, DALLOZ, *Répertoire*, v° *Responsabilité*, n° 741.)

Mais cette responsabilité existe dans les limites que nous avons indiquées, c'est-à-dire qu'elle ne peut être déclarée par les Tribunaux qu'autant que le préjudice causé est dû à la faute ou à la négligence du propriétaire. (Cassation, 19 juillet 1859, D. P., 60, I, 425.)

C'est pour éviter cette responsabilité que les propriétaires insèrent fréquemment dans les baux ruraux une clause d'après laquelle le fermier déclare renoncer par avance à réclamer aucune indemnité pour les dégâts causés à ses récoltes par le gibier. Cette clause, bien qu'on ait soutenu le contraire, est parfaitement licite et doit former la loi des parties. (Tribunal Civil de Rambouillet, 30 décembre 1859, D. P., 60, V, 331.)

On a même admis que le fermier, qui a pris à sa charge tous les cas fortuits, est sans droit à réclamer à son propriétaire des dommages-intérêts pour les dégâts du gibier. (Tribunal de Rambouillet, précité.)

La clause de non-responsabilité insérée dans le bail n'est invocable que par le propriétaire. Elle ne fait point obstacle à ce que le fermier réclame une indemnité au propriétaire d'un fonds voisin lorsque le gibier qui ravage ses récoltes en provient. (Cassation, 12 mai 1886, D. P., 87, I, 323.)

Compétence

Quels Tribunaux sont compétents pour juger les procès en responsabilité auxquels donne lieu l'exercice de la chasse ?

Il y a lieu de distinguer entre les actions qui résultent d'un délit ou d'un quasi-délit quelconque et ceux qui résultent de dommages causés aux récoltes par le gibier, par l'homme et par les animaux. Les premiers sont soumis à la compétence du droit commun, les seconds à la compétence exceptionnelle du Juge de Paix.

Action résultant d'un délit ou d'un quasi-délit. — Si l'action en responsabilité a pour cause soit un délit de chasse, soit tout autre délit ou contravention (homicide ou blessures par imprudence, vol, bris de clôture, violation de domicile, passage sur terrain ensemencé, divagation de chiens, etc.), la partie lésée aura la faculté de saisir à son choix les Tribunaux répressifs (Tribunal Correctionnel et Tribunal de Simple Police) ou les Tribunaux Civils.

Quand le fait dommageable n'est pas sanctionné par une peine, le demandeur devra s'adresser exclusivement aux Tribunaux Civils.

Actions résultant d'un dommage aux récoltes. — Les dommages aux récoltes rentrent dans la compétence du Juge de Paix. Mais il importe de distinguer entre les dommages causés par le gibier et les dommages qui sont causés par l'homme et par les animaux, parce qu'il existe entre ces deux genres d'actions quelques différences.

Dommages causés par le gibier. — C'est la loi du 19 avril 1901 qui a confié aux Juges de Paix, quel que soit le chiffre des dommages réclamés, la connaissance de ces affaires. Le principe de la loi se trouve exposé dans l'art. 1", qui est conçu en ces termes :

« Les Juges de Paix connaissent de toutes les demandes en réparation des dommages causés aux récoltes par le gibier, en dernier ressort, si la demande n'est pas supérieure à 300 francs, à charge d'appel si elle excède ce chiffre quel qu'en soit le montant ou si elle est indéterminée. »

Pour que le litige soit soumis au Juge de Paix dans les conditions prévues par la loi de 1901, il faut donc :

1° Que ce litige soit relatif aux récoltes ;

2° Que le dommage ait été causé par le gibier.

Le mot *récoltes* doit s'entendre dans un sens assez large et englober tous les produits du sol, quels qu'ils soient. Le Juge de Paix peut donc connaître de tous les dégâts commis par le gibier dans les champs, dans les prés, dans les vergers, dans les bois et dans les pépinières. (Cassation, 23 avril 1873, D. P., 73, I, 476.)

S'il s'agissait de dommages causés, non plus seulement aux récoltes, mais à la propriété même, le Juge de Paix ne serait compétent que dans les conditions de l'art. 1" de la loi du 12 juillet 1905, c'est-à-dire jusqu'à 600 francs. Au delà de cette somme ou si le chiffre était indéterminé, l'affaire serait du ressort du Tribunal Civil.

D'autre part, si le dommage était occasionné non par le gibier, mais par l'homme ou les animaux, ce ne serait plus, ainsi que nous le verrons dans un instant, la loi du 19 avril 1901 qui devrait être appliquée, mais la loi du 12 juillet 1905 (art. 6, 1°.)

Afin d'empêcher que le plaignant, auquel est dû une petite indemnité, ne soit traîné de juridiction en juridiction par un adversaire qui cherche à lasser sa patience, la loi de 1901 a spécifié que la demande reconventionnelle, quel qu'en soit le chiffre, serait sans effet sur le taux du dernier ressort et n'empêcherait pas le jugement, lorsque l'intérêt du litige ne dépasse pas 300 francs, d'être définitif.

Dans un but de simplification, il est, en outre, permis à plusieurs cultivateurs de s'entendre et de poursuivre le propriétaire de la chasse par un seul exploit. Le taux du dernier ressort est fixé non par le chiffre global des dommages-intérêts, mais par chaque somme individuellement réclamée.

Le Juge de Paix, pour déterminer les responsabilités, peut recourir aux modes ordinaires d'instruction : enquête, descente sur les lieux, expertise. etc., sur lesquels nous n'avons pas à insister, attendu que ces mesures n'ont rien de spécial à ces sortes d'affaires

Disons cependant que dans les expertises, qui sont fréquemment ordonnées, le Juge a la faculté de désigner à son gré trois, deux, et même un seul expert, quand bien même les parties ne seraient pas d'accord pour la nomination d'un expert unique.

Les plaideurs doivent être convoqués pour assister à l'expertise, mais le Juge de Paix n'est pas obligé de s'y trouver. (Cassation, 30 novembre 1885, SIREY, 86, I, 180.)

L'art. 15 du Code de Procédure civile prescrit que, lorsqu'un interlocutoire est prescrit par le Juge, le jugement définitif doit intervenir dans le délai de quatre mois, faute de quoi l'instance sera périmée. Malgré cette disposition, il a été jugé que, lorsqu'une expertise a été ordonnée afin de constater l'étendue des dégâts occasionnés par des lapins aux récoltes, ces opérations, par leur nature même, peuvent durer plus de quatre mois sans que la péremption ait lieu d'être prononcée, (Cassation, 31 mai 1907, SIREY, 1907, I, 448.)

Notons encore quelques règles spéciales qui ont été admises dans la procédure suivie par le règlement des dégâts causés aux récoltes par le gibier et dont le but est de déjouer certains artifices grâce auxquels la solution définitive pourrait être retardée.

Les exceptions préjudicielles, dont nous avons eu l'occasion de parler au chap. IX et qui ont d'ordinaire pour effet d'obliger le Juge à surseoir, n'empêcheront pas le Juge compétent sur le fonds d'ordonner des mesures d'instruction. (Loi du 17 avril 1901, art. 3.)

En outre, les jugements ordonnant ces mesures pourront être déclarés exécutoires par provision et sans caution, nonobstant opposition ou appel. (Art. 4.)

Dommages causés par l'homme et par les animaux. — Les dommages qui ne sont pas causés par le gibier, mais par l'homme et par les animaux, et qui sont souvent, eux aussi, le résultat de l'exercice de la chasse, sont soumis également à la compétence du Juge de Paix, qui en connaît sans appel jusqu'à 300 francs et à charge d'appel à quelque somme que la demande puisse s'élever. Mais ce n'est pas en vertu de la loi de 1901 que cette connaissance leur appartient, puisque, nous l'avons vu, cette loi vise exclusivement les dégâts du gibier; c'est en vertu de la loi du 12 juillet 1905, qui a remplacé la loi de 1838 sur l'organisation des justices de paix et qui, dans son art. 6-1', porte que les Juges de Paix connaissent sans appel jusqu'à la valeur de 300 francs et à charge d'appel à quelque valeur que la demande puisse s'élever « *des actions pour dommages faits aux champs, fruits et récoltes soit par l'homme, soit par les animaux, dans les conditions prévues par les art. 1382 et 1383.* »

Les actions pour dommages causés par les hommes et par les animaux sont arbitrées par le Juge de Paix dans les mêmes conditions que celles qui sont relatives aux dégâts du gibier. Mais la différence de législation applicable se traduit par certaines différences qu'il n'est pas inutile de signaler :

1° D'après la loi de 1901 (art. 1er, § 2), les demandes reconventionnelles, quels qu'en soient le chiffre et la base, n'empêchent pas le jugement d'être en dernier ressort pour le tout, si la demande principale est inférieure à 300 francs. D'après la loi de 1905 (art. 10), il n'en est ainsi que si cette demande reconventionnelle supérieure au taux du premier ressort est basée exclusivement sur la demande principale;

2° Les diverses dispositions exceptionnelles au point de vue de la procédure que prévoit la loi de 1901 (faculté pour plusieurs demandeurs de rédiger un seul exploit, droit pour le Juge de Paix d'ordonner des mesures d'instruction sans avoir égard aux exceptions préjudicielles, exécution provisoire et sans caution des jugements d'instruction, nonobstant appel ou opposition), ne sont pas applicables aux actions intentées en vertu de la loi de 1905;

3° La prescription de six mois, dont nous allons parler dans un instant, ne s'applique qu'aux actions pour dégâts causés par le gibier. Les actions pour dommages causés par l'homme et par les animaux sont soumises à la prescription du droit commun.

Prescription

Les actions en responsabilité, que fait naître l'exercice de la chasse, doivent être intentées dans des délais qui diffèrent suivant leur nature.

Les actions basées sur un délit de chasse, qu'elles soient intentées devant la juridiction correctionnelle ou devant la juridiction civile, sont soumises à la même prescription que les délits. Elles doivent donc, conformément à l'art. 29 de la loi de 1844, être exercées dans le délai de trois mois.

Si elles sont basées sur un délit ou sur une contravention prévue par le Code Pénal, en vertu de ce même principe, la prescription sera de trois ans, s'il s'agit de délits, et d'un an, s'il s'agit de contraventions.

Les actions dirigées contre les personnes civilement responsables sont soumises aux mêmes délais de prescription que celles dirigées contre les auteurs du dommage. (Cassation, 16 janvier 1897, D. P., 97, I, 206.)

Les demandes en dommages intérêts qui ne sont pas fondées sur une infraction à la loi sur la chasse ou au Code Pénal ne sont prescriptibles que par trente ans.

Les demandes en réparation de dégâts causés aux récoltes par le gibier ont été l'objet d'une prescription spéciale prévue par l'art. 5 de la loi du 19 avril 1901 : elles se prescrivent par six mois, à partir du jour où les dégâts ont été commis.

Ces diverses prescriptions sont susceptibles d'être interrompues. Dans le cas où les actions ont leur origine dans un délit de chasse ou dans un délit ordinaire, tous les actes d'instruction et de poursuite qui interrompent la prescription de l'action publique, interrompent également celle de l'action civile. Nous avons même vu que, lorsqu'il s'agit de délits de chasse, l'acte interruptif a pour effet de substituer, à partir de sa date, la prescription de droit commun de trois ans à la prescription de trois mois.

    Mais nous ne croyons pas que cette règle, admise par la jurisprudence pour les prescriptions criminelles de courte durée, puisse recevoir son application. La jurisprudence a pu établir une distinction entre la prescription de l'action et la prescription du délit, cette dernière prescription étant la seule à s'appliquer, dès lors qu'il y a eu un acte de poursuite; mais pareille distinction ne peut être faite en ce qui concerne la responsabilité des dégâts causés par le gibier qui est une matière exclusivement civile. On ne pourrait donc soutenir que, si la prescription d'une action en responsabilité pour dégâts du gibier vient à être interrompue, ce ne sera pas la prescription de six mois qui recommencera à courir de l'acte interruptif, mais la prescription de droit commun de trente ans.

Vénerie

Appendice

George Tisel

Appendice

I

Cahier des Charges des Adjudications du Droit de Chasse dans les Forêts de l'Etat (1)

TITRE PREMIER

DISPOSITIONS GÉNÈRALES

ARTICLE PREMIER

A moins de stipulations contraires dans l'acte d'adjudication, les baux seront consentis pour sept années, qui commenceront le 1er mars 1904 pour la chasse à tir, et le 1er mai 1904 pour la chasse à courre.

Le point de départ des baux consentis après le 1er mars 1904 sera réglé comme il suit :

Tout bail consenti pendant le temps où la chasse est close courra à partir du 1er mars de l'année dans laquelle l'adjudication aura lieu pour les lots de chasse à tir ou de chasse à tir et à courre réunis, et du 1er mai pour les lots de chasse à courre.

Tout bail consenti pendant le temps où la chasse est ouverte courra à partir du jour de l'adjudication.

Les baux, quelle que soit leur date, expireront pour la chasse à tir le 28 février 1911 et pour la chasse à courre le 30 avril 1911.

ART. 2.

Il ne sera accordé aucune réduction sur le prix des baux pour défaut de mesure dans l'étendue des forêts ou parties de forêts adjugées.

En cas d'aliénation de la forêt amodiée, par voie d'échange ou autrement, en cas d'affectation à un service public, etc., le bail sera résilié de plein droit sans indemnité, et il sera accordé, sur le terme payé d'avance, une réduction proportionnelle à la durée de la jouissance dont le fermier aura été privé.

Si la destination de la forêt n'est modifiée qu'en partie, par suite d'aliénation, d'affectation à un service de l'Etat, d'échange, de location ou de concession, l'Etat ne devra aucune indemnité au fermier; le bail sera maintenu et le prix en sera réduit ou augmenté, par décision ministérielle, proportionnellement à l'étendue qui aura été distraite ou ajoutée. Toutefois l'Etat ne pourra obliger le fermier à subir une extension de contenance qui entraînerait une augmentation du prix du bail.

Les augmentations et réductions prévues aux deux paragraphes précédents seront calculées en prenant pour base le montant de la location à l'hectare tel qu'il ressort du prix d'adjudication augmenté de la valeur moyenne annuelle des charges imposées pendant la durée du bail.

Le fermier pourra obtenir la résiliation du bail dans le cas où la surface louée sera réduite de plus de moitié.

---

(1) Ministère de l'Agriculture — Direction Générale des Eaux et Forêts — Conservation de Paris.

TITRE II

ADJUDICATIONS

ART. 3.

Les adjudications seront faites aux enchères et à l'extinction des feux.

Lorsque, faute d'offres suffisantes, les adjudications n'auront pu avoir lieu, elles seront, si l'Agent des Eaux et Forêts le juge à propos, remises, séance tenante et sans nouvelles affiches, au jour qui sera fixé par le président.

ART. 4.

Les adjudications aux enchères seront prononcées après l'extinction de trois bougies allumées successivement. Si, pendant la durée de ces trois bougies, il survient des enchères, l'adjudication ne pourra être prononcée qu'après l'extinction d'un dernier feu sans enchère survenue pendant sa durée.

Les enchères ne pourront être moindres de 10 francs pour les mises à prix au-dessous de 200 francs; de 20 francs pour celles de 200 à 1.000 francs, et de 50 francs pour celles au-dessus de 1.000 francs.

ART. 5.

Le droit de chasse à tir et le droit de chasse à courre pourront être adjugés séparément et à des personnes différentes dans une même forêt, suivant les indications formulées à cet effet sur les affiches.

Dans le cas où le droit de chasse à courre et le droit de chasse à tir sur un même lot sont loués séparément, les adjudications sont définitives en ce qui concerne le droit de chasse à tir.

En ce qui concerne la chasse à courre, si la demande en est faite, séance tenante, par un des preneurs des lots adjugés, les divers lots adjugés ou non adjugés d'une même forêt pourront être remis en adjudication en bloc, aux enchères :

A. Si l'adjudication en bloc ne doit porter que sur des lots déjà adjugés, la mise à prix sera basée sur le montant total des adjudications partielles augmenté de 25 pour cent.

B. Si l'adjudication en bloc doit comprendre un ou plusieurs lots non adjugés, la mise à prix sera basée sur le montant total des adjudications partielles et des mises à prix des lots non adjugés, augmenté dans la même proportion.

Le seul fait de la demande de réunion en un seul lot de plusieurs lots de chasse à courre équivaudra à un engagement de se rendre adjudicataire du bloc au taux de la nouvelle mise à prix.

En cas de non-location de la chasse à tir ou de la chasse à courre, le droit non affermé est expressément réservé et l'Administration conserve toujours la faculté de le remettre en adjudication ou de délivrer des licences de chasse.

Dans le cas où le droit de chasse à tir et le droit de chasse à courre sont réunis et loués sans disjonction, les adjudications prononcées sont définitives.

ART. 6.

Les personnes insolvables ne pourront prendre part aux adjudications.

Le président de l'adjudication sera juge de la solvabilité des preneurs, le Receveur des Domaines entendu.

Il lui appartiendra, en cas de doute, d'exiger la présentation immédiate d'une caution et d'un certificateur de caution, et, à défaut de garanties suffisantes, de remettre l'article en adjudication.

Les personnes non domiciliées en France qui voudront prendre part aux adjudications devront, avant la séance, justifier de leur solvabilité auprès du Receveur des Domaines du lieu de l'adjudication, qui pourra exiger d'elles telles garanties qu'il jugera convenable.

ART. 7.

Les minutes des procès-verbaux d'adjudication seront rédigées sur papier visé pour timbre et signées sur-le-champ par tous les fonctionnaires présents et par les adjudicataires ou leurs fondés de pouvoirs; s'ils sont absents, ou ne peuvent signer, il en sera fait mention aux procès-verbaux.

ART. 8.

Chaque adjudicataire sera tenu de donner, dans les cinq jours qui suivront celui de l'adjudication, une caution et un certificateur de caution reconnus solvables, lesquels s'obligeront solidairement avec lui à toutes les charges et conditions du bail.

Les cautions et certificateurs de caution ne pourront être reçus que du consentement du Receveur des Domaines, et l'acte en sera passé au secrétariat du lieu de l'adjudication et à la suite du procès-verbal d'adjudication.

Faute par l'adjudicataire de fournir les cautions dans le délai prescrit, il sera déchu de l'adjudication, et une adjudication aura lieu à sa folle enchère dans les formes ci-dessus déterminées et suivant les conditions spécifiées par l'article 24 du code forestier.

L'adjudicataire déchu paiera les frais de la première adjudication, à raison de 1.60 pour cent sur le prix annuel du bail dont il s'était rendu adjudicataire, augmenté de la valeur des charges calculée conformément aux dispositions du paragraphe 1er de l'article 11 ci-après.

L'adjudicataire, les cautions et certificateurs de caution sont tenus d'élire domicile dans le lieu où l'adjudication aura été faite. A défaut de quoi, tous les actes postérieurs leur sont valablement signifiés au secrétariat de la sous-préfecture.

TITRE III

PRIX DES BAUX ET FRAIS D'ADJUDICATION

ART. 9.

Le prix annuel de location sera payé ,par semestre et d'avance, dans la caisse du Receveur des Domaines du lieu de l'adjudication. Si le dernier semestre est incomplet, le montant en sera calculé au prorata du nombre de jours restant à courir jusqu'à la fin du bail.

En cas de retard de paiement, les intérêts des sommes dues courront de plein droit à raison de quatre pour cent l'an à partir du jour où le paiement aurait dû être effectué.

ART. 10.

Les demandes en résiliation de baux et en réduction de fermages ne suspendront pas l'effet des poursuites pour le recouvrement des termes arriérés.

En aucun cas, l'adjudicataire qui aura été privé du droit d'obtenir un permis de chasse, par application des articles 6, 7, 8 et 18 de la loi du 3 mai 1844, ne sera fondé à demander la résiliation de son bail ou une diminution de prix.

ART. 11.

L'adjudicataire paiera comptant à la caisse du Receveur des Domaines, tant pour les droits fixes de timbre et d'enregistrement des procès-verbaux et actes relatifs à l'adjudication que pour tous autres frais, 1.00 pour cent du prix annuel de son bail, augmenté de la valeur moyenne annuelle des charges imposées pendant la durée du bail.

Il paiera, en outre, les droits proportionnels d'enregistrement sur le montant total des annuités du bail, augmenté de la valeur totale des charges et du 1.60 pour cent stipulé au 1er paragraphe.

TITRE IV

CESSIONS DE BAUX

ART. 12.

Les adjudicataires ne pourront céder leur bail qu'en vertu d'une autorisation du Directeur général des Eaux et Forêts.

Les cessions seront passées au secrétariat de la préfecture ou de la sous-préfecture du lieu de l'adjudication. Les cautions et certificateurs de caution interviendront à l'acte.

Nonobstant leur cession, les adjudicataires, ainsi que leurs cautions et certificateurs de caution, resteront solidairement obligés avec les cessionnaires, sous réserve de l'application de l'article 2020 du Code civil qui autorise l'Administration à exiger, le cas échéant, de nouvelles cautions.

Cependant les cautions et certificateurs de caution primitifs pourront être remplacés par d'autres cautions et certificateurs de caution solvables agréés par le Receveur des Domaines.

Les cessionnaires ne pourront obtenir le permis spécial dont il est question à l'article 14 ci-après qu'en représentant l'acte de cession.

TITRE V

EXPLOITATION ET POLICE DE LA CHASSE

ART. 13.

Dans le cas où le droit de chasse à tir et le droit de chasse à courre sur un même lot seront loués séparément à des personnes différentes, la chasse à courre, à cors et à cris, comprendra le grand gibier (cerf, daim, sanglier). Elle pourra être exercée, d'après le mode généralement en usage, deux fois par semaine pendant la durée de la chasse à tir et trois fois par semaine après la clôture de cette chasse.

Le choix des jours sera concerté, un mois au moins avant la date ordinaire de l'ouverture de la chasse, entre l'adjudicataire de la chasse à courre et l'Agent des Eaux et Forêts, chef du service local, qui préviendra de ce choix, en temps opportun, les locataires de la chasse à tir. En cas de désaccord, la décision appartiendra au Conservateur des Eaux et Forêts. *Les dimanches et fêtes ne pourront jamais être désignés* (1).

Le fait par les piqueurs d'aller en reconnaissance avec leurs limiers en dehors des jours indiqués pour l'exercice de la chasse à courre ne sera pas réputé acte de chasse. Toutefois ces piqueurs ne pourront pénétrer dans les enceintes.

Sous réserve de l'exception prévue au 1er paragraphe de l'article 19, la chasse à tir comprendra toute espèce de gibier autre que celles ci-dessus spécifiées. Toutefois, le fermier de la chasse à tir pourra chasser le chevreuil à courre pendant l'un des jours de la semaine qui lui sont réservés et sans droit de suite.

Le sanglier pourra être chassé par les chasseurs à courre et par les chasseurs à tir.

Ni les chasseurs à tir, ni leurs gardes, ne pourront chasser, ni conduire des chiens en forêt en dehors des jours de chasse qui leur sont réservés. Mais les gardes particuliers auront la faculté de détruire les bêtes puantes et les oiseaux nuisibles même en dehors de ces jours.

Sous la réserve des dispositions qui précèdent, les droits respectifs des chasseurs soit à courre, soit à tir, tels qu'ils résultent des lois, règlements et usages, sont et demeurent expressément réservés. L'Administration n'entend encourir ni garantie ni responsabilité à cet égard. Elle ne pourra en aucun cas être appelée en cause dans les contestations qui pourraient s'élever entre les adjudicataires.

ART. 14.

Les fermiers ne pourront se livrer à la chasse qu'après avoir obtenu indépendamment du permis de chasse de l'autorité compétente, un permis spécial de l'Inspecteur des Eaux et Forêts. Ils seront tenus d'exhiber ce permis à toute réquisition.

ART. 15.

Les fermiers pourront se faire accompagner par un nombre de personnes déterminé dans les affiches et le procès-verbal d'adjudication, ou les autoriser à chasser isolément en leur donnant par écrit des permissions spéciales et nominatives dont ils fixeront la durée. Ces permis devront être exhibés à toute réquisition.

ART. 16.

La chasse en traques ou en battues est permise aux fermiers de la chasse à tir. Toutefois, ce mode de chasse ne pourra être pratiqué pendant la dernière année du bail qu'avec l'autorisation du Conservateur.

ART. 17.

Il est défendu d'enlever ou de détruire les faons ou levrauts, ainsi que les nids et couvées d'oiseaux autres que ceux classés par les arrêtés préfectoraux comme animaux nuisibles.

ART. 18.

Dans le cas où le Conservateur reconnaîtra que la surabondance du gibier, notamment du sanglier, du lapin, des cerfs et biches, ou que la présence d'un trop grand nombre de corbeaux, pigeons ramiers et écureuils, est de nature à porter préjudice aux peuplements forestiers ou aux propriétés riveraines, il devra mettre le fermier en demeure, par sommation extrajudiciaire, de détruire, dans un délai déterminé, les animaux dont le nombre et l'espèce lui seront indiqués.

---

(1) Les jours fériés sont : le 1er janvier, le lundi de Pâques, l'Ascension, le lundi de la Pentecôte, le 14 juillet, l'Assomption, la Toussaint, la Noël.

Le fermier devra faire reconnaître à l'Agent des Eaux et Forêts, chef de cantonnement, au moins quarante-huit heures à l'avance, les dates des jours où auront lieu les destructions.

Faute par le fermier de satisfaire à la mise en demeure, il sera procédé d'office à la destruction par les soins du service des Eaux et Forêts, qui recourra à tous les moyens qu'autorisent la loi et les règlements, y compris l'emploi du fusil et des chiens. Toute personne convoquée par les Agents des Eaux et Forêts pourra prendre part à ces destructions. Le fermier sera prévenu quarante-huit heures à l'avance des jours fixés pour les chasses de destruction. Le gibier abattu appartiendra à celui qui l'aura tué.

Les adjudicataires de la chasse à tir seront tenus de supporter, même pendant les jours qui leur sont réservés, les destructions du grand gibier effectuées au fusil par les adjudicataires de la chasse à courre sur réquisition administrative ou par le service des Eaux et Forêts, sans qu'il soit nécessaire de convoquer lesdits adjudicataires de la chasse à tir.

En ce qui concerne le sanglier, l'Administration aura la faculté de s'adresser indifféremment aux chasseurs à tir ou aux chasseurs à courre.

ART. 19.

Dans les lots ou portions de lots qui seront désignés par les affiches et les procès-verbaux d'adjudication, dans les enceintes engrillagées et, au fur à mesure de leur clôture dans celles à clore conformément aux dispositions du deuxième paragraphe ci-après, la destruction des lapins sera radicale et permanente; la chasse de ces animaux n'est donc pas comprise dans le bail, mais les fermiers de la chasse à tir sont tenus d'en assurer la destruction. Le service des Eaux et Forêts se réserve toutefois de poursuivre cette destruction, en tout temps, par tous les moyens, y compris l'emploi de chiens et du fusil et sans attendre l'apparition des dommages. L'Inspecteur, chef de service, sera juge de l'opportunité de cette mesure. Toute personne convoquée par les Agents des Eaux et Forêts pourra prendre part à ces destructions.

Les fermiers de la chasse à tir seront tenus de payer les frais d'engrillagement des parcelles indiquées à l'affiche en cahier et au procès-verbal d'adjudication, qui fixeront également pour chaque lot la contenance des parcelles à enclore chaque année, la nature et les dimensions des grillages, les conditions dans lesquelles ils seront établis, l'époque de leur installation, le temps pendant lequel ils seront maintenus en place, enfin le montant de la dépense à la charge du fermier.

Les grillages seront la propriété de l'Etat. Ils seront entretenus aux frais des fermiers de la chasse à tir. Toutefois, les chasseurs à courre auront à réparer les dégradations provenant de leur fait. L'affiche en cahier et le procès-verbal d'adjudication indiqueront les prescriptions à suivre pour l'ouverture et la fermeture des portes des enceintes engrillagées les jours de chasse à courre.

Les travaux neufs et d'entretien seront exécutés par les soins du service des Eaux et Forêts et payés aux ayants droit par les adjudicataires, au vu de certificats délivrés par les Agents, jusqu'à concurrence des sommes portées aux affiches en cahier. L'adjudicataire effectuera le paiement des sommes dues dans le canton de la situation du lot, au domicile d'un mandataire désigné par lui ou les fera parvenir à ses frais aux ayants droit à leur domicile. Dans le cas où ces travaux n'atteindraient pas les chiffres portés aux affiches, le surplus sera versé par le fermier dans le délai de dix jours à la caisse du Receveur des Domaines, sur procès-verbal de constatation dressé par l'Inspecteur, et établissant le décompte de la somme restant due.

Les réparations des dégradations provenant du fait des fermiers seront, en outre, exécutées et payées en la même forme d'après les chiffres arrêtés par le Conservateur.

Faute par les fermiers de payer le montant des travaux prévus au présent article dans les dix jours de l'avis qui leur en sera donné par l'Inspecteur, chef de service, le mémoire des frais sera arrêté par le Préfet, qui le rendra exécutoire contre eux dans la forme indiquée à l'article 41 du Code forestier.

ART. 20.

L'introduction du lapin sur le sol forestier est formellement interdite.

L'introduction dans les engrillagements de tout autre gibier que le gibier de plume ne pourra avoir lieu qu'avec l'autorisation du Conservateur.

En cas d'infraction à ces clauses constatée par un jugement, l'Administration aura le droit de résilier le bail sans indemnité, sans préjudice de l'application de l'article 11, n° 5, de la loi du 3 mai 1844.

ART. 21.

Les adjudicataires sont directement responsables vis-à-vis des propriétaires, possesseurs ou fermiers des héritages riverains ou non des dommages causés à ces héritages par les lapins, les autres animaux nuisibles et toute espèce de gibier, même quand le lapin ne sera pas compris dans le bail.

Ils devront conséquemment intervenir pour prendre fait et cause pour l'Etat, dans le cas où celui-ci serait l'objet d'une action en dommages intérêts.

En ce qui concerne le sanglier, les adjudicataires de la chasse à tir et ceux de la chasse à courre sont solidairement responsables.

ART. 22.

Les fermiers devront indemniser les Agents et préposés des Eaux et Forêts des dommages causés aux jardins et terrains affectés à ces employés par les animaux nuisibles et, en général, par toute espèce de gibier, sans qu'il y ait à examiner s'il y a eu faute, ou négligence, ou imprudence de la part desdits fermiers. En cas de désaccord entre les parties sur la somme à payer, le Conservateur convoquera les fermiers, et après les avoir entendus, ou leurs représentants, ou faute par ceux-ci de s'être rendus à la convocation, il en fixera définitivement le montant, et en réglera, le cas échéant, la répartition entre les adjudicataires de la chasse à tir et ceux de la chasse à courre.

ART. 23.

En temps prohibé, les adjudicataires ainsi que les personnes qu'ils auront désignées à cet effet pourront, avec l'assentiment et sous la surveillance de l'Administration des Eaux et Forêts, procéder à la chasse et à la destruction des animaux dangereux, malfaisants ou nuisibles, et ce, par tous les moyens dont l'emploi sera autorisé par le Préfet, ou par des chasses et battues pratiquées conformément à l'arrêté du 19 pluviôse an V.

ART. 24.

Les fermiers souffriront les battues qui pourront être ordonnées pour la destruction des loups et autres animaux nuisibles.

Ils concourront à ces battues. (*Ordonnance du 20 juin 1845.*)

ART. 25.

Ils ne pourront s'opposer à l'exercice du droit accordé aux lieutenants de louveterie de chasser le sanglier à courre deux fois par mois pendant le temps où la chasse est permise. (*Règlement du 20 août 1814; ordonnance du 20 juin 1845.*)

TITRE VI

SURVEILLANCE ET CONSERVATION DE LA CHASSE

ART. 26.

La surveillance de la chasse reste spécialement confiée aux Agents et préposés des Eaux et Forêts dans les conditions déterminées par les lois et règlements, aux termes desquels les fermiers ne peuvent réclamer d'eux aucun service.

Néanmoins, les fermiers pourront, avec l'autorisation du Conservateur, instituer des gardes particuliers de la chasse dans leurs lots respectifs. Le choix de ces gardes sera soumis à l'approbation du Conservateur, qui aura le droit de retirer cette approbation quand il le jugera nécessaire. Le Conservateur aura également le droit d'exiger le renvoi des ouvriers employés à l'entretien de la chasse (élevage et agrenage des faisans, entretien des sentiers et des pièges, etc.).

Les gardes particuliers sont autorisés à porter des armes à feu. Avec l'autorisation du fermier, ils pourront chasser même isolément et hors de la présence de celui-ci.

Il leur est interdit de porter un uniforme qui puisse être confondu avec celui des préposés des Eaux et Forêts et notamment de porter un képi.

ART. 27.

Les affiches en cahier et les procès-verbaux d'adjudication détermineront, aussi exactement que possible, pour chaque forêt, les limites de chaque lot, les conditions particulières de jouissance et les charges, et donneront une description détaillée des accessoires de la chasse mis à la disposition des fermiers, tels que bâtiments pour pied à terre, faisanderie, etc.

Les bâtiments de toute nature, ainsi que le mobilier, le matériel de la chasse, les clôtures et treillages, seront livrés dans l'état où ils se trouvent, sans que l'Administration des Eaux et Forêts puisse être tenue d'y faire soit des améliorations ou des opérations, soit des changements.

Les fermiers devront les entretenir et les livrer, à l'expiration de leur bail, en bon état d'entretien, sans pouvoir réclamer aucune indemnité pour les améliorations qu'ils y auraient apportées. Celles-ci ne pourront être effectuées ou supprimées sans l'agrément de l'Administration.

Les fermiers répondront de l'incendie dans les conditions prévues par l'article 1733 du Code civil et paieront les impôts de toute nature dont les bâtiments pourront être grevés.

Ces bâtiments étant mis à la disposition des fermiers pour l'exploitation de la chasse ne pourront recevoir une autre destination sans l'assentiment du Conservateur. Il est interdit de les louer pour un commerce quelconque et les adjudicataires ne pourront y loger des gardes ou gens à gages sans l'autorisation de l'Inspecteur.

Les travaux mis en charge sur les lots de chasse seront exécutés et payés comme il est dit à l'article 19 au sujet des engrillagements.

ART. 28.

L'Administration se réserve expressément, sans que le fermier de la chasse puisse s'y opposer ou s'en prévaloir pour se soustraire à l'exécution des clauses et conditions de l'adjudication, la faculté de régler à son gré l'organisation de la surveillance, d'exploiter et de traiter comme bon lui semblera toutes les forêts ou parties de forêts comprises dans l'amodiation, d'y faire tous les travaux d'amélioration, routes, maisons, fossés, plantations, semis ou autres de quelque nature que ce soit, de protéger à l'aide de clôtures quelconques les repeuplements naturels ou artificiels, ainsi que les jeunes coupes exposées à la dent du gibier, et de déplacer ou modifier les clôtures existantes, d'effectuer des délivrances de menus produits (plants, fraises, framboises, épines, fougères, bruyères, bois morts, glands, faînes, pierres, sable, etc.), d'y autoriser le pâturage et le passage aussi bien des bestiaux des préposés des Eaux et Forêts que de ceux des usagers ou concessionnaires et d'y concéder des pistes d'entraînement pour chevaux de courses.

L'Administration se réserve également le droit de concéder des carrières de toutes sortes. Le fermier ne pourra réclamer une réduction proportionnelle à la surface occupée que si cette surface est supérieure au 1/50 de la surface du lot de chasse.

Il sera permis aux fermiers de la chasse à tir, sauf dans les cas prévus à l'affiche en cahier, de récolter les larves de fourmis qui pourront se trouver dans leurs lots respectifs, mais il leur est interdit de les vendre, l'Administration se réservant d'en tirer parti si elles ne sont pas utilisées sur place.

ART. 29.

Sous réserve du droit de transaction appartenant à l'Administration des Eaux et Forêts, les infractions aux lois et règlements, ainsi qu'aux dispositions du présent cahier des charges, de la part des fermiers ou des personnes dont ils sont accompagnés, ou qu'ils ont autorisées à chasser isolément, et les délits de chasse commis par les personnes sans titre dans les forêts affermées, *seront poursuivis correctionnellement*, sauf à la partie lésée, d'après la connaissance que l'Agent des Eaux et Forêts ou le ministère public lui aura donnée du procès-verbal, à intervenir pour requérir les dommages-intérêts auxquels elle aura droit.

Délibéré en Conseil des Eaux et Forêts, le 23 juillet 1903.

Les Membres du Conseil,
BERT, MONGENOT, RÉCOPÉ.

ADOPTÉ :

Paris, le 25 juillet 1903.

Le Conseiller d'Etat,
Directeur général des Eaux et Forêts,
L. DAUBRÉE.

APPROUVÉ :

Paris, le 10 août 1903.

Le Ministre de l'Agriculture,
LÉON MOUGEOT.

M. le ministre des finances a donné son adhésion au présent cahier des charges par lettre en date du 12 septembre 1903.

II

Rapport présenté au Congrès International de la Chasse à Paris, le 15 mai 1907 par la " Société de Vénerie de France ", sur le Mouvement d'argent que produit la Chasse à courre en France, au point de vue seulement du Commerce, de l'Industrie et de l'Etat

Au moment où le premier Congrès de la Chasse se réunit, il a semblé intéressant à la Société de Vénerie de se livrer à un travail d'ensemble sur l'utilité de la Chasse à courre en France, au point de vue surtout des intérêts du commerce, de l'industrie et de l'Etat.

Déjà on a fait ressortir, dans des études précédentes, le bénéfice que l'Etat retirait de ce genre d'exercice, véritable école où se prennent, en dehors de la profession spéciale des armes, les qualités indispensables à la défense de la Patrie et qui met à contribution l'intelligence, rend familier le maniement des chevaux, endurcit contre les intempéries et la fatigue, exerce la vue et l'ouïe, habitue à la décision et au mépris du danger, permet enfin, au premier appel, de fournir au pays des contingents de cavaliers bien montés et habiles à éclairer nos corps d'armée.

De même, il a été reconnu que le bon cheval de chasse était le bon cheval de guerre, et il est superflu de répéter ici que, pour la remonte de ses écuries, la chasse à courre encourage puissamment chez nos éleveurs la production de ce type que la tactique moderne a rendue si nécessaire pour notre armée. Il n'y a donc pas lieu de revenir sur un sujet déjà traité et élucidé. Mais, en dehors de ces hautes considérations devenues banales et qu'il suffit d'énoncer, il en existe d'un autre ordre qui ont une réelle valeur.

C'est le rôle important que joue la chasse à courre dans notre pays, au point de vue économique et démocratique, rôle que l'on connaît peu ou mal et qui, cependant, aujourd'hui surtout où l'activité humaine se tourne chaque jour davantage vers l'industrie et le commerce, mérite une étude approfondie.

Certes, et personne n'a la prétention de le nier, la chasse à courre constitue un plaisir; mais, quand on prend la peine de disséquer, pour ainsi dire, les rouages nécessaires à son fonctionnement, on reste stupéfait devant le nombre prodigieux de branches commerciales et ouvrières auxquelles elle se rattache.

Tant il est vrai que pour exercer ce genre de sport, tout concourt à faire vivre des industries diverses; d'où il résulte pour notre pays un mouvement d'argent des plus considérables et des plus utiles à sa prospérité.

Afin d'en donner une idée, il suffit de parler des achats et des ventes de chevaux et de chiens, des grainetiers, maréchaux, boulangers, équarrisseurs, selliers, bottiers, tailleurs, carrossiers, hôteliers, loueurs de chevaux, etc... tous vivant de l'entretien et du mouvement des équipages de chasse et des employés parmi lesquels il faut compter les piqueurs, valets de chiens, cochers, palefreniers, gardes-chasse, etc., etc...

Quoique toutes difficiles que pouvaient être pour la Société de Vénerie, la recherche et la concentration des documents permettant de mettre sur pied un travail d'ensemble consciencieux et aussi exact que possible se rattachant à cette question, la Société de Vénerie a estimé que le moment était venu de l'élaborer de son mieux, parce qu'elle seule pouvait la mener à bonne fin, grâce à ses connaissances techniques et aux rapports suivis qu'elle entretient avec tous les maîtres d'équipage de France.

C'est le résultat de ses recherches qu'elle a l'honneur de présenter aujourd'hui au Congrès de la Chasse, dont les membres pourront, à l'aide des chiffres suivants qu'elle a scrupuleusement vérifiés, faire ressortir aux yeux des pouvoirs publics, l'immense intérêt qui existe pour notre pays, ou point de vue ouvrier, industriel et commercial, à encourager et à développer la chasse à courre en France.

En 1906, il existait en France, environ 405 équipages de chasse à courre, plus ou moins importants qu'il convient de diviser en deux classes : ceux qui possèdent plus de 30 chiens jusqu'à 100 chiens et ceux ne comprenant que 30 chiens et au-dessous. (1)

Afin d'éviter des subdivisions à l'infini qui entraîneraient des confusions extrêmes au cours de ce travail, nous établirons nos données sur des moyennes prises d'après les évaluations *les plus basses ne voulant exagérer en rien la somme d'argent vraiment considérable mise en mouvement par l'exercice de la chasse à courre.*

Equipages de 30 chiens et au-dessus

On comptait en 1906 en France environ 135 équipages de cette catégorie :

4 hommes par équipage à titre de piqueur et valets de chiens $(135 \times 4) = 540$ hommes.

8 chevaux pour les 4 hommes $(135 \times 3) = 405$ chevaux.

Sociétaires, actionnaires, invités suivant les chasses :

4 hommes par équipage à titre de piqueur et valets de chiens $(135 \times 4) = 540$ hommes.

8 chevaux pour les 4 hommes $(135 \times 8) = 405$ chevaux.

6 palefreniers employés au service des chevaux, des maîtres et hommes de chaque équipage $(135 \times 6) = 810$ hommes.

20 hommes employés au service des chevaux des sociétaires, actionnaires et invités suivant les chasses $(135 \times 30) = 2.700$ hommes (30 chevaux par équipage).

50 chiens composant chaque équipage $(135 \times 50) = 6.750$ chiens.

Pour la remonte du chenil : 10 chiens par équipage $(135 \times 10) = 1.350$ chiens.

Au total : 4.050 hommes, 7.035 chevaux, 8.100 chiens.

Evaluation des dépenses résultant des chiffres ci-dessus

Nourriture de 7.035 chevaux à 900 fr. l'un (7.035×900)	6.331.500
540 piqueurs et valets de chiens à 1.200 fr. l'un (540×1.200)	648.000
Achat de 1.500 chevaux de remonte à 1.200 fr. l'un (1.500×1.200)	1.800.000
Tailleurs et culottiers : 200 fr. par homme (pour 4 hommes $200 \times 4) = 800 \times 135$..	108.000
Cordonniers et bottiers : 280 francs pour 4 hommes (280×135)	37.000
Maréchalerie : 1.000 francs par an pour onze chevaux, maîtres et valets de chiens (1.000×135)	135.000
Sellerie (1.000×135)	135.000
Vétérinaires, pharmaciens, chapeliers, couples de chiens, trompes, etc... 2.000 francs par équipage (2.000×135)	270.000
Entretien de 8.100 chiens d'équipage et de remonte : paille, bois du four, farine, lait, équarrisseurs, etc... 150 francs l'un (8.100×150)	1.215.000
Impôt sur 8.100 chiens à 8 francs l'un (8.100×8)	64.800
Impôts divers sur 7.035 chevaux à 12 francs l'un (7.035×12) (2)	84.420
Permis de chasse à 28 fr. 60 l'un pour un certain nombre de maîtres et les 135 piqueurs (1.500 personnes) 150×28.60	42.900
135 maîtres d'équipage pour frais personnels : tailleurs, bottiers, chapeliers, etc. (500×135)	67.500
Sociétaires, actionnaires, invités suivant les chasses pour frais personnels (tailleurs, bottiers, chapeliers, etc.), calculés à 20 personnes par équipage et 500 francs l'une $(135 \times 20) = 2.700$ personnes qui, mul tipliées par 500	1.350.000
Six hommes employés dans chaque équipage pour les onze chevaux de maîtres, de piqueurs et valets de chiens $(135 \times 6) = 810$ hommes à 1.200 fr. l'un	972.000
20 hommes employés dans chaque équipage pour les trente chevaux des sociétaires, actionnaires, invités suivant les chasses soit : $135 \times 20 = 2.700$ hommes à 1.200 francs l'un	3.240.000
Entretien, maréchalerie, etc... des 30 chevaux des sociétaires, invités suivant les chasses (600×30)	18.000
Et pour 135 équipages (18.000×135)	2.430.000
TOTAL	18.949.920

---

(1) Il y avait encore en France en 1902, 553 équipages à Boutons. Ce chiffre de 405 est donc un minimum. Il y a une quantité de petits équipages dont il a été impossible d'avoir la statistique exacte.

(2) Dans l'impôt sur les chevaux, il y a la part de la commune, celle de l'Etat et les prestations.

Equipages de 30 chiens et au-dessous

On en comptait en 1906 environ 270. Pour être le plus juste possible, il est nécessaire de diviser cette classe d'équipages en deux catégories : la première, comprenant ce qu'on pourrait appeler les équipages moyens, c'est-à-dire ceux qui possèdent de 20 à 30 chiens, ayant par conséquent un train de vénerie encore important. La seconde, comprenant les équipages de petite vénerie, c'est-à-dire ceux qui possèdent moins de 20 chiens, par suite ayant un train beaucoup plus modeste. La première catégorie comprend environ 150 équipages; la seconde comprend environ 120 équipages.

1re CATÉGORIE. — ÉQUIPAGES DE 30 CHIENS ET AU-DESSOUS

On en comptait en 1906, en France, environ 150.

2 hommes par équipage à titre de valets de chiens (150×2) = 300 hommes.

4 chevaux pour les 2 hommes (150×4) = 600 chevaux.

2 chevaux pour chaque maître (150×2) = 300 chevaux.

Sociétaires, actionnaires, invités suivant les chasses : 10 par équipage (5 ayant 1 cheval et 5 ayant 2 chevaux) (150×15) = 2.250 chevaux.

Remonte annuelle pour 3.150 chevaux = 500 chevaux.

3 palefreniers employés au service des chevaux des maîtres et hommes de chaque équipage (150×3) = 450 hommes.

7 hommes employés au service des chevaux des sociétaires, actionnaires, invités suivant les chasses (150×7) = 1.050 hommes.

20 chiens composant chaque équipage (150×20) = 3.000 chiens.

Pour la remonte du chenil, 5 chiens par équipage (150×5) = 750 chiens.

Au total : 1.800 hommes; 3.650 chevaux; 3.750 chiens.

Evaluation des dépenses résultant des chiffres ci-dessus

Nourriture de 3.650 chevaux à 900 fr. l'un (3.650×900).............................	3.285.000
300 valets de chiens à 1.200 fr. l'un (1.200×300)............................	360.000
Achat de 500 chevaux de remonte à 800 fr. l'un (800×500).......................	400.000
Tailleurs et culottiers 200 fr. par homme, pour 2 hommes $200 \times 2 = 400$ (400×150)..	60.000
Cordonniers et bottiers, 140 fr. pour 2 hommes (140×150)......................	21.000
Impôts divers sur 3.650 chevaux à 12 francs l'un (3.650×12).....................	43.800
Maréchalerie 450 fr. pour 6 chevaux (maîtres et valets de chiens) (450×150).......	67.500
Sellerie 500 francs pour 6 chevaux (maîtres et valets de chiens) (500×150).......	75.000
Vétérinaires, pharmaciens, chapeliers, couples de chiens, etc., 1.000 francs par équipage	150.000
Entretien de 3.750 chiens d'équipage et de remonte : paille, farine, pois, équarrisseurs à 150 francs l'un (3.750×150)....................................	562.500
Impôts sur 3.750 chiens à 8 francs l'un (3.750×8)...............................	30.000
Permis de chasse à 28 fr. 60 l'un pour un certain nombre de maîtres et les 300 valets de chiens (700×28 fr. 60).......................................	20.020
Maîtres d'équipage pour frais personnels (tailleurs, bottiers, chapeliers, trompes, etc., etc... (500×150)...	75.000
Sociétaires, invités suivant les chasses, pour frais personnels (tailleurs, bottiers, chapeliers) et à 500 fr. l'un ($150 \times 10 = 1.500$ personnes).................	750.000
3 hommes employés dans chaque équipage pour les 15 chevaux des sociétaires, invités suivant les chasses ($150 \times 7 = 1.050$ hommes) à 1.000 fr. l'un...............	1.050.000
Entretien, sellerie, maréchalerie, etc., des 15 chevaux des sociétaires, invités suivant les chasses ($600 \times 15 = 9.000$) pour les 150 équipages (150×9.000).......................	1.350.000
TOTAL...	8.749.820

2e catégorie. — ÉQUIPAGES AYANT MOINS DE 20 CHIENS

1 homme par équipage à titre de valet de chiens (120×1) = 120 hommes.

2 chevaux pour l'homme (120×2) = 240 chevaux.

2 chevaux pour chaque maître (120×2) = 240 chevaux.

Sociétaires, actionnaires, invités suivant les chasses, 6 par équipage (ayant un cheval chacun) (120×6) = 720 chevaux.

Remonte annuelle pour les 1.200 chevaux = 300 chevaux.

2 palefreniers employés au service des chevaux, des maîtres et des hommes de chaque équipage (120×2) = 240 hommes.

6 hommes employés au service des chevaux des sociétaires, actionnaires, invités, suivant les chasses (120 × 6) = 720 hommes.

15 chiens composant chaque équipage (120 × 15) = 1.800 chiens.

Pour la remonte du chenil, 3 chiens par équipage = 360 chiens.

Au total : hommes 1.080; chevaux 1.500; chiens 2.160.

Evaluation des dépenses résultant des chiffres ci-dessus

Nourriture de 1.500 chevaux à 900 fr. l'un (1.500 × 900)...............................	1.350.000
120 valets de chiens à 1.200 fr. l'un (120 × 1.200).....................................	144.000
Achats de 400 chevaux de remonte à 800 fr. l'un (400 × 800).........................	320.000
Tailleurs et culottiers, 200 fr. par homme (120 × 200).................................	*24.000
Cordonniers et bottiers, 70 fr. pour l'homme.....................................	8.400
Maréchalerie, 300 fr. pour 4 chevaux (hommes et maîtres) (300 × 120)...............	36.000
Sellerie 350 fr. pour 4 chevaux (hommes et maîtres) (350 × 120)....................	42.000
Vétérinaire, pharmaciens, chapeliers, couples de chiens, etc... 500 francs par équipage (500 × 120)	60.000
Entretien de 2.160 chiens d'équipage et de remonte : paille, farine, bois, équarrisseurs, à 150 fr. l'un (2.160 × 150)................................	324.000
Impôts sur 2.160 chiens à 8 fr. l'un (2.160 × 8)..	17.280
Impôts divers sur 1.500 chevaux, à 12 fr. l'un (1.500 × 12).........................	18.000
Permis de chasse à 28 fr. 60 l'un pour un certain nombre de maîtres et les 120 valets de chiens (350 personnes à 28 fr. 60)..................................	10.010
Maîtres d'équipages pour frais personnels (tailleurs, bottiers, chapeliers, trompes, etc., etc... (500 × 120)	60.000
Sociétaires, invités suivant les chasses pour frais personnels calculés à 6 par équipage à 500 fr. × 6) = 720 personnes (720 × 120)...............................	360.000
2 hommes employés dans chaque équipage pour les 4 chevaux de maîtres et valets de chiens (120 × 2 = 240 personnes à 1.000 fr. l'un).....................	240.000
6 hommes employés dans chaque équipage pour les 6 chevaux des sociétaires, invités suivant les chasses (120 × 6 = 720 hommes à 1.000 fr.).....................	720.000
Entretien, sellerie, maréchalerie, etc., des 6 chevaux des sociétaires, invités suivant les chasses (600 × 6 = 3.600) pour 120 équipages (3.000 × 120).........................	432.000

TOTAL................................	4.165.690

Ainsi, d'après les évaluations ci-dessus, le mouvement d'argent produit en France par les équipages de chasse à courre qui possèdent plus de 30 chiens se montent à.... 18.949.920

Pour ceux qui possèdent de 20 à 30 chiens.. 8.749.820

Et pour ceux possédant moins de 20 chiens à............................... 4.165.690

TOTAL......................................	31.865.430

Mais ce n'est pas tout; à ce chiffre il convient d'ajouter les dépenses provenant des déplacements de chasse, des locations de chevaux et des voitures de place, des hôtels, des transports en chemin de fer, etc.; les recettes des octrois qu'alimente la présence des équipages dans une région et dont l'évaluation est difficile à préciser.

Comment, en effet, calculer le produit des bénéfices que tirent de la chasse des villes telles que Compiègne, Chantilly, Fontainebleau, Villers-Cotterets, Rambouillet, Pau, Biarritz, etc...

Cependant la Société de Vénerie, soucieuse d'approcher le plus possible de la vérité dans l'élaboration de son travail, s'est livrée, à cet égard, à une étude approfondie dans la France entière. On comprendra qu'il est impossible de transcrire ici les nombreux rapports qui forment le dossier de cette consultation, et qu'il faut se borner à quelques exemples frappants.

Nous en citerons deux seulement, choisis dans des régions différentes et qui nous ont semblé typiques.

La question posée était celle-ci :

Pouvez-vous évaluer approximativement le mouvement d'argent que peut occasionner la présence de votre équipage de chasse à courre dans la région que vous habitez ? (Loueurs, hôteliers, bouchers, boulangers, vétérinaires, grainetiers, selliers, équarrisseurs, etc.)

PREMIER EXEMPLE. — Voici la réponse qui nous a été faite pour la ville de Compiègne, l'un des plus grands centres de chasse à courre, puisque trois meutes, grâce aux 22.000 hectares de bois qui couvrent le sol de cette ville à Noyon, y trouvent le nombre d'animaux suffisants pour alimenter leur équipage.

Le travail a été fait par les employés de la ville de Compiègne et contrôlé ensuite par les personnes les plus compétentes en ces matières. C'est dire assez tout le soin que l'on a mis à en vérifier l'exactitude.

1) *Loueurs de voitures.* — Les loueurs de voitures vivent à Compiègne, durant l'hiver, de la location des voitures de chasse, tant pour les voitures de location affectées spécialement au service des équipages que pour celles servant aux invités et aux amateurs de chasse à courre. Au minimum 15 voitures à 2 chevaux suivent régulièrement les chasses.

Le tarif des voitures est de 40 francs l'une, c'est la somme de 600 francs par journée de chasse que les loueurs encaissent.

Il y a environ 120 chasses par an, cela donne un produit pour les loueurs de 600 × 120 .... 72.000

Nous ne comprenons pas dans ce chiffre, les chevaux de selle. Il s'en loue une dizaine par chasse, soit 1.200 pour la saison, à 30 francs par cheval...................... 36.000

Une moyenne de 10 voitures sont employées pour conduire les chasseurs au rendez-vous et ramener les palefreniers qui y ont conduit les chevaux.

Pour les 120 chasses, il faut donc compter 120 voitures à raison de 10 fr. l'une, soit 12.000

Au total pour les loueurs.................................... 120.000

2) *Le commerce local : chevaux de maîtres et de location.* — Pour assurer leur service de location, les loueurs sont obligés d'entretenir en service une centaine de chevaux.

De leur côté, les invités des équipages, propriétaires d'écuries, entretiennent, à cause des chasses, une centaine de chevaux également.

D'où des dépenses de grains, fourrages, sellerie, carrosserie, vétérinaires, maréchaux-ferrants.

Il semble qu'il ne soit pas exagéré de fixer la dépense moyenne d'entretien d'un cheval à 5 francs par jour, soit pour les 200 chevaux 1.000 francs par jour et pour 365 jours une entrée locale dans le commerce local de 365.000 francs.

3) *Le commerce local : mouvement de population provoqué par les chasses à courre.* — Une conséquence importante des chasses à courre, c'est la venue à Compiègne pendant sept mois de l'année (fin septembre à fin avril) d'un certain nombre d'amateurs de chasse, qui ont, dans cette ville un pied-à-terre, soit une résidence fixe et qui, dans les deux cas, sont accompagnés de leur personnel en totalité ou en partie.

Soit un ensemble approximatif de 300 personnes (ce chiffre n'étant qu'un minimum), qui s'alimentent au commerce local.

Voici les commerçants qui sont spécialement intéressés à la venue de ces étrangers, étant bien entendu qu'il n'est question ici que des personnes séjournant à Compiègne avec leur personnel.

Boulangers, bouchers, charcutiers, pâtissiers, comestibles, épiciers, en ce qui concerne l'alimentation;

Grainetiers, vétérinaires, carrossiers, selliers, maréchaux, en ce qui regarde les écuries

Tailleurs, bottiers, en ce qui concerne l'entretien des personnes.

Tapissiers faisant la décoration des immeubles.

Enfin, à titre d'indication supplémentaire, nous mentionnerons les agents d'assurance et les agents de location.

Dans ces conditions, il devient plus facile d'évaluer dans quelle mesure le commerce local, pour être intéressé à ce mouvement de population, et, restant toujours dans les suppositions minima, nous fixerons à 7 francs par jour la dépense moyenne de chaque personne.

Soit pendant 210 jours pour 300 personnes : 300 × 210 × 7 = 441.000 francs.

4) *Commerce local : Hôteliers.* — Par chasse une vingtaine de personnes viennent à Compiègne et descendent à l'hôtel.

Ces vingt personnes dépensent au minimum 5 francs chacune par chasse, soit 100 francs et pour 120 chasses : 12.000 francs.

Remarque d'ordre plus général

Octroi. — Les octrois de la ville de Compiègne sont intéressés au fonctionnement des chasses à courre. Tous les produits nécessaires à l'alimentation des chevaux (paille, foin, son, avoine), sont taxés de droits d'entrée et procurent à la ville une recette approximative de 8 à 10.000 francs par an.

Environs de Compiègne. — Les chasses à courre apportent un élément de prospérité appréciable aux villages forestiers des environs de Compiègne, en créant une attraction goûtée même par un certain nombre d'habitants sédentaires de la ville.

, A Noyon, par exemple, les loueurs de voitures et de chevaux retirent de beaux bénéfices de chasses faites en forêt et suivies par la population de cette ville ou de ses environs.

En somme les conclusions suivantes s'imposent :

1) Les chasses à courre provoquent, pour Compiègne seulement, un apport de fonds de 900.000 francs par an, circulant dans le commerce local.

2) Il en résulte qu'une grande partie du commerce de Compiègne (où il n'existe pas d'industrie) trouve dans les chasses à courre un élément unique de prospérité.

Dans ce chiffre de 900.000 francs par an, concernant la ville de Compiègne seule, se trouvent comprises certaines dépenses évaluées plus haut en détail.

Il serait donc téméraire de la multiplier par les 405 équipages de France et d'y joindre le produit aux 32.000.000 de francs dont nous avons parlé ci-dessus, pour établir les bases sérieuses sur le mouvement d'argent que tirent de la chasse à courre les ouvriers et le commerce de notre pays. D'autant plus que nous ne prétendons nullement assimiler toutes les régions de France à un centre aussi réputé que celui de Compiègne.

Cependant, dans la nomenclature du commerce local, il convient de retenir :

1° Les dépenses des loueurs de voiture, par an... 120.000

2° Les dépenses de chevaux de louage, par an... 132.000

(retranchant les 133.000 francs des chevaux des invités déjà comptés ailleurs.)

3° Les hôteliers par an 12.000

4° L'octroi par an 8.000

AU TOTAL..................................Fr.   272.000

Si on multiplie ces 272.000 francs par 405 équipages, on obtiendra le chiffre de 110.160.000 francs. Mais ainsi que nous l'avons dit, il faudrait assimiler alors tous les centres de chasses à celui de Compiègne et rien ne serait plus faux. Sans être taxés d'exagération, il nous sera permis de prendre comme moyenne le chiffre de 100.000 francs, soit 40.500.000 francs qui, joints aux 31.865.430 précédemment énoncés, donnent un total de 72.365.430 qui représentent le mouvement d'argent créé en France pour l'exercice de la chasse à courre. En outre, il est utile de remarquer que l'élevage et le commerce des chiens créent une source de revenus très importants dans un certain nombre de départements où se tiennent des foires spéciales très courues, même par les étrangers. L'évaluation en est très difficile. Nous n'avons pas tenu compte non plus du nombre de chevaux que possèdent les loueurs pour le service de la chasse à courre.

DEUXIÈME EXEMPLE. — Mouvement d'argent résultant des chasses de l'équipage de Mme la duchesse d'Uzès :

Mme la duchesse d'Uzès, fils, filles, gendres : 7 personnes.

Personnes portant le bouton : 70 personnes.

Invités : 100 personnes.

Hommes de vénerie : 6 hommes.

Hommes d'écurie : 177 hommes.

Soit 360 personnes dont 177 boutons et 183 hommes.

Tailleurs

177 maîtres à 200 francs...	35.400	
6 hommes de vénerie à 150 francs	900	
177 hommes d'écurie à 100 francs	17.700	
TOTAL....................	54.000	54.000

Bottiers

177 maîtres à 150 francs	26.600	
6 hommes de vénerie à 100 francs......................	660	
177 hommes d'écurie à 90 francs............................	15.930	
TOTAL....................	43.190	43.190

Chemisiers (bas de vénerie, cravates, etc.)

177 maîtres à 60 francs...	10.620	
6 hommes de vénerie à 25 fr..............................	150	
TOTAL....................	10.770	10.770

Chapeliers

177 maîtres à 50 francs....................	8.850	
6 hommes de vénerie à 40 francs	240	
177 hommes d'écurie à 20 francs	3.540	
Total....................	12.430	12.430

Marchands de caoutchoucs et manteaux

177 maîtres à 100 francs....................	17.700	
6 hommes de vénerie à 80 francs.........................	480	
177 hommes d'écurie à 60 francs..........................	10.620	
Total....................	28.800	28.800

Selliers (fouets de chasse, éperons, divers, etc.)

177 maîtres à 25 francs	4.425	
6 hommes de vénerie à 20 francs....................	120	
Total....................	4.545	4.545

Instruments de musique

6 trompes à 60 francs (ou réparation).....................	360	360
Gages de 6 hommes de vénerie à 1.800.....................	10.800	10.800
Gages de 177 hommes d'écurie à 1.000 fr. en moyenne......	177.000	177.000
Hommes de journée pour aider les jours de chasse :		
2 hommes à 3 fr. = 6 × 52 jours de chasse................	312	312
Nourriture les jours de chasse, 7 maîtres, 20 boutons, 40 invités, 6 hommes d'écurie de l'équipage, 60 hommes d'écurie des boutons et des invités, soit 138 personnes à 5 francs en moyenne pour 52 journées de chasse (2.950 × 52)		140.140
(à répartir entre boulangers, bouchers, épiciers, etc...)		
Naturalistes, pieds de cerfs, tête de cerfs environ...........		1.000
Location de maisons pour la saison de la chasse...........		néant

Industries de transport

20 voitures de louage à 10 francs pour conduire au rendez-vous 200 × 52		10.400

Loueurs :

10 voitures à 30 francs = 300 × 52..........................		15.000
4 chevaux de selle à 40 francs = 160 × 52..................		8.320

Chevaux :

Équipage : 22 chevaux.
Boutons à 3 chevaux chacun : 70 × 3 = 210 chevaux.
Invités à 2 chevaux 100 × 2 = 200 chevaux.
Total des chevaux : 432.

Remonte annuelle de 1/4 pour 432 chevaux..................	162.000
Nourriture de 432 chevaux à 900 fr. l'un par an...........	388.800
Maréchalerie pour 432 chevaux à 50 fr. par cheval........	21.600
Sellerie pour 432 chevaux à 100 fr. par cheval.............	43.200
Vétérinaires, pharmaciens à 10 fr. par cheval.............	4.320
Impôts divers sur 432 chevaux à 12 fr. l'un................	5.184

Chiens

Remonte annuelle : 20 chiens à 150 francs..................	3.000
Impôts sur 80 chiens à 8 francs l'un........................	640
Nourriture des chiens (équarrisseur à 25 cent. par jour et par chien. Boulangers à 15 cent. par jour et par chien)	11.680
Vétérinaires, pharmaciens, couples, hardes, etc.............	1.000
Bois pour faire la soupe aux chiens........................	2.000
Locations de forêt et charges diverses de l'adjudicataire	25.000

Total...........................	1.186.201

Il n'a pas été tenu compte dans ce travail de nombreux officiers et curieux qui viennent suivre les chasses.

Il n'a pas été tenu compte non plus de nombreux automobiles qui viennent de Paris et des environs et qui font vivre les hôtels et les auberges du pays.

Aux chasses du Lundi de Pâques et de la Saint-Hubert, le nombre des étrangers est que les boulangers sont obligés de faire trois fournées de pain et il en a manqué.

3ᵉ EXEMPLE. — Le troisième exemple choisi parmi ceux qui nous ont semblé répondre le mieux au but que nous nous proposons, celui de connaître le profit dont bénéficient en France les ouvriers, le commerce et l'industrie par l'exercice de la chasse à courre, sera pris dans une région autre que celle que nous venons de citer.

Certes, Fontainebleau, Villers-Cotterets, Chantilly auraient mis encore plus en lumière ce côté si intéressant de notre étude, mais nous avons pensé que, ne pouvant donner, dans un rapport relativement succint tous nos documents, il serait préférable de nous éloigner un peu des environs de Paris pour prouver que partout où il existait la chasse à courre, il se produisait dans le pays un mouvement considérable d'argent. Et c'est si vrai que certaines villes de France qui ont compris le puissant intérêt que présentait pour leurs ouvriers et leur commerce local, la présence, chez elles, d'un équipage de chasse à courre, votent des allocations importantes afin de les conserver. Ainsi, pour n'en citer que deux, Pau et Biarritz inscrivent, chaque année dans leur budget, la somme de 20.000 francs chacune à titre de subvention.

De plus, nous avons été amenés à choisir ce troisième exemple en raison des détails qu'il renferme, nécessaires à nos yeux, tout arides qu'ils puissent sembler si l'on veut sortir des généralités pour se livrer à une étude approfondie de la question.

Dans cette région chassent 8 équipages comprenant 575 chiens et 440 chevaux.

Mouvement d'argent résultant de la chasse à courre dans le département d'Eure-et-Loir et les portions limitrophes des départements de l'Eure et de l'Orne :

Dépenses des équipages de la région

	Chasseurs et invités	Hommes de vénerie	Hommes d'écurie	Gardes	
Vêtements de chasse : tailleurs	37.600	5.700	18.800	1.200...................	63.300
Bottes et chaussures : bottiers	28.200	4.180	16.020	1.500...................	50.900
Capes et chapeaux : chapeliers.	9.400	1.900	7.520	200...................	19.020
Caoutchoucs et manteaux	18.800	3.040	11.280	1.000...................	34.120
Bas, cravates de vénerie	11.280	250	»	»	12.230
Trompes et cornets	13.160	2.660	»	»	15.820
Eperons, fouets	4.700	760	»	»	5.460
Gages de 38 hommes de vénerie : 1.200 francs en moyenne...................					45.600
Gages de 188 hommes d'écurie : 1.000 francs en moyenne...................					188.000
Gages de 20 gardes : 1.000 francs en moyenne...................					20.000
Locations de maisons pour la saison des chasses : propriétaires...................					6.000
Dépenses dans les auberges (équipages et invités) : aubergistes...................					39.900
Chevaux de selle et de voiture de louage pour suivre les chasses...................					18.000
Empailleurs à 15 francs par pied d'animal pris : naturalistes...................					4.575
Paille, avoine, foin, etc., pour la nourriture de 440 chevaux à 900 fr. l'un...................					396.000
Ferrure de 440 chevaux à 100 fr. par cheval et par an : maréchaux...................					44.000
Fabrication et entretien de voitures pour suivre les chasses...................					6.000
					968.925

Dépenses relatives aux chiens

Viandes et graisses pour la soupe des chiens; équarrisseurs et fabricants de creton	52.608
Riz ou pain d'orge : boulangers...................	31.471
Couples hardes, traits de limier, couteaux, ciseaux, etc...................	3.850
Bois pour faire cuire la soupe des chiens...................	1.100
Honoraires et frais de déplacements des vétérinaires pour 575 chiens = 880 fr., pour 440 chevaux = 4.400 francs...................	5.280
Médicaments : pharmaciens : pour 575 chiens = 880 fr., pour 440 chx = 4.400 francs	5.280
Remonte annuelle	14.400

Industrie des transports

Chemin de fer : maîtres et invités 250 francs par an...................	47.000
— Hommes, 20 francs par an...................	7.520
Loueurs de voitures : maîtres et invités : 100 francs par an...................	18.800
— Hommes 20 francs par an...................	3.700

Divers

Sellerie, harnachement, couvertures pour 440 chevaux à 200 fr. l'un............... 88.000
Remonte annuelle de chevaux : 100 chevaux à 1.500 fr. l'un......................... 150 000

1.398.054

ALIMENTATION EN DÉPLACEMENT

Dépenses supplémentaires pour les jours de chasse

525 maîtres et hommes à 5 francs par jour = 2.625 francs par jour et qui, multipliés pour 400 journées de chasse, pour les 8 équipages (1) ainsi décomposés :
Vin, 1 fr.; pain, 0 fr. 50; viande, 2 fr. 50; épicerie, 1 fr. Par jour : 5 fr. × 525 = 2.625 fr
Marchands de vin : par jour 1 fr. × 525 personnes = 525 × 400 jours................... 210.000
Boulangers : par jour 0 fr. 50 × 525 personnes = 262 fr. 50 × 400...................... 105.000
Bouchers et charcutiers : par jour 2 fr. 50 × 525 personnes = 1.312,50 × 400........... 525.000
Epiciers : par jour 1 fr. × 525 personnes = 525 × 400................................. 210.000

Mouvement d'argent des équipages étrangers en déplacement dans la région

Aubergistes : logement des hommes, chiens et chevaux.............................. 7.000
Equarrisseurs : Nourriture des chiens 1.350
Boulangers, marchands de riz.. 1.000   2 350
Grainetiers : nourriture des chevaux 9.750
Loueurs : chevaux de selle et voitures pour suivre les chasses.................... 6.000
Hommes de journée pour aider les jours de chasse 672

Alimentation

Marchands de vin 3.600
Boulangers 1.800
Bouchers, charcutiers 9.000
Epiciers 3.600

Impôts

Permis de chasse 5.000
Taxe des chiens 575 × 8... 4.600
Taxe sur les chevaux 440 × 12 .... 5.280

TOTAL..................... 2.506.706

Plus de 2.500.000 francs pour le département d'Eure-et-Loir et pour les environs. Tel est le profit que tire cette région de la chasse à courre.

Et nous n'avons pas parlé des locations des bois et forêts, des assurances de toutes sortes, des actes notariés pour les baux de chasse, etc., etc...

Il faut tenir compte également du mouvement d'argent résultant de l'achat de nos chiens courants par les pays étrangers qui apprécient au plus haut point les races françaises. Nous devons signaler aussi :

Les frais de déplacement pour les chiens de remonte estimés à 25 francs l'un.

Les frais de déplacement pour les chevaux de remonte estimés à 100 francs l'un.

Les pièces et pourboires nombreux donnés soit aux valets de chiens, palefreniers, etc., soit aux habitants de la campagne. Enfin les sommes importantes déboursées (il n'en a été tenu compte que dans le 3ᵉ exemple) pour les gages des gardes et leur établissement soit dans les bois particuliers, soit dans les forêts domaniales, soit dans les forêts des hospices. Tous ces gardes étant uniquement établis pour le service de la chasse à courre.

Le mouvement d'argent créé par ce surcroît de dépenses, et dont il est difficile d'établir le compte exact, doit être ajouté au total général, total qui est donc très au-dessous de la réalité.

Si l'on veut approcher encore plus de la vérité, il convient de ne pas négliger pour toute la France les locations des bois et forêts, aussi bien celles relevant des particuliers que celles dépendant de l'Etat.

De ce chef, on peut estimer, sans être taxé d'exagération, que les locations de l'Etat, y compris les charges imposées par lui aux adjudicataires de la chasse à courre et les locations particulières, peuvent se monter annuellement pour notre pays à la somme de.... 1.000.000
qui, avec celle ci-dessus annoncée de... 72.500.000

donne un total de 73.500.000

_____

(1) Chaque équipage chasse de 48 à 53 fois par an.

Ainsi, sans prétendre affirmer que le chiffre de 73.000.000 représente exactement le mouvement d'argent produit en France par la chasse à courre, nous pouvons assurer que, d'après les évaluations scrupuleusement vérifiées au cours de ce travail, le total ci-dessus énoncé reste bien au-dessous de la réalité.

Un dernier mot avant de terminer.

Mais, dira-t-on, si la chasse à courre favorise un grand nombre d'ouvriers, certaines branches du commerce et de l'industrie, par contre elle est nuisible à d'autres, et vous devez en tenir compte au cours de votre travail. Les cerfs et les chevreuils, par exemple, que vous chassez à courre, ne causent-ils pas de sérieux dégâts à l'agriculture?

Nul ne songe à le nier, mais le principe sur lequel est fondée la responsabilité du propriétaire d'un bois ou du locataire de la chasse, à raison du dommage causé par le gibier aux propriétés voisines est le principe général des articles 1382 et 1383 du Code Civil, aux termes desquels tout fait quelconque de l'homme qui cause à autrui un dommage, oblige celui par la faute duquel il est arrivé, à le réparer, et qui déclare toute personne responsable du dommage qu'elle a causé, non seulement par son fait, mais aussi par sa négligence et son imprudence.

Or, les animaux sédentaires, vivant à l'état libre dans les bois, sont amenés par leur instinct naturel, à chercher leur nourriture dans les champs qui les avoisinent; ils peuvent causer de graves dommages aux récoltes. Aussi, en vertu des articles 1382 et 1383, les propriétaires de forêts ou locataires de chasses à courre, paient-ils de larges indemnités aux cultivateurs qui ont eu à souffrir de l'incursion de ces animaux sur leurs terres.

D'autre part, le cahier des charges des forêts de l'Etat réserve à l'Administration des droits étendus en ce qui touche la destruction du gibier dont la surabondance pourrait nuire aux peuplements forestiers ou aux propriétés riveraines.

Lorsque le cas se produit, le Conservateur des forêts met en demeure, par une sommation régulière, le fermier de chasse de détruire, dans un délai déterminé, les animaux dont le nombre et l'espèce lui seront indiqués.

Si le fermier ne satisfait pas à une mise en demeure, il est procédé d'office à la destruction, par les soins du service forestier, et le gibier ainsi abattu appartient à celui qui l'a tué.

On voit donc que l'intérêt de la culture est surabondamment protégé par ces deux mesures, et que le commerce qui en découle trouve une juste compensation à ces mécomptes dans les indemnités qui sont largement payées par les détenteurs du droit de chasse.

Voilà pourquoi nous n'avons pas voulu faire figurer dans ce travail la somme globale considérable qui est payée chaque année, à titre d'indemnité, aux cultivateurs riverains des bois et forêts, puisqu'elle ne fait que représenter largement la valeur des dommages causés aux récoltes par le gibier.

Enfin, pour que la chasse à courre ait pu se pratiquer encore de nos jours, il faut bien admettre qu'elle est populaire. On ne peut en être étonné en y réfléchissant un instant. D'abord, ce sport ne s'exerce pas sur un territoire limité, mais dans toute une contrée où chacun est admis à jouir des émotions de la poursuite. Il y a place pour tout le monde dans le « Déduict » de vénerie, où le modeste spectateur, sur un bidet quelconque, sur sa bicyclette, en carriole, voire même à pied, peut trouver autant de plaisir que l'élégant cavalier sur un pur-sang de grand prix. Quant au point de vue hippique, il est incontestable que la chasse à courre est un débouché très sûr et des plus importants pour nos éleveurs. Enfin, la chasse à courre retient de plus en plus dans les campagnes, et pour leur plus grand bienfait, de très nombreuses familles.

En terminant, nous rappellerons que certains conseils généraux, après avoir émis pendant plusieurs années des vœux hostiles à la chasse à courre, ont reconnu cette année leur erreur et qu'ils les ont supprimés en considération des importants bénéfices que les équipages de chasse à courre apportent à la région où ils sont installés.

Troisième Partie

Louveterie

Louveterie

Historique

L'origine de la louveterie est fort ancienne. Suivant VILLEQUEZ *(De la destruction des animaux malfaisants et nuisibles et de la louveterie*, p. 203), cette institution remonterait à la fin du vᵉ siècle. Charlemagne s'en occupa d'une manière spéciale, il paraît même l'avoir organisée le premier. On prétend que Charles VI, voulant faire quelque chose pour son peuple, au moment du mariage de sa fille avec le roi d'Angleterre, annula les commissions de louvetiers précédemment accordées : ce qui semblerait prouver que, même à cette époque, MM. les louvetiers n'étaient pas toujours raisonnables et commettaient de graves abus.

Cependant, de nouvelles commissions furent de nouveau accordées. On nomma même *des sergents et des gardes de louveterie, des loutriers, des renardiers...* et François Iᵉʳ créa la charge de *grand louvetier.*

Le 15 janvier 1785, un arrêt du Conseil vint réglementer la louveterie. Survint la Révolution, qui fit disparaître momentanément la louveterie. Napoléon la rétablit par décret du 8 fructidor an XII (20 août 1804) et nomma *grand veneur* le général Berthier.

Une ordonnance royale du 15 août 1814 maintenait dans les attributions du *grand veneur* la surveillance et la police de la chasse et de la louveterie dans les forêts de l'État.

La louveterie, malgré de vives attaques, survécut aux événements de 1830 et de 1848.

Les fonctions de grand veneur furent supprimées par ordonnance des 14-23 septembre 1830, qui transporta à l'Administration forestière la surveillance de la chasse dans les forêts de l'État, et la chargea des fonctions attribuées au grand veneur, entres autres celle de nommer les officiers de louveterie ; ce droit de nomination fut abrogé par les ordonnances des 21 décembre 1844-20 janvier 1845 et reporté au Roi. Le décret du 25 mars 1852 attribua aux préfets la nomination des lieutenants de louveterie. Un décret du 31 décembre 1852 nomma un grand veneur, mais sans rétablir l'ancienne grande vénerie et ses attributions.

Les lois et ordonnances précitées n'ont nullement été abrogées par la loi du 3 mai 1844 sur la chasse.

Depuis la loi de 1844, l'institution de la louveterie fut souvent et gravement menacée. On adressait de graves reproches aux louvetiers. Loin de se livrer à la complète destruction des animaux nuisibles, on les accusait de les protéger, afin de satisfaire plus facilement la passion qu'ils avaient tous pour la chasse. En 1881, notamment, MM. Petitbien, Bernier, Duvaux, Joignaux et plusieurs de leurs collègues reprirent une proposition de loi présentée à la Chambre sous la législation précédente par M. Petitbien et tendant à la suppression de la louveterie, tout en assurant la destruction des animaux nuisibles. Ce projet ne fut pas voté, mais en 1882, le 3 août, fut promulguée une loi relative à la destruction des loups et accordant des primes à tous les destructeurs sans exception.

En 1884, les auteurs du projet de 1881 revinrent à l'assaut et firent voter l'art. 90 de la loi du 5 avril 1884, relative aux pouvoirs des maires quant à la destruction des animaux nuisibles. Cet article, on le sait, confère aux maires des pouvoirs fort importants, ainsi qu'on pourra s'en rendre compte par la lecture du texte que nous publions plus loin.

Législation

Textes en vigueur. — Le plan restreint de cette étude ne nous permet pas de passer en revue tous les édits, arrêts, règlements, lois, décrets et ordonnances rendus sur la louveterie. Nos lecteurs pourront utilement consulter à ce sujet : VILLEQUEZ *(De la Louveterie)*, GIRAUDEAU, LELIÈVRE et SOUDÉE *(Code de la Chasse et de la Louveterie)*, LEBLOND *(Code de la Chasse et de la Louveterie)*, PUTON *(De la Louveterie)*.

Ce qui forme encore aujourd'hui le véritable Code de la Louveterie, ce sont : l'arrêté du Directoire du 19 pluviôse an V (7 février 1797) et l'ordonnance du 20 août 1814.

***

Arrêté du 19 pluviôse an V, concernant la chasse des Animaux nuisibles (*7 février 1797*)

Le Directoire exécutif sur le rapport du ministre des finances, considérant que son arrêté du 28 vendémiaire dernier, portant défenses de chasser dans les forêts nationales, ne doit mettre aucun obstacle à l'exécution des règlements qui concernent la destruction des loups et autres animaux voraces;

Que l'ordonnance de janvier 1583, art. 19, enjoint aux agents forestiers de rassembler un homme par feu de leur arrondissement, avec armes et chiens propres à la chasse aux loups, trois fois l'année aux temps les plus commodes;

Que celles de 1600 et 1601, ainsi que les arrêts du ci-devant conseil, des 26 février 1697 et 14 janvier 1698, leur enjoignent de contraindre les sergents louvetiers à chasser aux loups, renards et autres animaux nuisibles, et de veiller à ce que cette chasse soit faite de trois mois en trois mois, ou plus souvent, suivant qu'il en sera besoin, par ceux qui avaient le droit exclusif de chasse dans leurs terres; — Arrête ce qui suit :

Art. 1er. L'arrêté du 28 vendémiaire dernier, relatif à la prohibition de chasser dans les forêts nationales, continuera d'être exécuté.

Art. 2. Néanmoins, il sera fait dans les forêts nationales et dans les campagnes, tous les trois mois et plus souvent, s'il est nécessaire, des chasses et battues générales ou particulières, aux loups, renards, blaireaux et autres animaux nuisibles.

Art. 3. Les chasses ou battues seront ordonnées par les administrations centrales des départements, de concert avec les agents forestiers de leur arrondissement, sur la demande de ces derniers et sur celle des administrations municipales de canton.

Art. 4. Les battues ordonnées seront exécutées sous la direction et la surveillance des agents forestiers, qui régleront, de concert avec les administrations municipales de canton, les jours où elles se feront, et le nombre d'hommes qui y seront appelés.

Art. 5. Les corps administratifs sont autorisés à permettre aux particuliers de leur arrondissement qui ont des équipages et autres moyens pour ces chasses, de s'y livrer sous l'inspection et la surveillance des agents forestiers.

Art. 6. Il sera dressé un procès-verbal de chaque battue, du nombre et de l'espèce des animaux qui y auront été détruits; un extrait en sera envoyé au ministre des finances.

Art. 7. Il lui sera également envoyé un état des animaux détruits par les chasses particulières, mentionnées en l'art. 5, et même par les pièges tendus dans les campagnes par les habitants, à l'effet d'être pourvu, s'il y a lieu, sur son rapport, au paiement des récompenses promises par l'art. 20, section 4 du Code rural et le décret du 11 ventôse An III.

Règlement du 20 août 1814 sur l'Organisation de la Louveterie

La louveterie est dans les attributions du grand-veneur (ordonnance du 15 août 1814). — Le grand-veneur donne des commissions honorifiques de lieutenant de louveterie, dont il détermine les fonctions et le nombre par conservation forestière et par département, dans la proportion des bois qui s'y trouvent, et des loups qui les fréquentent. — Ces commissions sont renouvelées tous les ans. — Les dispositions qui peuvent être faites par suites des différents arrêtés concernant les animaux nuisibles appartiennent à ses attributions. — Les lieutenants de louveterie reçoivent les instructions et les ordres du grand-veneur pour tout ce qui concerne la chasse des loups. — Ils sont tenus d'entretenir, à leurs frais, un équipage de chasse composé au moins d'un piqueur, deux valets de limiers, un valet de chiens, dix chiens courants et quatre limiers. — Ils sont tenus de se procurer les pièges nécessaires pour la destruction des loups, renards et autres animaux nuisibles, dans la proportion des besoins. — Dans les endroits que fréquentent les loups, le travail principal de leur équipage doit être de les détourner, d'entourer les enceintes avec les gardes forestiers, et de les faire tirer au lancé, on découple, si cela est jugé nécessaire; car on ne peut jamais penser détruire les loups en les forçant; au surplus, ils doivent présenter toutes leurs idées pour parvenir à la destruction de ces animaux. — Dans le temps où la chasse à courre n'est plus permise, ils doivent particulièrement s'occuper à faire tendre des pièges, avec les précautions d'usage; faire détourner les loups, après avoir entouré les enceintes de gardes; les attaquer à traits de limiers, sans se servir de l'équipage qu'il est défendu de découpler; enfin, faire rechercher avec grand soin les portées de louves. — Ils feront connaître ceux qui auront découvert des portées de louveteaux; et il sera accordé, pour chaque louveteau, une gratification qui sera double, si on parvient à tuer la louve. — Quand les lieutenants de louveterie ou les conservateurs de forêts jugeront qu'il serait utile de faire des battues, ils en feront la demande au préfet, qui pourra lui-même provoquer cette mesure : ces chasses seront alors ordonnées par le préfet, commandées et dirigées par les lieutenants de louveterie qui, de concert avec lui et le conservateur, fixeront le jour, détermineront les lieux et le nombre d'hommes : le préfet en préviendra le ministre de l'intérieur et le grand-veneur. — Tous les habitants sont invités à tuer les loups sur leurs propriétés; ils en enverront les certificats aux lieutenants de louveterie de la conservation forestière, lesquels les feront passer au grand-veneur, qui fera un rapport au ministre de l'intérieur, à l'effet de faire accorder des récompenses.

Les lieutenants de louveterie feront connaître journellement les loups tués dans leur arrondissement, et, tous les ans, enverront un état général des prises.

Tous les trois mois, ils feront parvenir au grand-veneur un état des loups présumés fréquenter les forêts soumises à leur surveillance.

Les préfets sont invités à envoyer les mêmes états, d'après les renseignements particuliers qu'ils pourraient avoir.

Attendu que la chasse du loup, qui doit occuper principalement les lieutenants de louveterie, ne fournit pas toujours l'occasion de tenir les chiens en haleine, ils ont le droit de chasser à courre, deux fois par mois, dans les forêts de l'Etat faisant partie de leur arrondissement, le *chevreuil-brocard*, le sanglier ou le *lièvre*, suivant les localités. Sont exceptés les forêts ou les bois du domaine de l'Etat de leur arrondissement, dont la chasse est particulièrement donnée par le roi aux princes ou à toute autre personne.

Il leur est expressément défendu de tirer sur le chevreuil et le lièvre; le sanglier est excepté de cette disposition dans le cas seulement où il tiendrait aux chiens.

Ils seront tenus de faire connaître chaque mois le nombre des animaux qu'ils auront forcés.

Les commissions de lieutenant de louveterie seront renouvelées tous les ans; elles seront retirées dans le cas où les lieutenants n'auraient pas justifié de la destruction des loups.

Tous les ans, au 1er mai, il sera fait le nombre des loups tués dans l'année, un rapport général qui sera mis sous les yeux du roi.

L'uniforme est déterminé comme il suit :

Habit bleu, droit, à la française, avec collet et parements de velours bleu pareil, galonné sur le devant et au collet, poches à la française et en pointe, également galonnées; parements en pointe, avec deux chevrons pour les lieutenants; le galon sera or et argent; bouton de métal jaune, sur lequel sera empreint un loup; veste et culotte chamois; chapeau retapé à la française, avec ganse en or et en argent; couteau de chasse en argent, avec un ceinturon en buffle jaune, galonné comme l'habit; bottes à l'écuyère; éperons plaqués en argent.

Uniforme des piqueurs. L'habit sera le même que celui des officiers, excepté que le bouton sera en métal blanc, et que le galon sera un tiers d'or sur deux tiers d'argent.

Harnachement du cheval. Bride à la française, avec bossettes, sur laquelle sera un loup; bridon de cuir noir; selle à la française en velours blanc ou en velours cramoisi, et la boucle plaquée; étriers noirs vernis; martingale noire unie; sangles à la française.

Cet uniforme est permis, mais non obligatoire.

Circulaire du 9 juillet 1818 du Ministre de l'Intérieur pour la Destruction des Loups

« Monsieur le préfet, il paraît que le nombre des loups est augmenté en France depuis quelques années. Parmi les causes qui ont pu y contribuer on doit compter comme une des principales, la négligence avec laquelle se sont exécutés, dans ces derniers temps, les lois et règlements concernant la destruction de ces animaux. La suite de cette négligence a été funeste; des accidents nombreux ont eu lieu; non seulement l'agriculture, mais l'humanité a eu à gémir sur les ravages causés par les loups, dont la hardiesse et la férocité se sont accrues, et qui attaquent les hommes plus fréquemment que par le passé. Le Roi, à la sollicitude de qui rien n'échappe, veut que l'on s'occupe promptement et avec suite, de la destruction des loups, et il a chargé M. le grand-veneur et moi des mesures à prendre à cet effet.

« Sur la demande officielle qui m'a été faite par M. le grand-veneur, une Commission, présidée par lui, et composée de MM. Huzard et Rose, de l'Académie des sciences et de la Société royale et centrale d'agriculture; Fauchat, chef de la première division de mon ministère, membre de la même Société, et Bournonville, chef du bureau d'agriculture, a été nommé pour rechercher et discuter ces mesures, indiquer celles qu'elle jugerait les plus efficaces, et rédiger une instruction concernant leur emploi. Je vais vous faire part du résultat de son travail. C'est vous spécialement, Monsieur le Préfet, qui, en qualité de chef de l'administration dans votre département, devez diriger la mise en exécution des moyens à employer. Cette exécution exige de l'activité dans le principe, de la persévérance dans l'application; notre but doit être, sinon de purger entièrement le royaume de loups, ce que la position de la France ne permet guère d'espérer, au moins d'en débarrasser entièrement le pays situé le long des côtes ou dans l'intérieur, et d'en réduire le nombre dans les autres départements limitrophes de l'étranger, à un point tel, qu'avec un peu de surveillance, on puisse les empêcher de pénétrer trop avant sur notre territoire. Je vous ai fait connaître les intentions de Sa Majesté à cet égard; vous vous empresserez de vous y conformer, et nous éprouverons, M. le grand-veneur et moi, beaucoup de plaisir à vous citer avantageusement dans le compte qui sera rendu au Roi de l'accomplissement de ses ordres.

« La destruction des loups a été l'objet de mesures générales, qu'il est à propos de rappeler ici, ainsi que les divers moyens dont on fait usage pour opérer cette destruction.

« Les mesures générales sont :

1° « L'établissement des officiers de louveterie;

2° « Celui des primes décernées à toute personne qui a tué un loup, suivant l'âge et le sexe de l'animal détruit;

3° « Des chasses générales ou battues ordonnées par MM. les Préfets, sur les rapports qui leur sont faits.

« Les moyens de destruction sont les chasses à courre et au tir faites, soit isolément, soit en battues, les pièges, traquenards et trappes, et, dans quelques lieux, l'empoisonnement.

« Il s'agit d'examiner et d'apprécier le parti qu'on tire, et celui qu'on peut espérer d'obtenir de ces différents moyens.

Officiers de louveterie. — Chasses particulières

« M. le grand-veneur, dans ses instructions adressées à MM. les officiers de louveterie, leur a souvent rappelé les devoirs auxquels les oblige le titre dont ils sont revêtus. Il ne leur a pas laissé ignorer que de leur zèle et de leur activité à remplir ces devoirs, dépendait la conservation de leurs commissions. Il s'est fait un plaisir de faire connaître au Roi ceux qui s'étaient distingués plus particulièrement par leurs efforts et par leurs succès, et plusieurs ont reçu des marques de la satisfaction de sa Majesté.

« Comme vous êtes dans le cas de correspondre avec M. le grand-veneur, sur le résultat des chasses faites par ces officiers, il est à propos qu'ils vous en rendent compte exactement. Il est également à propos que, dès qu'ils sont informés qu'il existe des animaux nuisibles dans le département, ils vous en préviennent, afin que vous prescriviez des mesures pour leur destruction. Lorsque des battues générales sont ordonnées, il est naturel de leur en confier la direction. Il est de leur devoir d'y coopérer de tous leurs moyens, comme aussi de référer à toutes invitations que vous seriez dans le cas de leur faire pour le service dont ils se sont chargés.

« On ne peut guère espérer de détruire beaucoup de loups par les chasses particulières. Cependant, suivant les états publiés, en dernier lieu, des animaux dont on s'est défait par ce moyen, il ne serait pas à négliger. Ainsi, vous exciterez l'émulation de MM. les officiers de louveterie, vous constaterez les succès obtenus par eux, et vous en informerez M. le grand-veneur et moi.

Primes

« Les primes d'encouragement ont aussi produit quelques effets, mais pas autant qu'il y avait lieu de l'espérer; ce qui, d'après les renseignements qui me sont parvenus, doit s'attribuer surtout à la négligence et à la lenteur avec laquelle les primes méritées se règlent et s'acquittent.

« Elles se prélèvent sur les fonds des dépenses imprévues; et, par conséquent, il dépend de vous d'en améliorer le paiement; il peut même s'effectuer de suite, si la prime demandée est conforme aux taux fixés par le gouvernement (décision du 25 septembre 1807), sauf à m'en informer ensuite, afin que je régularise l'emploi des fonds.

« Si la prime doit excéder le taux ordinaire, à cause des circonstances qui ont accompagné la destruction de l'animal, vous m'en soumettrez la demande, et ma réponse ne tardera jamais à parvenir.

« Si quelque personne est blessée par des loups, qu'elle ait besoin de secours, vous pouvez lui faire toucher provisoirement un à-compte sur la somme que vous aurez jugée nécessaire, et vous me trouverez toujours disposé à approuver de pareilles dépenses.

« Je suis convaincu, par l'expérience de beaucoup d'années, que cette exactitude à acquitter les primes contribuera à l'encouragement, plus que l'élévation de leur taux, qui n'a jamais eu, à ma connaissance, d'effet sensible, pour la destruction d'un plus grand nombre de loups, et qui, ainsi que cela a déjà eu lieu, met l'administration dans l'impossibilité de tenir les promesses qu'elle a faites, ou surcharge le département d'une dépense trop forte, eu égard à ses ressources.

« Voici les mesures dont je crois devoir vous recommander l'exécution, dans la vue de rendre à ce genre d'encouragement son efficacité sans en augmenter les frais.

« Vous donnerez toute la publicité convenable au tarif fixé par le gouvernement pour les primes, qui sont de :

18 francs par louve pleine;

15 francs par louve non pleine;

12 francs par loup;

Et 6 francs par louveteau.

« La décision du 25 septembre 1807, ne portait qu'à 3 francs la prime pour un louveteau, j'ai cru convenable de la doubler, d'après les observations qui m'ont été faites à cet égard par la Commission. Cette nouvelle disposition recevra son exécution à compter du 1er juillet courant.

« Vous annoncerez en même temps que, dorénavant, et sauf les cas extraordinaires, ces primes seront payées régulièrement dans la quinzaine qui suivra la déclaration de la destruction de l'animal, déclaration faite dans la forme voulue et avec les preuves d'usage.

« A cet effet, vous voudrez bien prendre les arrangements nécessaires pour que les paiements, dont il s'agit, s'effectuent dans le délai indiqué, et, autant qu'il sera possible, sans déplacement de la part de la partie intéressée.

« Il me semble que la présentation du loup détruit devrait se faire au maire de la commune, qui en dresserait un procès-verbal constatant le nom du destructeur, l'âge et le sexe de l'animal tué, et la qualité de la prime méritée. Il joindrait à ce procès-verbal et au contrôle de l'animal détruit une quittance de la partie prenante, pour le montant de la prime.

« Le tout serait envoyé par le Maire au chef d'administration de l'arrondissement qui délivrerait un mandat appuyé de la quittance de la partie prenante, payable à vue sur le fonds des dépenses imprévues. La somme payée serait transmise par la voie de la correspondance administrative, au maire de la commune, et vous vous assureriez qu'elle aurait été remise à sa destination.

« Cette partie du service devant, au reste, être réglée suivant les localités, je m'en rapporte à vous pour l'organiser de la manière la plus convenable et la plus commode dans votre département.

Chasses générales ou battues

« Il est généralement reconnu que les battues bien combinées et bien conduites seraient un moyen très efficace pour opérer la destruction des loups; mais il est rare qu'elles réussissent complètement, et elles ne servent souvent qu'à déplacer ces animaux. Le désordre avec lequel elles s'opèrent, le peu d'habileté ou d'expérience des tireurs, quelquefois aussi des considérations particulières, sont les causes de ce défaut de succès. Il ne serait pas inutile de chercher les moyens de remédier à ces inconvénients et de rendre aussi les battues générales plus profitables pour l'intérêt commun. Je vous y invite, ainsi qu'à vous concerter, pour bien monter cette espèce de service public, avec MM. les officiers des forêts, de la louveterie et de la gendarmerie.

« D'après les ordonnances de 1600 et de 1601 et celle de 1669, qui n'ont pas été abrogées, il était prescrit de faire des battues au loup tous les trois mois, et plus souvent encore, suivant le besoin.

« Ainsi, monsieur le Préfet, vous êtes légalement autorisé à ordonner des chasses générales ou battues, toutes les fois que cela vous paraîtra nécessaire, et les habitants des communes que vous désignerez, et dont vous aurez soin de prévenir les maires à l'avance, sont tenus d'y assister. Votre prudence vous suggérera les ménagements à apporter dans l'exécution de ces mesures; d'une part, pour que les battues ne soient pas tumultueuses, par le trop grand nombre d'hommes qui y seraient appelés; et de l'autre, afin de ne pas fatiguer vos administrés par des appels trop fréquents, qui leur feraient perdre inutilement un temps précieux pour l'agriculture.

« Je suis porté à penser que, sauf les cas extraordinaires, les battues générales pourraient se faire habituellement à deux époques de l'année; savoir : au mois de mars, avant que la terre soit couverte, et vers le mois de décembre aux premières neiges.

« Pour les rendre plus utiles, il paraîtrait à propos qu'elles se fissent en même temps sur une grande étendue de territoire, afin que les animaux qui échapperaient à une battue retombassent dans l'autre. Vous apprécierez jusqu'à quel point cette disposition serait applicable au département que vous administrez.

Pièges, traquenards, batteries, fosses, etc.

« On est assez dans l'usage de tendre des pièges pour les loups; cet usage peut être continué avec quelque espoir de succès, s'il est dirigé par des hommes expérimentés; mais il exige qu'il soit pris en même temps des précautions pour que les pièges et fosses qui seraient disposés ne deviennent pas préjudiciables aux hommes ou aux animaux domestiques.

« Je pense que, dans les endroits ouverts, il ne doit être placé de pièges à loup, qu'après en avoir prévenu le Maire de la commune, et avoir obtenu sa permission. Celui-ci, lorsqu'il le jugera utile pour la sûreté des habitants, ferait annoncer publiquement les lieux où devraient être tendus les pièges, afin qu'on pût les éviter.

« Dans aucun cas, ils ne doivent être placés dans les chemins ou sentiers pratiqués.

« Ces observations s'appliquent également, et, à plus forte raison, aux chausses ou trappes, et surtout aux batteries.

« Les divers ouvrages qui ont traité de la destruction des loups, et dont on donnera plus bas la notice, contiennent la description des embûches qu'on peut employer pour cet objet. Par exemple, il est fait mention, dans le cours d'agriculture de M. l'abbé Rozier, d'un piège à loup qui n'aurait pas les inconvénients dont on vient de parler, et qui est usité dans certaines parties de la France. Voici comment il est décrit par l'auteur, d'après d'autres écrivains qui l'ont précédé.

« On forme avec des pieux de cinq à six pieds de long, qu'on plante solidement en terre « à la distance d'un demi-pied l'un de l'autre, une enceinte circulaire d'environ une toise de « diamètre, et au milieu de laquelle on attache une brebis vivante, ayant une ou plusieurs son- « nettes au cou. On plante ensuite d'autres pieux, également espacés de six pouces entre eux, pour « former, extérieurement, une seconde enceinte, éloignée de la première d'environ deux pieds. « On laisse à cette seconde enceinte une ouverture, avec une porte ouverte du côté gauche, qui « permette au loup d'entrer seulement à droite. Une fois que l'animal est entré dans les deux « enceintes, il va toujours en avant, comptant pouvoir saisir sa proie; et quand il est parvenu à « l'endroit par lequel il était entré, ne pouvant se retourner, les mouvements qu'il fait pour « aller en avant font fermer la porte. »

Il est aussi parlé de ce piège dans le nouveau cours d'agriculture, en 13 volumes, imprimé chez Déterville, en 1809.

Empoisonnement

Après avoir fait mention des différentes méthodes usitées plus ou moins généralement pour la destruction des loups, et dont la bonne direction peut, en effet, remplir en partie l'objet demandé, il me reste à vous parler d'un dernier moyen qui a été jugé unanimement être préférable à tous les autres, en ce qu'il offre plusieurs avantages.

« 1° Parce qu'on peut s'en servir dans toutes les saisons de l'année.

« 2° Parce qu'il n'occasionne le déplacement de personne, et ne dérange en rien les travaux de la campagne.

« 3° Parce qu'il est peu dispendieux.

» 4° Parce qu'il peut, en conséquence, être employé simultanément dans tout le royaume, et être continué pendant le temps nécessaire sans causer d'embarras.

» Je veux parler de l'empoisonnement.

« Il n'est pas aussi facile qu'on pourrait le croire d'empoisonner un loup, quoique très vorace, il est aussi très méfiant : il évente la moindre trace de l'homme, et il faut user de beaucoup de précautions dans la préparation de l'appât qu'on veut lui faire prendre; d'ailleurs, tous les poisons ne sont pas également dangereux pour lui. Quelques-uns, par leur activité même, ne produisent d'autre effet sur lui que de le faire vomir; et l'animal, une fois manqué, est plus difficile à amorcer de nouveau. Par exemple, l'émétique et l'arsenic ne lui occasionnent que le vomissement. Le verre pilé n'est pas d'un effet certain, même pour le chien.

« Il paraît prouvé que la noix vomique est la substance qui opère le plus sûrement la destruction du loup. Son emploi avait été indiqué par différents auteurs, qui ont parlé aussi de plusieurs autres appâts. Il a été, en dernier lieu, recommandé, d'après ces mêmes auteurs, par M l'abbé Rozier dans son *Cours d'agriculture* (article loup). Ce savant assure avoir fait lui-même, et fait faire plusieurs fois l'expérience avec le plus grand succès. Voici ce qu'il en dit :

« Prenez un ou plusieurs chiens, ou plusieurs vieilles brebis ou chèvres, que vous faites
« étrangler. Ayez de la noix vomique, râpée fraîchement (on trouve cette préparation chez tous
« les apothicaires); faites une quinzaine ou une vingtaine de trous avec un couteau dans la
« chair, suivant la grosseur de l'animal, comme au râble, aux cuisses, aux épaules, etc. Dans
« chaque trou, vous mettez un quart d'once ou une demi-once de noix vomique, le plus avant
« qu'il sera possible. Vous boucherez ensuite l'ouverture avec quelque graisse, et encore mieux,
« vous rapprocherez, par une couture, les deux bords de la plaie, afin que la noix vomique ne
« puisse pas s'échapper. Liez ensuite l'animal par les quatre pattes avec un osier, et non avec
« des cordes, qui conservent trop longtemps l'odeur de l'homme. Enterrez l'animal ainsi préparé
« dans du fumier qui travaille , il doit y rester en hiver, pendant trois jours et trois nuits,
« suivant le degré de chaleur du fumier, et vingt-quatre heures pendant l'été. Attachez une corde
« à l'osier qui lie les pattes et traînez l'animal, par de très longs circuits, jusqu'à l'endroit le
« plus fréquenté par les loups; alors, suspendez-le à une branche d'arbre, et assez pour que le
« loup soit obligé d'attaquer le chien par le râble.

« Le loup est un animal vorace; il mâche peu le morceau qu'il arrache; il avale de suite
« et le poison ne tarde pas à faire son effet. On est sûr de le trouver mort le lendemain; souvent
« il n'a pas le temps de gagner son repaire.

• Si on conseille de se servir d'un chien, ce n'est pas que cet animal attire les loups plus
« que les autres animaux : mais comme le chien ne mange pas la chair du chien, on ne craint
« pas que ceux du voisinage viennent dévorer l'appât, comme ils feraient, si on avait placé une
« brebis ou une chèvre.

« On peut mettre ce procédé en pratique dans toutes les saisons et tous les jours de
• l'année, dès qu'on est incommodé par le voisinage des loups; cependant, la meilleure saison,
« pour l'employer, c'est l'hiver, quand il gèle bien.

• L'argent que le gouvernement accorde pour chaque tête de loup, pourrait être employé à
« l'achat de la noix vomique. Chaque commune serait tenue de fournir les chiens ou les vieilles
« brebis, et les Maires seraient chargés de faire exécuter l'opération et de la répéter plusieurs
« fois dans un même hiver. Je ne crains pas d'avancer que si l'opération était générale dans
« tout le royaume, et suivie avec soin et zèle pendant plusieurs années consécutives, on ne
« vînt à bout d'anéantir tous les loups. »

« Tel est le procédé dont la Commission a cru devoir recommander l'usage et que je désire voir pratiquer dans toute l'étendue du royaume. A cet effet, vous prescrirez aux Maires des communes, dont le territoire est fréquenté par les loups, de faire préparer par le garde-chasse ou le garde-champêtre, chargé de les placer, des appâts, tels qu'ils viennent d'être décrits. Les frais peu considérables, qu'ils feront pour cela, seront remboursés sur le fonds des dépenses imprévues, d'après les mémoires qu'ils en fourniront, et que vous réglerez.

« Ce procédé devra être continué aussi longtemps que vous saurez qu'il existera des loups dans votre département, et principalement dans les temps de neige et de glace. (Les gardes ne doivent pas ignorer que les vieux loups sont beaucoup plus méfiants que les jeunes; qu'on ne peut guère espérer de les voir donner de prime abord sur un appât, et qu'il faut attendre, pour placer cet appât, que le loup ait donné au carnage.)

« Vous recommanderez à MM. les Maires de s'informer et de vous rendre compte des faits concernant le plus ou moins d'efficacité de l'empoisonnement. Il est facile de reconnaître si les loups ont approché les amorces et s'ils y ont touché. D'après cela, on peut juger s'il faut déplacer ces amorces ou les renouveler, ou même varier soit les amorces, soit les poisons. Car, quoique la préférence à donner à la noix vomique soit motivée par des autorités recommandables, cependant les expériences à cet égard n'ont pas peut-être été encore assez multipliées, et il est possible que l'on ait dans le pays connaissance d'autres poisons également propres à la destruction des loups et qui pourraient donner lieu à des essais. Dans ce cas, vous demanderez à être informé exactement de ces autres méthodes employées et de leurs résultats, et vous voudrez bien me transmettre ces renseignements.

« Vous recommanderez aussi à MM. les Maires de prendre toutes les précautions que la prudence commande, pour empêcher que l'emploi des appâts empoisonnés ne devienne fatal, soit aux chiens, soit aux bestiaux, si, par exemple, les appâts étaient préparés avec de vieilles brebis ou des chèvres, ou d'autres animaux que des chiens, il serait nécessaire que les habitants des communes fussent prévenus, par publication et par affiches, des lieux où les appâts seraient placés, afin qu'ils prissent des mesures pour en préserver leurs chiens.

« La présentation du contrôle des animaux détruits par l'empoisonnement donnera lieu à des primes, au profit de la commune, réglées conformément au tarif adopté par le gouvernement, et dont il sera loisible à MM. les Maires d'attribuer un quart ou moitié, suivant les circonstances, à la personne qui amènera un animal mort; le reste sera appliqué à l'achat des matières propres à l'empoisonnement, et porté en déduction dans les mémoires de fournitures qui vous seront adressés par les Maires.

RÉSUMÉ

« En me résumant sur le contenu de la présente instruction, voici les points principaux, qu'en conformité des intentions du roi, je recommande à votre sollicitude :

« 1° La publicité des primes promises pour la destruction des loups et des mesures que vous êtes chargé de prendre pour leur prompt paiement;

« 2° Les battues générales à deux époques de chaque année, et une bonne organisation à donner à ces sortes de chasses;

« 3° De l'activité dans les chasses particulières, pendant le temps où elles sont praticables;

« 4° L'emploi, avec les précautions requises, des pièges, fosses, enceintes et batteries;

« 5° Enfin, et surtout l'empoisonnement, qui devra être continué tant qu'on aura connaissance de loups existant dans le pays.

« Je vous invite expressément à faire concourir ces différents moyens à la destruction, aussi complète que possible, des loups dans votre département, et à donner de la suite à vos opérations jusqu'à ce que vous ayez obtenu des résultats, dont l'humanité et l'agriculture aient à s'applaudir.

« Vous voudrez bien m'accuser réception de la présente instruction; aviser promptement aux mesures à prendre, pour en faire l'application, et établir avec moi une correspondance suivie sur ce qui en est l'objet.

« Cette instruction a été concertée avec M. le grand-veneur qui a approuvé le travail de la Commission; et il est convenu entre lui et moi qu'il en donnera connaissance à tous les agents qui dépendent de lui, pour qu'ils concourent à assurer la plus complète exécution. Il sera donc à propos que vous instruisiez aussi M. le grand-veneur des résultats qu'elle aura pu produire, afin que si elle ne remplit pas entièrement son objet, nous puissions, de concert, nous occuper des moyens à prendre, pour lui donner, d'après vos observations et celles de MM. vos collègues, toute la perfection dont elle est susceptible.

***

Je crois devoir ajouter ici la note des ouvrages où l'on a traité plus particulièrement de la destruction des loups, et qui peuvent être consultés avec avantage.

« *La chasse du loup*, par J. CHAMORGAN; Paris, 1576, in-4°, avec figures, réimprimé plusieurs fois.

« *Nouvelle invention de chasse pour prendre et ôter les loups de la France*; par L. GRUAU, prêtre, curé de Sange, diocèse du Mans, 1610, in-8° avec figures.

« *Mémoire sur l'utilité et la manière de détruire les loups dans le royaume*, par DELISLE DE MONCEL; Paris, 1765, in-4°.

« *Méthodes et projets pour parvenir à la destruction des loups dans le royaume*, par le même; Paris, Imprimerie Royale, 1768, in-12.

« *Résultat d'expériences sur les moyens les plus efficaces et les moins onéreux au peuple, pour détruire dans le royaume l'espèce des bêtes voraces*, par le même; Paris, 1771, in-8°, avec figures.

« *Projet d'établissement de louveteries nationales, sans frais pour le gouvernement, nécessaires et très peu coûteuses à l'agriculture*, par les citoyens TIREBARDE et FRÉMONT; Rouen, an 4, in-4°.

« *Moyens faciles de détruire les loups et les renards*, par T. de C., lieutenant de louveterie de la Côte-d'Or, Paris, 1809.

« *Moyens à employer pour la destruction générale des loups en Europe*, par M. de MAILLET, ancien louvetier, Paris, 1810.

« En général, presque tous les ouvrages concernant la chasse traitent de la destruction des loups. »

Loi des 3-4 août 1882 relative à la destruction des Loups

Art. 1er. — Les primes pour la destruction des loups sont fixées de la manière suivante :
100 fr. par tête de loup ou de louve non pleine;
150 fr. par tête de louve pleine;
40 fr. par tête de louveteau.
Est considéré comme louveteau l'animal dont le poids est inférieur à 8 kilogrammes.
Lorsqu'il sera prouvé qu'un loup s'est jeté sur des êtres humains, celui qui le tuera aura droit à une prime de 200 francs.

Art. 2. — Le paiement des primes pour la destruction des loups est à la charge de l'Etat.
Un crédit spécial est ouvert, à cet effet, au budget du ministère de l'agriculture.

Art. 3. — L'abatage sera constaté par le maire de la commune sur le territoire de laquelle le loup aura été abattu.

Art. 4. — La prime sera payée au plus tard le quinzième jour qui suivra la constatation de l'abatage.

Art. 5. — Un règlement d'administration publique déterminera les formalités à remplir pour la constatation de l'abatage par l'autorité municipale, ainsi que pour le paiement des primes.

Art. 6. — La loi du 10 messidor, an V est et demeure abrogée.

Décret du 28-29 novembre 1882, portant règlement d'Administration publique pour l'exécution de la loi du 3 août 1882 relative à la destruction des Loups

Le Président de la République française.
— Sur le rapport du ministre de l'agriculture;
— Vu la loi du 3 août 1882, et notamment l'art. 5, ainsi conçu : « Un règlement d'administration publique déterminera les formalités à remplir pour les constatations de l'abatage par l'autorité municipale, ainsi que le paiement des primes. » Vu la loi du 28 sept.–6 oct. 1791, tit. 2, art. 13;
Le Conseil d'Etat entendu; — Décrète :

Art. 1er. — Quiconque a détruit un loup, une louve ou un louveteau, et réclame l'une des primes mentionnées dans l'art. 5 de la loi du 3 août 1882, doit dans les vingt-quatre heures qui suivent la destruction de l'animal, en faire la déclaration au maire de la commune sur le territoire de laquelle il a été détruit. La demande de la prime doit être faite sur papier timbré.
Le réclamant, doit, en même temps, représenter le corps entier de l'animal couvert de sa peau, et le déposer au lieu désigné par le maire pour faire les vérifications nécessaires.

Art. 2. — Le maire procède immédiatement aux constatations et en dresse le procès-verbal.

Art. 3. — Le procès-verbal mentionne :
1° La date et le lieu de l'abatage ou, en cas d'empoisonnement, le jour et le lieu où l'animal a été trouvé;
2° Le nom et le domicile de celui qui a tué ou empoisonné le fauve;
3° Le poids, lorsqu'il s'agit d'un louveteau;
4° Le sexe et le nombre des petits composant la portée, si c'est une louve pleine;
5° Les preuves, s'il y a lieu, que l'animal s'est jeté sur des êtres humains.
Le procès-verbal indique en outre que l'animal a été présenté en entier et couvert de sa peau.

Art. 4. — Après la constatation, celui qui a détruit l'animal est tenu de le dépouiller ou faire dépouiller; il peut réclamer la peau, la tête et les pattes.

Par l'ordre et sous la surveillance du maire ou de son suppléant, le corps du fauve dépouillé est ensuite enfoui dans une fosse ayant au moins un mètre trente-cinq centimètres de profondeur.

Toutefois, s'il existe dans la commune ou dans un rayon de quatre kilomètres un atelier d'équarissage autorisé, l'animal peut y être transporté.

Le procès-verbal mentionne ces diverses circonstances et opérations.

Les frais d'enfouissement sont à la charge de la commune.

Art. 5. — Dans les vingt-quatre heures, le maire adresse au préfet du département son procès-verbal, auquel il joint la demande de la prime faite par l'intéressé.

En outre, il délivre gratuitement à ce dernier un certificat constatant la remise de la demande de prime et l'accomplissement des formalités prescrites par le présent règlement.

Art. 6. — Sur le vu des pièces, le préfet délivre à l'intéressé un mandat du montant de la prime due.

Après l'accomplissement de cette formalité, le préfet transmet au ministère de l'agriculture le dossier de l'affaire.

Loi du 5 avril **1884**, « art. 90, § 9 », relative aux pouvoirs des Maires quant à la destruction d'Animaux nuisibles

Art. 90. — Le maire est chargé, sous le contrôle du conseil municipal et la surveillance de l'administration supérieure :

.. ..

9° De prendre, de concert avec les propriétaires ou les détenteurs du droit de chasse dans les buissons, bois et forêts, toutes les mesures nécessaires à la destruction des animaux nuisibles désignés dans l'article du Préfet pris en vertu de l'art. 9 de la loi du 3 mai 1844; De faire, pendant le temps de neige, à défaut des détenteurs du droit de chasse, à ce dûment invités, détourner les loups et sangliers réunis sur le territoire; de requérir, à l'effet de les détruire, les habitants avec armes et chiens propres à la chasse de ces animaux; De surveiller et d'assurer l'exécution des mesures ci-dessus et d'en dresser procès-verbal.

Réglementation et Jurisprudence

Nomination des lieutenants de louveterie. — Sous le premier Empire et la Restauration, les lieutenants de louveterie étaient nommés par le grand veneur ; sous la Monarchie de juillet, ils le furent tout d'abord par l'Administration des Forêts, puis par le Roi. (Ordonnance du 21 décembre 1844.) Sous la République de 1848 et le second Empire, ils étaient désignés par le Conservateur des Forêts et nommés par le Préfet. Aujourd'hui, c'est encore au Préfet qu'il appartient de nommer les lieutenants de louveterie.

Ces fonctions sont malheureusement données, trop souvent, en tenant plus compte des renseignements politiques que de la valeur des aptitudes et de l'expérience des chasseurs. Le titre de lieutenant de louveterie est devenu purement honorifique.

Les louvetiers ont pour chef administratif le Directeur général des Forêts et pour chef de service le Conservateur des Forêts de leur cantonnement. (Ordonnances des 14 septembre 1830, 24 juillet 1832, 21 décembre 1844, 20 juin 1845 et 25 mars 1852.) Les louvetiers ne peuvent enfreindre la défense d'un agent forestier. (Cassation, 6 juillet 1861, D., 61, I, 352. — Angers, 27 septembre 1861.) Il est à regretter que les louvetiers n'aient plus à leur tête un chef dont ils puissent recevoir l'heureuse impulsion.

Commission. — Durée. — Aux termes de l'art. 3 de l'ordonnance de 1814, les commissions des lieutenants de louveterie doivent être renouvelées chaque année, mais on est d'accord pour reconnaître que, sauf révocation, la commission

continue à être valable, par tacite reconduction. (VILLEQUEZ, n° 116; DE NEYRE-
MAND, p. 352 ; BERRIAT, p. 288 ; PUTON, n° 58 ; GIRAUDEAU et LELIÈVRE, n° 994.)

⁎

Fonctions. — Les fonctions des lieutenants de louveterie consistent :
A chasser le loup avec leur équipage ;
A diriger les battues ordonnées ou autorisées ;
A tendre ou faire tendre des pièges.

Uniforme. — L'uniforme des lieutenants de louveterie est déterminé
comme suit :

Habit bleu, droit, à la française, avec collet et parements de velours bleu
pareil, galonné sur le devant et au collet, poches à la française et en pointe, également galonnées ; parements en pointe, avec deux chevrons pour les lieutenants ;
le galon sera or et argent ; bouton de métal jaune, sur lequel sera empreint un
loup ; veste et culotte chamois ; chapeau retapé à la française, avec ganse en or
et en argent ; couteau de chasse en argent, avec un ceinturon en buffle jaune,
galonné comme l'habit ; bottes à l'écuyère ; éperons plaqués en argent.

Uniforme des piqueurs. — L'habit est le même que celui des officiers, excepté
que le bouton est en métal blanc, et que le galon est un tiers d'or sur deux tiers
d'argent.

Harnachement du cheval. — Bride à la française, avec bossettes, sur laquelle
sera un loup ; bridon de crin noir ; selle à la française en velours blanc ou en
velours cramoisi, housse cramoisie, garnie en galons or et argent ; croupière
noire unie, et la boucle plaquée ; étriers noirs vernis ; martingale noire unie ;
sangles à la française.

Cet uniforme n'est pas obligatoire, il n'est que permis. (Voir règlement
du 20 août 1814 sur l'organisation de la louveterie.)

⁎

Obligations. — Les louvetiers doivent entretenir à leurs frais un *équipage
de chasse,* composé au moins de 1 piqueur, 2 valets de limiers, 1 valet de chiens,
10 chiens courants et 4 limiers.

Cette *obligation* est rarement remplie, et beaucoup de lieutenants de louveterie n'ont, aujourd'hui, de leurs fonctions que le titre.

Les louvetiers doivent se procurer et fournir *les pièges* nécessaires pour la
destruction des loups, renards et autres animaux nuisibles dans la proportion
des besoins.

Il faut croire que ce besoin ne s'est jamais fait beaucoup sentir dans la
plupart des cantonnements, car les louvetiers n'ont presque jamais eu le moindre
piège à leur disposition, ils ne savent même pas les ouvrir et, à plus forte raison,
les tendre.

Dans le temps où la chasse à courre n'est plus permise, les lieutenants
de louveterie doivent cependant s'occuper à faire tendre les pièges, en tenant
compte des précautions d'usage.

Enfin, les louvetiers doivent fournir à l'Administration un *état annuel
des prises.*

⁎

Chasse du loup. — Les louvetiers ont le droit de chasser le loup dans
toute l'étendue de leur circonscription, sans distinction de propriétés, en tout

temps, en temps de neige, sans l'autorisation des propriétaires ou fermiers de chasse.

Le lieutenant de louveterie fera cependant beaucoup mieux s'il prévient officieusement les propriétaires et locataires du droit de chasse. Ceux-ci auront, bien entendu, le droit, et non l'obligation, de prendre part à la chasse.

Mais les louvetiers ne peuvent agir que sous la direction et la surveillance des agents forestiers — il s'agit, bien entendu, des gardes forestiers de la localité.

La direction et la surveillance par l'Administration forestière sont la garantie des particuliers.

L'opposition, faite par les Forêts, doit immédiatement arrêter le louvetier. En effet, depuis l'ordonnance du 14 septembre 1830, l'Administration forestière se trouve investie, à la place du grand veneur, du droit d'empêcher les chasses annoncées par les lieutenants de louveterie. (Cassation, 6 juillet 1861, D., 61, I, 352.)

En sens contraire (Cour de Rennes, 13 février 1861).

L'attaque du loup peut se faire sans l'autorisation préfectorale. (Circulaire ministérielle, 13 décembre 1860 ; DALLOZ, 61, III, 62.)

Les louvetiers peuvent chasser, avec l'autorisation du préfet, tous les animaux nuisibles déclarés tels par ce fonctionnaire : loups, renards, blaireaux, sangliers.

Le Préfet ne pourrait, par un arrêté de principe, autoriser le lieutenant de louveterie à détruire les loups et autres animaux nuisibles en tout temps et en tout lieu. Il est indispensable de recourir chaque fois à une nouvelle autorisation, sauf toutefois en ce qui concerne l'attaque du loup, qui peut se faire de suite et sans autorisation, ainsi que je l'ai déjà dit. (Circulaire ministérielle, 13 décembre 1860, citée plus haut. — Cassation, 18 janvier 1879, D., 79, I, 135. — Neufchâtel, 27 janvier 1882 ; *Recueil de Rouen*, 1882, 261. — Amiens, 21 février 1878 ; SIREY, 78, II, 166. — Paris, 24 novembre 1882 ; *Droit*, 12 janvier 1883.)

⁎

Chasse à courre du sanglier. — Aux termes des ordonnances de 1814, 24 juillet 1832, 12 septembre 1845, les lieutenants de louveterie ont le droit, afin d'avoir « *l'occasion de toujours tenir les chiens en haleine* », de chasser à courre deux fois par mois « *le chevreuil brocard, le sanglier ou le lièvre* », selon les localités. Ce droit est restreint aux forêts de l'Etat.

Le droit de suite n'existe pas.

Il leur est expressément défendu de tirer sur le chevreuil et le lièvre ; ils ne peuvent tirer le sanglier que s'il fait tête aux chiens.

L'ordonnance des 24 juillet-18 août 1832 a limité au sanglier le droit de chasse à courre réservé aux louvetiers par l'art. 16.

Pour ces chasses bimensuelles, le louvetier ne peut se faire accompagner que par des gens faisant partie de son équipage.

Les louvetiers ont un droit personnel, qu'ils ne peuvent transmettre à leurs piqueurs. (Nancy, 31 janvier 1844, D., 44, II, 69. — Dijon, 4 juin 1875. — Bourges, 22 décembre 1857.)

En sens contraire (Nîmes, 9 juillet 1829).

En temps de fermeture de chasse, les louvetiers peuvent faire détourner les loups et, après avoir entouré les enceintes de gardes, les attaquer à trait de limier, sans se servir de leur équipage, qu'il est défendu de découpler ; ils doivent enfin faire rechercher avec grand soin les portées de louves (art. 9, ordonnance de 1814).

Les louvetiers et leurs piqueurs sont dispensés du permis de chasse pour les chasses et battues faites par eux, dans l'exercice de leurs fonctions.

***

Battues— Les louvetiers ont le droit et le devoir d'organiser des battues ; elles doivent se faire chaque fois que la nécessité s'en fait sentir. Elles se font partout, sans distinction de propriétés et de propriétaires. Elles sont faites dans un intérêt général ; aussi les propriétaires ou fermiers sur lesquels elles s'exercent n'ont droit à aucune indemnité, sauf en cas d'irrégularité ou de véritables abus.

Les battues sont ordonnées par les préfets, soit d'office, soit sur la demande des lieutenants de louveterie, des Conservateurs des Forêts ou des maires. Aucune forme n'est exigée pour cette autorisation, qui peut même être transmise par télégramme. (Mantes, 16 décembre 1873.)

Il appartient aux préfets de désigner les animaux nuisibles contre lesquels peuvent être faites des battues. (Cassation, 3 janvier 1840. — Poitiers, 29 mai 1843. — Cassation, 21 janvier 1864.)

En sens contraire (Conseil d'Etat, 1er avril 1881, D., 81, III, 61).

L'arrêté du 19 pluviôse, dit le Conseil d'Etat, qui permet l'exécution de battues administratives pour la destruction des loups, renards, blaireaux et autres animaux nuisibles, est soumis à l'interprétation des Tribunaux ; il ne dépend pas des préfets de déterminer, à leur gré, les animaux qu'ils considèrent comme nuisibles.

Les battues sont habituellement commandées et dirigées par les louvetiers. La Cour de Cassation a cependant décidé que les préfets avaient le droit de choisir la personne qui offrait le plus de garantie pour le bon succès de la battue. Il est bien certain que, le plus souvent, ce ne sera pas le lieutenant de louveterie. Le préfet peut désigner soit le maire, soit un officier ou sous-officier de gendarmerie, soit un garde forestier, un chasseur de la localité, etc... (Cassation, 31 janvier 1866, D., 66, 1, 505.)

De toutes façons, la surveillance des battues par l'Administration forestière sera obligatoire, qu'il s'agisse de bois particuliers ou des forêts de l'Etat. (Conseil d'Etat, 10 mai 1882, *Droit*, 22-23 mai 1882.)

Pouvoirs de l'Autorité judiciaire. — L'Autorité judiciaire a le droit, par dérogation aux principes ordinaires de la séparation des Pouvoirs, lorsqu'elle statue comme juridiction répressive, de rechercher la légalité des actes administratifs, toutes les fois qu'ils constituent l'un des éléments des infractions pénales qui lui sont déférées ou qu'ils peuvent en être la justification.

Le préfet qui autorise un lieutenant de louveterie à exécuter des battues doit déterminer le délai dans lequel elles seront effectuées. L'arrêté qui permet au lieutenant de louveterie d'effectuer des battues sans délai déterminé constitue une délégation illégale, au profit de ce dernier, du droit que la loi attribue exclusivement au préfet d'apprécier, en tenant compte des faits actuellement existants, les exigences éventuelles de la sécurité publique.

L'arrêté du 19 pluviôse an V, qui prescrit, dans les battues autorisées, l'intervention des « agents forestiers », entend par ce mot « agents » les inspecteurs, sous-inspecteurs ou gardes généraux des Forêts ; les simples préposés ne peuvent les remplacer que s'ils ont reçu un mandat spécial et exprès, quels que soient à cet égard les usages locaux.

Le lieutenant de louveterie qui a la direction de la battue est tenu de contrôler avant toutes opérations si les prescriptions imposées pour leur régularité par l'arrêté préfectoral ont été remplies, et notamment si l'amodiataire du droit de chasse dans la forêt où a lieu la battue a été dûment prévenu.

L'autorisation donnée par le préfet au lieutenant de louveterie pour 25 battues à effectuer sans délai déterminé constitue une délégation illégale du droit que la loi attribue exclusivement aux préfets d'apprécier les exigences éventuelles de la sécurité publique, puisqu'elle assurerait au besoin, pendant plusieurs années, à celui qui en bénéficie, l'immunité pour des actes de chasse à effectuer sur des terrains et à des époques où ils lui seraient normalement interdits.

D'autre part, l'autorisation d'effectuer une battue contenue dans un arrêté préfectoral ne peut être invoquée qu'à la condition d'en observer les prescriptions, spécialement : 1° de prévenir les agents forestiers, sans le concours et la surveillance desquels les battues ne pouvaient avoir lieu ; 2° d'aviser en temps utile le fermier du droit de chasse des jours choisis pour les battues et de l'inviter à y assister.

Et, par agents forestiers, il faut entendre l'inspecteur, le sous-inspecteur ou le garde général, à l'exclusion des simples préposés, brigadiers ou gardes forestiers. (Dijon, 26 juin 1907, D., 1908, II, 375, avec Note.)

Droit de suite. — Le lieutenant de louveterie qui poursuit un animal blessé et qui fuit au delà des limites fixées pour la battue ne commet pas un délit de chasse. (Rouen, 11 août 1863. — Bourges, 24 mars 1870.)

Procès-verbal des battues. — Aux termes de l'art. 6 de l'arrêté du 19 pluviôse an V, il doit être dressé procès-verbal de chaque battue, avec indication du nombre et des espèces d'animaux détruits. Un extrait de cet état doit être adressé au Ministre des Finances.

***

Pièges. — Ainsi que je l'ai dit plus haut, lorsqu'il s'agit d'un intérêt général, les louvetiers doivent avoir les pièges nécessaires pour la destruction des animaux nuisibles et s'occuper de faire tendre ces pièges.

Nous avons indiqué que ce droit appartenait à tout propriétaire ou riverain, pour se défendre des bêtes fauves. (Tribunal Civil de Mamers, 2 juin 1875.) (Voir à *Destruction des animaux nuisibles,* ch. IV.)

Le droit des louvetiers s'exerce contre les loups et tous les animaux nuisibles, et en toute saison, ainsi que dans toutes les propriétés non closes. Les louvetiers doivent se conformer aux prescriptions d'usage. (Voir circulaire ministérielle, 9 juillet 1818.)

***

Empoisonnement des animaux nuisibles. — Les louvetiers, comme les particuliers, ont le droit d'empoisonner les loups et les animaux nuisibles (circulaire 1818), après avoir prévenu, par publications et affiches, les habitants des communes des lieux où les appâts seront placés.

***

Infractions aux règlements de la louveterie. — Ces infractions consti-
tuent-elles des délits de chasse ? On admet généralement la négative ; cependant,
il est bien certain que les Tribunaux ont le droit de rechercher si ces infractions
constituent des délits de chasse ; si, sous prétexte d'une battue, il n'y a pas eu
chasse véritable ; si des faits de chasse ne se sont pas produits au cours de la
battue ; si les louvetiers ne se sont point écartés des règles qui leur sont imposées, par exemple, au cours d'une chasse à courre ; si la battue était irrégu-
lière, faite par eux, sans la surveillance des agents forestiers, au delà des limites
fixées..... (Cassation, 6 juillet 1861, cité plus haut.)

Les personnes qui, sur la convocation du louvetier ou du maire de leur
commune, ont pris part à la battue organisée par le préfet, ne peuvent certainement être poursuivies pour délit de chasse. (Paris, 20 décembre 1851. — Nancy,
11 mai 1850. — Dijon, 30 août 1865. — Cassation, 17 mai 1866. — Besançon,
27 août 1868, D., 69, II, 46. — Château-Chinon, 24 novembre 1887, D., 88, III, 104.)

***

Les lieutenants de louveterie peuvent toujours être poursuivis devant les
Tribunaux sans autorisation.

George Tisset

Quatrième Partie

Fauconnerie

(library stamp: BIBLIOTHÈQUE NATIONALE — R.F. — IMPRIMÉS)

Dessin de G. Tisset

« Seigneur qui voulez oyr des déduis des oyseaulx, il faut
que celui qui en veult oyr ait en soi trois choses :
La première est de les aimer parfaitement ;
La seconde est de leur estre aimable ;
La tierce qu'on en soit envieux ».

Le Roi Modus.

Fauconnerie

Historique. — Législation — Réglementation et Jurisprudence

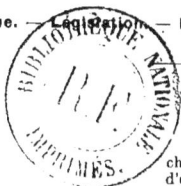

« Pour bien faire voler l'oiseau au gibier, trois
choses sont nécessaires : bon maistre, bonne compagnie
d'oyseaulx bien volants, et bon pays de gibier.

« TARDIF. »

Historique

D'après l'historien grec Ctésias, contemporain de Xénophon, la fauconnerie était en usage en Perse et dans l'Inde. Certains peuples de ces deux pays
chassaient le lièvre, la gazelle et le renard à l'aide d'oiseaux de proie.

Les premiers Mérovingiens, les Francs, les Burgondes et les Visigoths
ont connu et pratiqué la fauconnerie. Nous en avons la preuve dans leurs
lois, qui prononçaient certaines peines contre ceux qui volaient ou détruisaient
des oiseaux de proie dressés à la chasse.

Les Gaulois connaissaient également la chasse au faucon. Dans un
discours, Lidoine Apollinaire faisait l'éloge d'un certain Vectius et déclarait
que nul n'était plus expert que lui à dresser un chien, un cheval et *un
oiseau de proie*.

Mais c'est au moyen âge que la chasse au faucon atteignit sa plus
grande vogue. La fauconnerie devint alors une véritable science et la chasse
au faucon un plaisir réservé au Roi et à la Noblesse.

Charlemagne avait un équipage de fauconnerie et des officiers. Dans
un compte de dépenses de la maison de Philippe-Auguste figure une somme de
9 livres payée pour des autours et des faucons et des gages alloués à des
fauconniers.

Par un capitulaire spécial, Charlemagne interdit aux serfs, aux abbés et
abbesses la chasse au faucon.

A l'époque de la première croisade, la fureur pour la chasse au faucon
avait atteint un tel degré, que le *légat* fut contraint de l'interdire aux grands
seigneurs, qui avaient emporté presque tous, en Terre sainte, des faucons.

Dans les anciennes coutumes saliques, ripuaires, allemaniques, bourgui-
gnonnes et lombardes, les mesures les plus sévères étaient édictées pour garantir
les faucons de toute espèce de pièges.

Chez les Francs, celui qui volait un autour était condamné à 3 sous
d'amende — si l'oiseau volé était sur sa perche, l'amende était élevée à 15 sous —
si l'autour volé était enfermé, l'amende n'était pas moindre de 40 sous.

Les peines édictées par la *loi Gombette* étaient plus élevées. Celui qui volait
un autour devait laisser cet oiseau lui dévorer six onces de chair sur la poitrine.
Il avait toutefois le droit de s'épargner cette souffrance en payant 6 sous au propriétaire de l'autour, plus 2 francs d'amende.

Jusqu'au viiiᵉ siècle, il n'est question dans les textes que des autours, éperviers et oiseaux de bas vol. C'est à cette époque que la chasse au vol était à son apogée, on la considérait même comme étant plus noble que la vénerie.

Les veneurs et les fauconniers furent toujours ennemis à la Cour des rois de France.

Henry Martin nous raconte à ce sujet, dans la grande Encyclopédie, au mot *Fauconnerie,* une coutume assez singulière qui subsista jusqu'au xviᵉ siècle : « A la sainte croix de mai, les veneurs, tout habillés de vert et armés de gaules vertes, venaient chasser de la Cour les fauconniers; quand arrivait, au contraire, la sainte croix d'hiver, le grand fauconnier, accompagné de ses capitaines et fauconniers, mettait hors de Cour les veneurs. »

Malgré cet antagonisme, la fauconnerie et la vénerie ont toujours été considérées comme deux sœurs, elles ont toujours suivi une marche si parallèle et subi des modifications si semblables, que l'histoire de leurs institutions et de leurs coutumes est à peu près identique.

Vers le xviᵉ siècle, la fauconnerie semblait à l'agonie. Louis XIII essaya de la faire revivre, mais sans succès. Sous Henri IV, la chasse au vol était morte.

Louis XIV et quelques grands seigneurs ne chassaient au vol que parce que cette chasse faisait partie de *l'étiquette.* Louis XV ne chassa à l'oiseau de proie que pendant sa jeunesse.

Pendant toute la durée de la Féodalité, la fauconnerie était une institution réglementée.

Les gentilshommes seuls avaient le droit de posséder des *oiseaux nobles,* des faucons. Les bourgeois des bonnes villes ne pouvaient avoir que des *oiseaux roturiers et ignobles,* autours, milans, éperviers.

⁎

Si la fauconnerie était fort en honneur autrefois, aujourd'hui quelques rares sportsmen la pratiquent en Allemagne, en Russie et en Angleterre, et, à leurs risques et périls, en France et en Algérie, puisque la chasse au vol semble interdite par notre législation sur la chasse.

Les fauconniers modernes ayant compris que la pratique de leur science ne pouvait être maintenue, répandue et conservée que par l'Association, songèrent, dès la fin du xviiiᵉ siècle, à mettre en pratique ce grand moyen d'action de notre époque, moyen dont l'application est si souvent féconde en heureux résultats.

En 1814 se forma, en Angleterre, le *Hawking-Club de Didlington;* avant ce dernier, vers 1800, le colonel T. Thornton, célèbre fauconnier anglais, fondait le *Falconer's-Club de Alcombury Hill,* avec le comte d'Oxford, le comte d'Eglington, MM. Colqhoun, Parson, Ed. Parson, le duc de Rutland et M. P. Stanley.

En 1841, une Société fut fondée sous le patronage du Roi des Pays-Bas et sous la direction du baron de Tindal, pour voler le héron dans les campagnes voisines du château de Loo. A partir de cette époque, la fauconnerie devint, en Hollande, aussi florissante qu'aux xviᵉ et xviiᵉ siècles. La Société de Loo réussit à prendre, en douze ans, de 1841 à 1852, plus de 1.500 pièces de gibier ; mais elle fut dissoute en 1853. A l'heure actuelle, le noble art est délaissé là où il brilla pendant plusieurs années d'un trop vif éclat, et c'est à peine si l'on trouve encore quelques hommes experts à dresser les oiseaux dans le village de Walkenswaard, qui fournissait jadis des fauconniers à toutes les Cours de l'Europe.

En 1866, la *Société de Fauconnerie de Champagne* fut fondée sous la présidence de M. P.-A. Pichot, de la *Revue britannique*. Outre ce dernier, on comptait parmi les principaux sociétaires de l'équipage : MM. le vicomte de Champeaux-Verneuil, le baron d'Aubilly, le vicomte G. de Grandmaison, le comte Fernand de Montebello et M. Jules-Alphonse d'Aldama.

Cette tentative, pour le rétablissement de la chasse au vol dans notre pays, avait été couronnée de succès, mais, en 1868, des circonstances particulières provoquèrent la dissolution de la « Société de fauconnerie de Champagne », et forcèrent son excellent chef de vol, John Barr, à retourner en Angleterre. Depuis lors la fauconnerie fut de nouveau délaissée en France, et sa pratique abandonnée à l'initiative privée de quelques fervents amateurs, qui en conservèrent néanmoins la pure tradition.

C'est toujours en Angleterre qu'il faut aller, de nos jours, pour trouver des équipages de fauconnerie vraiment dignes de ce nom. L'*Old Hawking-Club,* qui existe depuis 1863, continue, comme par le passé, à pratiquer avec grande maîtrise les beaux vols qui lui ont valu sa haute réputation.

Comprenant tout le parti que l'on pouvait tirer de la vénerie et de la fauconnerie, inséparables autrefois, M. Constantin P. de Haller fonda, en 1884, sous le patronage de S. A. le prince Alexandre d'Oldembourg, la *Société des Chasseurs fauconniers de Saint-Pétersbourg,* ayant pour but spécial la propagande et le soutien de la chasse au vol, et aussi le rapprochement et l'alliance des chasseurs et amateurs d'oiseaux en général, en vue de la diffusion des connaissances utiles et scientifiques relatives à tout ce qui concerne l'art de la fauconnerie.

Le 5 juillet 1887, le *Nemrod* publiait une lettre de M. de Haller annonçant, pour la mi-septembre, un grand Concours avec épreuves, pour faucons, gerfauts, autours, aigles, éperviers, chiens de toutes espèces, chevaux, équipages, fusils, armurerie et objets de chasse divers. Des prix d'importante valeur furent attribués aux amateurs fauconniers et chasseurs victorieux dans ces joutes cynégétiques.

En 1888, ayant exprimé à M. de Haller le désir d'organiser en France, avec l'aide de quelques amis, une Société de fauconnerie dans le genre de celle de Russie, ou du *Old Hawking-Club* d'Angleterre, on tenta, pour assurer la réussite de ce projet, de former une *Association de Fauconnerie internationale.* Etant donné le nombre encore restreint des fauconniers dans chacun des pays de l'Europe où la chasse au vol se pratique, c'était pour M. de Haller un sûr moyen, en augmentant ainsi le nombre des adhérents à la Société en projet, de lui donner une importance suffisante pour lui permettre d'arriver à un bon résultat. Il ajoutait enfin qu'en cas de réalisation de ce programme, il serait bon d'organiser des clubs spéciaux pour chaque pays, des chasses et expositions périodiques, afin de faire le nécessaire pour faciliter l'achat des oiseaux de vol et l'engagement des professionnels et gens de service utiles.

Ce projet fut abandonné par suite de la mort du Président des chasseurs fauconniers de Russie (1).

Grâce à certains manuels publiés récemment (2), la fauconnerie repren-

---

(1) Rapport de M. DE SAINT-MARC sur la fauconnerie. Congrès de la chasse, Paris, 1907, p. 205 et suivantes.

(2) CERFON, BELVALETTE, CHENU, vicomte DE BLOSSEVILLE.

drait une certaine faveur auprès du grand public. Puisque tout est à l'aviation, espérons que les grands progrès de cette science contribueront également au développement de la chasse à l'oiseau de proie, qui doit être passionnante. Mais ce qu'il faudrait avant tout, c'est modifier notre législation sur ce point.

***

Législation. (Art. 9, loi du 3 mai 1844.) — L'art. 9, § 2, de la loi de 1844 prohibe tous les modes de chasse autres que la chasse à tir, la chasse à courre et la chasse du lapin avec furets et bourses. Cette prohibition est générale, elle s'étend, par conséquent, à toutes les espèces de gibier, à toutes les époques de l'année et à tous les lieux.

Hâtons-nous, pour consoler les fauconniers, d'ajouter que les préfets ont le droit d'autoriser *exceptionnellement* l'emploi des modes ou des moyens de chasse défendus d'ordinaire par la loi, pour la destruction des animaux malfaisants ou nuisibles, et pour la chasse des oiseaux de passage. *La volerie,* par l'emploi du faucon, autours, éperviers, peut donc être autorisée pour la destruction desdits animaux nuisibles.

Dans le silence de la loi, insinuent timidement certains partisans de la chasse au vol, ce sport doit être autorisé.

Dans une brochure intitulée : *Légalité de la chasse au vol,* publiée à Niort, chez M. Mercier, et reproduite dans la *Revue Britannique* (sept. 1899), M. de Saint-Marc prétend que la chasse au vol n'est qu'une forme de la chasse à courre, et que, de ce fait, depuis plus de 50 ans qu'on a entrepris, en France, de remettre la fauconnerie en honneur, aucun empêchement légal n'a été opposé à l'exercice de ce sport. L'exercice de la fauconnerie est, en effet, dans l'esprit de la loi de 1844, si cela n'est pas dans son texte, comme le sont d'ailleurs également tant d'autres modes de chasse de détail.

La vénerie et la fauconnerie, quoique étant deux arts distincts par leurs moyens d'action, tendent au même but. Dans la vénerie, on force le loup, le sanglier, le cerf, le chevreuil, le renard, le lièvre, à l'aide de chevaux et de chiens ; en fauconnerie, on force le milan, la buse, le héron, l'oie sauvage, la pie, le corbeau et autres volatiles — le loup, le lièvre, le lapin et autres quadrupèdes — à l'aide d'oiseaux et de chiens. Les prescriptions légales à l'époque où la fauconnerie était encore en honneur ne distinguaient pas la fauconnerie de la vénerie ; l'une et l'autre étaient régies par les mêmes dispositions légales. La chasse au vol n'étant autre chose qu'une chasse à courre, à cor et à cris, les fauconniers modernes doivent naturellement bénéficier de tous les avantages qui résultent des termes de la loi à l'égard de ce sport, ainsi que des arrêtés d'ouverture et de fermeture de la chasse.

Je suis aux regrets de soutenir la thèse contraire, et de déclarer que si la loi est muette en ce qui concerne la chasse au vol, le législateur de 1844 a cependant fait connaître bien nettement son opinion sur ce point. C'est, en effet, dans la discussion de la loi de 1844 que nous allons rechercher l'interprétation de la prohibition tacite de l'art. 9.

Au cours de la discussion de cet article, M. Delespaul avait proposé de modifier le texte comme suit : « Le permis donne droit..... de chasser de jour, à tir, à courre et *à l'oiseau.* »

Suivant lui, l'art de la fauconnerie, depuis longtemps oublié, devait renaître en France ; M. le baron d'Offémont s'était, à grands frais, procuré plusieurs faucons, éperviers, gerfauts, etc., et il était parvenu à les dresser pour ce genre de chasse.

« En présence de tant d'efforts pour relever un art si honoré jadis en France, ajoutait-il, en présence des résultats mêmes auxquels M. le baron d'Offémont paraît être arrivé déjà, je demande s'il est ou non dans la pensée des auteurs du projet de loi que l'on continue de jouir dorénavant de la faculté de chasser, soit au faucon, soit à l'autour, soit à l'épervier, soit enfin à l'un des oiseaux de proie dont on se servait dans les temps anciens pour la chasse au vol. »

Le renvoi à la Commission fut demandé par quelques membres et par l'auteur de la proposition ; mais le Rapporteur, au nom de la Commission, s'opposa d'abord au renvoi et, relativement à la question du fond, répondit en lisant le premier paragraphe de l'art. 9, qui ne permettait que de chasser de jour, à tir et à courre. Voilà, dit-il, ma réponse.

M. Delespaul déclara que ce refus n'était pas motivé, et qu'il ne suffisait pas de dire : *Sic volo, sic jubeo.*

L'amendement proposé fut rejeté.

La chasse au vol est donc indiscutablement prohibée en France. Il est cependant bien certain que son rétablissement ne souffrirait aucun inconvénient. Ce mode de chasse serait fort rarement employé, et à coup sûr beaucoup moins destructif que la chasse à tir. (GILLON et VILLEPIN, n° 177, p. 170. — CHAMPIONNIÈRE, p. 58. — BERRIAT-SAINT-PRIX, p. 91. — PERRINE, p. 316, n° 11. — PETIT, t. I, p. 78. — CIVAL, p. 46, n° 9. — GIRAUDEAU, LELIÈVRE et SOUDÉE, n° 613. — CHENU, p. 126. — FUZIER-HERMANN, v° *Chasse*, 234, n° 916.)

**

Jurisprudence. — Aujourd'hui, il est donc interdit de capturer le gibier à l'aide d'oiseaux de proie.

C'est ce qu'a décidé, à la date du 3 novembre 1908, le Tribunal Correctionnel de Compiègne.

J'ai eu beau rechercher dans les Recueils juridiques, je n'ai trouvé aucune autre décision ; aussi est-il intéressant de donner *in extenso* les attendus du Tribunal de Compiègne :

Attendu qu'il résulte tant d'un procès-verbal régulièrement dressé, le 15 avril 1908, par B... et T..., gardes champêtres de la commune de Margny-lès-Compiègne, que des dépositions de ces deux gardes à l'audience et des autres documents de la cause, que ledit jour, vers 2 heures de l'après-midi, au lieudit le « Plateau de Margny », territoire de cette commune, deux voitures, accompagnées de cavaliers et de cyclistes, se sont arrêtées sur un chemin de plaine ; que l'une de ces voitures, une tapissière, dans laquelle se trouvaient F... et plusieurs autres jeunes gens, contenait quatre faucons ayant la tête couverte d'un chaperon ; que F... saisit l'un de ses oiseaux, l'emporta à travers champs et, après avoir parcouru une centaine de mètres, le lâcha sur des corbeaux dans une terre ensemencée appartenant à B... et affermée à L... ; qu'aussitôt R..., qui était à cheval, lança sa monture au galop dans la direction du faucon en traversant, suivi d'un autre cavalier, plusieurs terres ensemencées appartenant à divers cultivateurs de Margny ; qu'ayant rejoint F..., le garde T... constata qu'il tenait en mains un corbeau mort et un pigeon vivant attaché par la patte à l'aide d'une corde et servant de leurre ;

Attendu qu'en raison des faits ainsi constatés à leur charge, le Ministère public requiert contre les deux prévenus l'application de l'art. 12, § 2, de la loi du 3 mai 1844 sur la police de la chasse, pour chasse par d'autres moyens que ceux qui sont autorisés par l'art. 9 ;

Attendu que R... demande son renvoi des fins de la poursuite en prétendant, d'une part, *que la chasse au faucon est autorisée par la loi du 3 mai 1844.*

Sur le premier chef de la prévention :

Attendu que la loi du 3 mai 1844, dans son art. 9, complété par la loi du 22 janvier 1874, détermine les modes de chasse qui sont seuls autorisés ; que cet article ne permet que la chasse à tir et la chasse à courre, à cor et à cris ; qu'aux termes *du § 2 du même article, tous les autres moyens de chasse,* à l'exception des furets et des bourses destinés à prendre les lapins, sont formellement prohibés ; qu'ainsi se trouve interdite la chasse au vol ou à l'oiseau, conséquemment la chasse au faucon ;

Attendu, il est vrai, que R... soutient que la chasse au vol n'est autre chose qu'une chasse à courre où l'oiseau de proie joue le rôle du chien, puisqu'il poursuit et force l'animal qui fuit ; qu'elle rentre, dès lors, dans le cadre des modes de chasse autorisés par la loi ;

Mais attendu que le mot « Courre », ancien infinitif du verbe courir, a, dans la langue française, un sens bien déterminé ; qu'en matière de chasse, il n'a trait qu'à la vénerie et ne sert qu'à désigner la chasse dans laquelle le gibier est poursuivi par des chiens courants ; qu'on ne saurait donc, sans le détourner de son sens, l'appliquer à une chasse dans laquelle l'animal employé à la poursuite du gibier est un oiseau ;

Qu'il importe peu que certains procédés auxiliaires de la chasse à courre soient utilisés d'une façon plus ou moins efficace dans la chasse au vol, et notamment que pour rappeler l'oiseau de vol, on se serve de la voix, d'une corne ou d'un sifflet, qu'on ait recours à un chien pour indiquer et faire lever la bête de chasse ; que le vol de l'oiseau soit suivi par des cavaliers et par des chiens ; qu'il s'agit là de moyens accessoires dont l'emploi n'est pas indispensable pour procurer la prise de l'animal poursuivi par l'oiseau ; qu'en leur absence, la chasse au vol conserve son caractère essentiel ; qu'en effet, le seul usage d'un oiseau de proie constitue un moyen de chasse complet, car il suffit par lui-même à assurer la capture de la bête, puisque celle-ci, une fois liée par l'oiseau, se trouve dans l'impossibilité d'échapper à la main mise de l'homme ;

Attendu que si les auteurs de la loi sur la police de la chasse avaient entendu assimiler, sous la dénomination de chasse à courre, deux modes de chasse aussi dissemblables dans leurs moyens propres d'action que la chasse au chien et la chasse à l'oiseau, ils n'auraient pas manqué de le dire expressément ; qu'il résulte, au contraire, des travaux préparatoires, notamment du Rapport présenté à la Chambre des Pairs par M. Franck-Carré, le 16 mai 1843, que, sauf l'exception relative au lapin, ils n'ont voulu autoriser comme modes de chasse réguliers que la chasse au fusil et la chasse au chien (DALLOZ, *Jurisprudence générale*, VIII, p. 94, n° 49 et 50) ; qu'en outre, lors de la discussion à la Chambre des Députés, M. Lenoble, rapporteur, a répondu affirmativement à une question de M. Delespaul, demandant « s'il était dans la pensée des auteurs de la loi d'interdire la faculté de chasser soit au faucon, soit à l'autour, soit à l'épervier, soit enfin à l'un des oiseaux de proie dont on se servait dans les temps anciens pour la chasse au vol ». (*Op. cit.*, v° *Chasse*, n° 183.)

Attendu, dans ces conditions, qu'il n'est pas vrai de dire, comme l'a fait plaider R..., que le texte de l'art. 9 présente quelque ambiguïté et que des doutes peuvent s'élever sur sa portée ; qu'au surplus, il est impossible d'arguer du silence de la loi dans une matière où, par exception à la règle générale, ce n'est pas tout ce qui n'est pas défendu qui est permis, mais, au contraire, tout ce qui n'est pas expressément autorisé qui se trouve formellement prohibé ;

Attendu, enfin, que le Tribunal, régulièrement saisi par l'action du Ministère public, ne saurait s'arrêter à cette circonstance invoquée par R..., et d'ailleurs non vérifiée, que, depuis la mise en application de la loi de 1844, aucune poursuite n'aurait été exercée pour chasse au vol, l'absence de poursuite n'en pouvant avoir pour effet de rendre licite ce qui ne l'est pas ;

Attendu qu'il n'y a pas lieu non plus pour le Tribunal, en présence des faits de la cause et des termes de la citation, de rechercher, ainsi qu'y conclut subsidiairement R..., si l'arrêté du Préfet de l'Oise du 19 août 1907 autorise l'emploi du faucon pour la destruction des animaux malfaisants ou nuisibles ; que cette question n'aurait pu être utilement soutenue par le prévenu que si, dans le fait qui motive la poursuite dont il est l'objet, il avait agi en l'une des qualités requises pour être admis à procéder dans les conditions déterminées par l'arrêté préfectoral à la destruction des animaux malfaisants ou nuisibles ; que les seules personnes pouvant invoquer cet arrêté et, par suite, être exposées à y contrevenir, sont, d'une part, les propriétaires, possesseurs ou fermiers, ou leurs ayants droit, d'autre part, les détenteurs du droit de chasse.

. . . .

(Voir *Lois et Sports*, 1909, p. 11 et suiv., et la Note parue dans la *Revue du Tourisme et des Sports*, décembre 1908, II, 368.)

Les arguments sur lesquels s'est appuyé le Tribunal de Compiègne sont très sérieux et détruisent l'opinion de M. de Saint-Marc, dans sa brochure *Légalité de la chasse au vol*. Non, la chasse au vol n'est pas une forme de chasse à courre, et quand bien même aucun procès-verbal n'aurait été dressé depuis près de 50 ans, aucun empêchement n'aurait été apporté à la pratique de ce Sport, aucune poursuite n'aurait été, depuis 1844, exercée contre les fauconniers, cela n'empêcherait pas que ce mode de chasse ait été prohibé par le législateur de 1844.

Les fauconniers le déplorent, et je me joins à eux pour souhaiter que le vœu suivant, émis par le Congrès de la Chasse, en 1907, reçoive sa réalisation, j'allais dire, soit exaucé:

VŒU :

Que la fauconnerie soit encouragée en France; qu'elle jouisse du droit commun pendant toute la durée de la chasse à tir, et qu'elle puisse continuer à s'exercer après la fermeture de la chasse, pour la destruction des animaux nuisibles, après entente avec l'Administration préfectorale.

Christophe

G. de Marolles

H. Dubois

Paris le 1. Janvier 1910

Table Alphabétique et Analytique des Matières

Grande et Petite Vénerie

1ᵉ *Partie*. — Historique

2ᵉ *Partie*. — Réglementation, Législation, Doctrine et Jurisprudence

3ᵉ *Partie*. — Louveterie

4ᵉ *Partie*. — Fauconnerie

Georges Fraipont

Rouen. — Imp. L. Wolf, 13-15, rue Pierre Corneille

George Tiret

Imp. L. Wolf.
Rouen

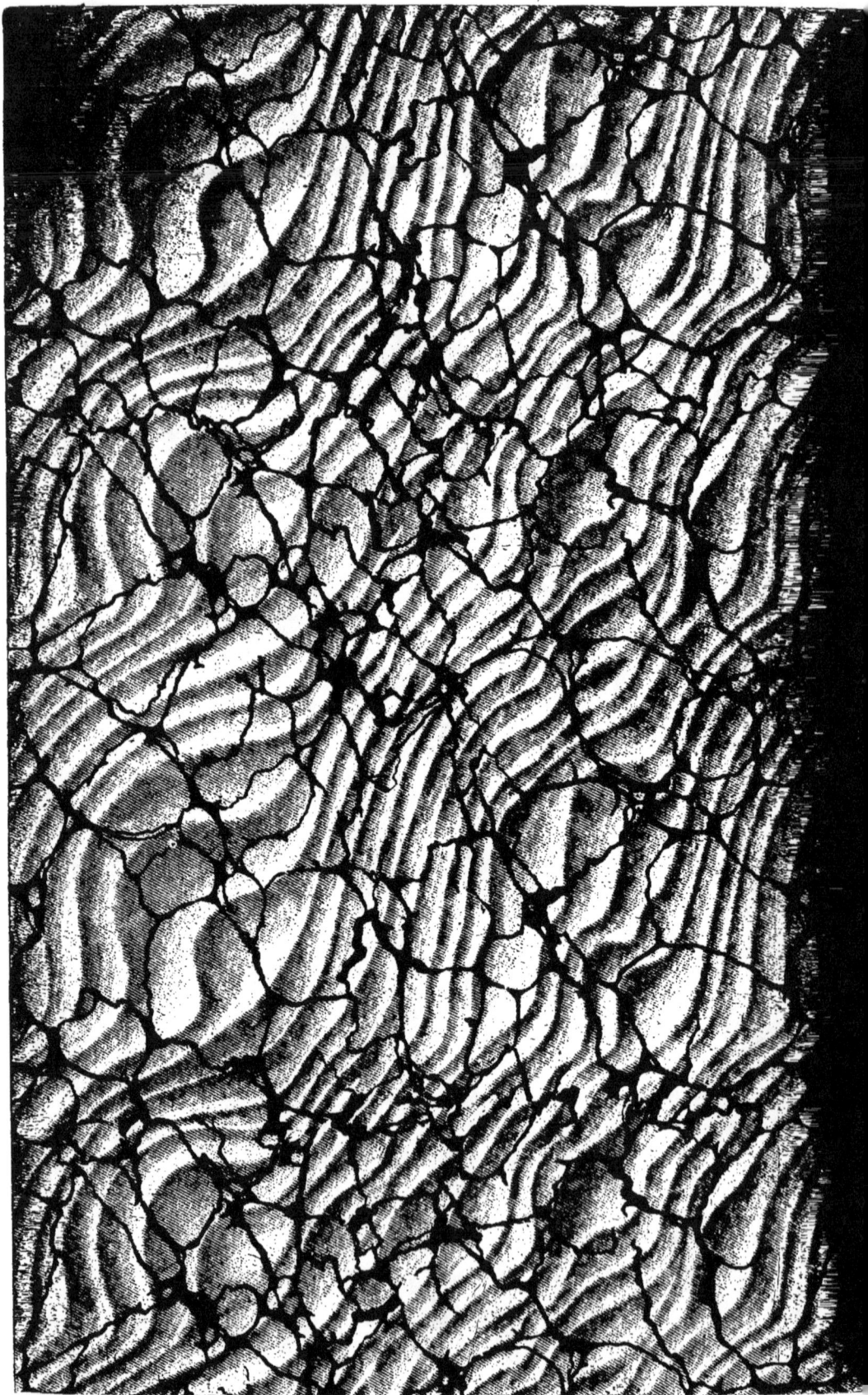

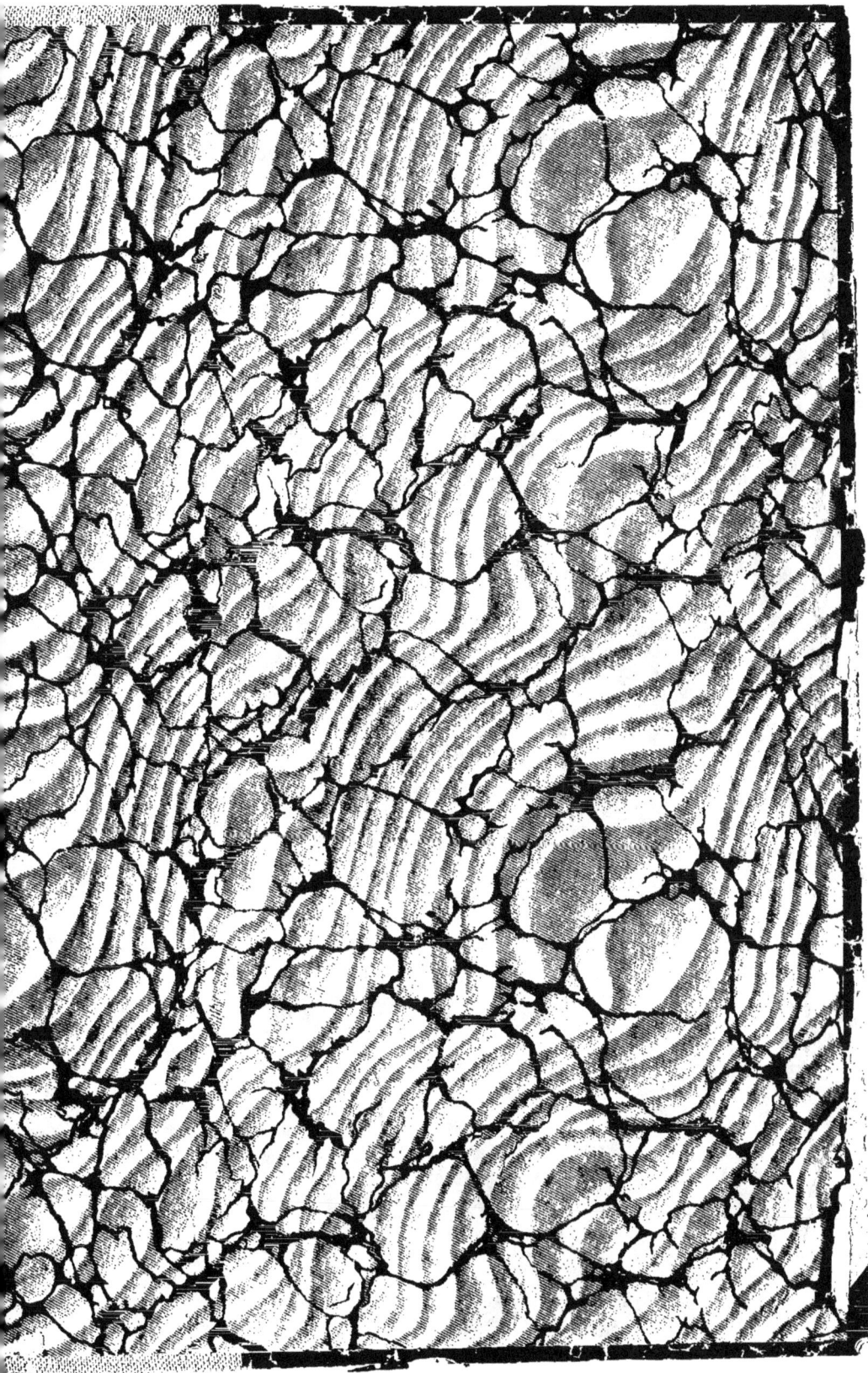

BIBLIOTHEQUE NATIONALE DE FRANCE
3 7531 00365200 6